高等院校 EDA 系列教材

Altium Designer 24 电路设计基础与应用教程

徐宏伟　周润景　杜　鑫　李建荣　编著

机 械 工 业 出 版 社

本书基于新版 Altium Designer 24 软件平台，通过具体的实例帮助读者在短时间内掌握电路设计的完整流程并能够熟练使用 Altium Designer 的各种功能。全书按照电路设计的实际顺序逐一进行讲解，共分为 10 章，内容包括 Altium Designer 简介、元器件库的创建、绘制电路原理图、电路原理图绘制的优化方法、PCB 设计预备知识、PCB 设计基础、元器件布局、PCB 布线、PCB 后续操作和 PCB 的输出。

本书配套资源丰富，配有电子教案、仿真源文件、教学大纲及习题参考答案等资源。本书可作为高等院校自动化、电子信息工程、通信工程及相关专业的教材，也可作为电子电路设计技术人员和电路设计爱好者自学的参考用书。

图书在版编目（CIP）数据

Altium Designer 24 电路设计基础与应用教程／徐宏伟等编著．-- 北京：机械工业出版社，2024.10.
（高等院校 EDA 系列教材）．-- ISBN 978-7-111-76222-5

Ⅰ．TN410.2

中国国家版本馆 CIP 数据核字第 2024JW0271 号

机械工业出版社（北京市百万庄大街 22 号　邮政编码 100037）
策划编辑：尚　晨　　责任编辑：尚　晨　汤　枫
责任校对：高凯月　马荣华　景　飞　　责任印制：单爱军
北京虎彩文化传播有限公司印刷
2024 年 12 月第 1 版第 1 次印刷
184mm×260mm · 17.25 印张 · 448 千字
标准书号：ISBN 978-7-111-76222-5
定价：69.00 元

电话服务
客服电话：010-88361066
　　　　　010-88379833
　　　　　010-68326294

网络服务
机　工　官　网：www.cmpbook.com
机　工　官　博：weibo.com/cmp1952
金　　书　　网：www.golden-book.com
机工教育服务网：www.cmpedu.com

前　言

Altium Designer 作为一款应用广泛的电子设计自动化（EDA）软件，具有灵活的布线功能、丰富的元器件库资源、强大的仿真与数据共享功能和简洁直观的设计环境，既能够满足用户在设计过程中各个阶段的要求，又易于初学者快速入门。Altium Designer 更新迭代迅速，2023 年 12 月，Altium Designer 24 发布。相较于之前的几个版本，虽然新版安装需要更大的内存空间，但在设计环境界面、性能稳定等方面进行了一定的改进，让读者在进行电路板设计过程中，拥有更加流畅友好的体验。

本书以 Altium Designer 24 软件为平台，通过大量的插图和丰富的实例，旨在帮助读者在短时间内掌握电路设计的完整流程并能够熟练使用 Altium Designer 24 的各种功能。

本书共 10 章。第 1 章为入门章节，介绍了 Altium Designer 的发展及特点、电路设计的一般流程以及在实际使用中的各种编辑环境。

第 2 章以 89C51 芯片为实例，详细讲解了在没有库文件中元器件的情况下，通过元器件库创建的详细过程。这其中具体包括使用新建法和复制法绘制元器件，输出 4 种不同类型的库文件报表，采用元器件向导、手动绘制以及编辑方式 3 种方法制作元器件封装等。

第 3 章介绍原理图的绘制过程。本章从创建一个原理图文件开始，按照原理图的绘制步骤逐一进行介绍，包括原理图图纸和环境的设置、元器件库的加载和卸载，元器件的查找、设置和放置、元器件的电气连接、符号和标签的放置、项目编译和查错，生成原理图的各种报表文件等。

第 4 章在上一章的基础上介绍了 3 种电路原理图绘制的优化方法。重点是掌握层次电路设计方法优化的思路和流程。

第 5 章介绍在 PCB 设计之前读者需要掌握的常识和术语，内容上涵盖 PCB 的构成和基本功能、PCB 的制造工艺流程、PCB 板层、PCB 形状尺寸定义和设计的原则等，熟记这些知识将为后续章节的学习打下坚实的基础。

第 6 章介绍 PCB 设计基础。包括 PCB 环境的设置、规划电路板及参数设置、PCB 板层颜色及显示设置和网络表的加载。

第 7 章介绍元器件布局的相关内容，包括自动布局、手动布局以及在布局过程中需要遵循的原则和注意事项。

第 8 章主要介绍几种 PCB 布线方式，包括自动布线、手动布线、混合布线、差分对布线、ActiveRoute 布线，除此之外，还在布线之前讲解了 PCB 的布线规则以及规则的设置，在布线之后讲解了如何对布线规则进行检查。

第 9 章介绍完成 PCB 布线之后的一些其他操作。包括添加测试点、补泪滴、包地、铺铜、添加过孔、3D 环境下进行距离测量等。

第 10 章介绍在完成 PCB 设计后，常用的 PCB 输出报表文件以及钻孔文件，方便后续 PCB 的生产与制作。

本书内容注重理论学习与实践应用的相辅相成，在设计过程中，既有对每个知识点详细的理论讲解，又包含大量的操作实例。在每个章节的最后，还附带了具有针对性的习题，这样有利于读者加深对理论知识的理解，快速掌握电路板设计的重点，逐步提高自身应对实际设计问题的技巧和能力。

全书共 10 章，第 1～3 章由徐宏伟编写，第 4、5 章由杜鑫编写，第 6 章由李建荣编写，第 7～10 章由周润景编写并完成全书的统稿。为了便于读者学习，本书提供全书的工程文件下载。

为了实现与仿真软件的无缝结合，书中涉及的电气逻辑符号及元器件符号与 Altium Designer 软件中保持一致，有需求的读者请参阅相关国标。

由于作者水平和精力有限，在本书的编写过程中，难免出现疏漏和不足之处，敬请指正。

编　者

目　录

第1章　Altium Designer 简介

随着计算机技术的发展，20世纪80年代中期计算机在各个领域得到广泛的应用。在这种背景下，1987年美国ACCEL Technologies Inc推出了第一个应用于电子线路设计软件包TANGO，这个软件包开创了电子设计自动化（EDA）的先河。虽然现在看来比较简陋，但在当时，它给电子线路设计带来了设计方法和方式的革新，人们纷纷开始用计算机来设计电子线路，直到今天一些科研单位还在使用这个软件包。

目的：让读者熟悉了解Altium Designer 24软件的发展与设计过程，带领读者入门。

内容提要

- 🕮 Protel的产生及发展
- 🕮 Altium Designer的优势及特点
- 🕮 PCB设计的工作流程
- 🕮 启动Altium Designer 24
- 🕮 Altium Designer 24的编辑环境
- 🕮 切换中英文编辑环境

1.1　Protel的产生及发展

随着电子业的飞速发展，TANGO日益显示出其不适应时代发展需要的弱点。为了适应电子行业的发展，Protel公司以其强大的研发能力推出了Protel For DOS作为TANGO的升级版本，从此Protel这个名字在业内日益响亮。

2005年年底，Protel软件的原厂商Altium公司推出了Protel系列的高端版本Altium Designer，它是完全一体化电子产品开发系统的下一个版本。Altium Designer是业界首例将设计流程、集成化PCB设计、可编程元件（如FPGA）设计和基于处理器设计的嵌入式软件开发功能整合在一起的产品。

多年来，Altium Designer版本持续更新。2023年12月，Altium Designer 24发布。此次主要改进了以下内容：1）PCB设计改进，增加任意角度差分对布线器，增强Layer Stack Report Setup对话框功能。2）约束管理器改进，包括将网络类和差分对类添加到Clearances Matrix中，在PCB端对自定义拓扑结构进行编辑等。3）线束设计改进，包括Layout Drawing中的布局标签可视为BOM中的元器件，在Manufacturing Drawing的Connection Table和Wiring List中添加了其他列。4）平台改进，增加了长路径名称。5）导入导出改进，增强了xDX Designer导入功能，改进了Mentor Expedition导入功能。6）电路仿真改进，P-Channel晶体管的输出电流将被视为流入电流。

1.2　Altium Designer的优势及特点

与Protel版本相比较，Altium Designer具有以下几个优势及特点。

（1）提供布线新工具

高速的设备切换和新的信息命令技术意味着需要将布线处理成电路的组成部分，而不是“想象的相互连接”。需要将全面的信号完整性分析工具、阻抗控制交互式布线、差分信号对发送和交互长度调节协调好，才能确保信号及时同步的到达。通过灵活的总线拖动、引脚和零件的互换以及 BGA 逃逸布线，可以轻松地完成布线工作。

（2）为复杂的板间设计提供良好的环境

在 Altium Designer 中，具有 Altium Designer Model 3 的 DirectX 图形功能，可以使 PCB 编辑效率大幅提高。在板的底侧工作时，只要从菜单中选择【翻转板子】命令，就可以像是在顶侧一样进行工作。通过优化的嵌入式板数组支持，可完全控制设计中所有多边形的多边形管理器、PCD 垫中的插槽、PCB 层集和动态视图管理选项的协同工作，即可提供更高效率的设计环境。此外，它还具有智能粘贴功能，不仅可以将网络标签转移到端口，还可以使用文件编辑和自动片体条目创建来简化从旧工具转移设计的步骤，营造更好的设计环境。

（3）提供高级元器件库管理

元器件库是有价值的设计源，它提供给用户丰富的原理图组件库和 PCB 封装库，并且为设计新的元器件提供了封装向导程序，简化了封装设计过程。随着技术的发展，需要利用公司数据库对它们进行栅格化。当数据库连接提供从 Altium Designer 返回到数据库的接口时，新的数据库就新增了很多功能，可以直接将数据从数据库放置到电路图中。新的元器件识别系统可管理元器件到库的关系，覆盖区管理工具可实现项目范围的覆盖区控制，这样，便于提供更好的元器件管理的解决方案。

（4）增强的电路分析功能

为了提高设计的成功率，Altium Designer 中的 PSPICE 模型、功能和变量支持灵活的新配置选项，并增强了混合信号模拟。在完成电路设计后，可对其进行必要的电路仿真，观察观测点信号是否符合设计要求，从而提高设计成功率，大幅缩短开发周期。

（5）统一的光标捕获系统

Altium Designer 的 PCB 编辑器提供了很好的栅格定义系统——通过可视栅格、捕获栅格、元器件栅格和电气栅格等都可以有效地放置设计对象到 PCB 文档中。Altium Designer 统一的光标捕获系统已达到一个新的水平。该系统汇集了不同的子系统，共同驱动并将光标捕获到最优选的坐标集：用户可定义的栅格、直角坐标和极坐标之间可按照需求选择；捕获栅格，可以自由地放置并提供随时可见的对于对象排列进行参考的线索增强的对象捕捉点，使得放置对象时自动定位光标到基于对象热点的位置。按照合适的方式，使用这些功能的组合，可轻松地在 PCB 工作区放置和排列对象。

（6）增强的多边形铺铜管理器

Altium Designer 的多边形铺铜管理器提供了更强大的功能，具有管理 PCB 中所有多边形铺铜的附加功能。附加功能包括创建新的多边形铺铜、访问界面的相关属性和多边形铺铜删除等，全面丰富了多边形铺铜管理器的功能，并将多边形铺铜管理整体功能提升到新的高度。

（7）强大的数据共享功能

Altium Designer 完全兼容以前版本的 Protel 系列设计文件，并提供对 Protel 99 SE 下创建的 DDB 和库文件的导入功能，同时还增加了 P-CAD、OrCAD 等软件的设计文件和库文件的导入功能。它的智能 PDF 向导则可以帮助用户把整个项目或所选定的设计文件打包成可移植的 PDF 文档，这样增强了团队之间的灵活合作。

（8）全新的 FPGA 设计功能

Altium Designer 与微处理器相结合，可充分利用大容量 FPGA 元器件的潜能，更快地开发出更加智能的产品。其设计的可编程硬件元素不用重大改动即可重新定位到不同的 FPGA 元器件中，设计师不必受特定 FPGA 厂商或系列元器件的约束，无须对每个采用不同处理器或 FPGA 元器件的项目更换不同的设计工具，因此可以节省成本，使设计师工作于不同项目时能保持高效。

（9）支持 3D PCB 设计

Altium Designer 全面支持 STEP 格式，与 MCAltium Designer 工具无缝连接；依据 STEP 外壳模型生成 PCB 外框，减少中间步骤，配合更加准确；3D 实时可视化，使设计充满乐趣；应用元器件体生成复杂的元器件 3D 模型，解决了元器件建模的问题；支持设计圆柱体或球形元器件设计；3D 安全间距实时监测，设计初期解决装配问题；在原生 3D 环境中精确测量电路板布局，在 3D 编辑状态下，可以实时展现电路板与外壳的匹配情况，将设计意图清晰传达至制造厂商。

（10）支持 USB 3. 1

Altium Designer 支持 USB 3. 1 技术，使用 USB 3. 1 技术将高速设计流程自动化，并生成精确的电路板布局。提高电路实际设计效率，有利于快速印制电路板。

1. 3　PCB 设计的工作流程

PCB 设计的工作流程如下。

（1）方案分析

方案分析决定了电路原理图如何设计，同时也影响到 PCB 如何规划。设计师可以根据设计要求进行方案比较和选择以及元器件的选择等。方案分析是开发项目中最重要的环节之一。

（2）电路仿真

在设计电路原理图之前，有时候会对某一部分电路的设计并不十分确定，因此需要通过电路仿真来验证。电路仿真还可以用于确定电路中某些重要元器件的参数。在设计之前进行电路仿真可以确保电路能满足设计需求的功能和目的。

（3）设计原理图组件

虽然 Altium Designer 提供元器件库，但不可能包括所有元器件。在元器件库中找不到需要的元器件时，用户可以动手设计原理图库文件，建立自己的元器件库。

（4）绘制原理图

找到所有需要的原理图元器件后，即可开始绘制原理图。可根据电路的复杂程度决定是否需要使用层次原理图。完成原理图后，用 ERC（电气法则检查）工具检查。找到出错原因并修改电路原理图，重新进行 ERC 检查，直到没有原则性错误为止。

（5）设计元器件封装

和原理图元器件库一样，Altium Designer 也不可能提供所有的元器件封装。用户需要时可以自行设计并建立新的元器件封装库。

（6）设计 PCB

在所有用到的元器件都已有了自己的封装并确认原理图没有错误之后，即可开始制作 PCB。首先绘出 PCB 的轮廓，确定元器件来源及功能、设计规则和原理图的引导下完成布局和布线。设计规则检查工具用于对绘制好的 PCB 进行检查。PCB 设计是电路设计的另一个关键环节，它将决定该产品的实用性能，需要考虑的因素很多，不同的电路有不同要求。

（7）文档保存

在完成所有操作后切记对文档进行保存，否则所有工作将付诸东流。对原理图、PCB 图及元器件清单等文件予以保存，以便日后维护和修改。

1.4 启动 Altium Designer 24

单击 Windows 桌面的【开始】菜单栏找到程序 Altium Designer（in AD24）并为其创建桌面快捷方式，如图 1-1 所示。启动 Altium Designer 24，启动界面为 3D 效果，如图 1-2 所示。

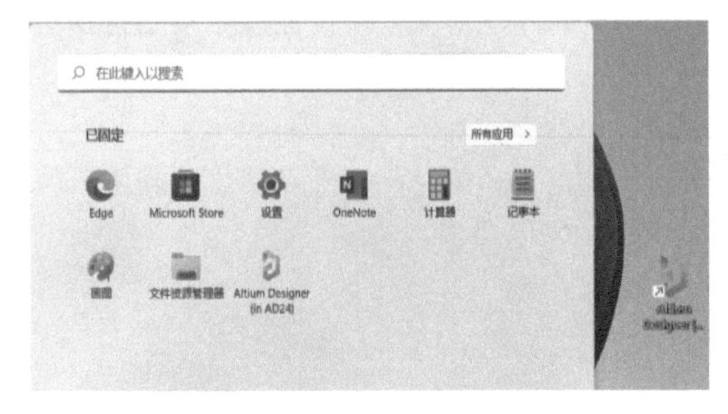

图 1-1 运行 Altium Designer 24

图 1-2 Altium Designer 24 的启动界面

1.5 Altium Designer 24 的编辑环境

由于该软件的功能复杂，启动会耗费一定时间。经过一段时间的等待，进入 Altium Designer 24 的主界面。

1.5.1 Altium Designer 24 的基本编辑环境

Altium Designer 24 主界面包括了如标题栏、菜单栏、工具栏和状态栏等，如图 1-3 所示。首先来看 New 子菜单命令，选择菜单栏中 File→New 命令，可以看到其中所包含的子菜单命令，如图 1-4 所示。

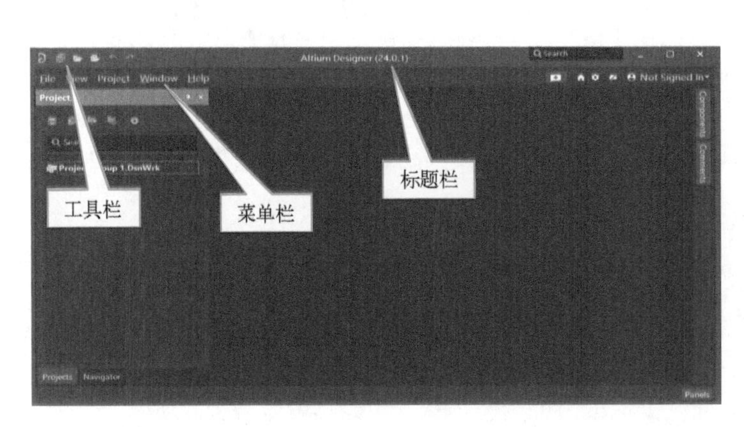

图 1-3 Altium Designer 24 主界面的各组成部分

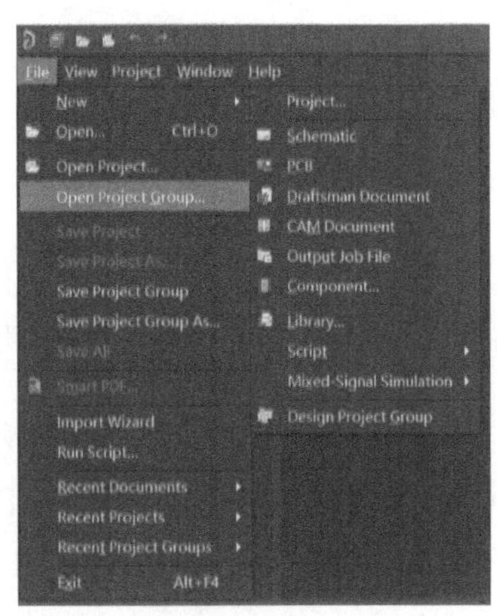

图 1-4 New 子菜单命令

本书中将用到的 New 子菜单命令包括 Schematic、PCB、Project 和 Library。

Schematic：可以用该命令创建一个空白的原理图编辑文件。

PCB：可以用该命令创建一个空白的印制电路板编辑文件。

Project：可以用该命令创建一个项目文件，选择该命令打开 Create Project，如图 1-5 所示。

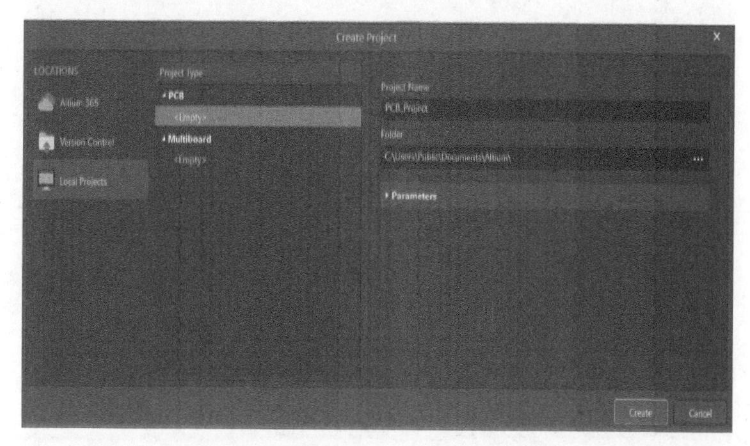

图 1-5　Create Project 对话框

在 Create Project 界面中可以在 LOCATIONS 栏中选取模板出处，在 Project Type 栏中选中模板类型，在界面最右侧对工程文件的名称和保存位置以及参数进行设置。本书用到的该子菜单命令有 Project、Schematic、PCB、Draftsman Document 和 CAM Document。

Altium Designer 24 以设计项目为中心，一个设计项目中可以包含各种设计文件，如原理图（SCH）文件、电路图（PCB）文件及各种报表，多个设计项目可以构成一个 Project Group（设计项目组）。因此，项目是 Altium Designer 24 工作的核心，所有设计工作均是以项目展开的。

在 Altium Designer 24 中，项目是共同生成期望结果的文件、连接和设置的集合，如板卡可能是十六进制（位）文件。把所有这些设计数据元素综合在一起就得到了项目文件。完整的项目一般包括原理图文件、PCB 文件、元器件库文件、BOM 文件以及 CAM 文件。

对项目这个重要的概念需要加以理解，因为在传统的设计方法中，每个设计应用从本质上说是一种具有专用对象和命令集合的独立工具。而与此不同的是，Altium Designer 24 平台在工作时就对项目设计数据进行解释，在提取相关信息的同时告知用户设计状态的信息。Altium Designer 24 像一个很好的数字处理器，会在用户出错时加亮显示错误。这样就可以在发生简单错误时及时进行纠正，而不是在后续步骤中进行错误检查。

Library：该命令是用来创建一个新的元器件库文件，选择该命令打开，在 New Library 界面中可以在 Library Type 栏中选择 File，如图 1-6 所示。

本书用到的该子菜单命令有 Schematic Library、PCB Library 和 Integrated Library。

Schematic Library：创建一个空白的元器件原理图库文件。

PCB Library：创建一个空白的元器件封装图库文件。

Integrated Library：创建一个空白的元器件集成库文件。

1.5.2　切换中英文编辑环境

图 1-7 是英文状态的编辑环境，为了以后设计的方便，可将该状态切换到中文状态。如

何进行中英文状态之间的切换呢？

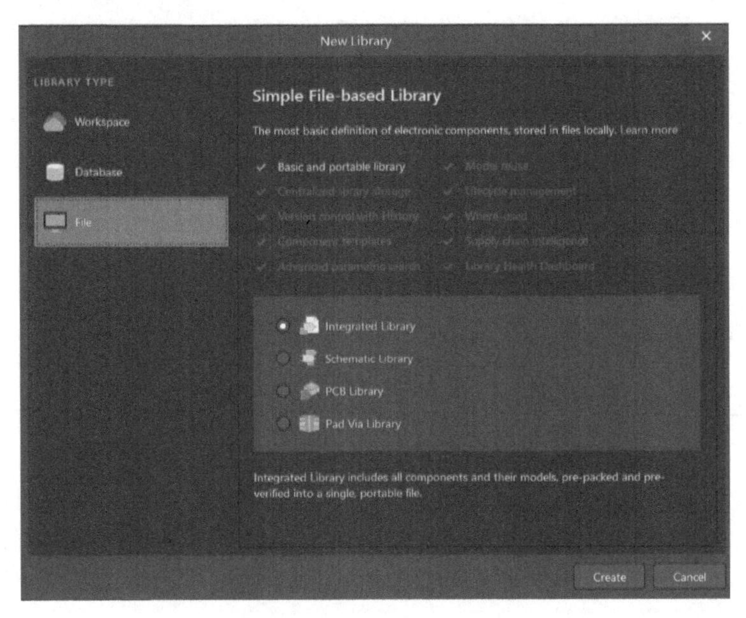

图 1-6　元器件库子菜单

在主界面单击右上角“设置”按钮，进入 Preferences 设置对话框，如图 1-8 所示。

图 1-7　主界面“设置”按钮

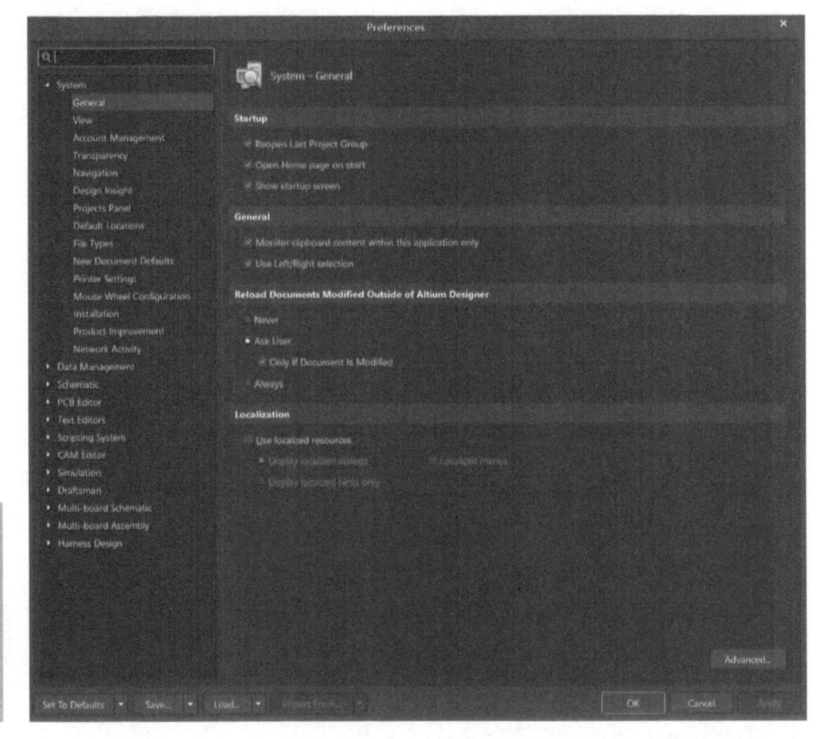

图 1-8　Preferences 设置对话框

该对话框包含了 4 个设置区域，分别是 Startup、General、Reload Documents Modified Outside of Altium Designer 和 Localization 区域。

（1）Startup 区域

该区域是用来设置 Altium Designer 24 启动后的状态的。该区域包括 2 个复选框，其含义如下。

Reopen Last Project Group：选中该复选框，表示启动时重新打开上次的工作空间。

Show Startup Screen：选中该复选框，表示启动时，显示启动界面。

（2）General 区域

Monitor clipboard content within this application only：用于设置剪切板的内容是否能被用于该应用软件。

Use Left/Right selection：用左键/右键来进行选择。该复选框被选中时即为左键选中。

（3）Reload Documents Modified Outside of Altium Designer 区域

该区域包含四个选项，用于设置重新载入在 Altium Designer 24 之外修改过的文档，打开后是否保存。本设置采用默认选项。

（4）Localization 区域

该区域是用来设置中英文切换的，选中 Use localized resources 复选框，系统会弹出信息提示框，如图 1-9 所示。

单击 OK 按钮，然后在 System-General 设置界面中单击 Apply 按钮，使设置生效。再单击 OK 按钮，退出设置界面。关闭软件，重新进入 Altium Designer 24 系统，可以发现主界面除菜单栏外并没有其他变化，如图 1-10 所示。但其内部各个操作界面已经完成汉化，各个编辑环境的内容将在下面介绍。

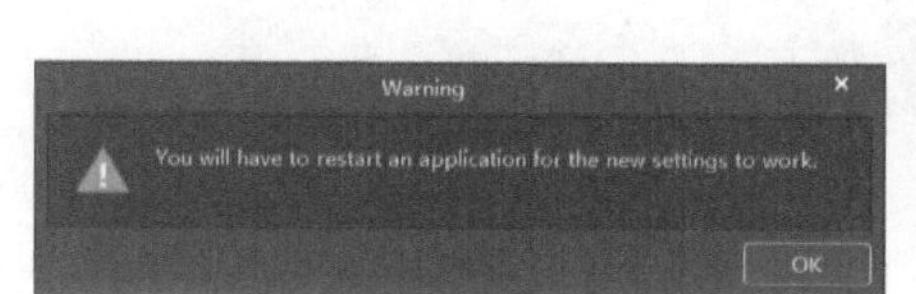

图 1-9　信息提示框

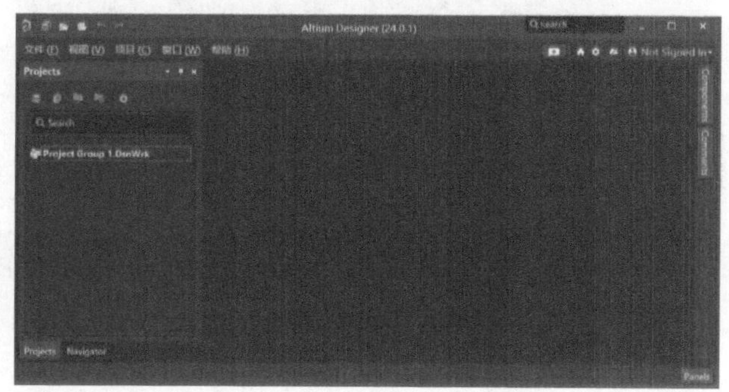

图 1-10　中文编辑环境

1.5.3　原理图编辑环境

在 Altium Designer 24 的主界面中，如图 1-11 所示，执行菜单【文件】→【新的】→【原理图】命令，打开一个新的原理图绘制文件，如图 1-12 所示。

由图 1-12 可以看到，原理图编辑环境中包含一些工具栏，具体的使用方法会在后面进行详细介绍。

1.5.4　PCB 编辑环境

在 Altium Designer 24 的主界面中，执行菜单【文件】→【新的】→【PCB】命令，打开一个新的 PCB 绘制文件，如图 1-13 所示。

由图 1-13 可以看到，PCB 编辑环境中包含一些工具栏，具体的使用方法会在后面进行详细的介绍。

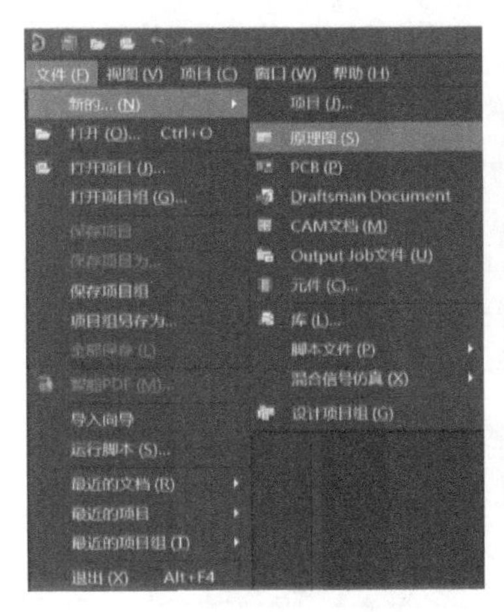

图 1-11　打开原理图编辑环境

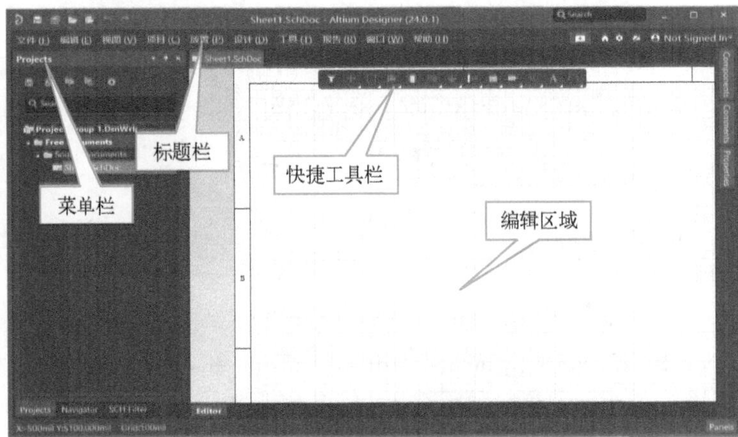

图 1-12　原理图编辑环境

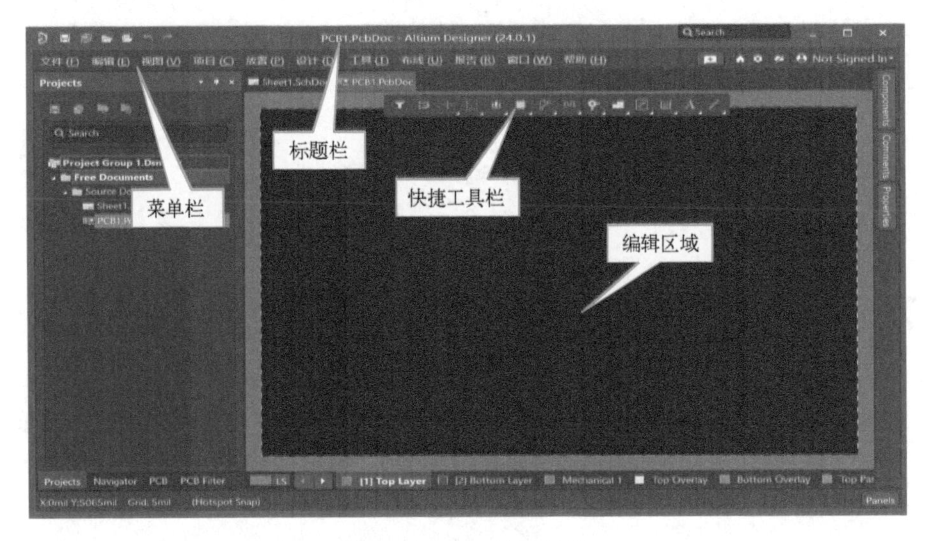

图 1-13　PCB 编辑环境

1.5.5　原理图库文件编辑环境

在 Altium Designer 24 的主界面中，执行菜单【文件】→【新的】→【库（L）】→【File】→【Schematic Library】命令，打开一个新的原理图库文件，如图 1-14 所示。

由图 1-14 可以看到，原理图库文件编辑环境中包含一些工具栏，具体的使用方法会在后面进行详细介绍。

1.5.6　元器件封装库文件

在 Altium Designer 24 的主界面中，执行菜单【文件】→【新的】→【库（L）】→【File】→【PCB Library】命令，打开一个新的元器件封装库文件，如图 1-15 所示。

由图 1-15 可以看到，元器件封装库文件编辑环境中包含一些工具栏，具体的使用方法会在后面进行详细介绍。

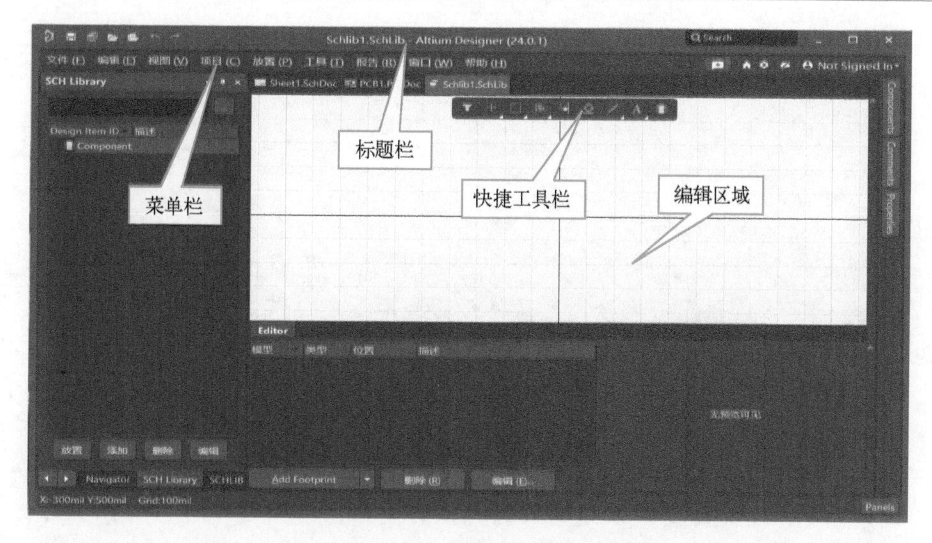

图 1-14　原理图库文件编辑环境

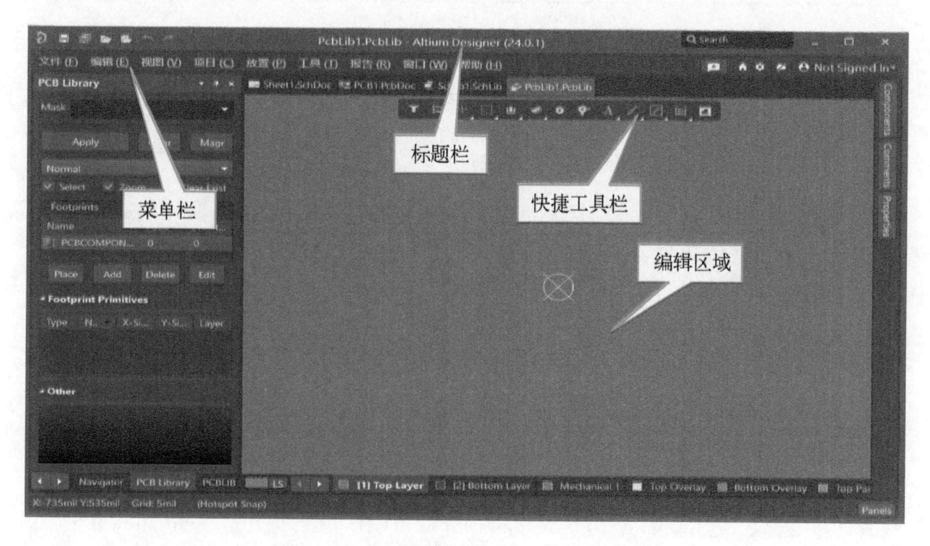

图 1-15　元器件封装库文件编辑环境

习题

1. Altium Designer 的优势及特点有哪些？
2. 在 Altium Designer 24 中如何打开一个新的原理图库文件？

第2章　元器件库的创建

Altium Designer 24 的元器件库中包含了全世界众多厂商的多种元器件，其中 Altium Designer 24 软件的官方提供了一部分，元器件厂商和第三方提供了一部分，但由于电子元器件在不断更新，因此 Altium Designer 24 元器件库不可能完全包含用户需要的元器件。不过，即使存在这样的问题，用户也不必为找不到元器件而忧虑，因为在该系统中提供了创建新元器件的功能。

🕮 提示：设计元器件库的前提是已经有该元器件的成品，不能通过自己的臆想进行库设计。否则，即使满足设计要求，通过了仿真也无法在实际设计中使用。

目的：本章以 89C51 芯片为例，介绍了用户如何在没有库文件的元器件情况下，自己创建它的库文件并使用。由于现在 Altium Designer 24 用的库文件为原理图与 PCB 整合后的库文件，本章将按顺序创建并讲解。

内容提要

🕮 原理图与 PCB 概述
🕮 原理图库文件编辑环境
🕮 绘制元器件
🕮 库文件输出报表
🕮 使用 PCB 元器件向导制作元器件封装
🕮 手动绘制元器件的封装
🕮 采用编辑方式制作元器件封装
🕮 创建元器件集成库

2.1　原理图与 PCB 概述

在介绍新建库之前，先简单介绍一下原理图和 PCB。原理图是一个简单的二维电路设计图，显示了不同组件之间的功能和连接性。而 PCB 设计是三维布局，在保证电路正常工作后标示组件的位置。因此，原理图是设计印制电路板的第一部分，是一个计划和蓝图。它说明的并不是组件将专门放置在何处，而是列出了 PCB 将如何最终实现连通性，并构成规划过程的关键部分。蓝图完成后，接下来便是 PCB 设计。PCB 设计是原理图的布局或物理表示，包括铜走线和孔的布局。PCB 设计与性能有关，工程师在 PCB 设计的基础上构建了真正的组件，从而能够测试设备是否正常工作。

2.2　创建原理图元器件库

2.2.1　原理图库文件编辑环境

在 Altium Designer 24 的主界面中，执行【文件】→【新的】→【库（L)】→【File】→【Schematic Library】命令，则一个默认名为 SchLib1. SchLib 的原理图库文件被创建，同时原理

图库文件编辑环境被启动，如图 2-1 所示。

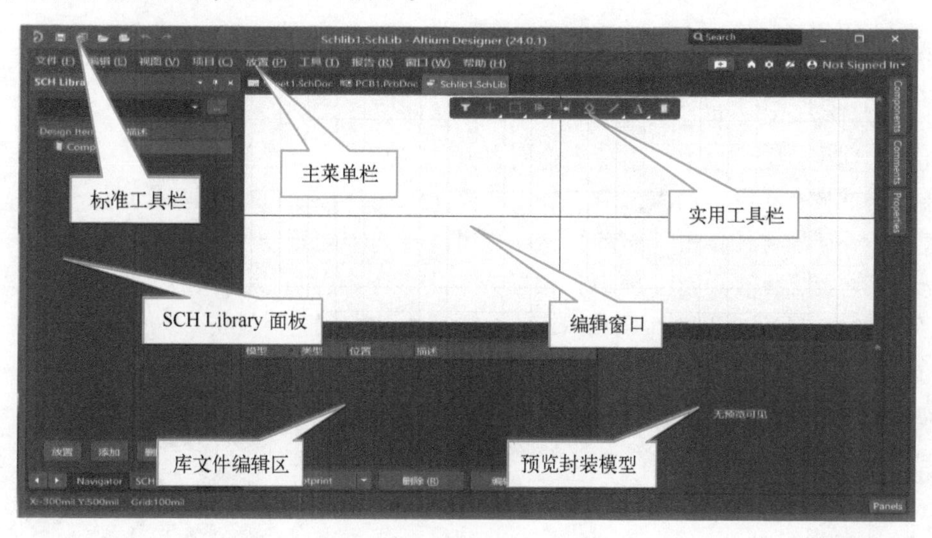

图 2-1　原理图库文件编辑环境

下面分别介绍该界面中的各个功能。

1. 主菜单栏

通过对比可以看出，原理图库文件编辑环境中的主菜单栏与原理图编辑环境中的主菜单栏是有细微区别的。在原理图库文件编辑环境中的主菜单栏如图 2-2 所示。

图 2-2　原理图库文件编辑环境中的主菜单栏

2. 标准工具栏

在 Altium Designer 24 中，工具栏与标题栏合并在一起。它在各个界面中保持一致，可以使用户完成对文件的操作，如打开、保存、撤销等。标准工具栏如图 2-3 所示。

图 2-3　标准工具栏

3. 实用工具栏

该工具栏提供了众多原理图绘制工具，包括了选择过滤器、移动和选择的方式、放置各类文本等内容。实用工具栏如图 2-4 所示。

图 2-4　实用工具栏

4. 编辑窗口

编辑窗口是被“十字”坐标轴划分的 4 个象限，坐标轴的交点即为窗口的原点。一般制作元器件时，将元器件的原点放置在窗口的原点，而将绘制的元器件放置到坐标轴的第四象限中。

5. **SCH Library 面板**

该控制面板用于对原理图库的编辑进行管理。SCH Library 面板，如图 2-5 所示。原理图库属性界面整合了在以前版本中的 SCH Library 面板的引脚等信息，并新增了参数界面，更详细地列出了设计者、评论描述以及占用的空间、模型等信息。

- 元器件列表：在该栏中列出了当前所打开的原理图库文件，单击【Place】按钮即可将该元器件放置在打开的原理图纸上。单击【添加】按钮可以往该库中加入新的元器件。选中某一元器件，单击【删除】按钮，可以将选中的元器件从该原理图库文件中删除。选中某一元器件，单击【编辑】按钮或双击该元器件可以进入对该元器件的 Properties 界面，也可以通过 Altium Designer 24 主界面中的右侧边栏【properties】进入，如图 2-6 所示。

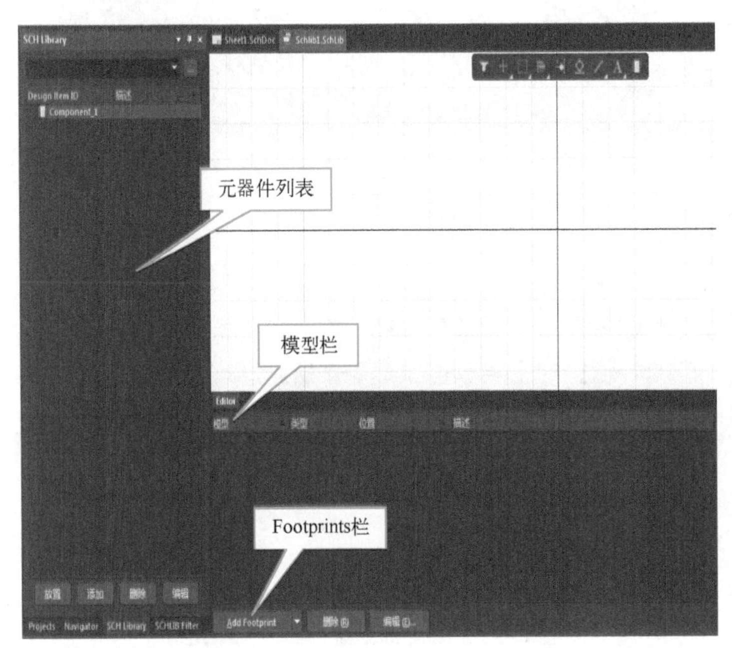

图 2-5　SCH Library 面板

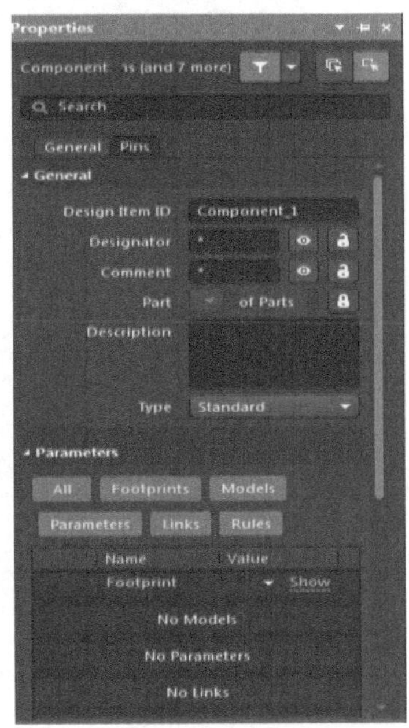

图 2-6　原理图库文件属性编辑

- 模型栏：该栏用于列出库元器件的其他模型，如 PCB 封装模型、信号完整性分析模型和 VHDL 模型等。
- Footprints 栏：在该列表中列出了选中库元器件的封装。通过【Add Footprint】、【删除】和【编辑】三个按钮，可以完成对引脚的相应操作。

2.2.2　工具栏应用介绍

1. **选择过滤器**

第一个选项是选择过滤器，用于选择图中可操作的部件分类。如图 2-7 所示，所有亮色的选项为可操作的部分。当某一项，如 Pins 为灰色时，表示该部分内容不可在图中选中。通过这个功能，可以避免在操作时误选。

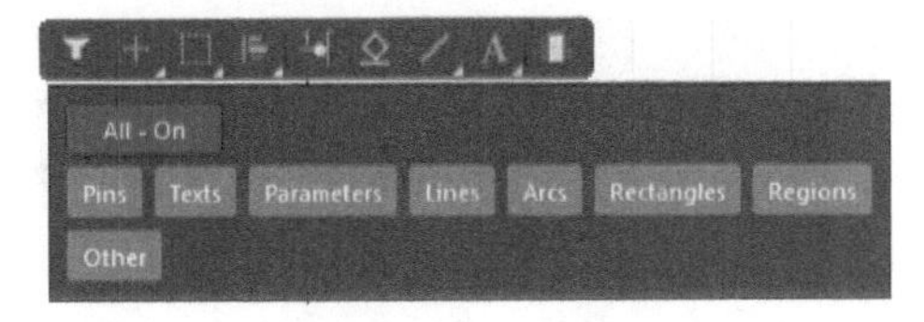

图 2-7　选择过滤器 Selection Filter 下拉菜单

2. **移动对象**

第二个按钮是移动对象，是对已选中的对象进行移动操作，其下拉菜单如图 2-8 所示的内容。

3. 对象选择

对象选择下拉菜单主要是范围的选择方式，简单地说就是以何种方式画出一个区域来，选中与这个区域有怎样关系的目标，如图 2-9 所示。

4. 排列对象

排列对象下拉菜单的内容主要用于选择对象的分布方式，如 2-10 所示。

图 2-8 【移动对象】下拉菜单　　图 2-9 【对象选择】下拉菜单　　图 2-10 【排列对象】下拉菜单

5. 其他放置选项

剩下的几个按钮分别是放置引脚、放置 IEEE 符号、放置线、图形及其他图像、放置文本字符串或文本框、添加元器件部件。当单击“添加元器件部件”按钮时，返回原理图中心位置，如图 2-11 所示。

图 2-11　快捷键菜单

2.2.3　绘制元器件

当在所有库中找不到要用的元器件时，就需要用户自行制作元器件了。例如，第 3 章中用到的芯片 89C51，在 Altium Designer 24 所提供的库中无法找到，因此就需要制作该元器件。绘制元器件的常用方法有两种：新建法和复制法。下面就以制作 89C51 和 DS18B20 为例，介绍这两种方法。

1. 新建法制作元器件

对于图形标志简单的元器件可以选择用新建法制作元器件，新建法也是最基础且最需要掌握的元器件制作方法。

【例 2-1】 为 89C51 制作封装模型。

第 1 步：执行【文件】→【新的】→【库（L)】→【File】→【Schematic Library】命令，打开原理图库文件编辑环境，并将新创建的原理图库文件，命名为 New1. SchLib。按快捷键〈O〉→【文档选项】命令，打开 Properties 界面，如图 2-12 所示。

该界面与原理图编辑环境中的【文档选项】对话框基本上一致，这个界面也可以对目标进行过滤筛选。下面简单介绍：

- 在该对话框的【General】区域中，Show Hidden Pins 复选框用来设置是否显示库元器件的隐藏引脚。当该复选框处于选中状态时，元器件的隐藏引脚将被显示出来。Show Comment/Designator 复选框可以选择是否显示注释和元器件位号。
- Visible Grid 为可视网格，Snap Grid 为捕捉网格，也就是鼠标聚焦点的间距，用户可用

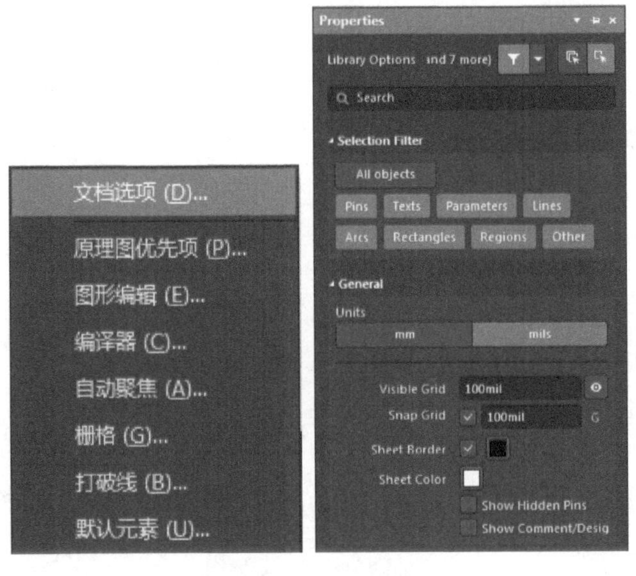

图 2-12　Properties 界面

来设置图纸中的网格大小，其大小可用 mm 单位或 mils 单位进行设置。

- 板设置包括 Sheet Border（板边设置），可选颜色和是否显示板边缘和 Sheet Color，对板底色进行设置。

在完成对【库编辑器工作台】对话框的设置后，就可以开始绘制需要的元器件了。

89C51 采用 40 引脚的 PIN 封装，绘制其原理图符号时，应绘制成矩形，并且矩形的长边应该长一点，以方便引脚的放置。在放置所有引脚后，可以再调整矩形的尺寸，美化图形。

第 2 步：右击【放置线】按钮，选择其中的【放置矩形】按钮并单击，在光标变为“十字”形状，并在旁边附有一个矩形框，调整鼠标位置，选择适宜的位置，单击完成设置，如图 2-13 和图 2-14 所示。

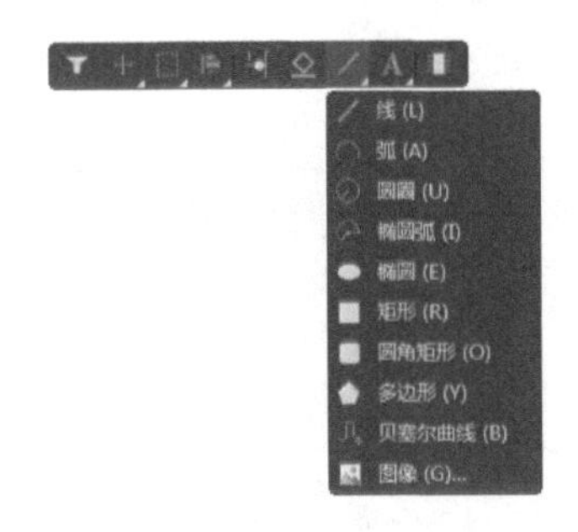

图 2-13　开始放置矩形框

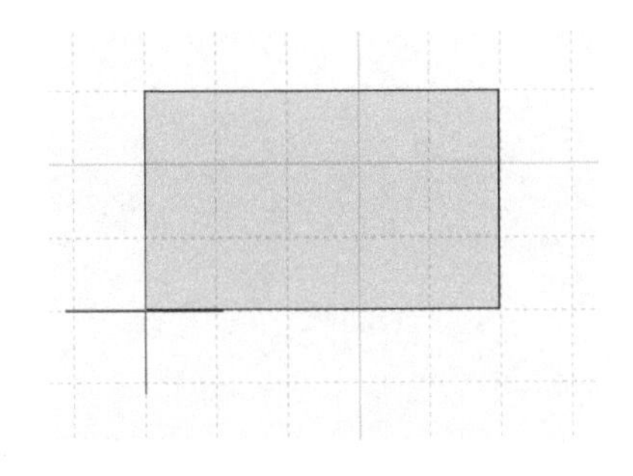

图 2-14　完成放置

拖动到合适位置，再次单击。这样就在编辑窗口的第四象限内绘制了一个矩形。绘制好后，右击鼠标或按〈Esc〉键，就可以退出绘制状态。

第 3 步：放置好矩形框后，就要开始放置元器件的引脚了。单击工具栏中的【放置引脚】按钮，则光标变为“十字”形状，并附有一个引脚符号，如图 2-15 所示。移动鼠标将该引脚移动到矩形边框处，单击完成一个引脚的放置，如图 2-16 所示。

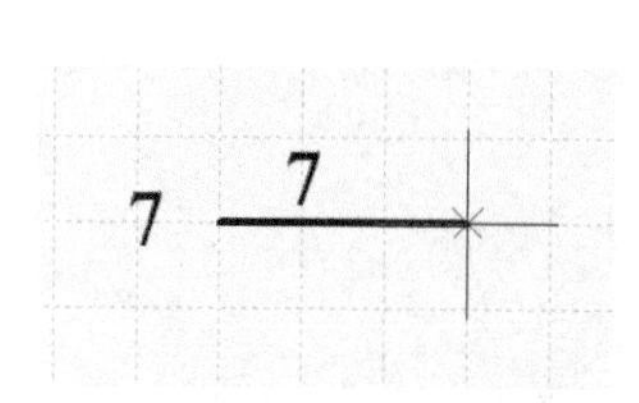

图 2-15　开始放置引脚

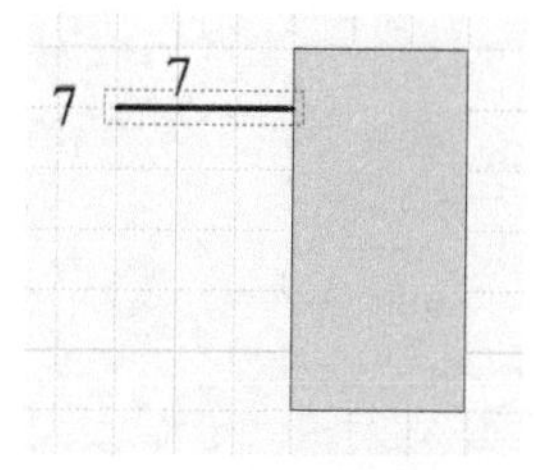

图 2-16　完成放置

第 4 步：在设置引脚时，单击【放置引脚】后按下〈Tab〉键，则系统会弹出如图 2-17 所示的 Properties 对话框，在该对话框中可以完成引脚的各项属性设置。

现在介绍该界面中 Properties 对话框中各参数的含义。

- Name：用于对库元器件引脚命名，可在该文本框中输入其引脚的功能名称。
- Designator：用于设置引脚的编号，其编号应与实际的引脚编号相对应。

在这两个选项后，各有一个【可见的】按钮，选中该按钮则 Name 和 Designator 所设置的内容将会在图中显示出来。

- Electrical Type：用于设置库元器件引脚的电气特性。单击右侧下三角按钮可以进行选择设置。其中包括：Input（输入引脚）、Output（输出引脚）、Power（电源引脚）、Open Emitter（发射极开路）、Open Collector（集电极开路）、HiZ（高阻）、I/O（数据输入/输出）和 Passive（不设置电气特性）。在这里一般选择 Passive，表示不设置电气特性。
- Description：该文本编辑框用于输入描述库元器件引脚的特性信息。
- Font Settings：用来设置编号和命名的字体格式等。
- 在 Symbols 设置区域中，包含 5 个选项，分别是 Inside（里面）、Inside Edge（内部边沿）、Outside Edge（外部边沿）、Outside（外部）和 Line Width。每项设置都包含一个下拉列表。下拉列表中常用的 Symbols 设置包括：Clock、Dot、Active Low Input、Active Low Output、Right Left Signal Flow、Left Right Signal Flow 和 Bidirectional Signal Flow。

图 2-17　Properties 对话框

- Clock：表示该引脚输入为时钟信号。其引脚符号如图 2-18 所示。
- Dot：表示该引脚输入信号取反。其引脚符号如图 2-19 所示。
- Active Low Input：表示该引脚输入有源低信号。其引脚符号如图 2-20 所示。

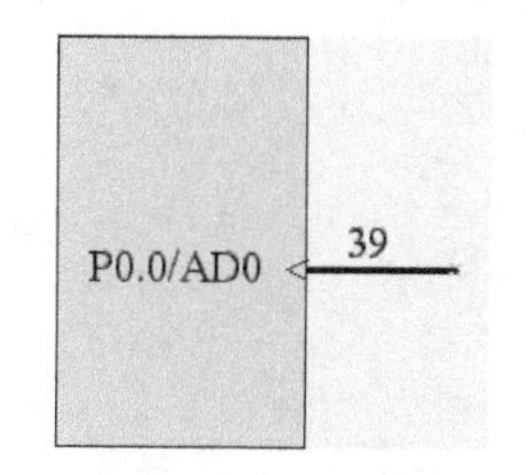

图 2-18　Clock 引脚符号

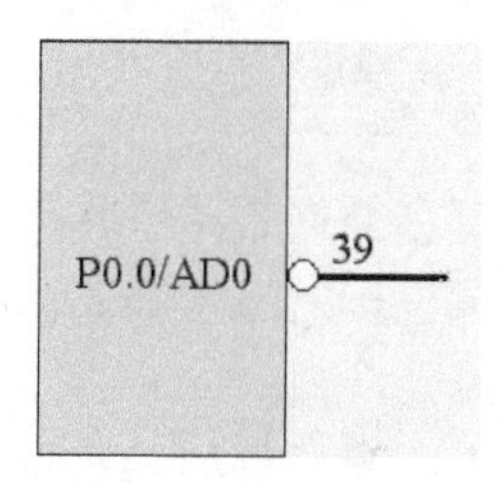

图 2-19　Dot 引脚符号

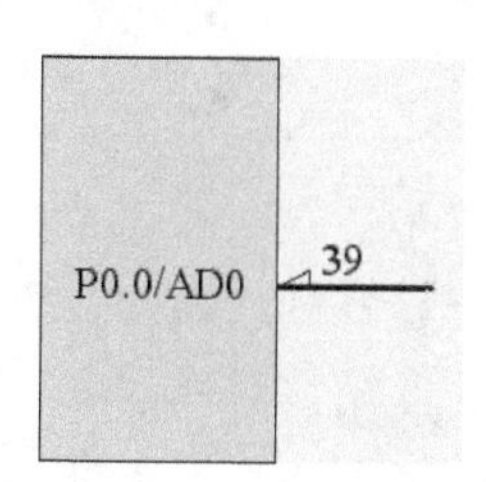

图 2-20　Active Low Input 引脚符号

- Active Low Output：表示该引脚输出有源低信号。其引脚符号如图 2-21 所示。
- Right Left Signal Flow：表示该引脚的信号流向是从右到左的。其引脚符号如图 2-22 所示。
- Left Right Signal Flow：表示该引脚的信号流向是从左到右的。其引脚符号如图 2-23 所示。

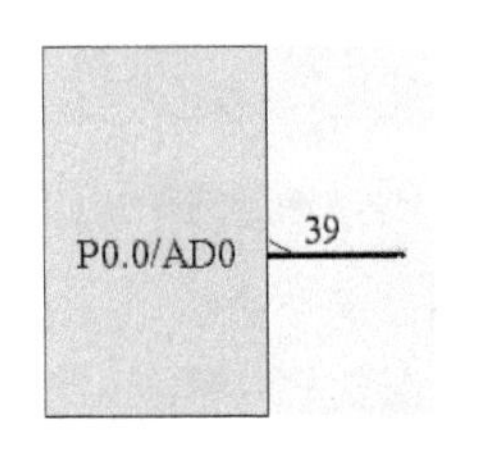

图 2-21　Active Low Output 引脚符号

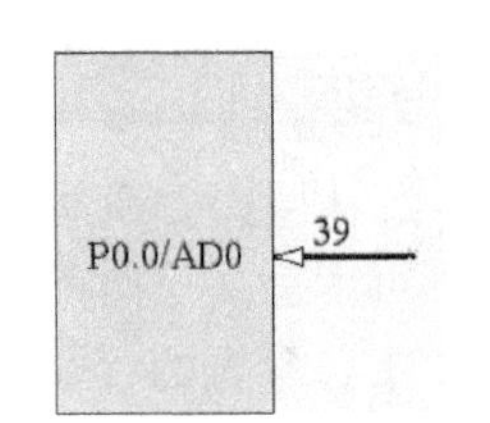

图 2-22　Right Left Signal Flow 引脚符号

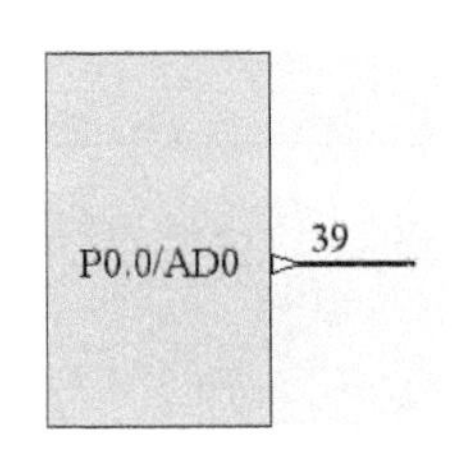

图 2-23　Left Right Signal Flow 引脚符号

- Bidirectional Signal Flow：表示该引脚的信号流向是双向的。其引脚符号如图 2-24 所示。

需要指出，设置引脚名称时，若引线名上带有横线（如$\overline{\text{RESET}}$）则设置时应在每个字母后面加反斜杠，表示形式为 R\E\S\E\T\，如图 2-25 所示。

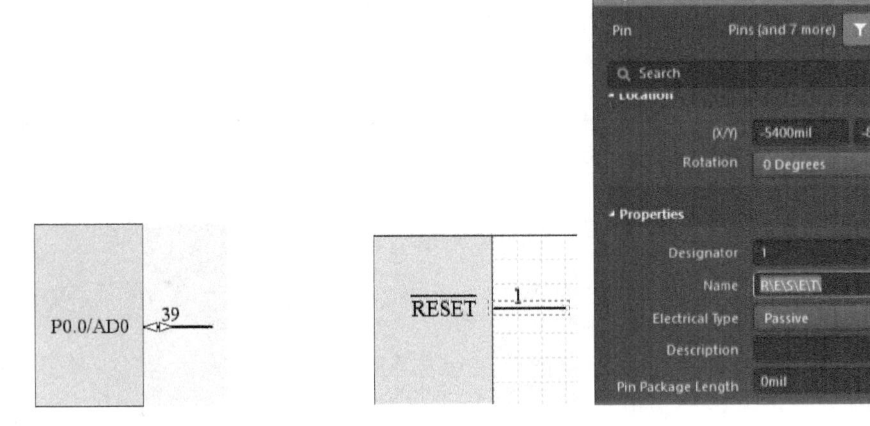

图 2-24　Bidirectional Signal Flow 引脚符号　　　图 2-25　设置带有取反符号的引脚

完成上述设置后，Properties- Pin 对话框如图 2-26 所示。

第 5 步：重复上述过程，完成所有的引脚放置与设置，鼠标右键或按〈Esc〉键，就可以退出绘制状态了，绘制好的元器件模型如图 2-27 所示。

📖 提示：在放置引脚时，应确保具有电气特性的一端，即带有“X”号的一端朝外。可以通过在放置引脚时按〈Space〉键，旋转 90°引脚来实现。

第 6 步：在原理图库文件编辑环境左侧面板中选中 SCH Library 面板，在元器件列表中选中刚才设计好的元器件，双击进入 Properties-Component 界面，如图 2-28 所示。

下面介绍该对话框中比较重要的属性参数。

- Designator：可在该文本框中输入库元器件的标识符。在绘制原理图时，放置该元器件并选中其后的按钮，文本框输入的内容就会显示在原理图上。当按钮被选中时，该项内容不能被更改。

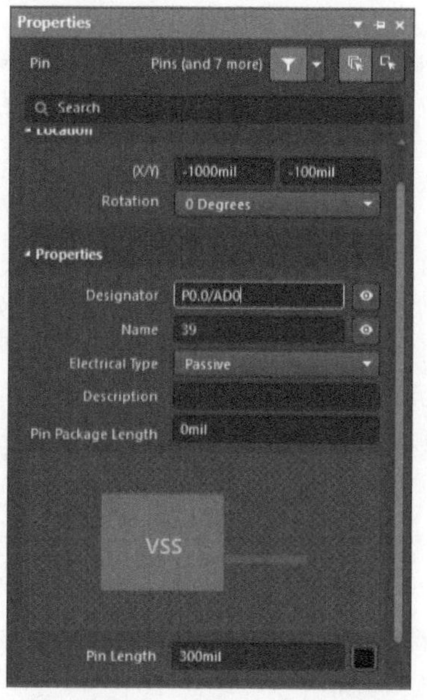

图 2-26　完成设置的 Properties-Pin 对话框

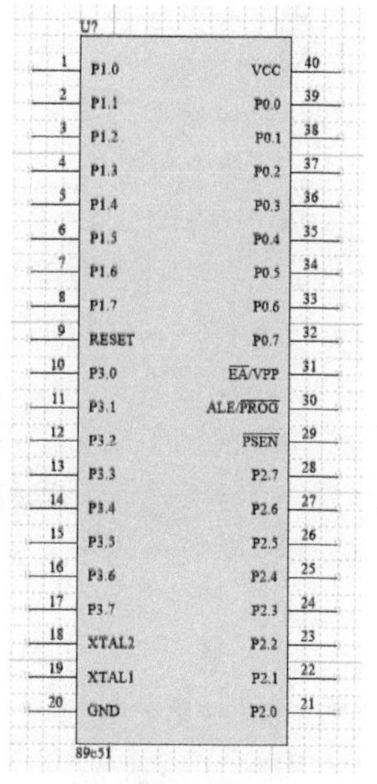

图 2-27　绘制好的元器件模型

- Comment：该文本框用于输入库元器件型号的说明。这里设置为 89C51，并选中后的按钮，则放置该元器件时，89C51 就会显示在原理图中。当按钮被选中时，该项内容不能被更改。
- Description：该文本框用于对库元器件性能及用途的描述。
- Parameters：滑动图中的右侧滑动条可以看见 Parameters 选项，即可对 Footprint、No Models、No Parameters、No Links、No Rules 进行设置，如图 2-29 所示。

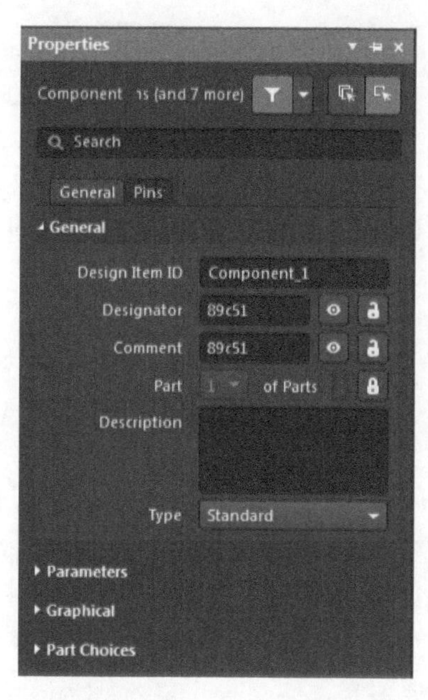

图 2-28　Properties- Component 界面 1

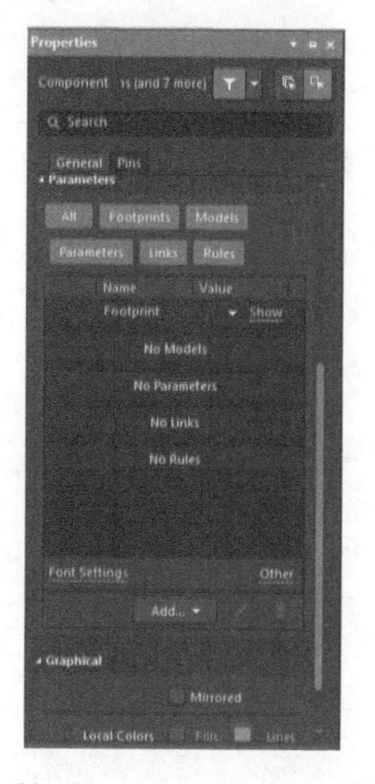

图 2-29　Properties -Component 界面 2

- Graphical：滑动图中的右侧滑动条可以看见 Graphical 选项，即可对元器件线条等颜色的选择和填充，如图 2-29 所示。

勾选 Local Colors 复选框，设置好库元器件的颜色后，也就完成了元器件 89C51 的原理图符号的绘制。在绘制电路原理图时，将该元器件所在的库文件加载，就可以按照第 3 章介绍的内容，方便取用该元器件了。

2. 复制法制作元器件

对于复杂的元器件来说，使用复制法来创建元器件，需要进行大量的修改工作，还不如使用新建法来制作元器件。在熟悉了大部分的元器件后，根据元器件之间相似的地方进行复制修改，能更简洁快速地得到需要制作的元器件。为了体现出复制法的优越性，本节就以一个简单元器件（DS18B20）的例子来介绍一下复制法制作元器件的操作过程。

DS18B20 是一个温度测量元器件，它可以将模拟温度量直接转换成数字信号量输出，与其他设备连接简单，广泛应用于工业测温系统。首先看一下 DS18B20 的元器件外观，如图 2-30 所示。

它采用 TO-92 封装。其中 1 引脚接地，2 引脚为数据输入/输出端口，3 引脚为电源引脚。

经观察 DS18B20 元器件外观与 Miscellaneous Connectors. IntLib 中的 Header 3 相似，Header 3 元器件外观如图 2-31 所示。

图 2-30　DS18B20 元器件外观与封装

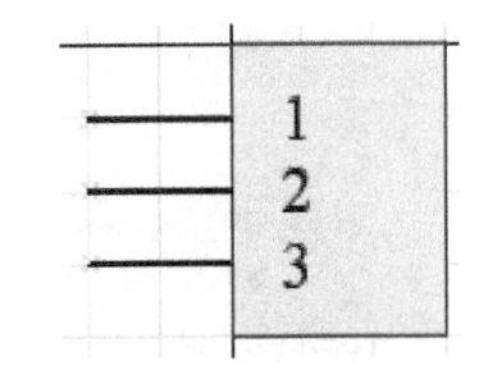

图 2-31　Header 3 元器件外观

把系统给出的库文件 Miscellaneous Connectors. IntLib 中的 Header 3 复制到所创建的原理图库文件 New1. SchLib 中。

【例 2-2】利用复制法为 DS18B20 添加封装模型。

第 1 步：打开并复制 Header 3 元器件。

打开原理图库文件 New1. SchLib，执行【文件】→【打开】命令，找到库文件 Miscellaneous Connectors. IntLib，如图 2-32 所示。

单击【打开】按钮，系统会自动弹出如图 2-33 所示的 Open Integrated Library 提示框。

单击【Extract】按钮，由于库文件格式问题，会弹出如图 2-34 所示【文件格式】对话框，选择第一个选项，单击【确定】按钮，将原来为 5.0 版本的库文件操作后保存为 6.0 版本。

在 Projects 面板上将会显示出该库所对应的原理图库文件 Miscellaneous Connectors. LibPkg，如图 2-35 所示。双击面板中的 Miscellaneous Connectors. Schlib 文件。

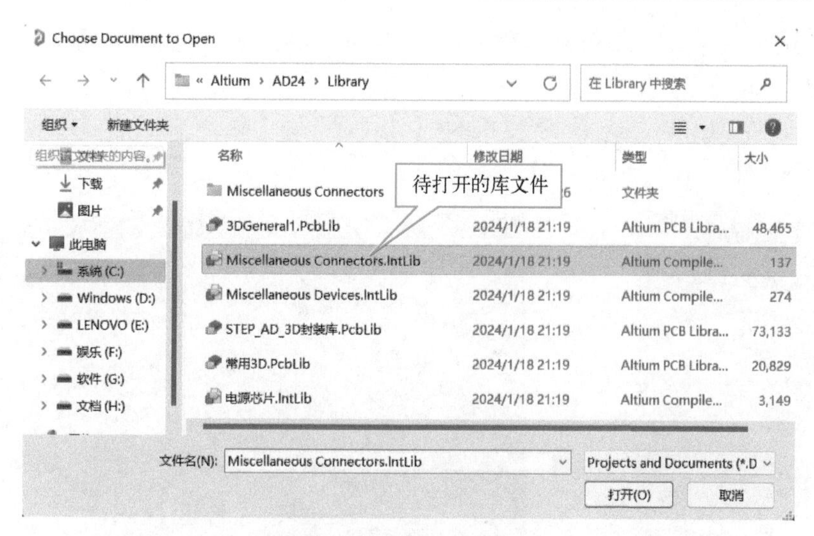

图 2-32　打开现有库文件

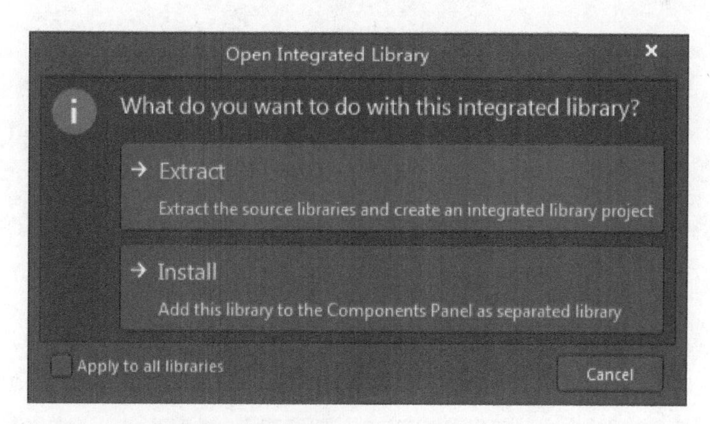

图 2-33　【Open Integrated Library】提示框

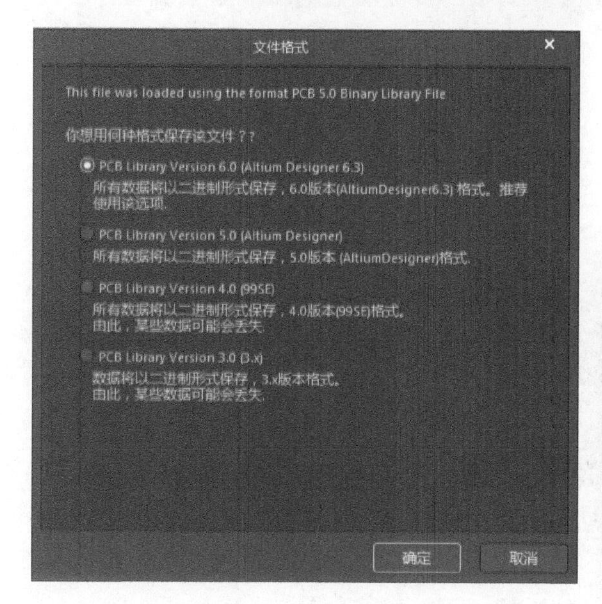

图 2-34　【文件格式】对话框

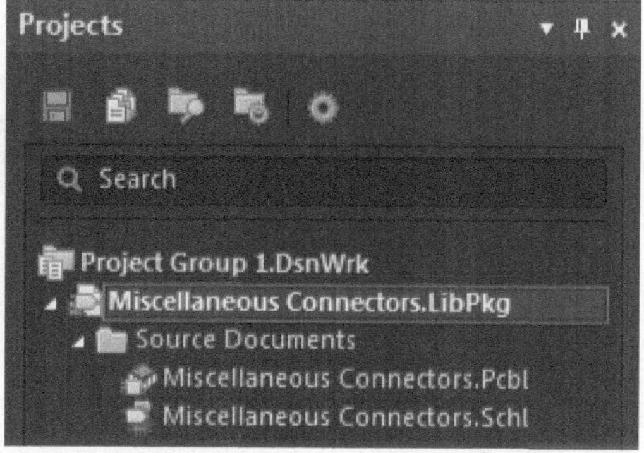

图 2-35　打开 Miscellaneous Connectors. LibPkg 文件

在 SCH Library 面板的元器件列表中显示出了库文件 Miscellaneous Connectors. IntLib 的所有元器件，如图 2-36 所示。

选中库元器件 Header 3，执行菜单栏【工具】→【复制器件】命令，则系统弹出 Destination Library 对话框，如图 2-37 所示。

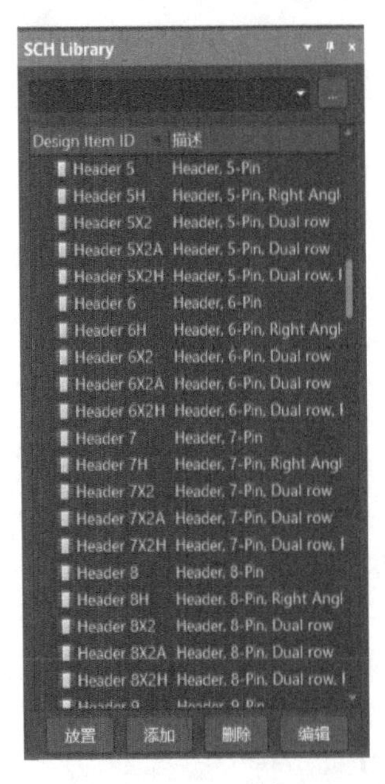

图 2-36　库文件所包含元器件列表

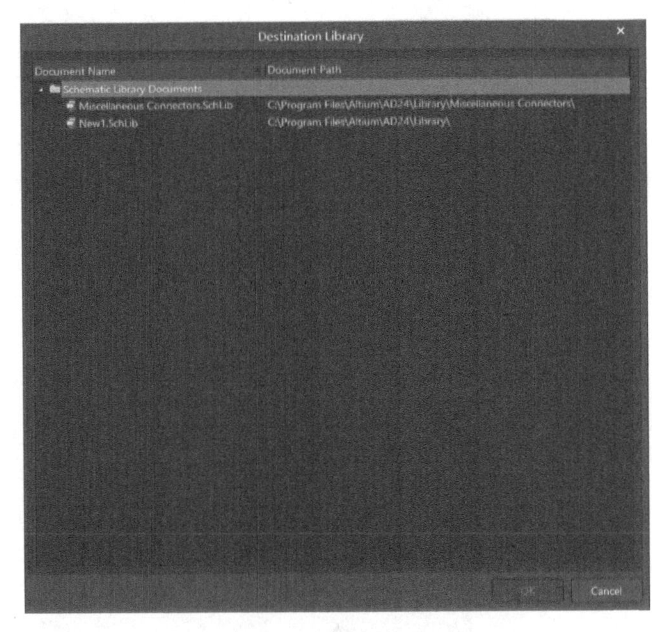

图 2-37　Destination Library 对话框

选择原理图库文件 New1. SchLib，单击【OK】按钮，关闭对话框。打开原理图库文件 New1. SchLib，可以看到库元器件 Header 3 已被复制到该原理图库文件中，如图 2-38 所示。

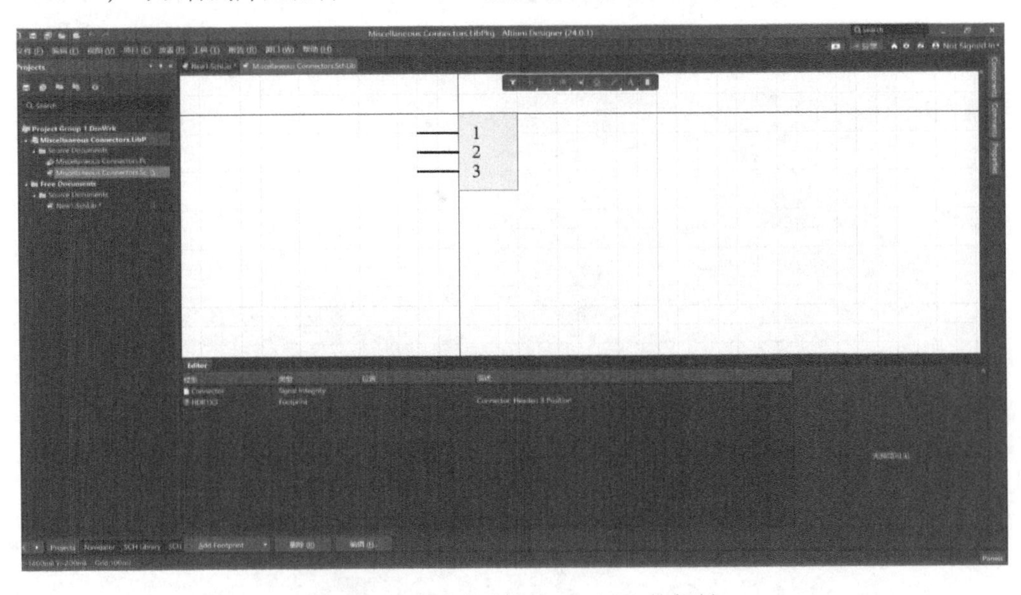

图 2-38　完成库元器件 Header 3 的复制

第 2 步：将复制的 Header 3 修改为 DS18B20。

在 SCH Library 面板中的元器件列表中选择 Header 3 并双击弹出 Properties 界面，在 Design

Item ID 栏，对元器件进行重命名，如图 2-39 所示。

在文本框内输入元器件的新名称。更改名称后，再将原来元器件的描述信息删除。通过 SCH Library 面板可以看到，修改名称后的库元器件，如图 2-40 所示。

图 2-39　对元器件进行重命名

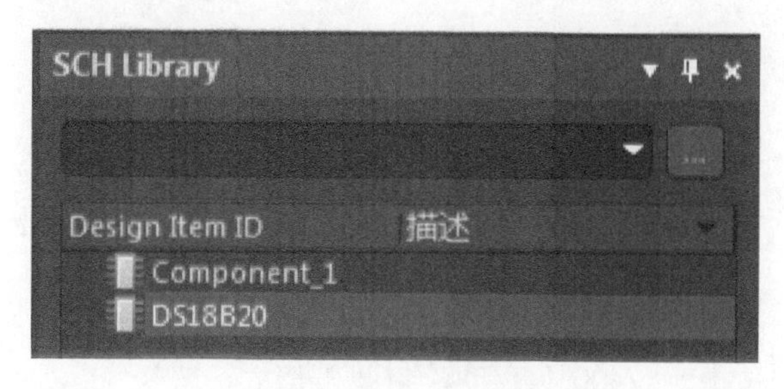

图 2-40　修改名称后的库元器件

第 3 步：调整矩形框大小及引脚间距。

单击选中元器件绘制窗口的矩形框，则在矩形框的四周出现如图 2-41 所示的拖动框。改变矩形框到合适尺寸，如图 2-42 所示。接着调整引脚的位置。将鼠标放置到引脚上拖动，在期望放置引脚的位置释放鼠标，即可改变引脚的位置，如图 2-43 所示。

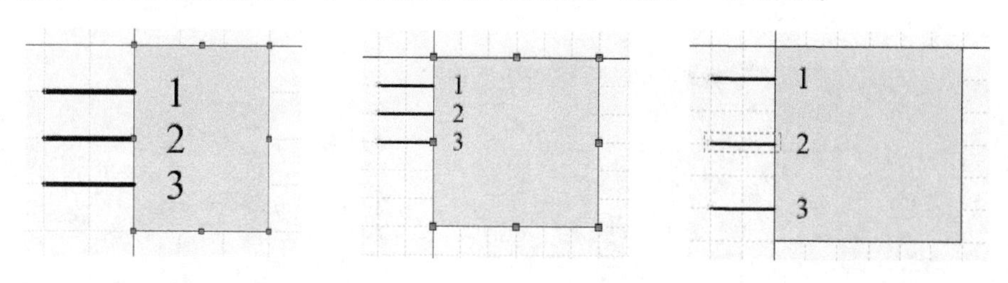

图 2-41　改变矩形框的大小　图 2-42　改变矩形框尺寸　图 2-43　改变引脚位置

第 4 步：修改引脚参数。

双击 1 号引脚，在弹出 Properties-Pin 对话框中，对引脚进行修改，如图 2-44 所示。

设置 Name 为 GND，设置 Designator 为 1，设置引脚的 Electrical Type 为 Power，设置 Designator、Name 均为 （可见的），Pin Length 为 300 mil，其他选项采用系统默认设置，如图 2-45 所示。

按照上述方法编辑其他引脚，完成所有编辑后如图 2-46 所示。

单击图标 ，将绘制好的原理图符号保存。

3. 创建复合元器件

有时一个集成电路会包含多个门电路，比如集成块 7400 芯片包含了四个与非门电路。本小节将介绍如何创建这种元器件。

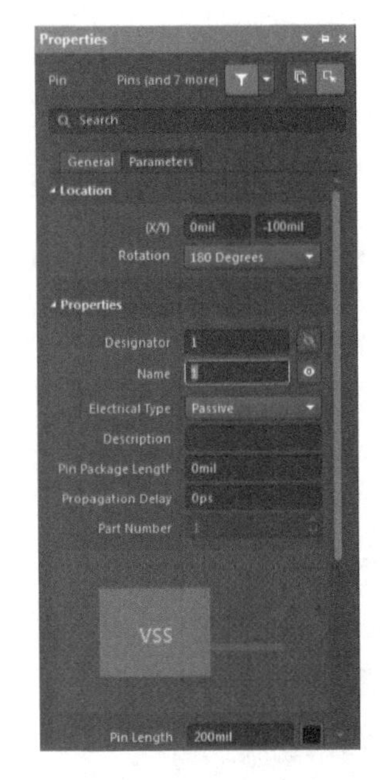

图 2-44　Properties-Pin 界面

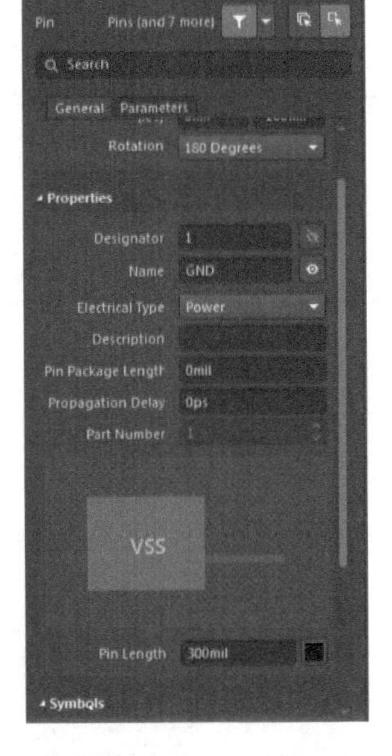

图 2-45　设置完成 Properties-Pin 界面

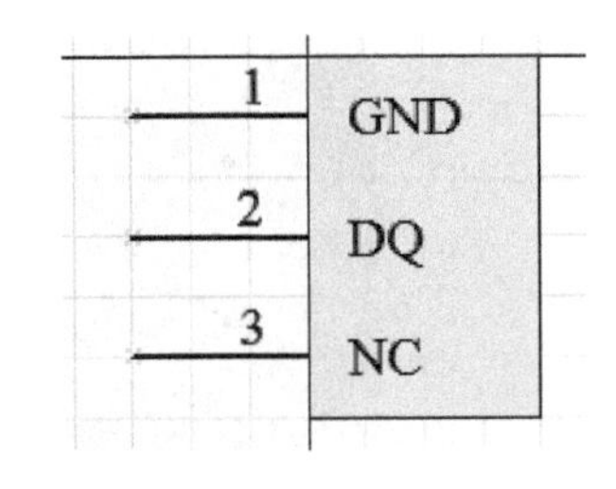

图 2-46　编辑好的元器件引脚

【例 2-3】为 7400 芯片创建封装模型。

第 1 步：在 Altium Designer 24 的主界面执行【文件】→【新的】→【库（L)】→【File】→【Schematic Library】命令，进行原理图库创建操作。

第 2 步：在原理图库文件编辑环境，执行菜单【工具】→【新器件】命令，弹出 New Component 对话框，默认的元器件名为 Component_2，如图 2-47 所示。将元器件名称修改为“7400”。单击【确定】按钮，在原理图库文件中就完成了添加新元器件，在 SCH Library 面板中可以查看，如图 2-48 所示。

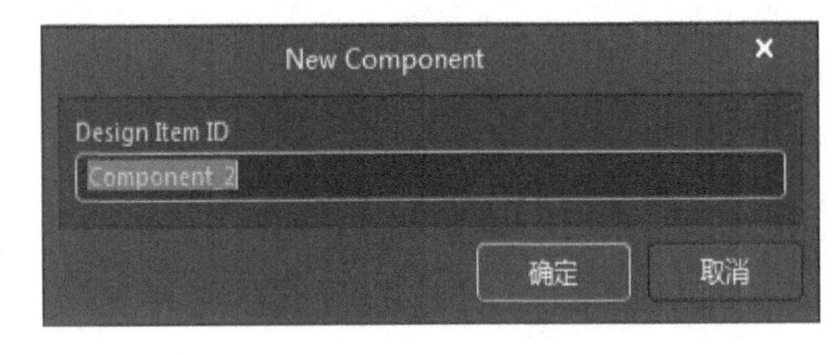

图 2-47　New Component 对话框

图 2-48　SCH Library 面板

第 3 步：执行【放置】→【IEEE 符号】→【与门】命令，将与门放置到原理图库文件的编辑环境中，如图 2-49 所示。

双击与门符号，弹出 Properties-IEEE Symbol 界面，如图 2-50 所示。修改该符号的【Line】，将其改为 Smallest，如图 2-51 所示。

利用在新建法中提到的方法，为元器件添加 5 个引脚，如图 2-52 所示。

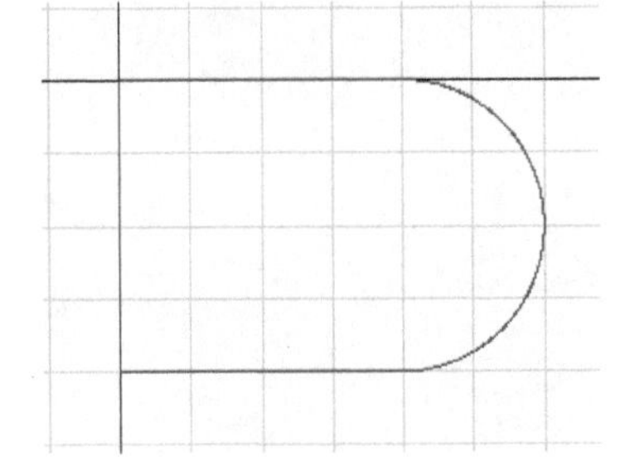

图 2-49　放置与门符号

第 4 步：设置这些引脚的引脚名都为不可见。引脚 1 和引脚 2 的【Electrical Type】为 Input，引脚 3 的

【Electrical Type】为 Output，同时其符号类型为 Dot。电源引脚（引脚 14）和接地引脚（引脚 7）都是隐藏引脚。这两个引脚对所有的功能模块都是共用的，因此只需设置一次。这里将引脚 7 设置为隐藏引脚，此处的设置方法与新建法中的第 4 步一致，引脚 14 的设置方法也是同样，只需将【Name】改成 VCC。

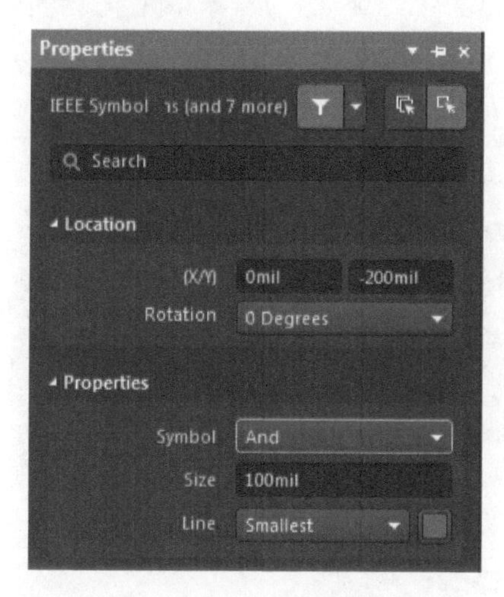

图 2-50　Properties-IEEE Symbol 界面

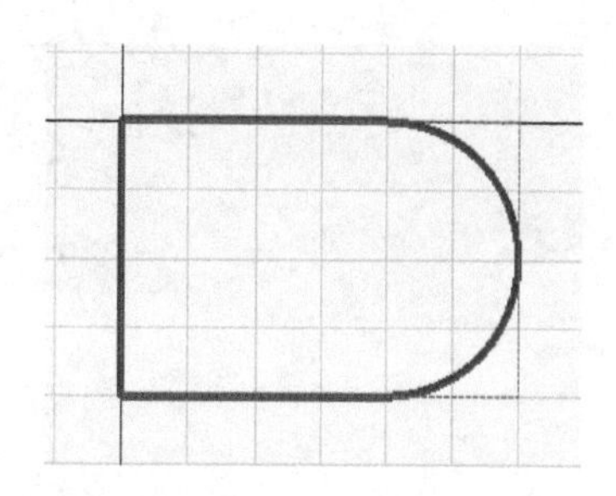

图 2-51　设置 IEEE 符号的 Line

创建完成的原理图库文件，如图 2-53 所示。

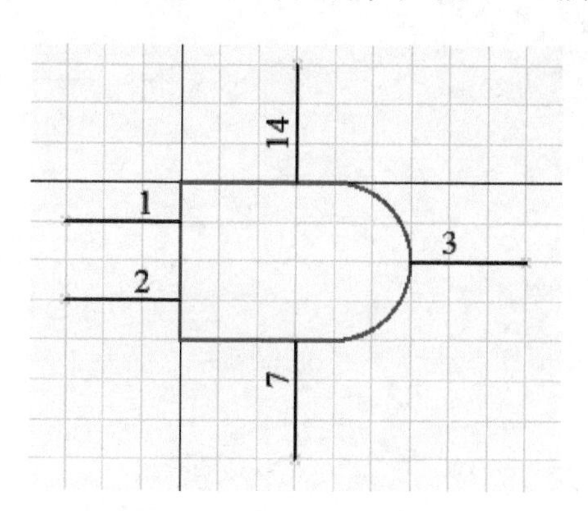

图 2-52　添加元器件引脚

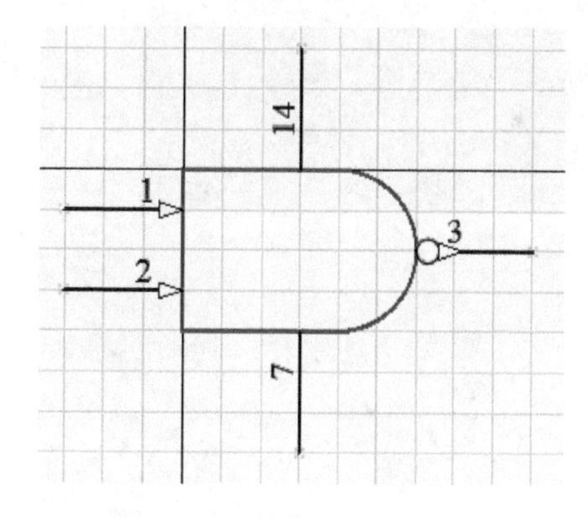

图 2-53　创建的与非门电路

第 5 步：为创建新的元器件部件，执行【编辑】→【选择】→【全部】菜单命令，如图 2-54a 所示，也可直接使用快捷键〈Ctrl+A〉。然后执行【编辑】→【复制】菜单命令，或使用快捷键〈Ctrl+C〉，将所选定的内容复制到粘贴板中。

执行【工具】→【新部件】菜单命令，如图 2-54b 所示。

原理图库文件编辑环境，将切换到一个空白的元器件设计区。同时在 SCH Library 面板的元器件库中自动创建 Part A 和 Part B 两个子部件，如图 2-55 所示。

在 SCH Library 面板中选中 Part B 部件，执行菜单【编辑】→【粘贴】命令，或按快捷键〈Ctrl+V〉，光标变成所复制的元器件轮廓，如图 2-56 所示。

在新建元器件 Part B 中重新设置引脚属性，设置完成的 Part B 如图 2-57 所示。

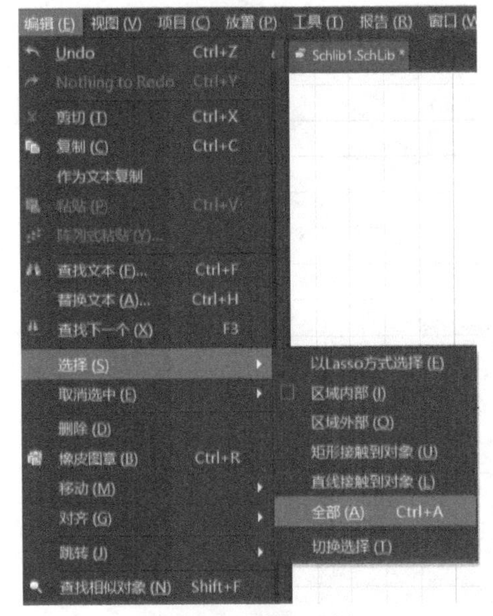

a)【编辑】→【选择】→【全部】

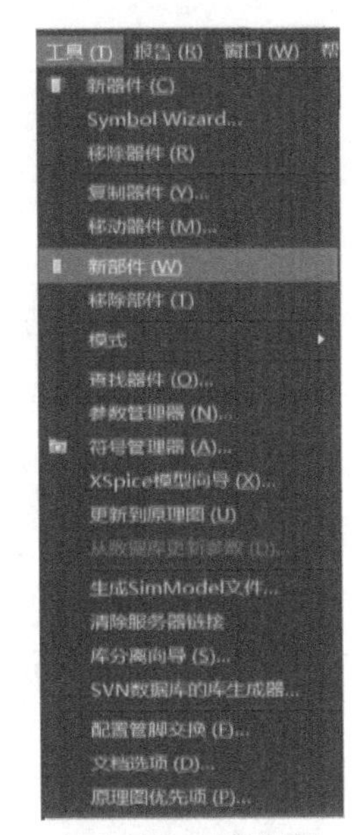

b)【工具】→【新部件】

图 2-54　创建新的元器件部件

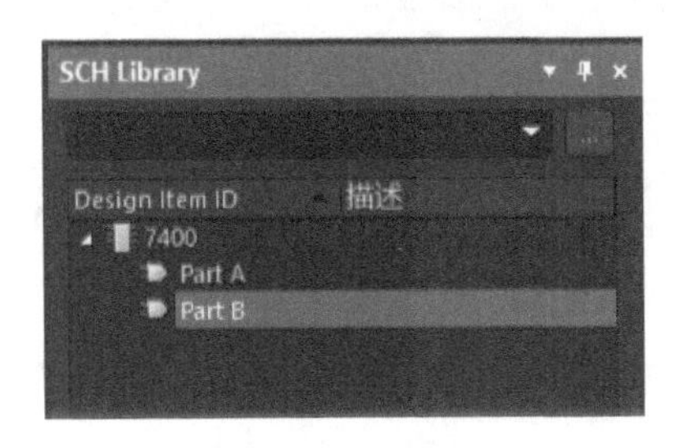

图 2-55　SCH Library 面板

图 2-56　复制元器件到 Part B

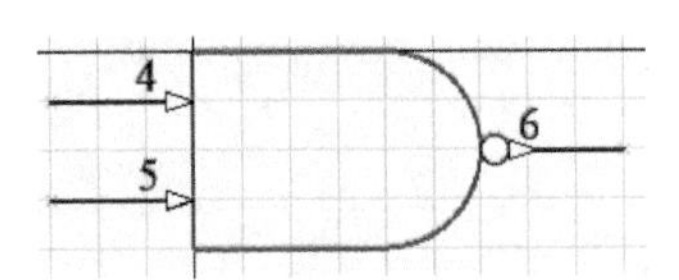

图 2-57　设置完成的 Part B

第 6 步：重复上述步骤，分别创建 Part C 和 Part D 部件，结果如图 2-58 所示。

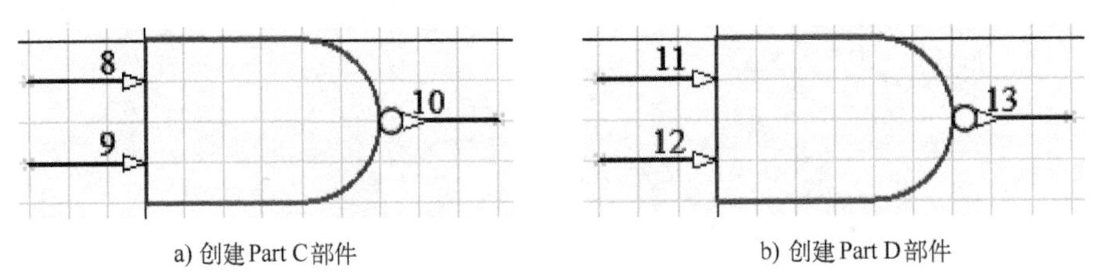

a) 创建 Part C 部件　　b) 创建 Part D 部件

图 2-58　分别创建 Part C 和 Part D 部件

第 7 步：在 SCH Library 面板中单击所创建的元器件 7400，单击【编辑】按钮。系统会弹出 Properties-Component 对话框，将 Design Item ID 文本框中的内容修改为“7400”，如图 2-59 所示。

单击按钮，保存创建的元器件。

4. 为库元器件添加封装模型

封装是指安装半导体集成电路芯片用的外壳，它起着安放、固定、密封、保护芯片和增强导热性能的作用，也是连接芯片上的接点与外部电路的桥梁。不同的封装代表了不同的外包装规格。在完成原理图库文件的制作后，应为所绘制的图形添加 Footprint（封装）模型。

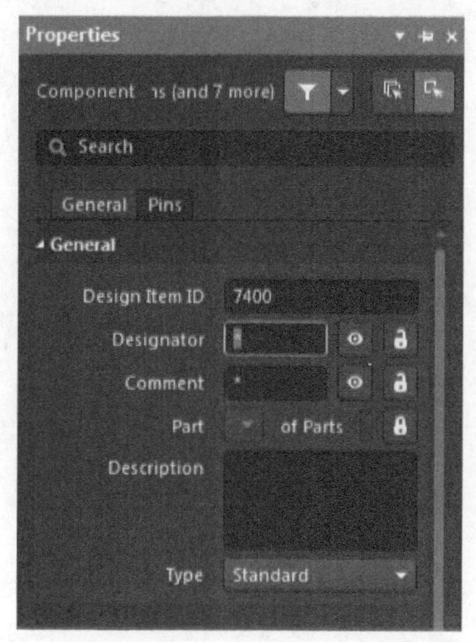

图 2-59　Properties-Component 对话框

【例 2-4】为 7400 芯片添加封装模型。

第 1 步：选中待添加 Footprint 模型的元器件，这里以 7400 为例。双击该元器件打开 Properties-Component 页面。在【Parameters】中单击【Add】→【Footprint】按钮，打开【PCB 模型】对话框，如图 2-60 所示。

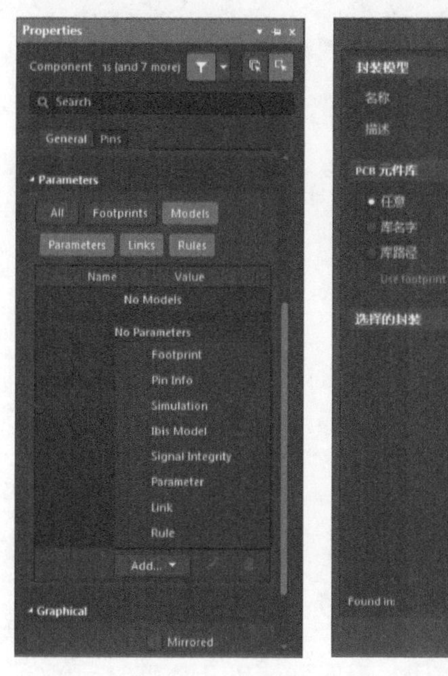

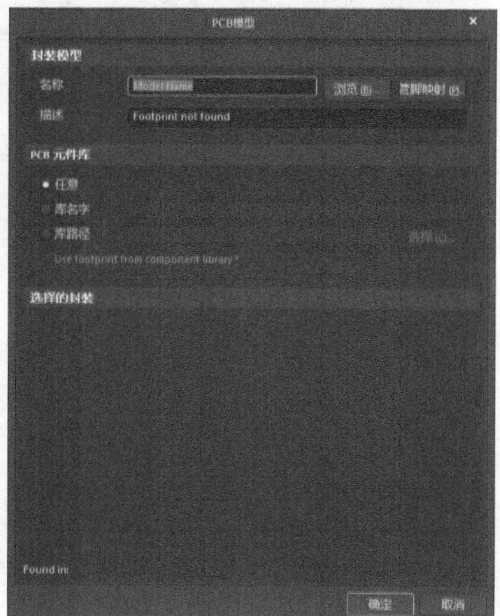

图 2-60　【PCB 模型】对话框

单击【浏览】按钮，打开【浏览库】对话框，如图 2-61 所示。

该对话框可以用来查找已有模型。单击【查找】按钮，打开【基于文件的库搜索】对话框，如图 2-62 所示。

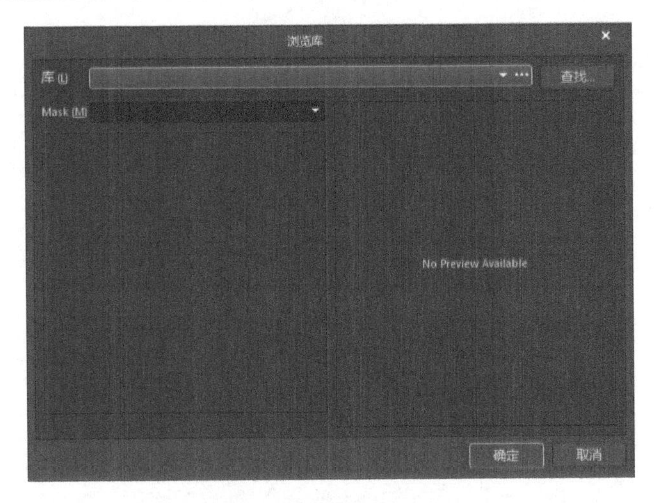

图 2-61 【浏览库】对话框

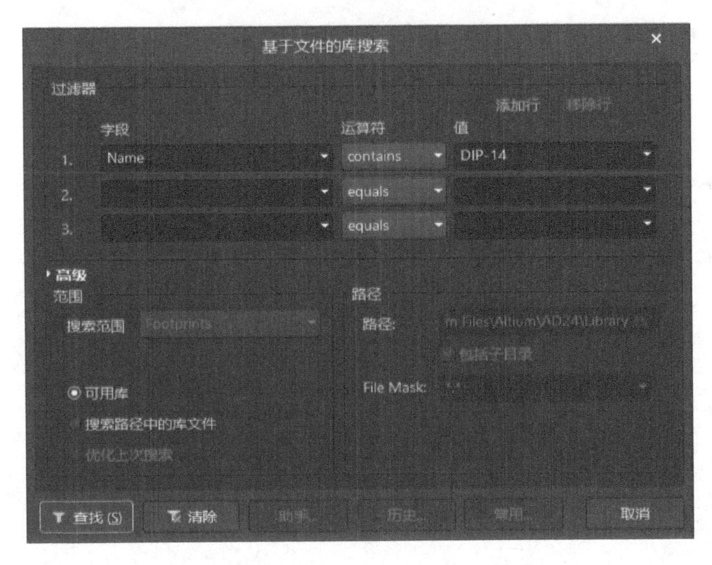

图 2-62 【基于文件的库搜索】对话框

7400 是一个 14 引脚元器件，在【运算符】下拉列表中选择 contains，在【值】内输入 DIP-14。在【高级】区域中选中【可用库】，单击【查找】按钮，对封装进行搜索。结果如图 2-63 所示。

📖 提示：选中【可用库】选项时，指在已安装的封装库中搜索，选择【搜索路径中的库文件】时，可自行设定搜索路径搜索文件夹中未安装的库。

第 2 步：选中 DIP-14 并单击【确认】按钮，返回到【PCB 模型】对话框，选中【PCB 元件库】中的库路径，点击选择之前建立库选取的路径里的“Miscellaneous Devices. IntLib”如图 2-64 所示。可以看到此时已成功为 7400 添加了 DIP-14 封装。

单击【确定】按钮，返回原理图库文件编辑环境中，在 Properties 界面的 Footprint 列表中可以看到新添加的封装模型，如图 2-65 所示。

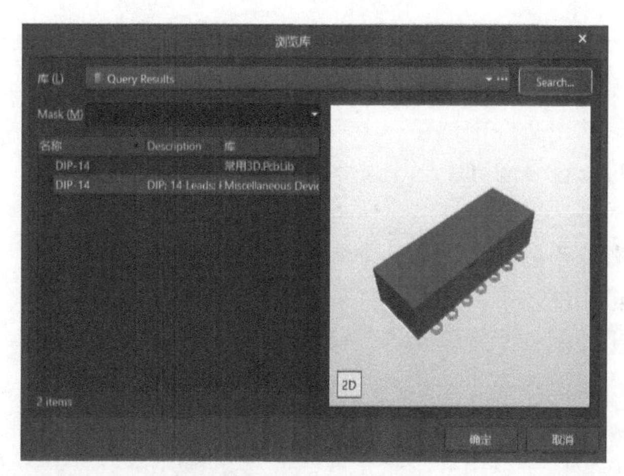

图 2-63　封装搜索结果

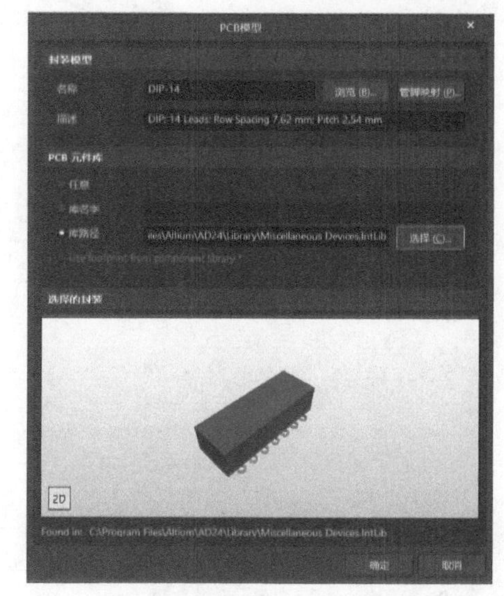

图 2-64　添加封装模型

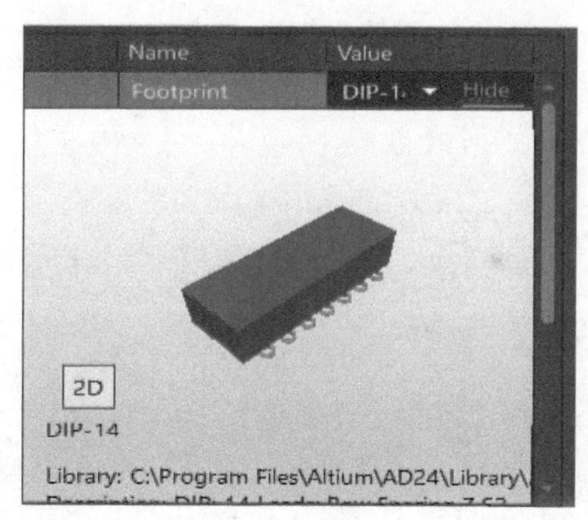

图 2-65　为 7400 添加 DIP-14 封装模型

完成了添加封装模型的工作，结果如图 2-66 所示。

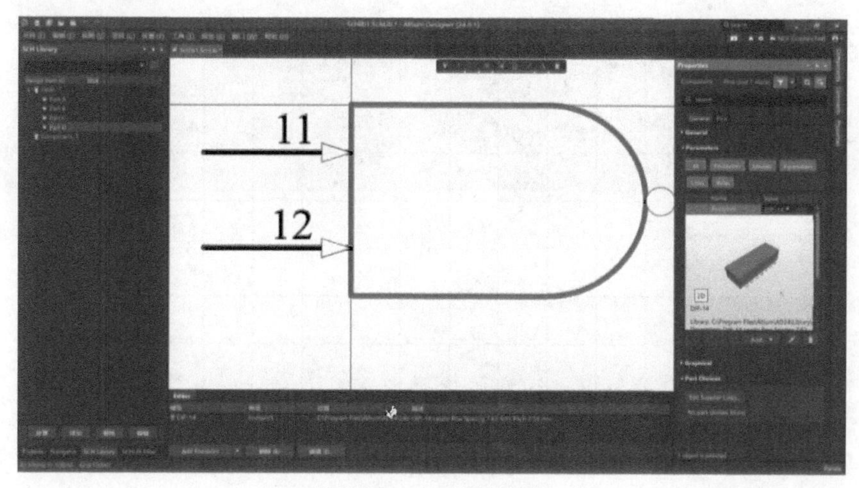

图 2-66　完成添加工作

5. 库元器件编辑命令

在原理图库文件编辑环境中，系统提供了一系列对库元器件进行维护的命令。

- 【新器件】：在当前库文件中创建一个新的库元器件。
- 【Symbol Wizard】：符号向导，用来观察部件的引脚情况以及 layout style，一般采取默认设置，不需要更改。
- 【移除器件】：删除当前库文件中选中的所有库元器件。
- 【复制器件】：把当前选中的库元器件复制到目标库文件中。
- 【移动器件】：把当前选中的库元器件移动到目标库文件中。
- 【新部件】：为当前所选中的库元器件创建一个子部件。
- 【移除部件】：删除当前库元器件中选中的一个子部件。
- 【模式】：该级联菜单命令用来对库元器件的显示模式进行选择，包括【添加】和【移除】等。它的功能与模式工具栏相同，如图 2-67 所示。
- 【查找器件】：用来启动 Components 对话框进行库元器件的查找。
- 【参数管理器】：对当前的原理图库文件及其库元器件的相关参数进行管理，可以追加或删除。执行该命令后，弹出如图 2-68 所示的【参数编辑选项】对话框。在该对话框中可以选择设置所要显示的参数，如零件、引脚、模型和文档等。
- 【模型管理器】：用于为当前所选中的库元器件引导添加其他模型，包括 PCB 模型（Footprint）、引脚信息（Pin Info）、信号完整性模型（Signal Integrity）、IBIS 模型（Ibis Integrity）、仿真信号模型（Simulation）和 PCB 3D 模型（PCB3D），如图 2-69 所示。

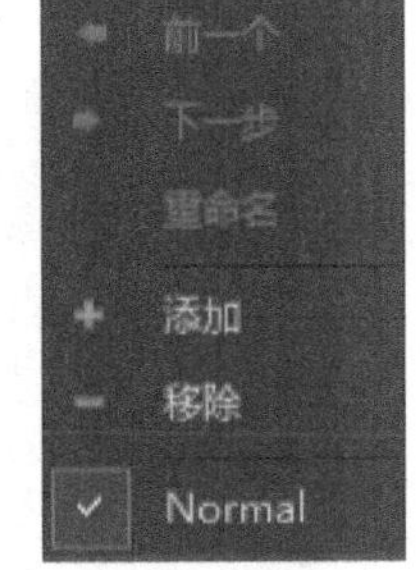

图 2-67 【模式】级联菜单命令

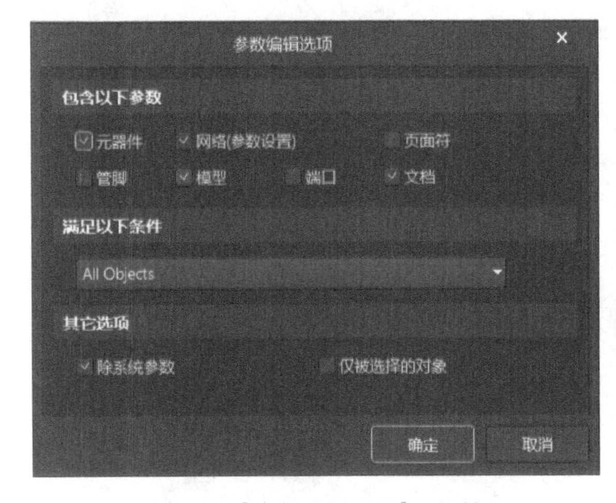

图 2-68 【参数编辑选项】对话框

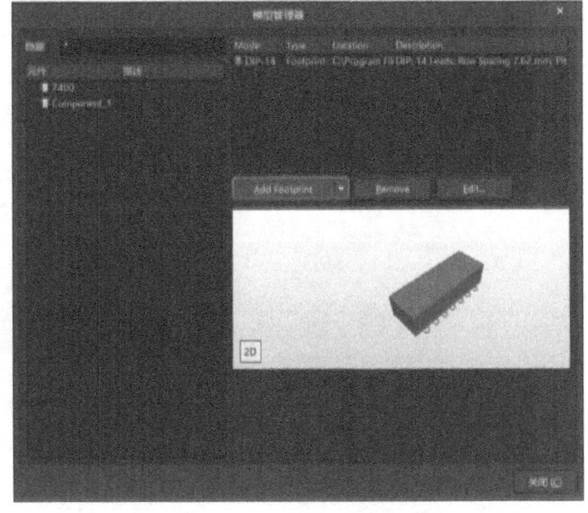

图 2-69 【模型管理器】对话框

- XSpice 模型向导：用来引导用户为所选中的库元器件添加一个 XSpice 模型。

📖 提示：SPICE 是一种强大的通用模拟混合模式电路仿真器，可以用于验证电路设计并且预知电路的行为。Altium Designer 24 是目前非常流行的硬件开发平台，该平台支持 Spice 功能，可以对电路进行全方位的仿真和验证，从而大大提升硬件的开发速度，减少开发的时间和成本。XSpice 模拟器件模型是针对一些可能会影响到仿真效率的、冗长的、无须开发

的局部电路，而设计的复杂的、非线性器件特性模型代码。包括特殊功能函数，诸如增益、磁滞效应、限电压及限电流、s 域传输函数精确度等。

【例 2-5】 为电容添加一个 XSpice 模型。

第 1 步：执行菜单【工具】→【XSpice 模型向导】命令，打开【SPICE 模型向导】对话框，如图 2-70 所示。

第 2 步：单击 Next 按钮，进入【SPICE 模型向导】对话框，在该对话框中选择希望生成 SPICE 模型的元器件，选择 Semiconductor Capacitor，如图 2-71 所示。

图 2-70 【SPICE 模型向导】对话框 1

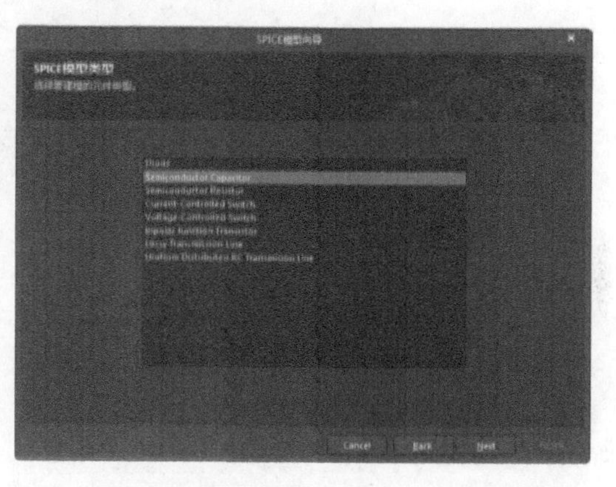

图 2-71 【SPICE 模型向导】对话框 2

第 3 步：单击 Next 按钮，进入【电容半导体 SPICE 模型向导】对话框，在对话框中设置添加新建的 SPICE 模型到新建原理图库文件或添加到已有的原理图库文件，如图 2-72 所示。

第 4 步：单击 Next 按钮，设置电容模型的具体名称及描述输入电容，如图 2-73 所示。

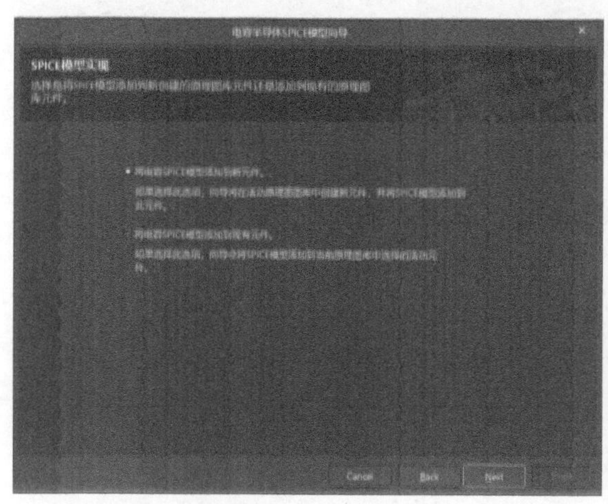

图 2-72 【电容半导体 SPICE 模型向导】对话框 1

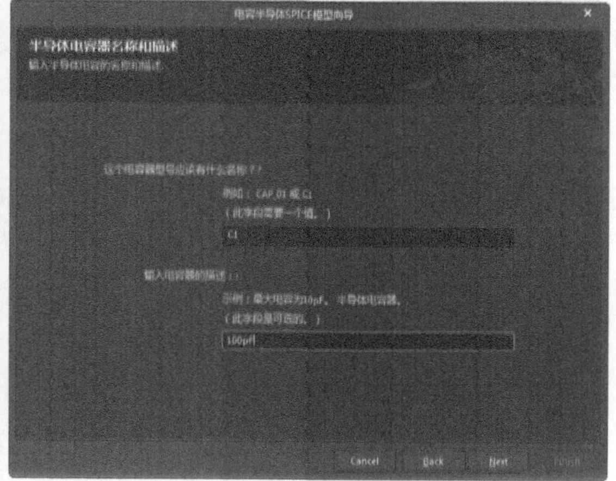

图 2-73 【电容半导体 SPICE 模型向导】对话框 2

第 5 步：单击 Next 按钮，设置 SPICE 模型的各项参数值，如图 2-74 所示。

第 6 步：单击 Next 按钮，该对话框中列出了 SPICE 模型的各项设置值，如图 2-75 所示。

第 7 步：单击 Next 按钮，完成设置，如图 2-76 所示。

第 8 步：单击 Finish 按钮，弹出保存选项，单击保存，如图 2-77 所示。

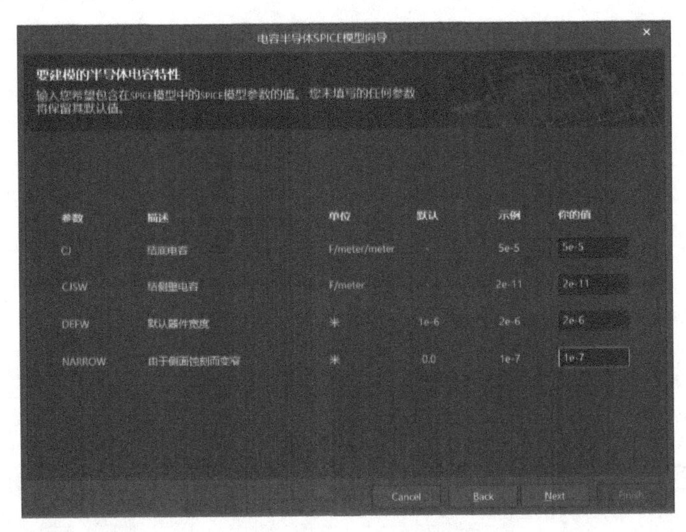

图 2-74 【电容半导体 SPICE 模型向导】对话框 3

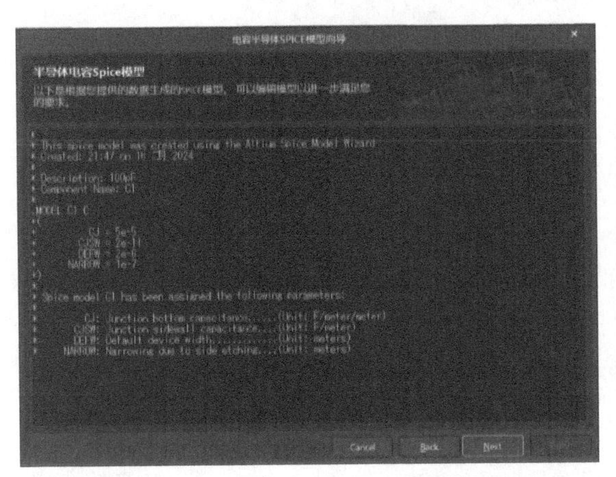

图 2-75 【电容半导体 SPICE 模型向导】对话框 4

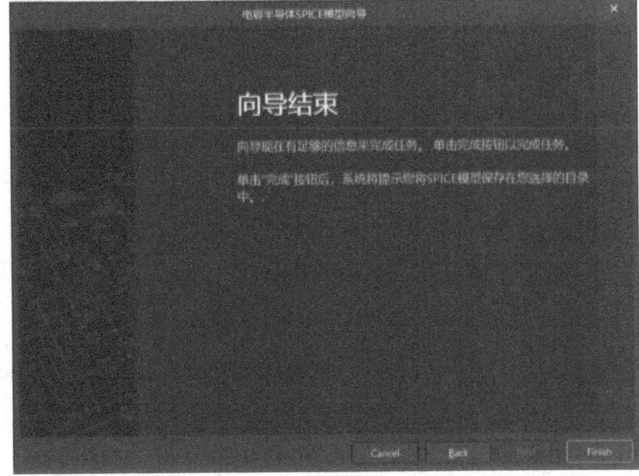

图 2-76 【电容半导体 SPICE 模型向导】对话框 5

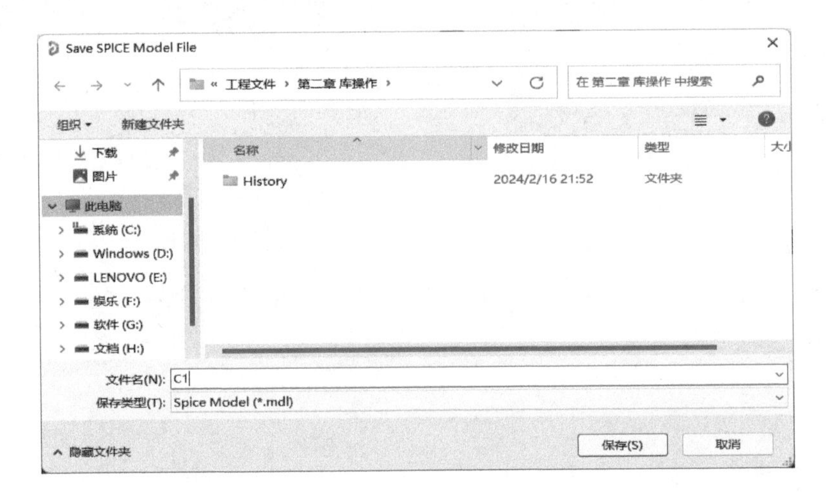

图 2-77 保存对话框

第 9 步：退出向导设置界面，同时在原理图库文件中生成一个 XSpice 模型，如图 2-78 所示。

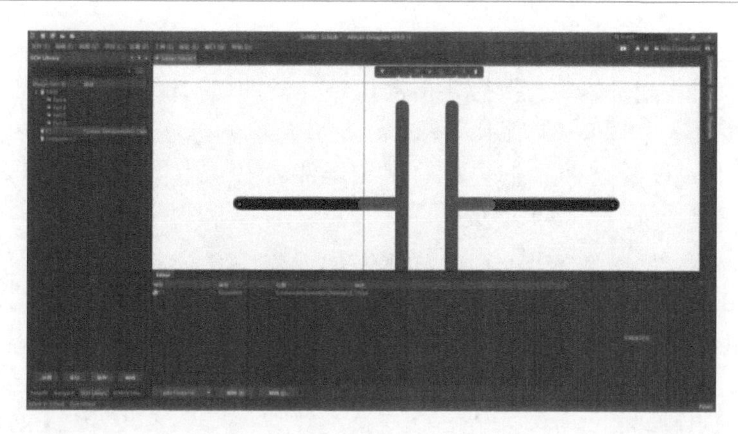

图 2-78　生成的 XSpice 模型

2.2.4　库文件输出报表

本章介绍了 4 种不同类型的库文件输出报表，主要用于展示：元器件的属性、引脚的名称及引脚编号、隐藏引脚的属性等；元器件的设计错误检查包含了综合的元器件参数、引脚和模型信息、原理图符号预览，以及 PCB 封装和 3D 模型。

【例 2-6】 以前面创建的原理图库文件 New. SchLib 为例，介绍一下各种报表的生成及作用。

1. 生成元器件报表

在 Altium Designer 24 的主编辑环境中，打开原理图库文件 New. SchLib。在 SCH Library 面板的元器件栏中需要选择一个用来生成报表的库元器件，如选择其中的 LED。执行【报告】→【元件】命令，则系统会生成该库元器件的报表，如图 2-79 所示。元器件报表列出了库元器件的属性、引脚的名称及引脚编号、隐藏引脚的属性等，便于用户检查。同时元器件报表会在 Projects 面板中以一个扩展名为 . cmp 的文本文件被保存，如图 2-80 所示。

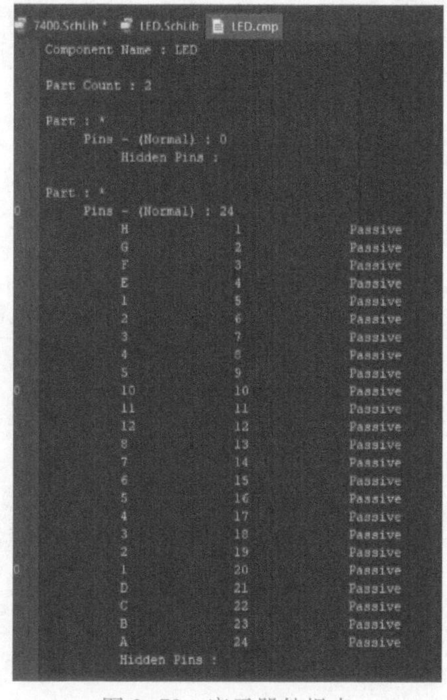

图 2-79　库元器件报表

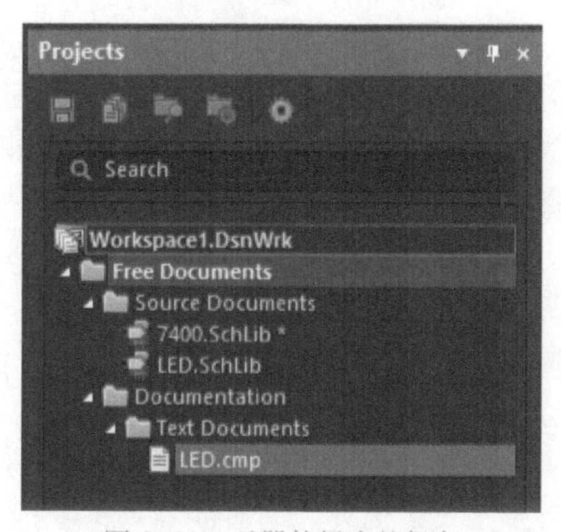

图 2-80　元器件报表的保存

2. 生成元器件规则检查报表

在原理图库文件编辑环境中，执行【报告】→【器件规则检查】命令，弹出【库元件规则检测】设置对话框，如图 2-81 所示。

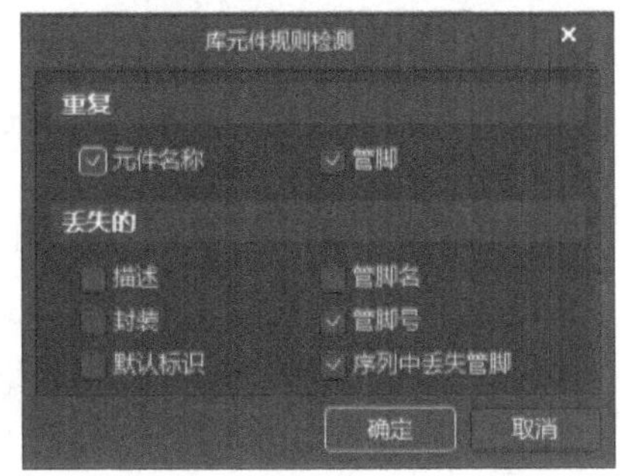

图 2-81 【库元件规则检测】设置对话框

- 【元件名称】：设置是否检查重复的库元器件名称。选中该复选框后，如果库文件中存在重复的库元器件名称，则系统会把这种情况视为规则错误，显示在错误报表中。
- 【管脚】：设置是否检查重复的引脚名称。选中该复选框后，系统会检查每一库元器件的引脚是否存在重复的引脚名称，如果存在，则系统会视为同名错误，显示在错误报表中。
- 【描述】：选中该复选框时，系统将检查每一库元器件属性中的【描述】栏是否空缺，如果空缺，则系统会给出错误报告。
- 【封装】：选中该复选框时，系统将检查每一库元器件属性中的【封装】栏是否空缺，如果空缺，则系统会给出错误报告。
- 【默认标识】：选中该复选框时，系统将检查每一库元器件的标识符是否空缺，如果空缺，则系统会给出错误报告。
- 【管脚名】：选中该复选框时，系统将检查每一库元器件是否存在引脚名的空缺，如果空缺，则系统会给出错误报告。
- 【管脚号】：选中该复选框时，系统将检查每一库元器件是否存在引脚编号的空缺，如果空缺，则系统会给出错误报告。
- 【序列中丢失管脚】：选中该复选框时，系统将检查每一库元器件是否存在引脚编号不连续的情况，如果存在，则系统会给出错误报告。

设置完毕后，单击【确定】按钮，关闭对话框，生成该库文件的元器件规则检查报表，如图 2-82 所示（给出存在引脚编号空缺的错误）。

图 2-82 元器件规则检查报表

同时元器件规则检查报表会在 Projects 面板中被以一个扩展名为 . ERR 的文本文件保存，如图 2-83 所示。

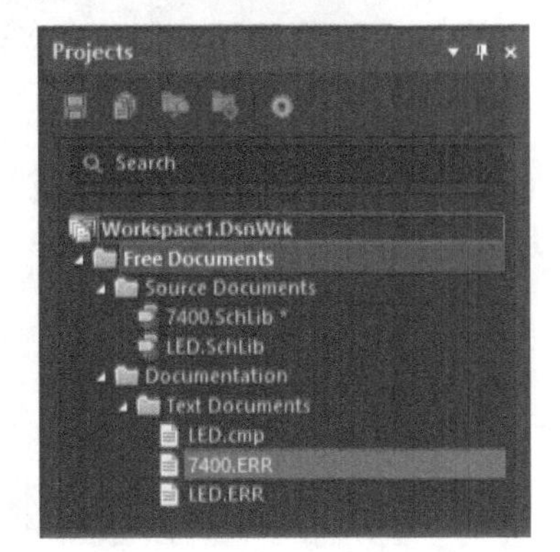

图 2-83 元器件规则检查报表的保存

根据生成的元器件规则检查报表，用户可以对相应的库元器件进行修改。

3. 生成元器件库报表

在原理图库文件编辑环境中，执行【报告】→【库列表】命令，生成该元器件库的报表，如图 2-84 所示。

该报表列出了当前原理图库文件 New. SchLib 中所有元器件的名称及相关的描述。同时元器件库报表会在 Projects 面板中被以一个扩展名为 .rep 的文本文件保存，如图 2-85 所示。

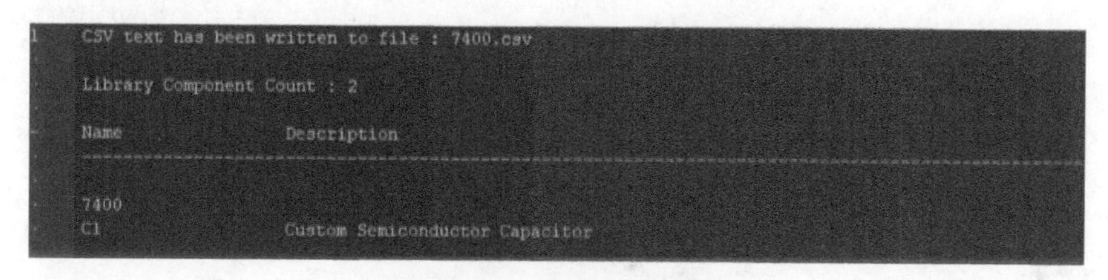

图 2-84 元器件库的报表

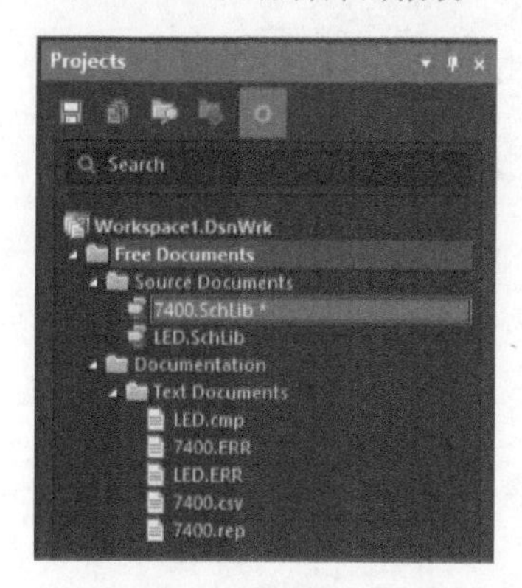

图 2-85 元器件库报表的保存

4. 元器件库报告

元器件库报告描述特定库中所有元器件的详尽信息的，包含了综合的元器件参数、引脚和模型信息、原理图符号预览以及 PCB 封装和 3D 模型等。生成报告时可以选择生成文档（Word）格式或浏览器（HTML）格式，如果选择浏览器格式的报告，还可以额外提供库中所有元器件的超链接列表，即通过网络进行发布。

在原理图库文件编辑环境中，执行命令【报告】→【库报告】，弹出如图 2-86 所示的【库报告设置】对话框。

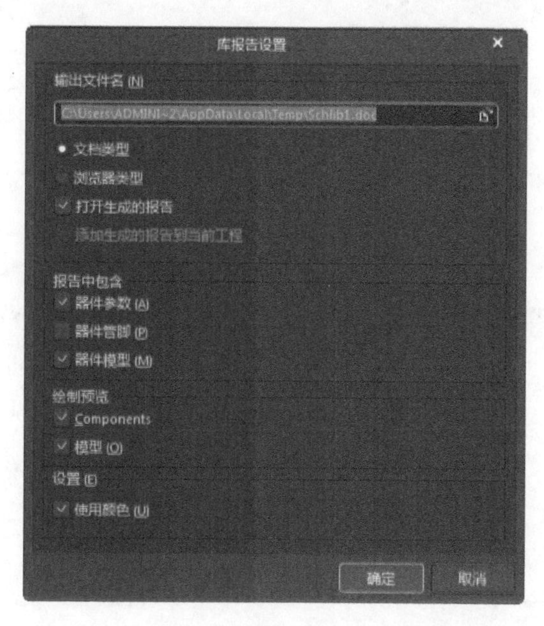

图 2-86 【库报告设置】对话框

该对话框用于设置生成的库报告格式及显示的内容，以文档样式输出的库报告的名为“库名称 . doc”，以浏览器格式输出的库报告的名为“库名称 . html”。这里选择以浏览器格式输出报告，其他设置按默认设置。单击【确定】按钮，关闭对话框，同时生成了浏览器格式的库报告，如图 2-87 所示。

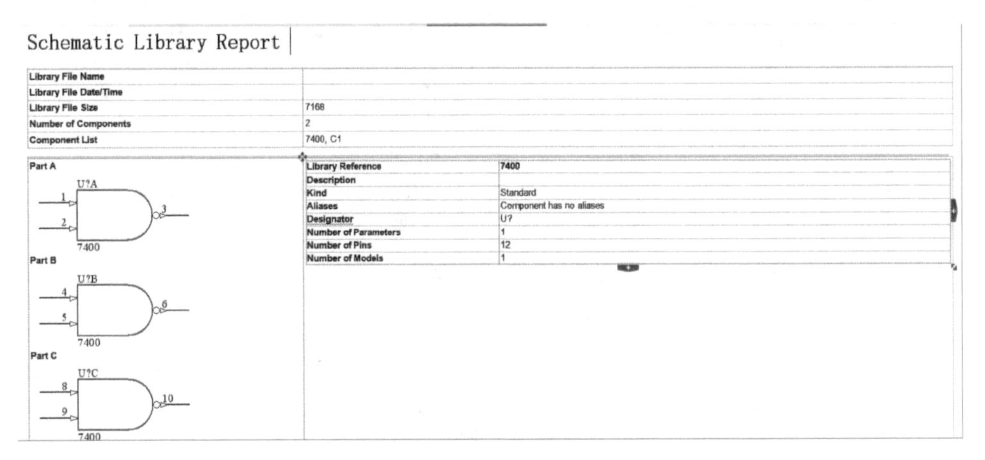

Schematic Library Report

Library File Name	
Library File Date/Time	
Library File Size	7168
Number of Components	2
Component List	7400, C1

Library Reference	7400
Description	
Kind	Standard
Aliases	Component has no aliases
Designator	U?
Number of Parameters	1
Number of Pins	12
Number of Models	1

图 2-87　输出库报告

2.3　创建 PCB 元器件库

元器件封装是指实际元器件焊接到电路板时所指示的外观和焊点的位置，是纯粹的空间概念。因此不同的元器件可共用同一元器件封装，同种元器件也可有不同的元器件封装。目前，元器件种类越来越多，越来越复杂多样，而一些元器件系统封装库并没有对应的封装，对于在 PCB 库中找不到的元器件封装，需要用户对元器件精确测量后手动制作出来。制作元器件封装时共有 3 种方法，分别是使用 PCB 元器件向导制作元器件封装、绘制元器件封装和采用编辑的方法制作元器件。

2.3.1　使用 PCB 元器件向导制作元器件封装

Altium Designer 24 为用户提供了一种简便快捷的元器件封装制作方法，即使用 PCB 元器件向导。用户只需按照向导给出的提示，逐步输入元器件的尺寸参数，即可完成封装的制作。

【例 2-7】 以电容模型 RB2.1-4.22 添加封装模型

第 1 步：执行【文件】→【新的】→【库（L）】→【File】→【PCB Library】命令，新建了一个空白的 PCB 库文件，将其另存为 New.PcbLib，同时进入了 PCB 库文件编辑环境中。执行【工具】→【元件向导】或在 PCB Libray 面板的元器件封装栏中右击，执行右键菜单中的 Footprint Wizard 命令，打开元器件向导对话框，如图 2-88 所示。

第 2 步：单击 Next 按钮，进入元器件选型窗口，根据设计需要，可在 12 种封装模型中选择一个适合的封装模型。此处以电容封装 RB2.1-4.22 为例进行讲解，所以选择 Capacitors，选择单位为 Metric(mm)，如图 2-89 所示。

系统给出的封装模型有 12 种：

- Ball Grid Arrays(BGA)：球型栅格列阵封装，是一种高密度、高性能的封装形式。
- Capacitors：电容型封装，可以选择直插式或贴片式封装。

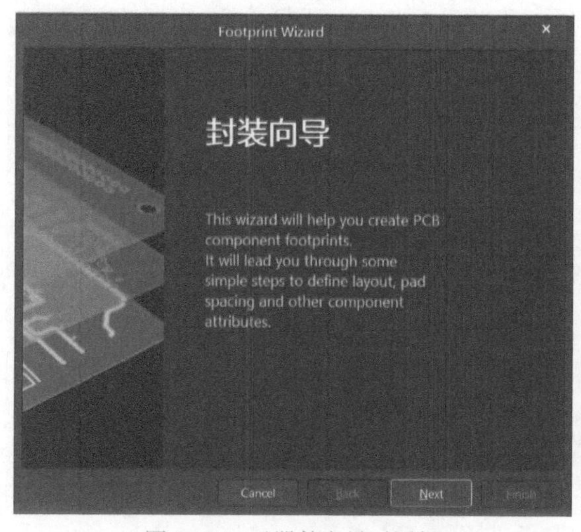

图 2-88　元器件向导对话框

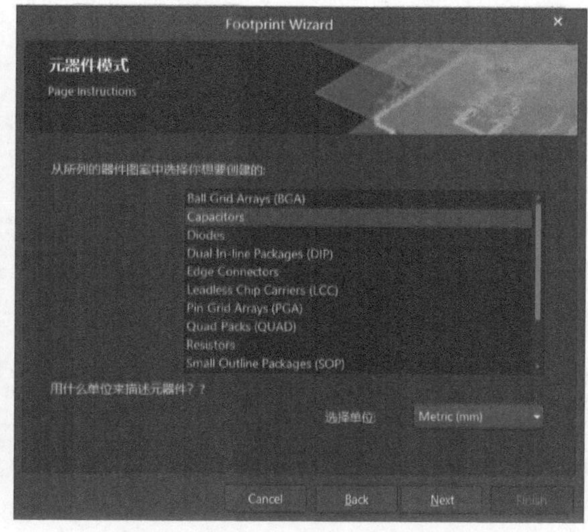

图 2-89　选择封装模型及单位

- Diodes：二极管封装，可以选择直插式或贴片式封装。
- Dual In-line Packages(DIP)：双列直插型封装，是最常见的一种集成电路封装形式。其引脚分布在芯片的两侧。
- Edge Connectors：采用边缘连接的接插件封装。
- Leadless Chip Carriers(LCC)：无引线芯片载体型封装，其引脚紧贴于芯片体，在芯片底部向内弯曲。
- Pin Grid Arrays(PGA)：引脚栅格列阵式封装，其引脚从芯片底部垂直引出，整齐地分布在芯片四周。
- Quad Packs(QUAD)：方阵贴片式封装，与 LCC 封装相似，但其引脚是向外伸展的，而不是向内弯曲的。
- Resistors：电阻封装，可以选择直插式或贴片式封装。
- Small Outline Packages(SOP)：是一种与 DIP 封装相对应的小型表贴式封装，体积较小。
- Staggered Ball Grid Arrays(SBGA)：错列的 BGA 封装形式。
- Staggered Pin Grid Arrays(SPGA)：错列引脚栅格阵列式封装，与 PGA 封装相似，只是引脚错开排列。

第 3 步：选择好封装模型和单位后，单击 Next 按钮，进入定义电路板技术对话框。该对话框给出了两种工艺的选择，即直插式和贴片式，这里选择直插式，如图 2-90 所示。

第 4 步：选择好后，单击 Next 按钮，进入焊盘尺寸设置对话框。根据数据手册，将焊盘的直径设为“0.42 mm”，如图 2-91 所示。

第 5 步：单击 Next 按钮，进入焊盘间距设置对话框。在这里按照手册的参数，将其设置为“2.1 mm”，如图 2-92 所示。

第 6 步：单击 Next 按钮，进入电容的外框类型对话框。这里选择电容是有极性的（Polarised）、电容的安装类型是圆形（Radial），如图 2-93 所示。

第 7 步：单击 Next 按钮，进入外环半径的设定和边界线宽的设定。将外环半径设置为“2.11 mm”，线宽采用系统默认值，如图 2-94 所示。

第 8 步：单击 Next 按钮，进入设定元器件名称对话框。在文本框内输入封装的名称，将该封装命名为 RB2.1-4.22，如图 2-95 所示。

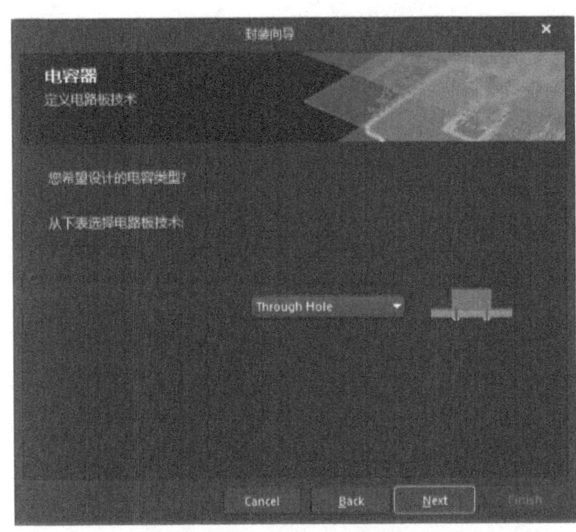

图 2-90　选择电路板技术

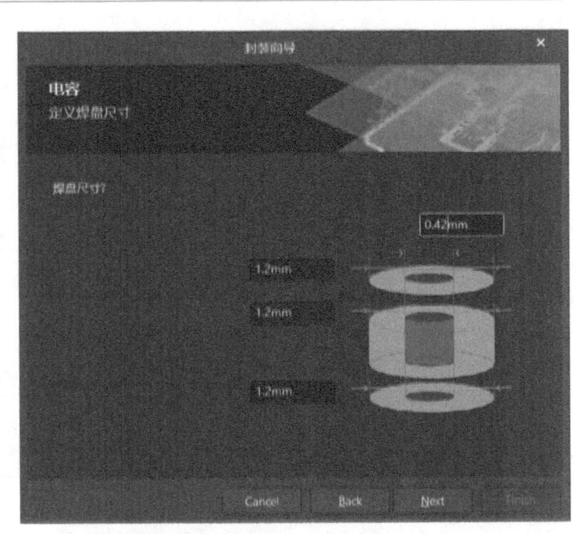

图 2-91　焊盘尺寸设定

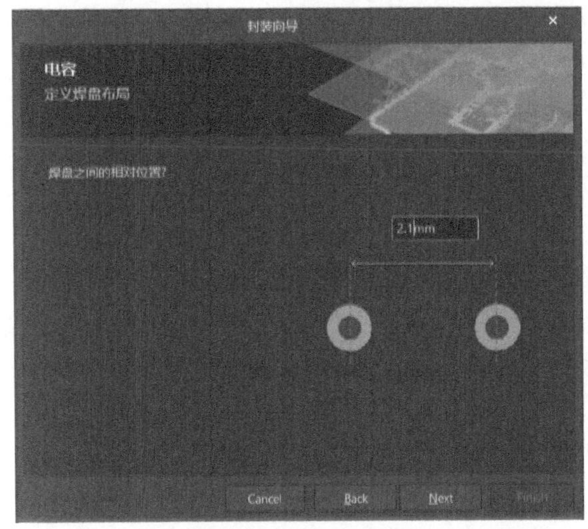

图 2-92　焊盘间距设定

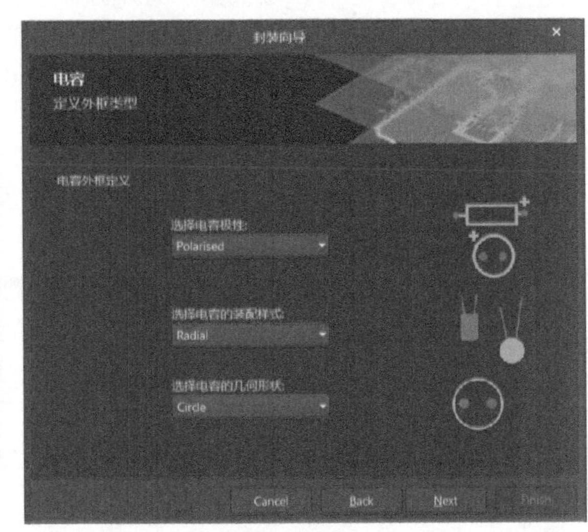

图 2-93　电容外框类型设定

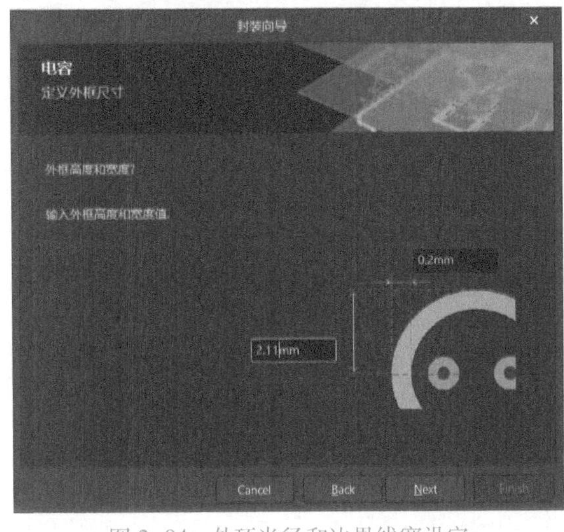

图 2-94　外环半径和边界线宽设定

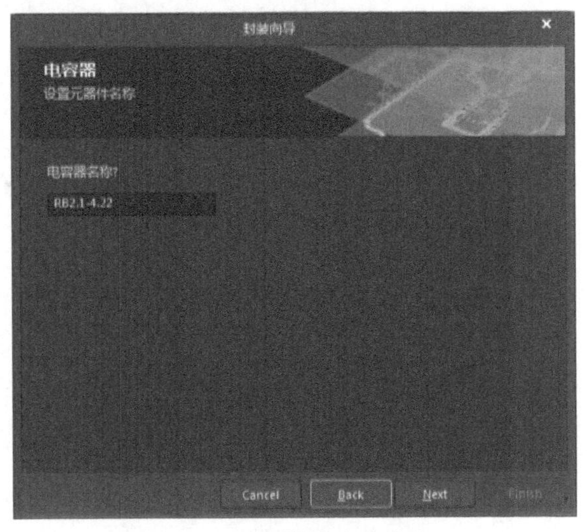

图 2-95　元器件名称设定

第 9 步：单击 Next 按钮，弹出封装制作完成对话框，如图 2-96 所示。

单击 Finish 按钮，退出 PCB 元器件向导。在 PCB 库文件编辑环境内显示了制作的元器件封装，如图 2-97 所示。

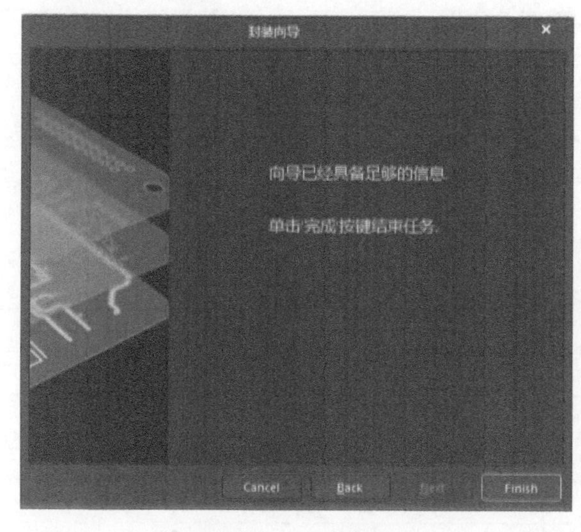

图 2-96　完成封装制作

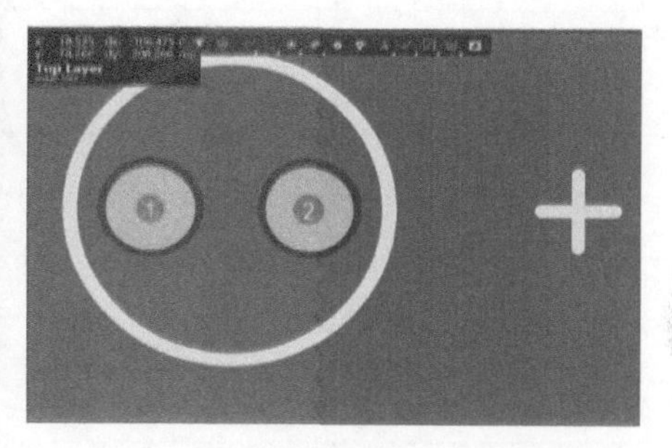

图 2-97　制作完成的元器件封装

第 10 步：在 PCB 库文件编辑环境中，执行【文件】→【保存】命令，将制作好的封装 RB2. 1-4. 22 保存。

除这种元器件向导方式外，还有【IPC 标准封装向导】，相对于普通的元器件向导，它可以直接套用 IPC 标准的模板，封装的形式更加标准、精确，操作也更简洁。但是自由度相对较低。

2. 3. 2　手动绘制元器件的封装

使用 PCB 元器件向导可以完成多数常用标准元器件封装的创建，但有时会遇到一些特殊的、非标准的元器件，无法使用 PCB 元器件向导来创建封装，此时就需要手工进行绘制。手工绘制需要完成的封装流程如图 2-98 所示。

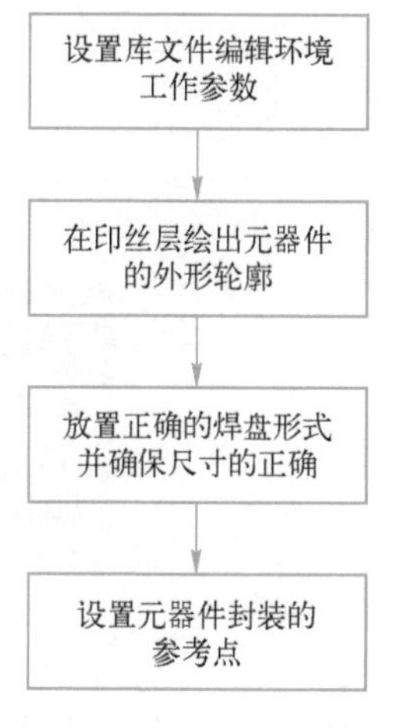

图 2-98　绘制元器件封装流程

此处为三端稳压电源 L7815CV(3)或 L7915CV(3)有 3 个引脚，其尺寸数据见表 2-1（表中尺寸数据单位均为 mil，1 mil = 25. 4×10^{-6} m）。

表 2-1　三端稳压电源 L7815CV(3)或 L7915CV(3)尺寸数据

标　　号	尺　　寸		
	Min（最小值）	Type（典型值）	Max（最大值）
A	173	—	181
b	24	—	34
b1	45	—	77
c	19	—	27
D	700	—	720
E	393	—	409
e	94	—	107
e1	194	—	203
F	48	—	51
H1	244	—	270
J1	94	—	107
L	511	—	551
L1	137	—	154
L20	—	745	—
L30	—	1138	—
ΦP	147	—	151
Q	104	—	117

在本例中期望的元器件尺寸标注如图 2-99，封装如图 2-100 所示。

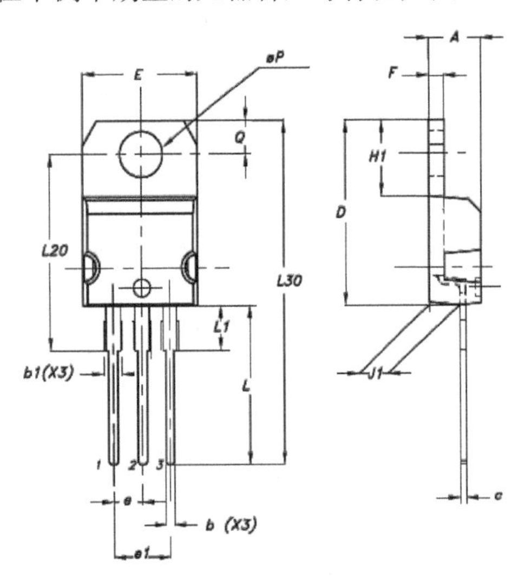

图 2-99　元器件尺寸标注

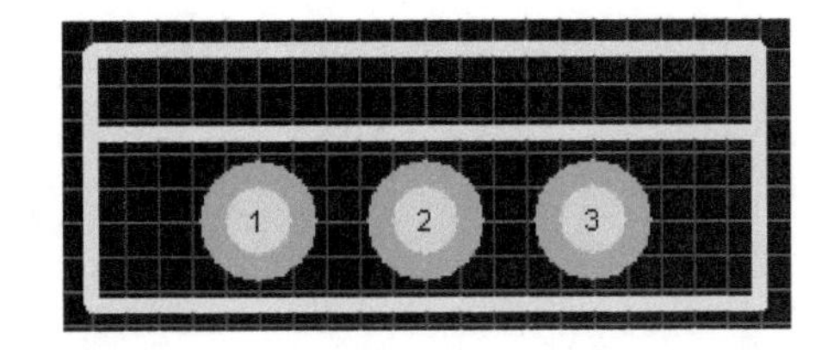

图 2-100　元器件封装形式

因此，用户需要见表 2-2 所示的数据（表中尺寸数据单位均为 mil，1 mil = 25. 4×10^{-6} m）。

表 2-2　用户创建稳压电源时需要的数据

标　　号	尺　　寸		
	Min（最小值）	Type（典型值）	Max（最大值）
A（宽度）	173	180	181
b（孔径直径）	24	30	34
c	19	20	27
E（长度）	393	400	409
e（焊盘间距）	94	100	107
F（散热层厚度）	48	50	51
J1	94	100	107

📖 提示：焊盘孔径直径=Max+Max×10%；

得到数据后，用户需要使用相关数据创建元器件。使用元器件创建向导进行新元器件的创建时，一般是不需要事先进行参数设置的，而在手工创建一个新元器件时，用户最好事先进行板面和系统的参数设置，然后再进行新元器件的绘制。

打开已创建的库文件，可以看到在 PCB Library 面板的元器件封装栏中已有一个空白的封装 PCBCOMPONENT_1，单击该封装名，就可以在编辑环境内绘制所需的封装了。

【例 2-8】 以三端稳压电源 TO220 为例手动绘制封装。

第 1 步：在 PCB Library 分页双击元器件名称，打开 Properties-Library Options 界面，设置相应的工作参数，如图 2-101 所示。

为了绘制元器件封装的方便，一般需要对栅格的类型规格进行设置：在 Grid Manager 栏，双击 Global Board Snap Grid，打开 Cartesian Grid Editor 对话框，将步进 X 值和步进 Y 值都设置成 10mil，如图 2-102 所示。完成设置后，单击【确定】按钮，退出 Cartesian Grid Editor 对话框。

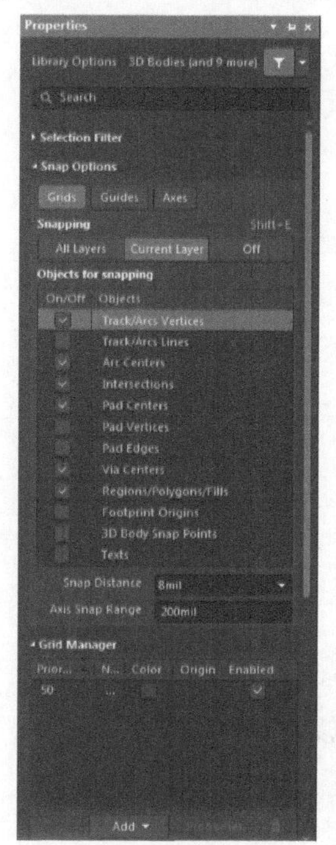

图 2-101　Properties-Library Options 界面

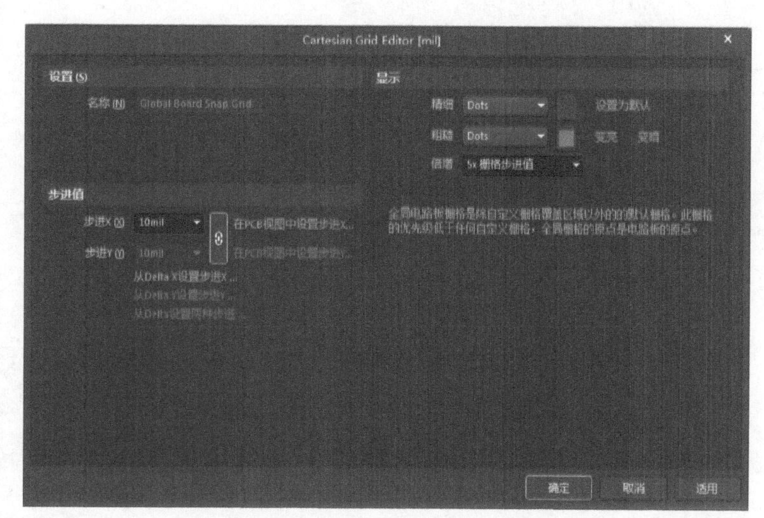

图 2-102　设置 Cartesian Grid Editor 对话框

第 2 步：单击板层标签中的 Top Layer，将顶层丝印层设置为当前层。执行【编辑】→【设置参考】→【位置】菜单命令，如图 2-103 所示。

设置 PCB 库文件编辑环境的原点。设置好的参考点，如图 2-104 所示。

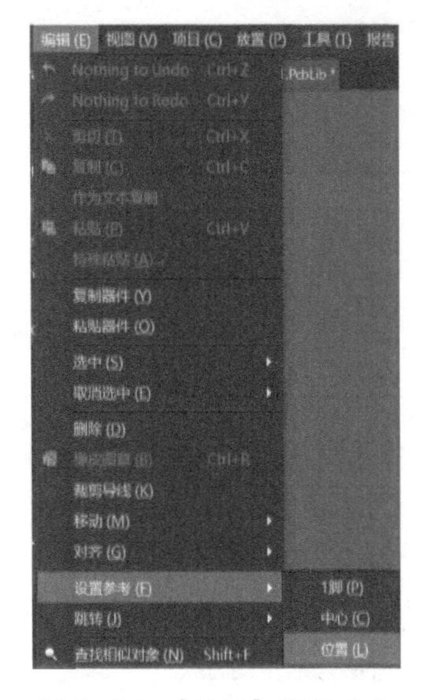

图 2-103 【位置】菜单命令

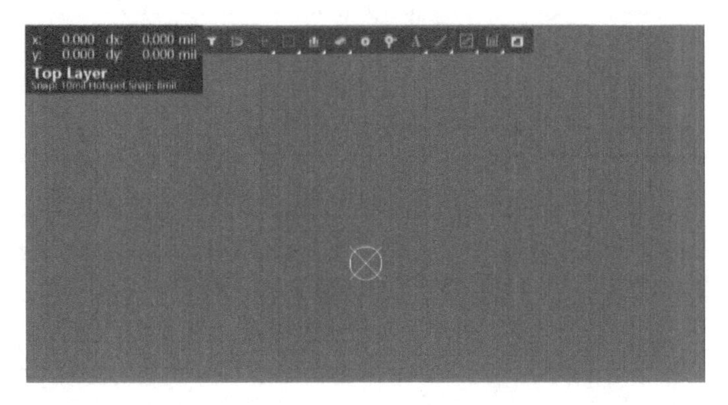

图 2-104 设置 PCB 库文件编辑环境的参考点

第 3 步：单击 PCB 工具栏中的⁄图标，根据设计要求绘制元器件封装的外形轮廓。通过查找技术手册可知，元器件的长为 400 mil，所以绘制一条长为 400 mil 的直线，如图 2-105 所示。

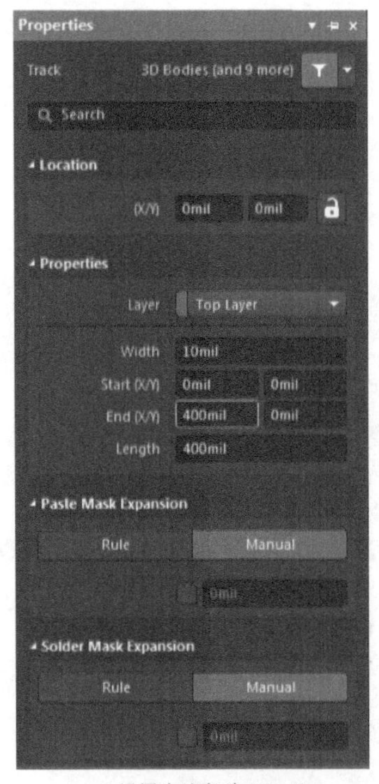

a) 设置直线长为400mil

b) 绘制好的直线段

图 2-105 绘制一条长为 400mil 的直线

元器件的宽为 180 mil，因此单击 PCB【放置】工具栏中的【放置线条】工具后，在线段上双击，设置长度为 180 mil 的线段，如图 2-106 所示。

设置完成后，单击【确定】按钮确认设置。结果如图 2-107 所示。

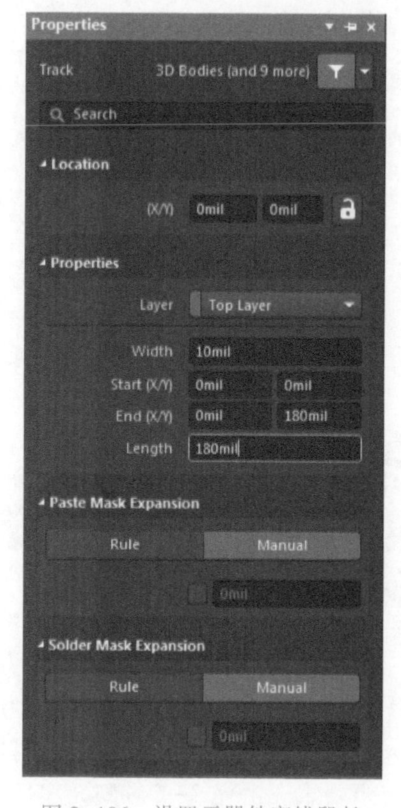

图 2-106　设置元器件宽线段长

图 2-107　在原点处放置长度为 180 mil 的线段

按照上述方式完成另外两条线段的绘制，其设置方式如图 2-108 所示。

按照上述方式绘制另外两条线段，结果如图 2-109 所示。

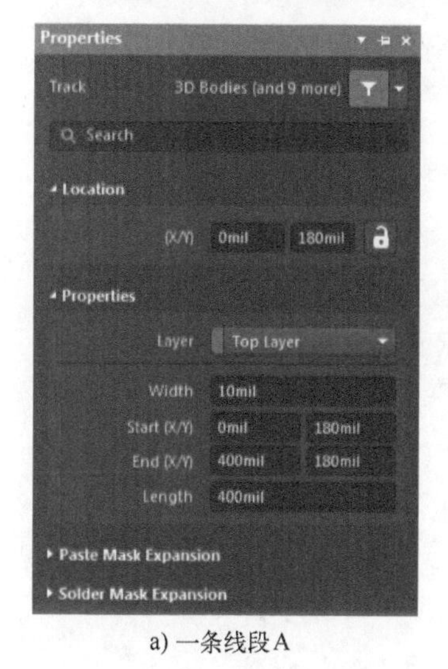

a) 一条线段A

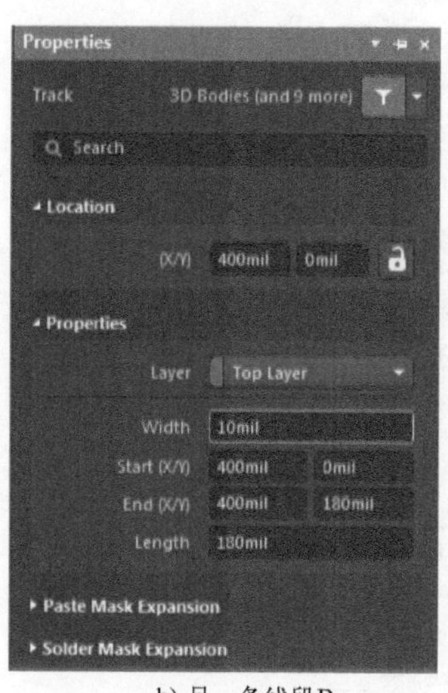

b) 另一条线段B

图 2-108　另外两条线段设置

图 2-109　完成另外两条线段绘制

第 4 步：接下来放置区分散热层的线段。散热层的厚度为 50 mil，因此单击 PCB【放置】工具栏中的【放置线条】工具后，双击所放置的直线段，设置区分散热层的线段，如图 2-110 所示。

设置完成后，单击【确定】按钮确认设置，结果如图 2-111 所示。

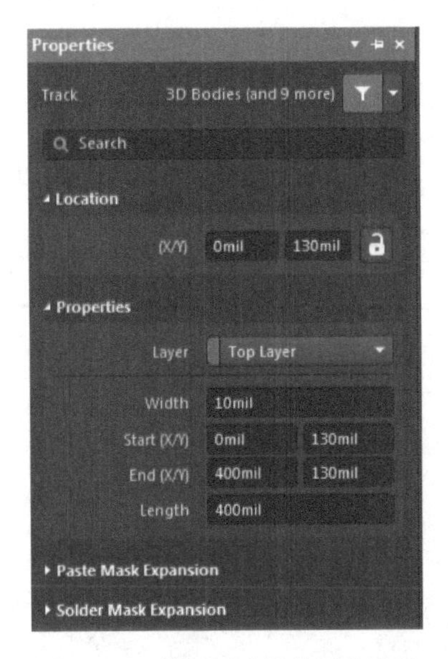

图 2-110　设置区分散热层的线段

图 2-111　放置区分散热层的线段

至此，元器件轮廓设置完成。接下来在元器件轮廓中放置焊盘。左边第一个焊盘的中心位置纵坐标为：180-100-10=70 mil，横坐标为 100 mil。焊盘的孔径要保证元器件的引脚可以顺利插入，同时还要保证尽可能地小，以便满足两焊盘的间距要求。由表 2-2 可知元器件引脚的最大值为 34 mil，故将通孔尺寸设为 35 mil，略大于引脚尺寸，Altium Designer 16 及以上版本增加焊盘通孔公差功能，本设计将下极限设为 0，上极限设为+3. 5 mil，以满足相关要求。

第 5 步：单击 PCB【放置】工具栏中的【焊盘】工具，如图 2-112 所示。

图 2-112　工具栏

放下焊盘后，双击焊盘，设置它的坐标位置及焊盘的孔径大小，如图 2-113 所示。

其中焊盘直径通常为焊盘内径的 1. 5～2. 0 倍，因此，在本设计中焊盘直径设置为 70 mil。设置完成后，单击【确定】按钮确认设置，结果如图 2-114 所示。

第 6 步：按照上述方式放置另外两个焊盘。已知两个焊盘的间距为 100 mil，因此另外两个焊盘可按图 2-115 所示设置。

设置完成后，单击【确定】按钮确认设置，结果如图 2-116 所示。

第 7 步：元器件封装制作完成，执行【工具】→【元器件属性】命令，在弹出的对话框中，可以对刚绘制好的元器件进行命名，如图 2-117 所示。

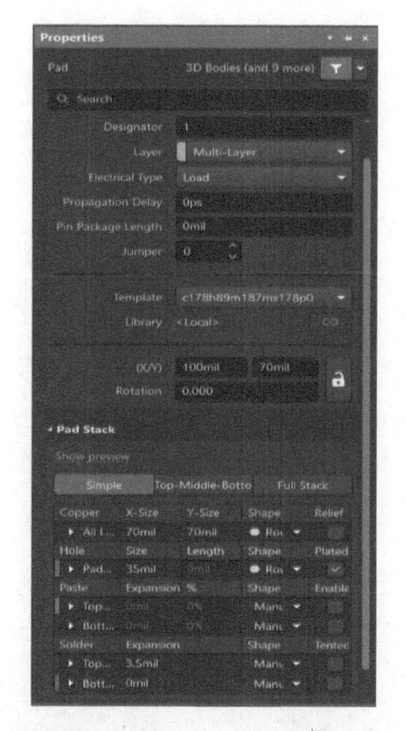

图 2-113　设置焊盘坐标位置及孔径大小　　　图 2-114　完成设置的焊盘

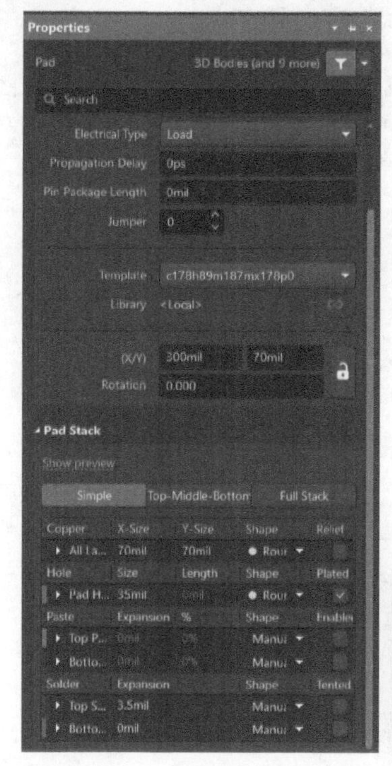

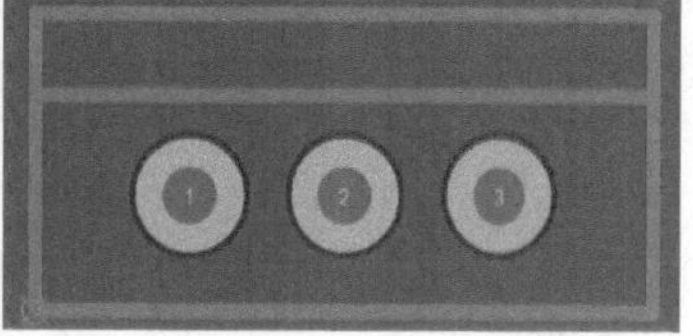

图 2-115　设置另两个焊盘　　　图 2-116　完成设置的焊盘

第 8 步：在对话框中键入 TO220 字段后，完成重命名操作，结果如图 2-118 所示。

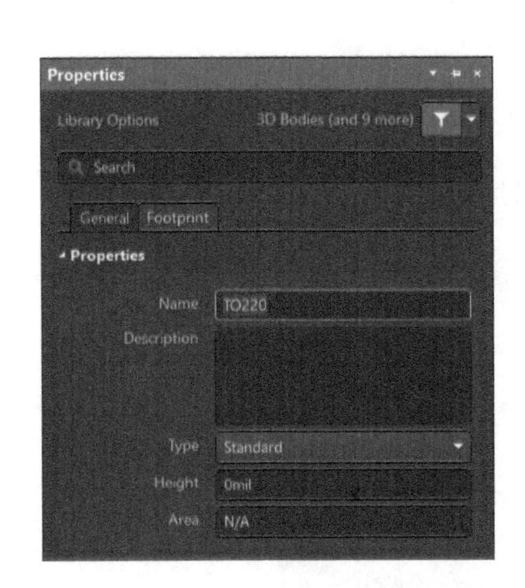

图 2-117　PCB 库封装对话框

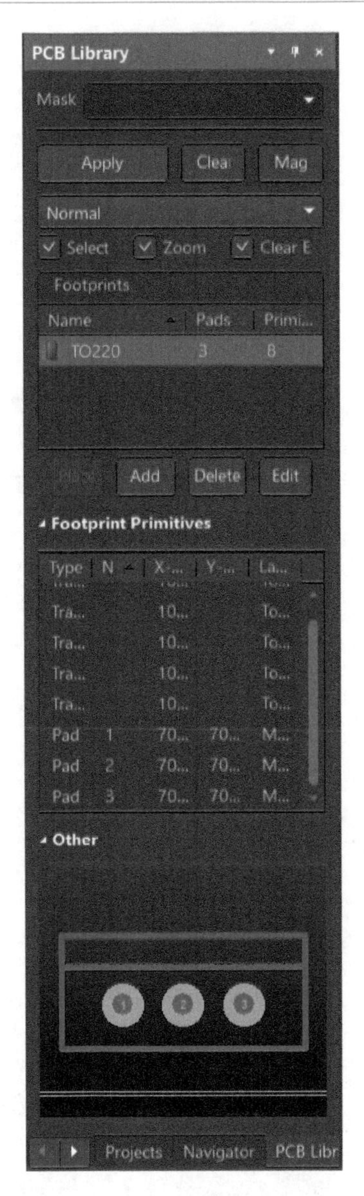

图 2-118　重命名封装

单击【保存】按钮完成稳压电源 PCB 元器件的设计。

2.3.3　采用编辑方式制作元器件封装

编辑法与复制法类似，都依赖于元器件之间的相似点，通过修改不同的地方得到需要的元器件封装。

二极管 1N4148 的元器件实物图及其尺寸图如图 2-119 所示。其引脚编号如图 2-120 所示。

从 1N4148 的元器件外观及其尺寸图可知，该二极管的 PCB 封装与 Altium Designer 24 提供的元器件封装 DIODE-0.4 相近，只是在尺寸上略有不同，因此，用户可采用编辑 DIODE-0.4 的方式制作元器件 1N4148 元器件的 PCB 封装。

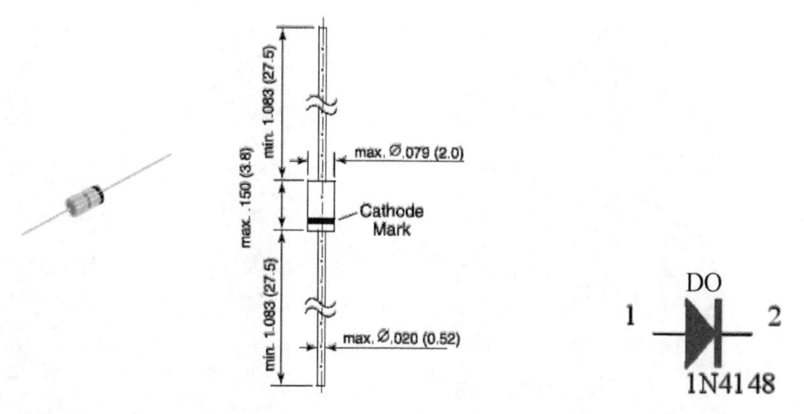

图 2-119　二极管 1N4148 的元器件实物图及其尺寸图　　图 2-120　1N4148 引脚编号

【例 2-9】以二极管 1N4148 为例制作封装。

第 1 步：执行【文件】→【打开】命令，选择路径为：C:\Program Files\Altium\AD24\Library\Miscellaneous Devices. IntLib，该路径为自行匹配的安装路径。单击【打开】按钮，弹出【Open Integrated Library】对话框，选择 Extract 选项，打开库文件，在 Project 界面右键单击 Miscellaneous Devices. IntLib，单击【浏览】选项，选择 Miscellaneous Devices. PcbLib，打开 PCB 库，如图 2-121 所示。

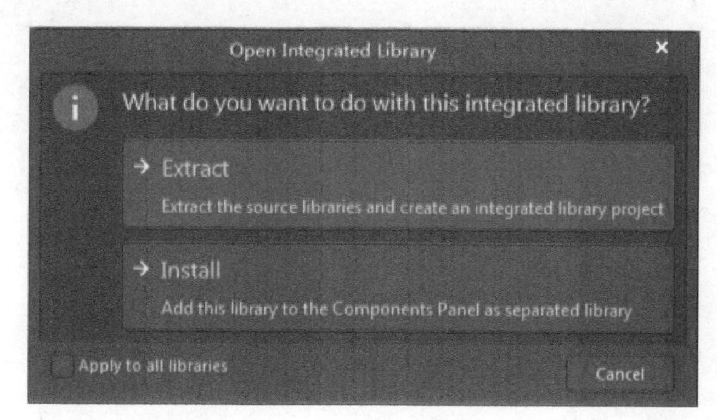

图 2-121　打开 PCB 库

在 PCB 元器件列表中查找 DIODE-0. 4，封装形式如图 2-122 所示。

第 2 步：将鼠标放置到元器件列表中的 DIODE-0. 4 上右击，弹出如图 2-123 所示的右键菜单。

执行其中 Copy 命令后，将界面切换到前面建立的 PCB 库文件编辑环境，并在 PCB 库文件的编辑窗口内右击，如图 2-124 所示。

执行菜单中的【粘贴】命令，此时 DIODE-0. 4 元器件添加到了 PCB 库文件中，结果如图 2-125 所示。

选择合适位置，放置该封装形式，如图 2-126 所示。

第 3 步：双击图 2-126 中①号线，系统将弹出①号线的编辑对话框，如图 2-127 所示。

修改①号线的长度为 150+150×20% = 180 mil，即按照图 2-128 所示编辑①号线。

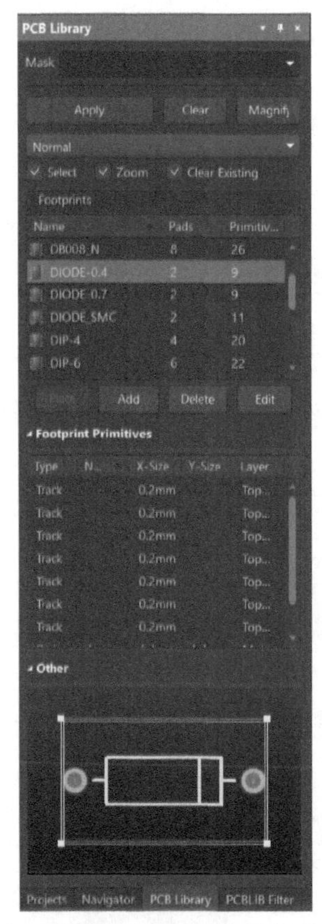

图 2-122　DIODE-0. 4 封装形式

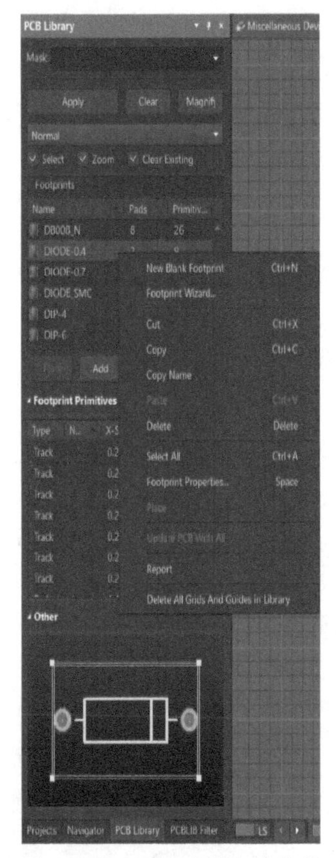

图 2-123　PCB 库的右键菜单

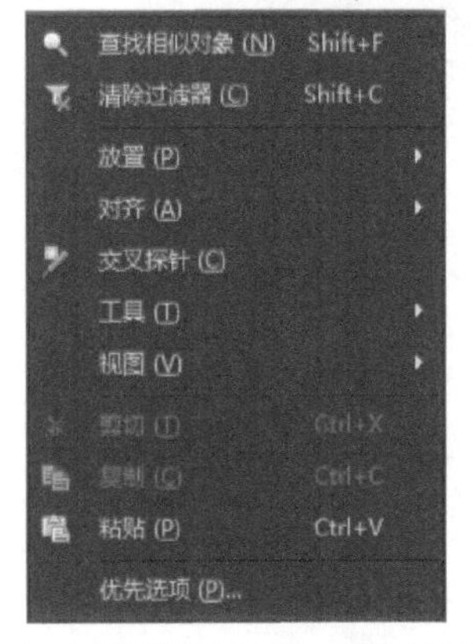

图 2-124　切换界面到 PCB 库文件编辑环境

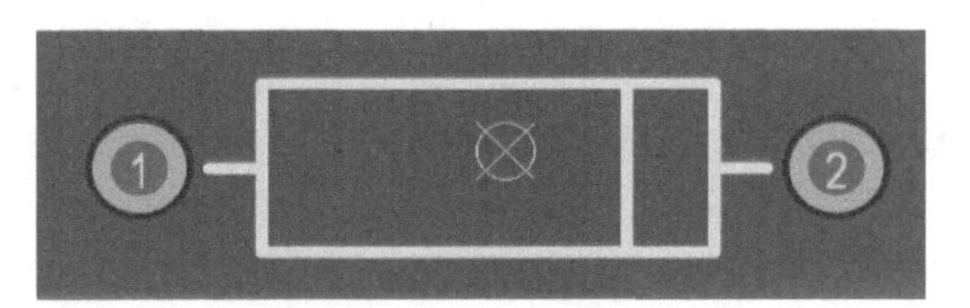

图 2-125　添加 DIODE-0. 4 元器件到 PCB 库文件

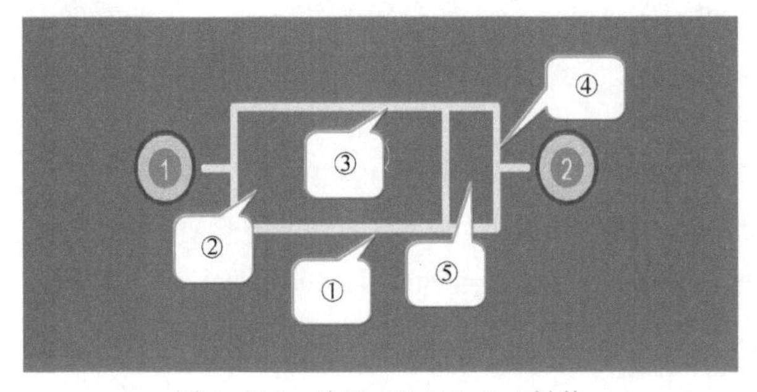

图 2-126　放置 DIODE-0. 4 封装

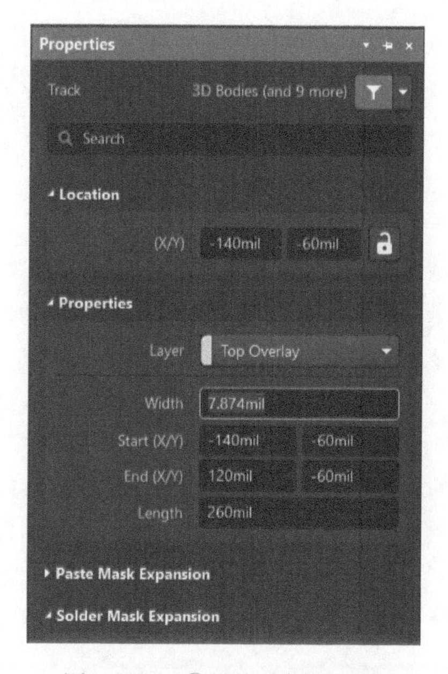

图 2-127　①号线编辑对话框

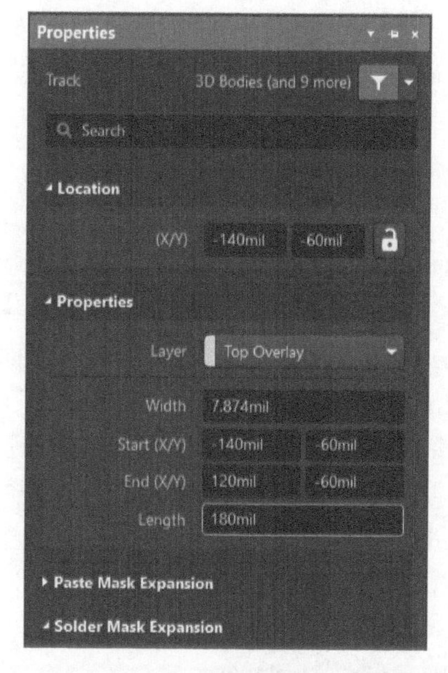

图 2-128　修改①号线属性

修改完成后，单击【确定】按钮确认修改，结果如图 2-129 所示。

按照上述方式编辑③号线为 180 mil，编辑②、④、⑤号线为 80 mil，结果如图 2-130 所示。

移动③、④、⑤号线，调整到合适位置，如图 2-131 所示。

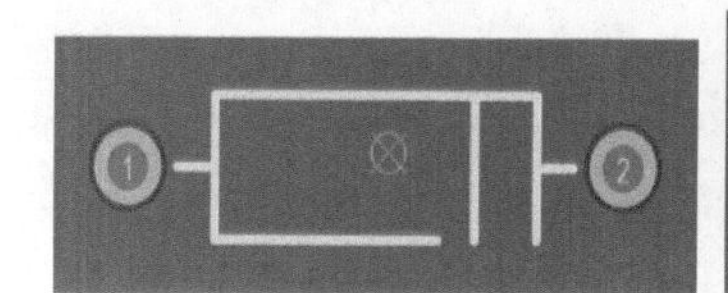

图 2-129　修改①号线

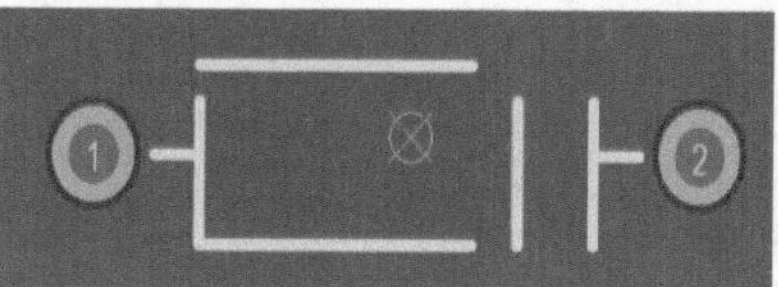

图 2-130　编辑②、③、④、⑤号线

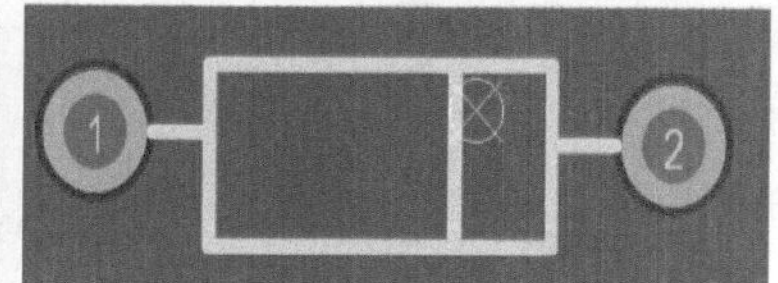

图 2-131　调整好的新建封装形式

第 4 步：重新命名该封装，如图 2-132 所示。

执行【保存】命令，将创建的 PCB 文件保存到库文件中，如图 2-133 所示。

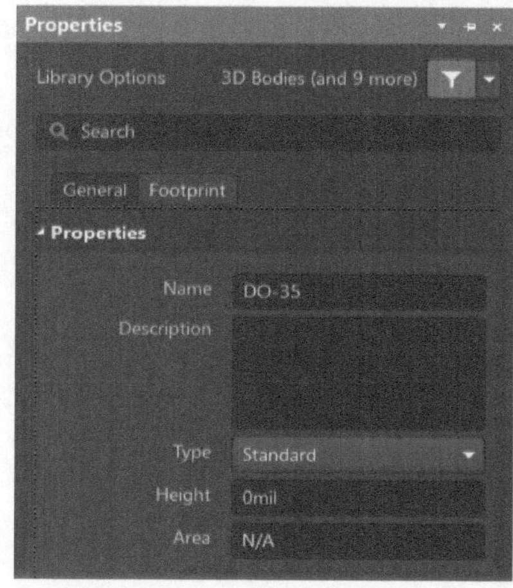

图 2-132　重新命名封装

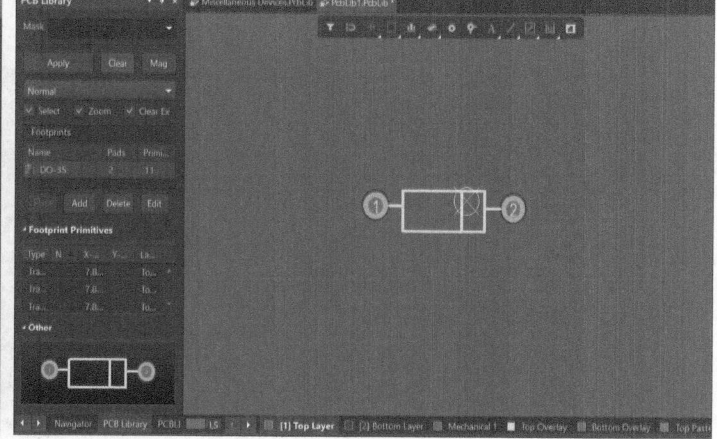

图 2-133　将创建的 PCB 文件保存到库文件中

需要说明，在 Altium Designer 24 中，其实有 DO-35 这种封装形式。选这个例子只是为了说明如何使用编辑的方式创建新的 PCB 库文件。

2.4 创建元器件集成库

Altium Designer 24 采用了集成库的概念。在集成库中的元器件不仅具有原理图中代表元器件的符号，还集成了相应的功能模块。如 Footprint 封装、电路仿真模块、信号完整性分析模块等，甚至还可以加入设计约束等。集成库具有以下一些优点：集成库便于移植和共享，元器件和模块之间的连接具有安全性。集成库在编译过程中会检测错误，如引脚封装对应等。

【例 2-10】 以 STM32F103C8T6 为例创建集成库封装。

第 1 步：在 Altium Designer 24 主界面执行【文件】→【新的】→【库（L)】→【File】→【Integrated Library】命令。单击 Create 按钮，集成库项目顺利建立，设置保存路径并命名为“STM32F103C8T6”，如图 2-134 所示。

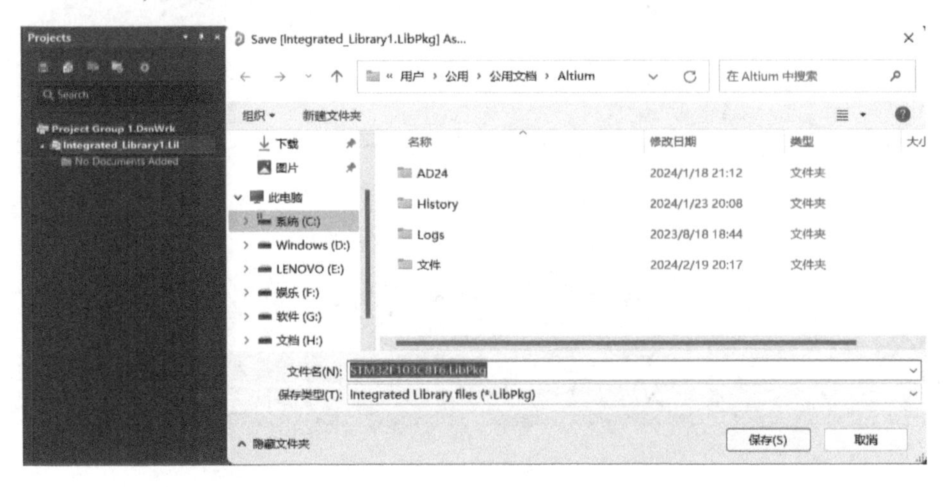

图 2-134　建立“STM32F103C8T6”集成库项目

第 2 步：创建“STM32F103C8T6”集成库项目后，向此项目添加新建原理图库文件和新建 PCB 库文件，添加完毕如图 2-135 所示。

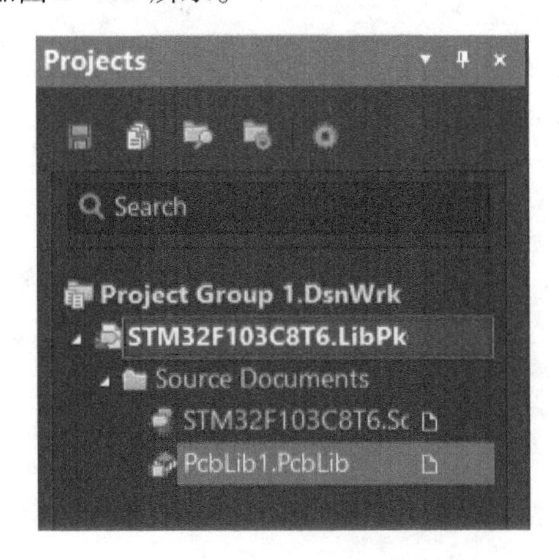

图 2-135　添加库文件

查看 STM32F103C8T6 的引脚标号和功能，如图 2-136 所示。在原理图库文件中，绘制 STM32F103C8T6 单片机元器件，如图 2-137 所示。

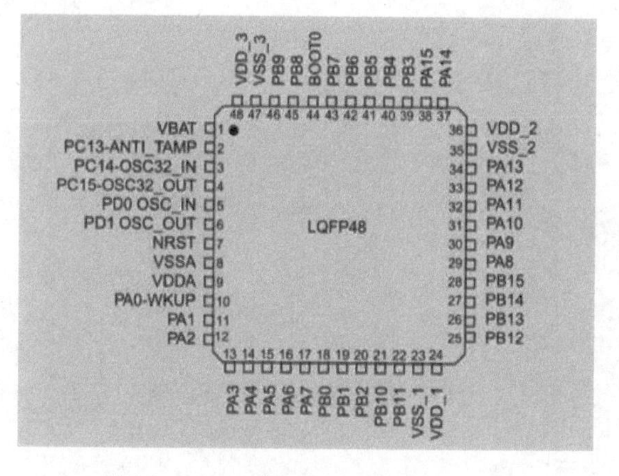

图 2-136　STM32F103C8T6 引脚图

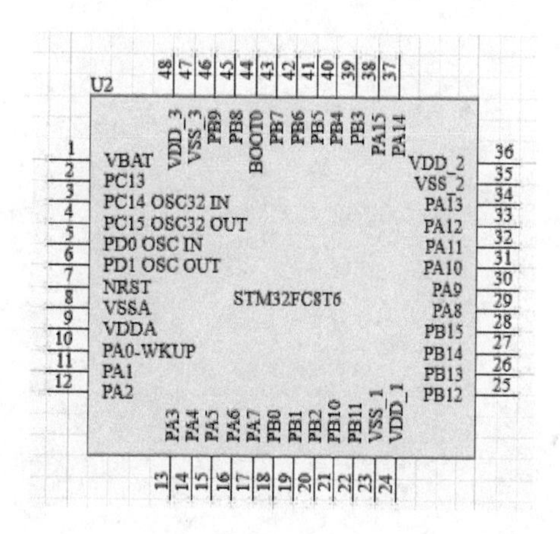

图 2-137　绘制 STM32F103C8T6 单片机元器件

STM32F103C8T6 集成库中原理图库文件绘制完毕后，将原理图库文件保存，并切换到 PCB 库绘制环境下。绘制 PCB 库之前，首先查阅 STM32F103C8T6 的封装尺寸，如图 2-138 所示。

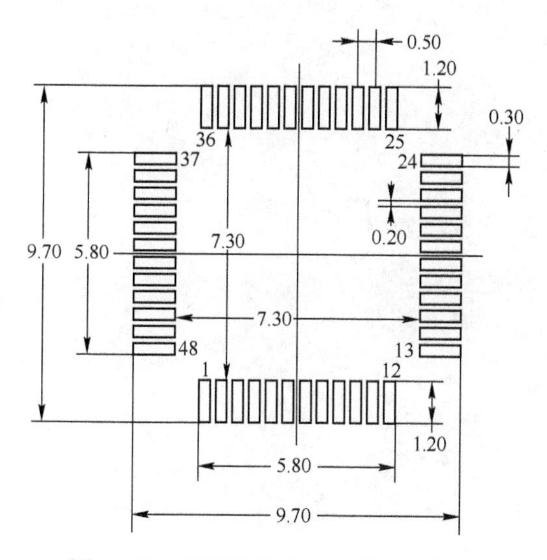

图 2-138　STM32F103C8T6 的封装尺寸

第 3 步：进入 PCB 库编辑环境下，采用元器件向导的方式建立 STM32F103C8T6 芯片的封装，执行【工具】→【元件向导】命令，弹出 Footprint Wizard 对话框，选择形状和单位，如图 2-139 所示。

根据封装手册设置相关参数，绘制或者从已有 PCB 图中提取封装，完成后的封装如图 2-140 所示，并将 PCB 库文件保存为同一路径。

接下来为 PCB 创建合适 3D 模型。在 PCB 库编辑环境下，执行【工具】→【Manager 3D Bodies for Library】命令，对元器件进行批量更新，如图 2-141 所示。

3D 效果图如图 2-142 所示。

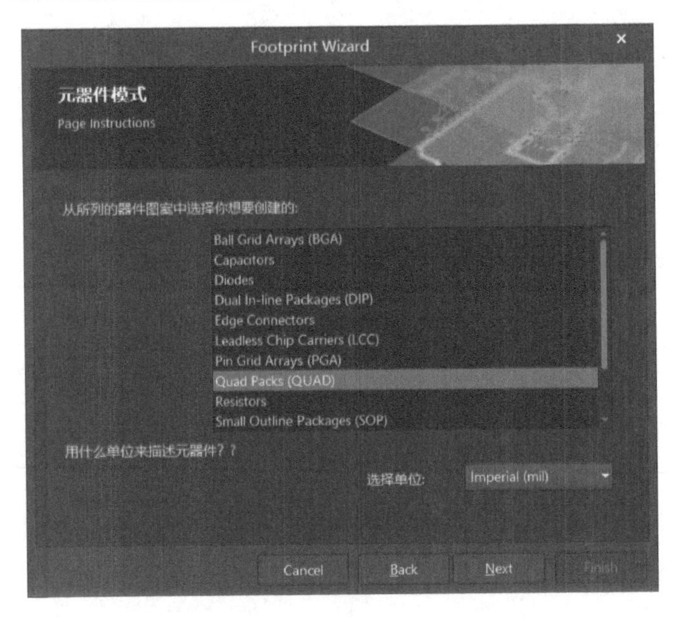

图 2-139 元器件向导

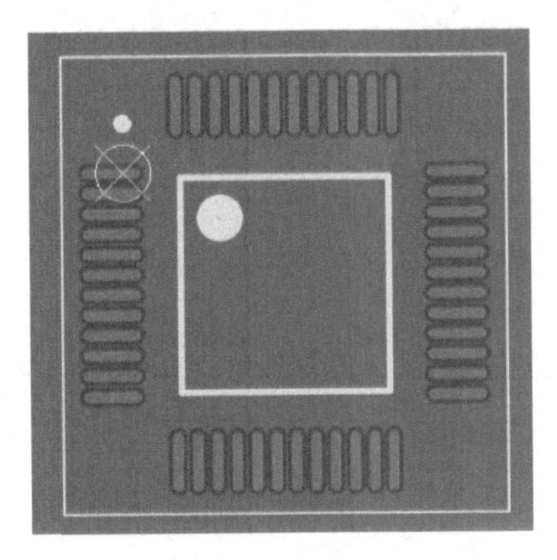

图 2-140 PCB 封装图

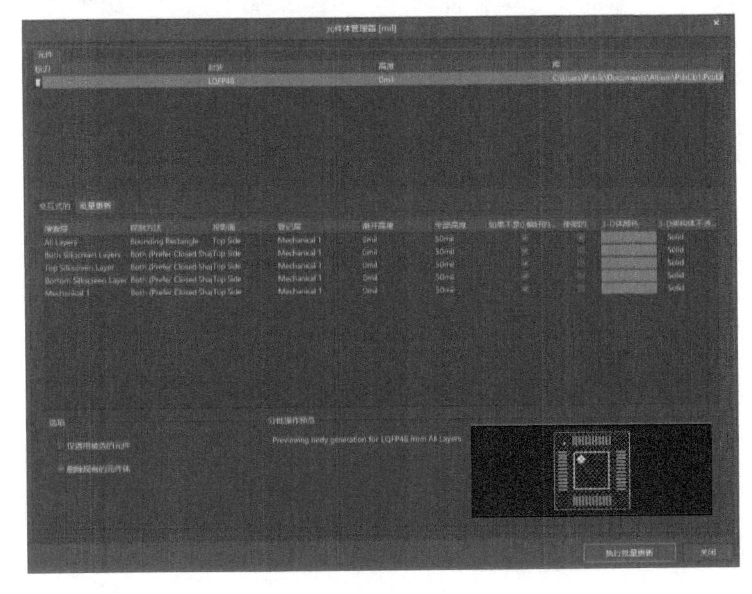

图 2-141 创建 3D 模型

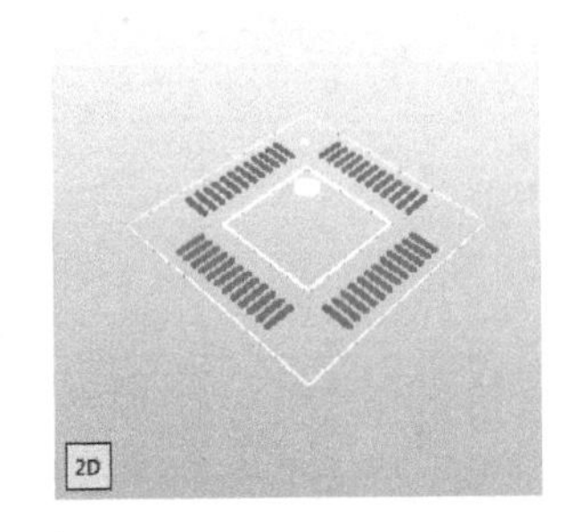

图 2-142 3D 效果图

📖 提示：复杂元器件 3D 模型，建议按照 ECAD 与 MCAD 协作的方式获得精准的 3D 模型（STEP 格式）。简单形体 3D 模型，可在 Altium Designer 24 中，在 PCB 库编辑环境下可以使用【放置】→【3D 元器件体】命令，完成放置后通过双击该模块打开 Properties 界面进行参数设置。3D 元器件体也可以组合成复杂的元器件体。

第 4 步：2 个基本文件创建完毕后，下一步制作集成库。切换到原理图库编辑环境下，选择 SCH Library 面板中元器件栏的编辑按钮，弹出 Properties-Component 界面，如图 2-143 所示。

在 Footprint 栏中，单击 Add 按钮，弹出【PCB 模型】对话框，单击“浏览”按钮，选择新建立的 STM32F103C8T6 的 PCB 封装，单击“引脚映射”按钮，查看或修改原理图库和 PCB 库元器件引脚的对应情况，设置完成后，如图 2-144 所示。

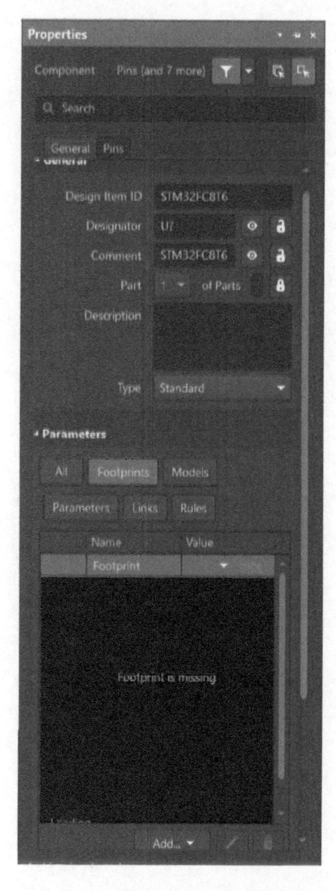

图 2-143　Properties- Component 界面

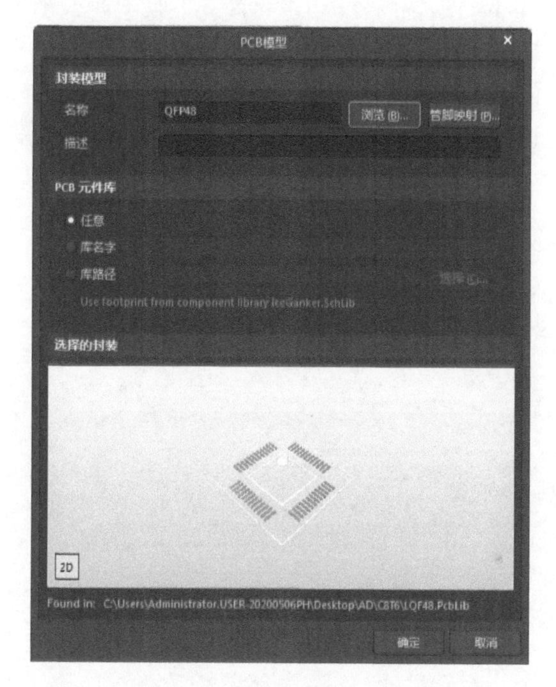

图 2-144　【PCB 模型】对话框

第 5 步：使 2 个库文件相互建立联系，通过编译集成库的原始文件，便可生成集成库。执行菜单栏【项目】→Compile Integrated Library STM32F103C8T6. LibPkg 命令，如图 2-145 所示。

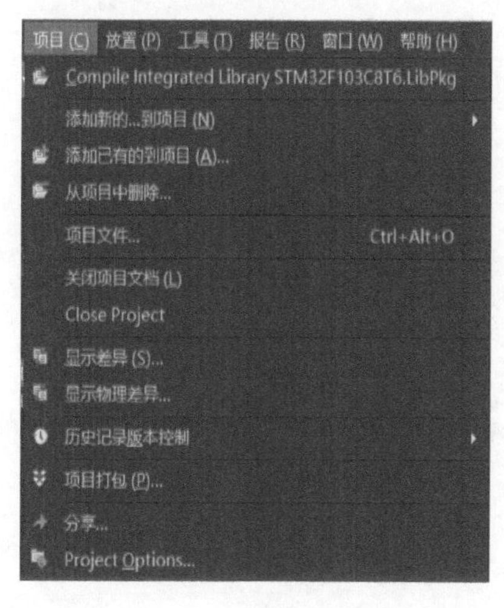

图 2-145　编译命令图

完成后编译成功，就完成了集成库的创建，可以根据此方法创建多个元器件，集成在同一个集成库中，方便调用和编辑。熟练掌握对库的操作，可为原理图绘制和 PCB 绘制的后续学习打下坚实的基础。

习题

1. 创建新元器件有几种方法？
2. Altium Designer 24 中提供的元器件引脚的类型有哪些？
3. 如何进行隐藏引脚操作？
4. 创建一个新的 51 单片机集成库文件，绘制新的元器件。
5. 自己练习创建元器件体（例如添加电阻的元器件体），并更新到 PCB 中。

第3章　绘制电路原理图

在电子产品设计过程中，电路原理图的设计是最根本的基础。如何将已设计好的电路原理图，用通用的工程表达方式呈现出来就是本章所要完成的任务。

在这章中主要介绍原理图绘制的基础知识，如新建原理图文件、原理图纸的设置、元器件的加载与卸载、元器件的放置及属性操作等。在本章中将顺序地介绍原理图的绘制过程。学习完本章将可以完成对简单原理图的绘制，为电子设计实现打好基础。

目的：首先让读者熟悉、了解在原理图绘制过程中通常会用到的功能、操作和界面，接下来以一个实例让读者能够得以贯穿前面所学的知识点。

内容提要

- 绘制电路原理图的原则及步骤
- 设置原理图
- 操作元器件库
- 操作元器件
- 电路原理图的绘制
- 绘制实例
- 编译项目及查错
- 生成和输出各种报表和文件

3.1　绘制电路原理图的原则及步骤

将已完成的电子设计方案呈现出来的最好的方法就是绘制出清晰、简洁、正确的电路原理图。根据设计需要选择合适的元器件，并把所选用的元器件和相互之间的连接关系明确地表达出来，这就是原理图的设计过程。

绘制电路原理图时应当注意，应该保证电路原理图的电气连接正确，信号流向清晰；其次，应该使元器件的整体布局合理、美观、简洁。电路原理图的绘制流程可以按照图3-1所示完成。

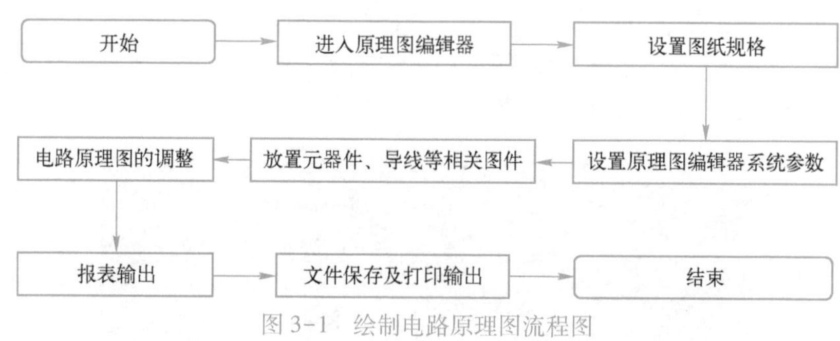

图3-1　绘制电路原理图流程图

3.2　设置原理图

对原理图的设置包括创建原理图文件、原理图编辑环境的设置、原理图纸的设置、原理图系统环境参数的设置。熟悉和了解原理图的这些设置，可以更好地完成对电路原理图的绘制。本节利用一个空白文档为例，进行了原理图设计界面中常用功能的介绍与设置。

3.2.1 创建原理图文件

对于保存 Altium Designer 24 文档来说，虽然其允许在计算的任意存储空间建立和保存，但是，为了保证设计的顺利进行和便于管理，建议在进行电路设计之前，先选择合适的路径建立一个专属于该项目的文件夹，用于专门存放和管理该项目所有的相关设计文件。

建立原理图文件的操作如下所述。

【例 3-1】 创建原理图文件。

第 1 步：在原理图编辑环境中，运行【文件】→【新的】→【项目】命令，如图 3-2 所示。在弹出的 Create Project 对话框中单击 Create 选项。

第 2 步：在 Projects 面板中，系统创建一个默认名为 PCB_Project_1. PrjPcb 的项目，如图 3-3 所示。在 PCB_Project_1. PrjPcb 工程名上右击鼠标，执行【重命名】命令，根据用户需求将工程重命名。

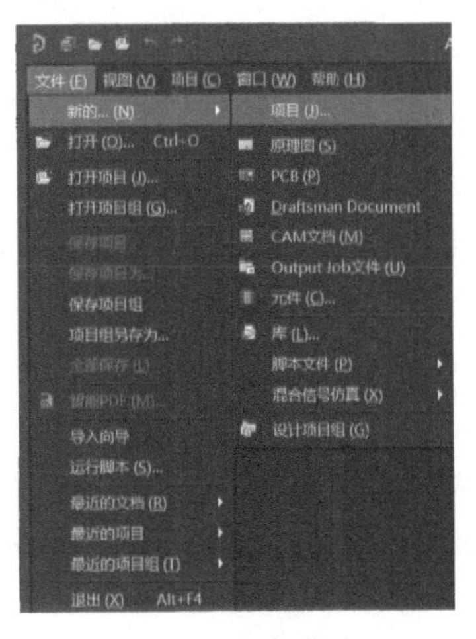

图 3-2 新建项目

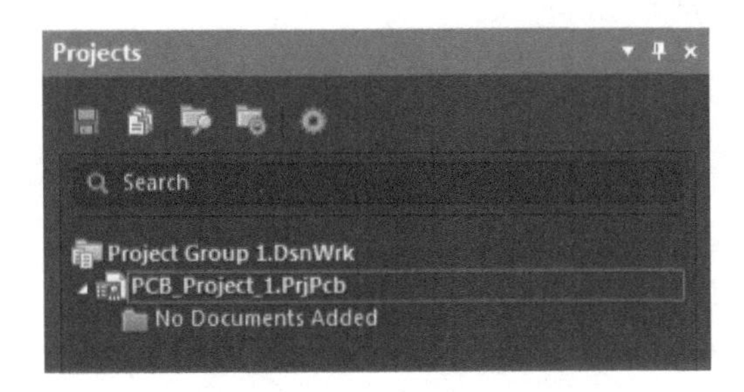

图 3-3 创建 PCB 项目

第 3 步：单击选中 PCB_Project_1. PrjPcb，右键执行菜单中的【添加新的... 到项目】→【Schematic】命令，则在该项目中添加了一个新的空白原理图文件，系统默认名为"Sheet1. SchDoc"。同时打开了原理图的编辑环境。在该名称上右击鼠标，执行【保存】命令，可对其进行重命名。完成上述操作后，结果如图 3-4 所示。

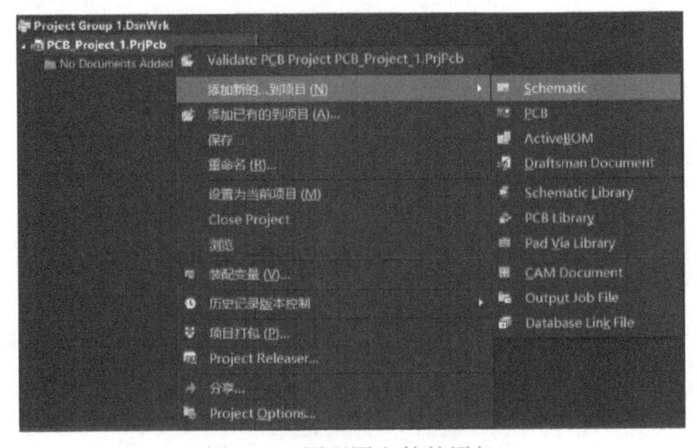

图 3-4 原理图文件的添加

3.2.2　原理图编辑环境的设置

原理图编辑环境与其他几个界面相似，主要由：主菜单栏、标准工具栏、配线工具栏、原理图编辑窗口和面板控制中心等几大部分组成。了解这些部分的用途，可有效地完成原理图的绘制。原理图编辑环境如图 3-5 所示。

布线工具栏
标准工具栏
快捷工具栏
实用工具栏
主菜单栏
原理图编辑窗口
面板控制中心

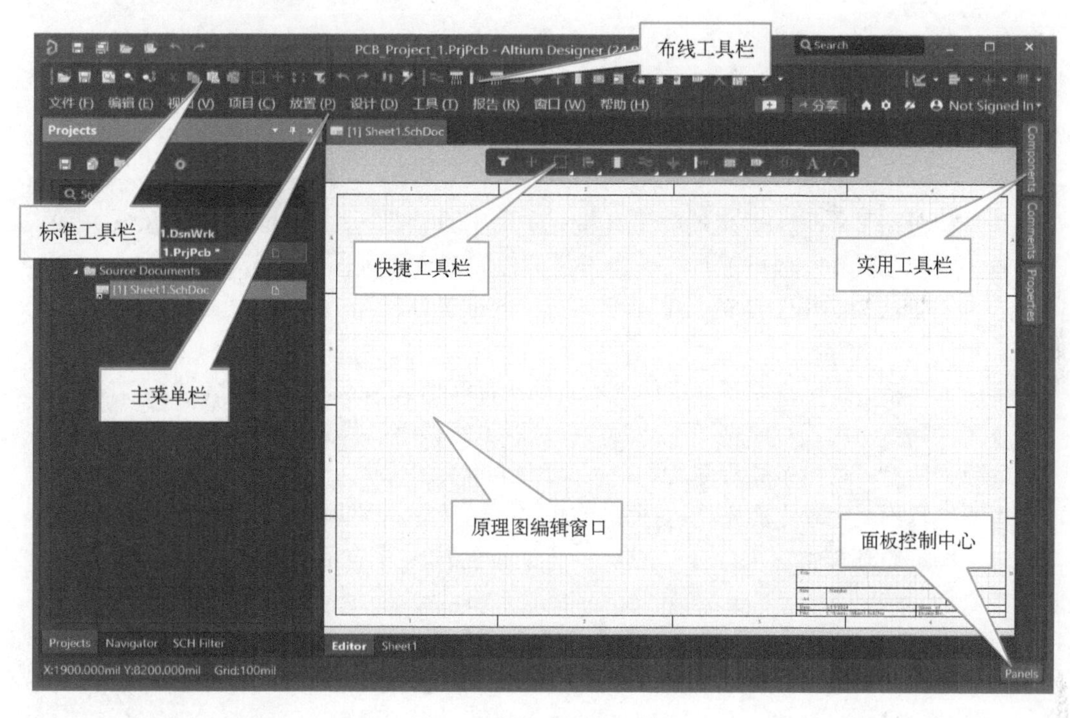

图 3-5　原理图编辑环境

1. 主菜单栏

这里需要强调，Altium Designer 24 系统在处理不同类型文件时，主菜单栏内容会发生相应的变化。在原理图编辑环境中，主菜单栏如图 3-6 所示。在主菜单栏中可以完成所有对原理图的编辑操作。

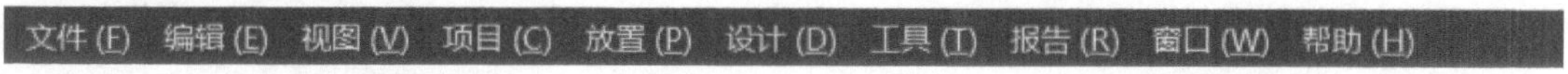

文件 (F)　编辑 (E)　视图 (V)　项目 (C)　放置 (P)　设计 (D)　工具 (T)　报告 (R)　窗口 (W)　帮助 (H)

图 3-6　主菜单栏

2. 标准工具栏

该工具栏可以使用户完成对文件的操作，如打印、复制、粘贴和查找等。与其他 Windows 操作软件一样，使用该工具栏对文件进行操作时，只需将光标放置在对应操作的按钮图标上并单击即可完成操作。标准工具栏如图 3-7 所示。该栏在默认设置中处于关闭状态，如需开启该工具栏，执行【视图】→【工具栏】→【原理图标准】命令即可。

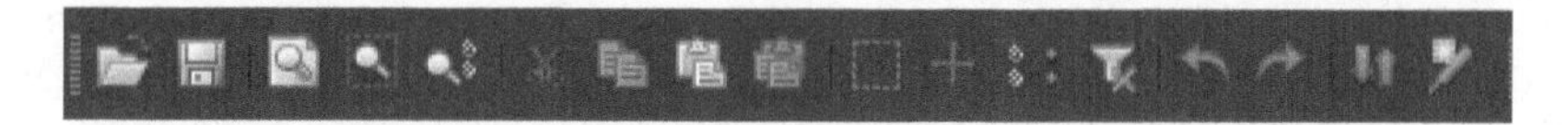

图 3-7　标准工具栏

3. 布线工具栏

该工具栏主要完成放置原理图中的元器件、电源、地、端口、图纸符号和网络标签等操作。同时给出了元器件之间的连线和总线绘制的工具按钮。布线工具栏如图 3-8 所示。

图 3-8　布线工具栏

同标准工具栏一样，它在默认设置中也处于不显示的状态。通过执行【视图】→【工具栏】→【布线】命令，可完成对工具栏的打开或关闭。

4. 实用工具栏

该工具栏包括了 4 个实用高效的工具箱：实用工具箱、排列工具箱、电源工具箱、栅格工具箱。实用工具栏如图 3-9 所示（从左向右依次为实用工具箱、排列工具箱、电源工具箱和栅格工具箱）。

图 3-9　实用工具栏

- 实用工具箱：用于在原理图中绘制所需要的标注信息，不代表电气联系。
- 排列工具箱：用于对原理图中的元器件位置进行调整、排列。
- 电源工具箱：给出了原理图绘制中可能用到的各种电源。
- 栅格工具箱：用于完成栅格的操作。

在原理图编辑环境中，执行【视图】→【工具栏】→【应用工具】命令，可以打开或关闭这个工具栏。

5. 原理图编辑环境

在原理图编辑环境中，用户可以新绘制一个电路原理图，并完成该设计的元器件的放置，以及元器件之间的电气连接等工作，也可以在原有的电路原理图中进行编辑和修改。该编辑环境是由一些栅格组成的，这些栅格可以帮助用户对元器件进行定位。按住〈Ctrl〉键调节鼠标滑轮或者按住鼠标滑轮前后移动鼠标，即可对该窗口进行放大或缩小，方便用户的设计。

6. 面板控制列表

面板控制列表是用来开启或关闭各种工作面板的。面板控制列表如图 3-10 所示。

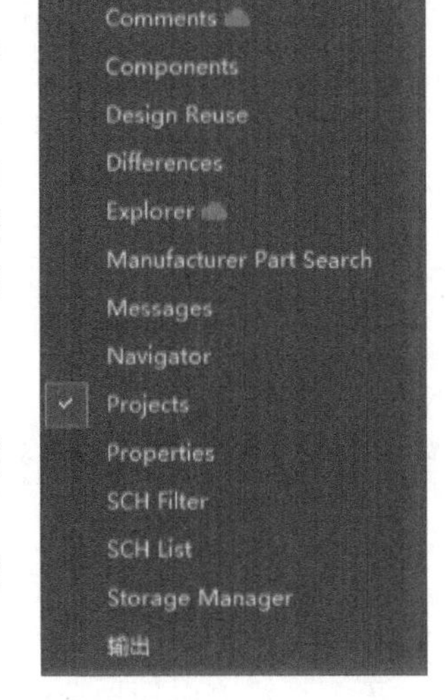

图 3-10　面板控制列表

该面板控制列表与集成开发环境中的面板控制列表相比，增减了一些内容。单击 Panels 按钮来进行控制。

7. 快捷工具栏

与其他界面的快捷工具栏类似，原理图编辑环境中的快捷工具栏也是由几个该界面常用的功能组合而成。

3.2.3　原理图纸的设置

为了更好地完成电路原理图的绘制，并符合绘制的要求，要对原理图纸进行相应的设置，包括图纸参数设置和图纸设计信息设置。

1. 图纸参数设置

进入了电路原理图编辑环境后，系统会给出一个默认的图纸相关参数，但在多数情况下，这些默认的参数不适合用户的要求，如图纸的尺寸大小。用户应当根据所设计的电路复杂度来对图纸的相关参数进行重新设置，为设计创造最优的环境。

下面就给出如何改变新建原理图图纸的大小、方向、标题栏、颜色和栅格大小等参数的方法。

在新建的原理图文件中，按〈O〉键后选择【文档选项】，如图 3-11 所示。

则右侧属性栏则会显示 Properties-Document Options 界面，如图 3-12 所示。

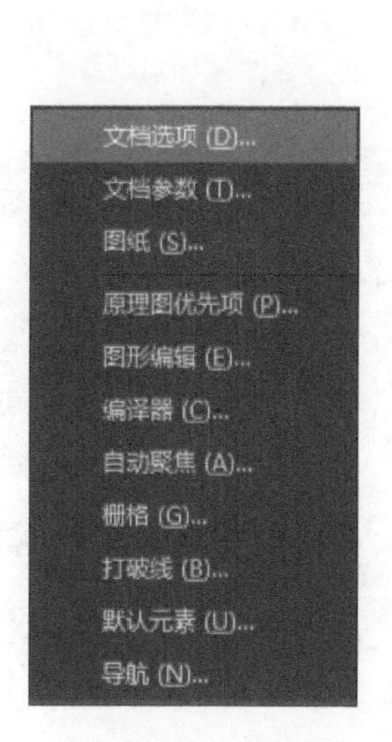

图 3-11　按〈O〉键后选择【文档选项】

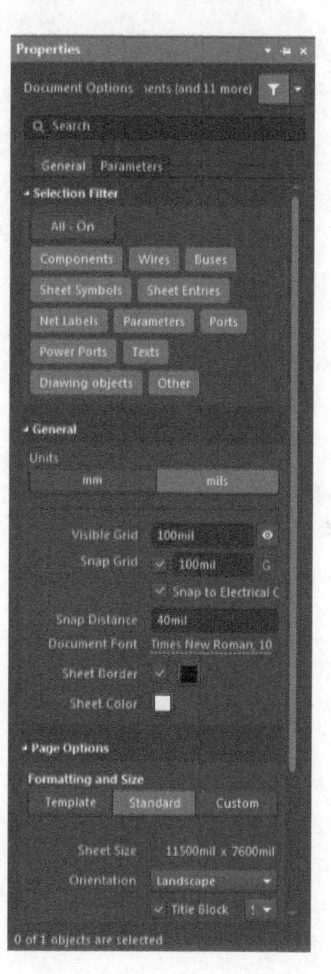

图 3-12　Properties-Document Options 界面

可以看到，图中有两个标签页，即 Parameters 和 General。其中 Parameters 选项页为单独一页，General 标签页包括 Selection Filter 栏、Page Options 栏和 General 栏。图 3-13 为 Page Options 栏，主要用于设置图纸的大小、方向、标题栏和颜色等参数。

- 单击 Standard 选项，下方内容可以选择已定义好的标准图纸尺寸。有公制图纸尺寸（A0~A4）、英制图纸尺寸（A~E）、OrCAD 标准尺寸（OrCAD A~OrCAD E），还有一些其他格式（Letter、Legal、Tabloid 等）的尺寸。Orientation 可以用来调整图纸的放置方向，包括了 Landscape（横向）或 Portrait（纵向）。

- 单击 Custom 选项，即可对图纸的长宽进行自行设置，其他部分都与标准风格相同如图 3-14 所示。
- 单击 Template 选项，可以直接套用已有的模板，主要用标准风格不同的地方在于可以直接套用自定义后保存好的模板，如图 3-15 所示。

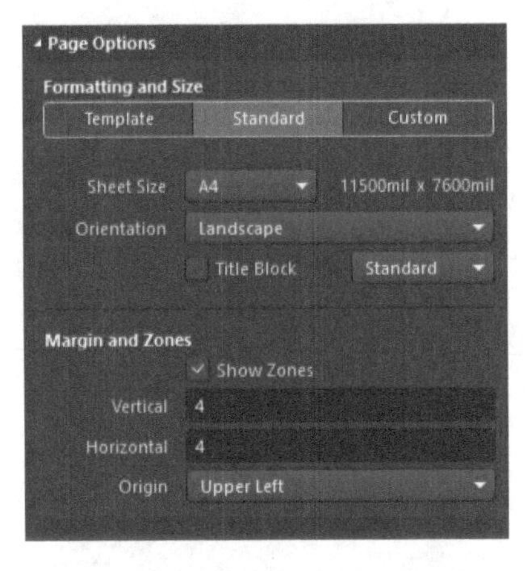

图 3-13　Standard 选项

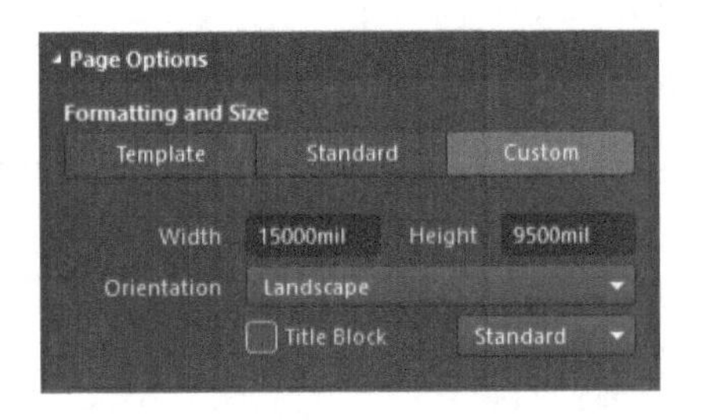

图 3-14　Custom 选项

- Margin and Zones 可以用来调整图纸的边距以及是否显示可用区域等。
- 单击 Title Block 右侧的下拉按钮，可对明细表即标题栏的格式进行设置，有两种选择，Standard（标准格式）和 ANSI（美国国家标准格式）。在 Units 栏主要包括了以下几部分内容，界面如图 3-16 所示。

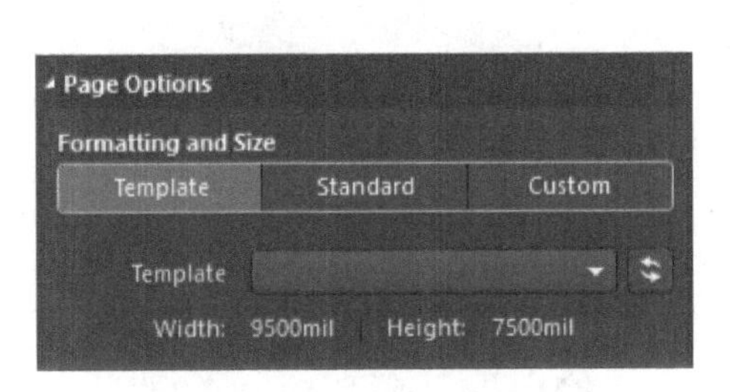

图 3-15　Template 选项

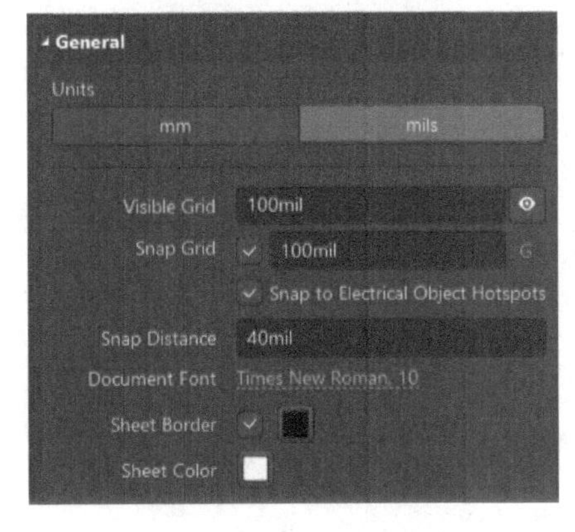

图 3-16　Units 栏

- 单击 Sheet Color 或 Sheet Border 的颜色，则会打开【选择颜色】对话框，可以更改板的底色或者是板边界的颜色。同时还可选择是否边界可见。在 Grid 的部分中，可对栅格进行具体的设置。
- Snap Grid 是光标每次移动时的距离大小栅格值。
- Visible Grid 栅格值是在图纸上可以看到的栅格的大小；选中 Enable 复选框，意味着启动了系统自动寻找电气节点功能。

栅格方便了元器件的放置和线路的连接，用户可以轻松地完成排列元器件和布线的整齐化，极大地提高了设计速度和编辑效率。设定的栅格值不是一成不变的，在设计过程中执行

【视图】→【栅格】命令，可以在弹出的菜单中随意地切换 3 种网格的启用状态，或者重新设定捕获栅格的栅格范围。【栅格】菜单见图 3-17 所示。

- 单击 Document Font 按钮，则会打开相应的【字体设置】对话框，可对原理图中所用的字体进行设置，如图 3-18 所示。

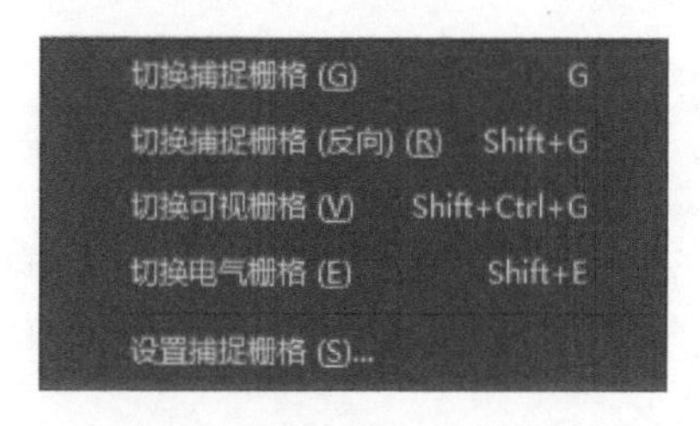

图 3-17 【栅格】菜单

图 3-18　设置字体

2. 图纸信息设置

图纸的信息记录了电路原理图的信息和更新记录，这项功能可以使用户更系统、更有效地对电路图纸进行管理。

在 Properties→Document Options→Parameters 界面中，即可看到图纸信息设置的参数具体内容，如图 3-19 所示。

- Address 1、Address 2、Address 3、Address 4：设置设计者的通信地址。
- Application_BuildNumber：应用标号。
- ApprovedBy：项目负责人。
- Author：设置图纸设计者姓名。
- CheckedBy：设置图纸检验者姓名。
- CompanyName：设置设计公司名称。
- CurrentDate：设置当前日期。
- CurrentTime：设置当前时间。
- Date：设置日期。
- DocumentFullPathAndName：设置项目文件名和完整路径。
- DocumentName：设置文件名。
- DocumentNumber：设置文件编号。
- DrawnBy：设置图纸绘制者姓名。
- Engineer：设置设计工程师。
- ImagePath：设置影像路径。
- ModifiedDate：设置修改日期。
- Orgnization：设置设计机构名称。
- Revision：设置设计图纸版本号。
- Rule：设置设计规则。
- SheetNumber：设置电路原理图编号。
- SheetTotal：设置整个项目中原理图总数。

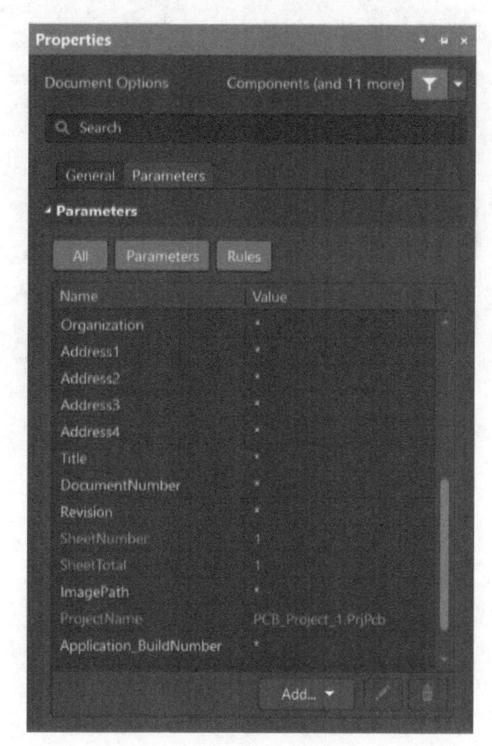

图 3-19　Properties→Document Options→Parameters 界面

● Time：设置时间。

● Title：设置原理图标题。

在需要更改的内容单击，即可实现对内容的修改。

3.2.4 原理图系统环境参数的设置

系统环境参数的设置是原理图设计过程中重要的一步，用户根据个人的设计习惯，设置合理的环境参数，将会大大地提高设计的效率。

执行【工具】→【原理图优先项】命令，或者在编辑环境内右键，在弹出的菜单中执行【原理图优先项】命令，如图 3-20 所示，将会打开原理图的【优选项】对话框，如图 3-21 所示。

该对话框中有 11 项标签页供设计者进行设置。

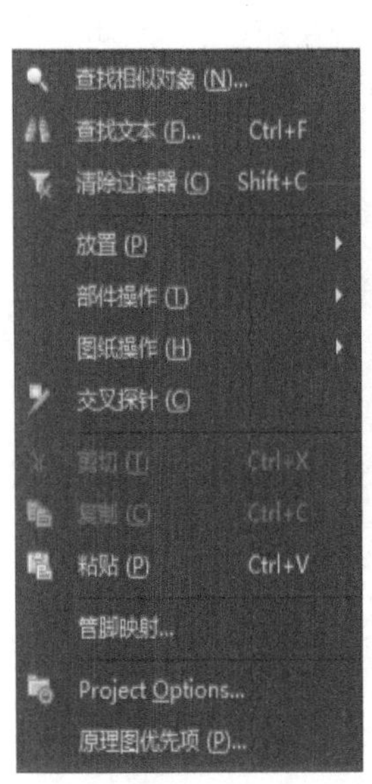

图 3-20 【原理图优先项】命令

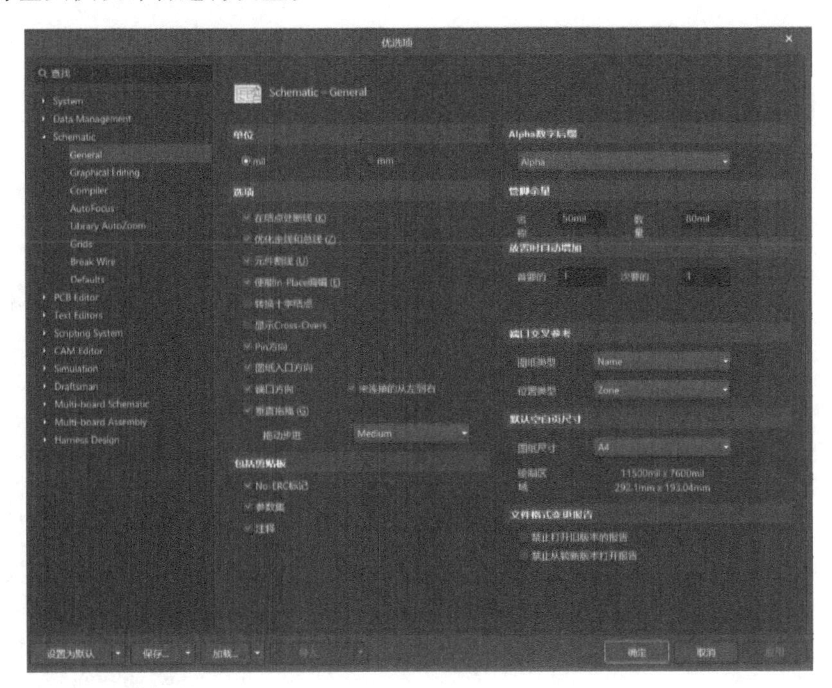

图 3-21 【优选项】对话框

1. General

用于设置电路原理图的环境参数，如图 3-21 所示。

(1)【选项】

●【在结点处断线】：用于设置在原理图上拖动或插入元器件时，与该元器件相连接的导线一直保持直角。若不勾选该复选项，则在移动元器件时，导线可以为任意的角度。

●【元件割线】：若选中 Optimize Wires Buses 复选框后，则【元件割线】复选框也呈现可选状态，用于设置当放置一个元器件到原理图导线上时，则该导线将被分割为两段，并且导线的两个端点分别自动与元器件的两个引脚相连。

●【使能 In-Place 编辑】：用于设置在编辑原理图中的文本对象时，如元器件的序号、注释等，可以双击后直接进行编辑、修改，而不必打开相应的对话框。

- 【转换十字结点】：用于设置在 T 字连接处增加一段导线形成 4 个方向的连接时，会自动产生两个相邻的三向连接点，如图 3-22 所示。若没有选中该复选框，则形成两条交叉且没有电气连接的导线，如图 3-23 所示。若此时选中【显示 Cross-Overs】，则还会在相交处显示一个拐过的曲线。

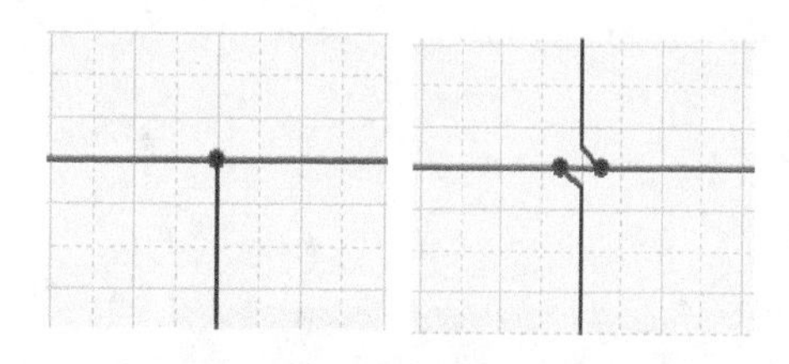

图 3-22　选中【转换十字结点】

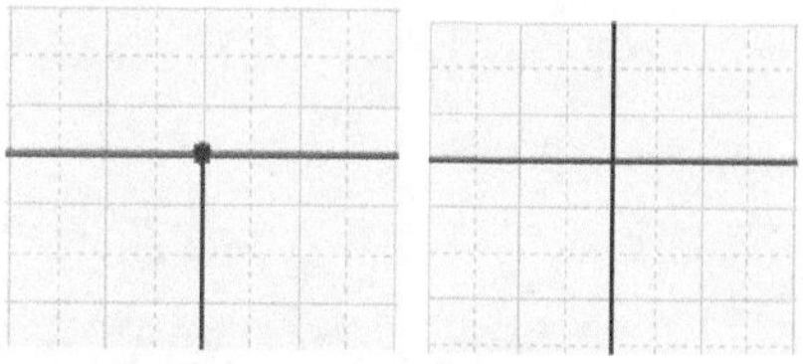

图 3-23　未选中【转换十字结点】

- 【显示 Cross-Overs】：用于设置以半圆弧显示非电气连线的交叉点处，如图 3-24 所示。
- 【Pin 方向】：用于设置在原理图文档中显示元器件引脚的方向，引脚方向由一个三角符号表示。
- 【图纸入口方向】：用于设置在层次原理图的图纸符号的形状，若选中则图纸入口按其属性的 I/O 类型显示，若不勾选，则图纸入口按其属性中的类型显示。

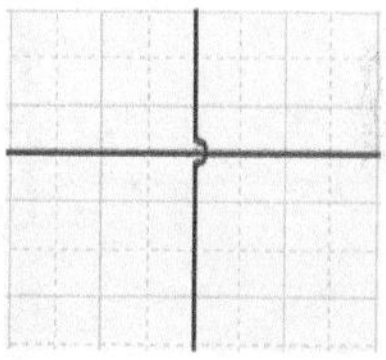

图 3-24　非电气连线的交叉点处

- 【端口方向】：用于设置在原理图文档中端口的类型，若选中则端口按其属性中的 I/O 类型显示，若不勾选，则端口按其属性中的类型显示。
- 【未连接的从左到右】：用于设置当【端口方向】选中时，原理图中未连接的端口将显示左到右的方向。

（2）【包括剪贴板】

- 【No-ERC 标记】：用于设置在复制、剪切设计对象到剪切板或打印时，将包含图纸中的忽略 ERC 检查符号。
- 【参数集】：用于设置在复制、剪切设计对象到剪切板或打印时，将包含元器件的参数信息。

（3）【Alpha 数字后缀】

选择此选项可使用不带分隔符的字母后缀（例如 R12A、R12B、R12C）。该设置将应用于所有当前打开的图纸。

- 【Numeric, separated by a dot'.'】：选择此选项可使用带点分隔符的数字后缀（例如 R12.1，R12.2，R12.3）。该设置将应用于所有当前打开的图纸。
- 【Numeric, separated by a colon':'】：选择此选项可使用带有冒号分隔符的数字后缀（例如 R12:1，R12:2，R12:3）。该设置将应用于所有当前打开的图纸。

（4）【管脚余量】

- 【名称】：用于设置元器件的引脚名称与元器件符号边界的距离，系统默认值为 50 mil。
- 【数量】：用于设置元器件的引脚号与元器件符号边界的距离，系统默认值为 80 mil。

（5）【端口交叉参考】

- 【图纸类型】：可以设置为 None、Name 或 Number。

None：没有在所有端口的交叉引用字符串中添加图纸样式。

Name：将端口链接到的图纸的名称添加到交叉引用字符串中。

Number：将端口链接到的图纸编号添加到交叉引用字符串中。

- 【位置类型】：用于设置空间位置或坐标位置的形式。

(6)【默认空白页尺寸】

可应用已有的模板，也可以用于设置默认的空白原理图的尺寸，用户可以从下拉列表框中选择。

2. Graphical Editing

用于设置图形编辑环境参数，如图 3-25 所示。

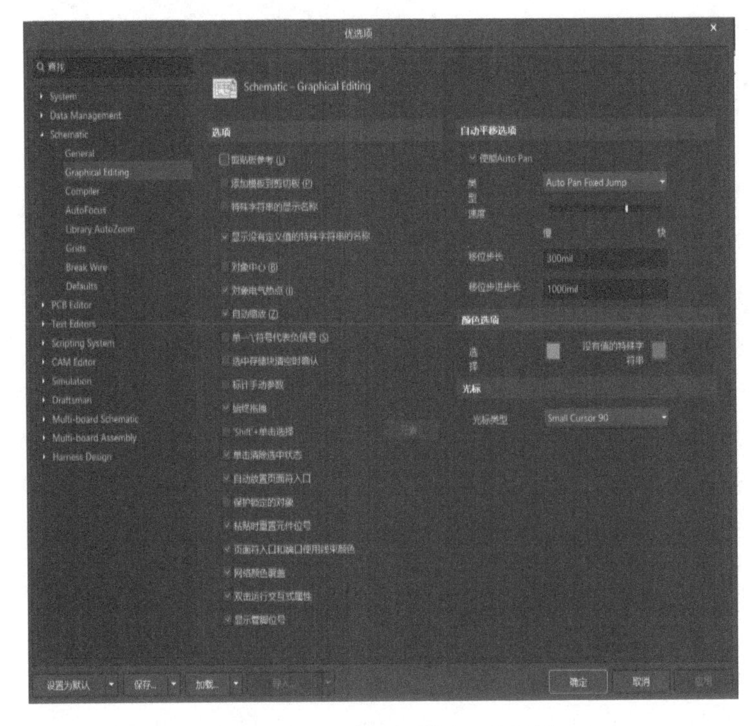

图 3-25　Graphical Editing 对话框

(1)【选项】

- 【剪贴板参考】：用于设置当用户执行 Edit→Copy 或 Cut 命令时，将会被要求选择一个参考点。建议用户勾选该复选框。
- 【添加模板到剪切板】：用于设置当执行复制或剪切命令时，系统将会把当前原理图所用的模板文件一起添加到剪切板上。
- 【对象中心】：用于设置对象进行移动或拖动时以其参考点或对象的中心为中心。
- 【对象电气热点】：用于设置对象通过与对象最近的电气节点进行移动或拖动。
- 【自动缩放】：用于设置当插入元器件时，原理图可以自动实现缩放。
- 【单一\符号代表负信号】：用于设置以‘\’表示某字符为非或负，即在名称上面加一横线。
- 【选中储存块清空时确认】：用于设置在清除被选的存储器时，将出现要求确认的对话框。

- 【单击清除选中状态】：用于设置鼠标单击原理图中的任何位置就可以取消设计对象的选中状态。
- 【'Shift'+单击选择】：用于设置同时使用〈Shift〉键和鼠标才可以选中对象，使用该功能会使原理图编辑很不方便，建议用户不要选择。
- 【始终拖拽】：用于设置使用鼠标拖动对象时，与其相连的导线也会随之移动。
- 【自动放置页面符入口】：用于设置系统自动放置图纸入口。
- 【保护锁定的对象】：用于设置系统保护锁定的对象。

（2）【自动平移选项】

用于设置自动移动参数，即绘制原理图时，常常要平移图形，通过该操作框可设置移动的形式和速度。

（3）【颜色选项】

用于设置所选中的对象和栅格的颜色。

- 【选择】：用来设置所选中对象的颜色，默认颜色为绿色。

（4）【光标】

用于设置光标的类型。用户可以设置 4 种：Large Cursor 90（长十字形光标），Small Cursor 90（短十字形光标），Small Cursor 45（短 45°交错光标），Tiny Cursor 45（小 45°交错光标）。系统默认为 Small Cursor 90。

3.3　操作元器件库

电路原理图是由大量的元器件构成的。绘制电路原理图的本质就是在编辑环境内不断放置元器件的过程。但元器件的数量庞大、种类繁多，因而需要按照不同生产商及不同的功能类别进行分类，并分别存放在不同的文件内，这些专用于存放元器件的文件就是所谓的元器件库文件。在完成了工程文件的操作设置和原理图的设置后，在本节将对于如何查找元器件、安装元器件库、对于元器件的各类操作进行举例演示。

3.3.1　【Components】面板

【Components】面板是 Altium Designer 24 系统中最重要的应用面板之一，不仅是为原理图编辑器服务，而且在印制电路板编辑器中也同样离不开它，为了更高效地进行电子产品设计，用户应当熟练地掌握它。通过按下〈K〉键→Components 或 Panels 按钮可调出【Components】面板，【Components】面板如图 3-26 所示。

- 当前加载元器件：该文本栏中列出了当前项目加载的所有元器件库文件。单击右边的下拉按钮，可以进行选择并改变激活的元器件库文件。
- 查询条件输入栏：用于输入与要查询的元器件相关的内容，帮助用户快速查找。
- 元器件列表：用来列出满足查询条件的所有元器件或用来列出当前被激活的元器件库所包含的所有元器件。
- 原理图符号预览：用来预览当前元器件在原理图中的外形符号。
- 3D 模型预览：用来预览当前元器件的各种模型，如 PCB 封装形式、3D PCB 视图等。

在这里，【Components】面板提供了对所选择的元器件的预览，包括原理图中的外形符号和印制电路板封装形式以及其他模型符号，以便在元器件放置之前就可以先看到这个元器件大致是什么样子。另外，利用该面板还可以完成元器件的快速查找、元器件库的加载，以及元器件的放置等多种便捷而全面的功能。

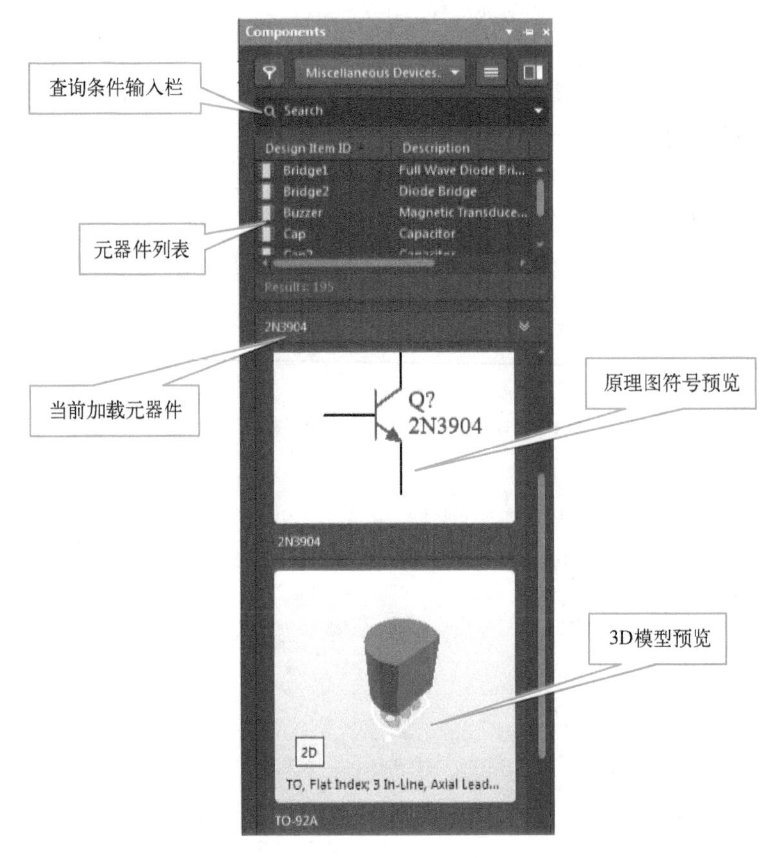

图 3-26 【Components】面板

3.3.2 加载和卸载元器件库

为了方便地把相应的元器件原理图符号放置到图纸上，一般应将包含所需要元器件的元器件库载入内存中，这个过程就是元器件库的加载。由于加载大量的元器件库会占用更多的系统资源，降低应用程序的使用效率。所以，如果有的元器件库暂时用不到，应及时将该元器件库从内存中移出，这个过程就是元器件库的卸载。

下面就具体介绍一下加载和卸载元器件库的操作过程。

【例 3-2】 安装库文件。

第 1 步：单击 Panels 按钮，选择【Components】选项，打开【Components】界面，单击按钮后，选择 File-based Libraries Preferences 即可打开【有效的基于文件的库】对话框，如图 3-27 所示。

第 2 步：单击【安装】按钮，弹出【打开】界面如图 3-28 所示的对话框。

第 3 步：在对话框中选择确定的 Components 文件夹，打开该文件夹后，选择相应的元器件库。如选择元器件库 Altera ACEX 1K，单击【打开】按钮后，该元器件库就会出现在有效的基于文件的库对话框中了，至此完成了加载工作，如图 3-29 所示。

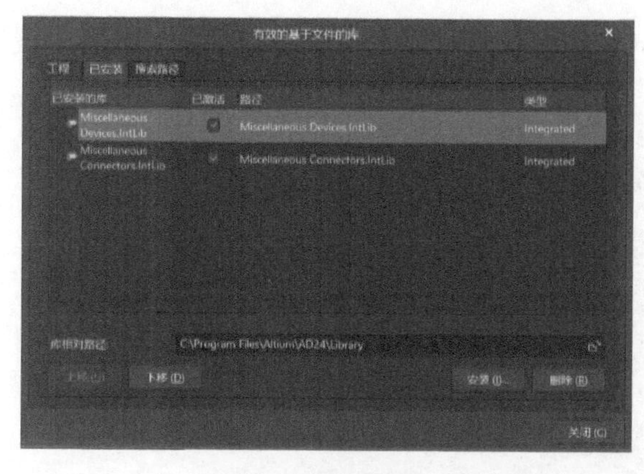

图 3-27 【有效的基于文件的库】对话框

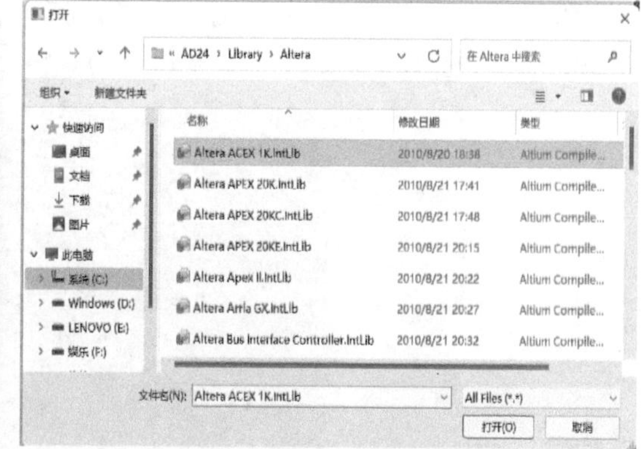

图 3-28 【打开】对话框

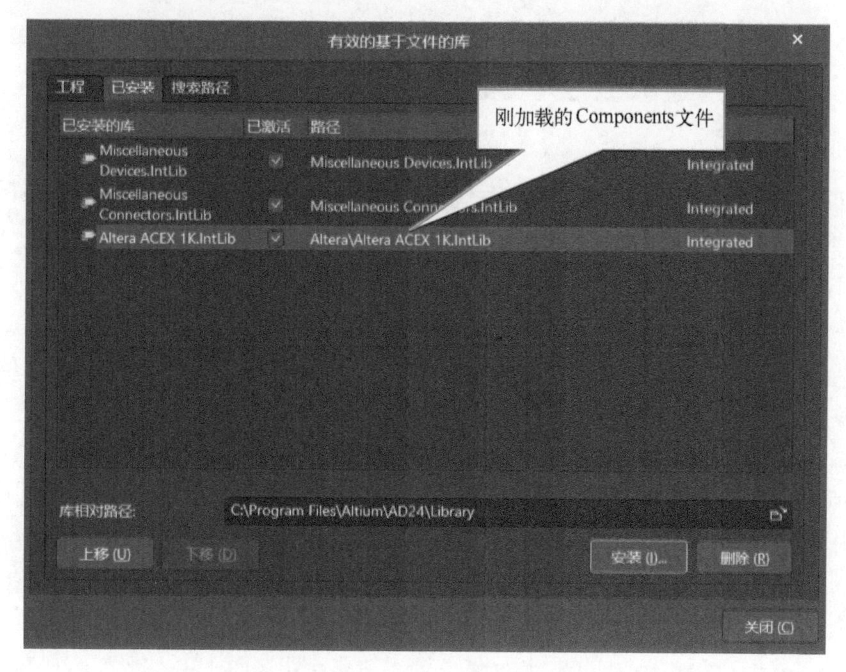

图 3-29　已加载元器件 Components

重复上述的操作过程，将所需要的元器件库一一进行加载。加载完毕后，单击【关闭】按钮关闭该对话框。

第 4 步：在有效的基于文件的库对话框中选中某一不需要的元器件库，单击【删除】按钮，即可完成对该元器件库的卸载。

3.4　操作元器件

3.4.1　元器件的查找

系统提供两种查找方式：一种是在有效的基于文件的库（已安装的可用库）中进行元器件的查找；另一种是用户只知道元器件的名称，并不知道该元器件所在的元器件库名称，这时可以利用系统所提供的查找功能来查找元器件，并加载相应的元器件 Components。

在【Components】面板上，单击■按钮，选择 File-based Libraries Search，可以打开如图 3-30 所示的【基于文件的库搜索】对话框。

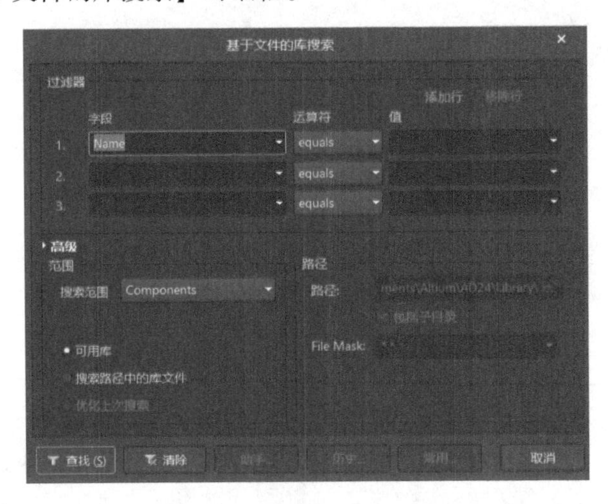

图 3-30 【基于文件的库搜索】对话框

该对话框主要分成了以下几个部分，了解每部分的用途，便于查找工作的完成。图 3-30 所示为简单查找对话框，如果进行高级查找，则单击图 3-31 所示对话框中的高级按钮，然后显示高级查找对话框。

- 【过滤器】：可以输入查找元器件的【域】属性，如 Name 等；然后选择【运算符】，如 equals、contains、starts with 和 ends with 等；在【值】输入所要查找的属性值。
- 【范围】：用来设置查找的范围。
- 【搜索范围】：单击下拉按钮，会提供 4 种可选类型，即 Components（元器件）、Footprints（PCB 封装）、3D Models（3D 模型）、Database Components（数据库元器件）。
- 【可用库】：选中该选项后，系统会在已加载的元器件 Components 中查找。
- 【搜索路径中的库文件】：选中该选项后，系统按照设置好的路径范围进行查找。
- 【路径】：用来设置查找元器件的路径，只有在选中【库文件路径】单选框时，该项设置才是有效的。单击右侧的文件夹图标，系统会弹出【浏览文件夹】对话框，供用户选择设置搜索路径，若选中下面的【包含子目录】复选框，则包含在指定目录中的子目录也会被搜索。
- 【File Mask】：用来设定查找元器件的文件匹配域。
- 【高级】：用于进行高级查询，如图 3-31 所示。在该选项的文本框中，输入一些与查询内容有关的过滤语句表达式，有助于使系统进行更快捷、更准确地查找。在文本框中输入“(Name LIKE '*LF347*')”，单击【查找】按钮后，系统开始搜索。

在对话框的下方还有一排按钮，它们的作用如下：

- 【清除】：单击此按钮可将基于文件的库搜索文本编辑框中的内容清除干净，方便下次查找。
- 【助手】：单击此按钮，可以打开 Query Helper 对话框。在该对话框内，可以输入一些与查询内容相关的过滤语句表达式，有助于快捷、精确地查找所需的元器件。【Query Helper】对话框如图 3-32 所示。

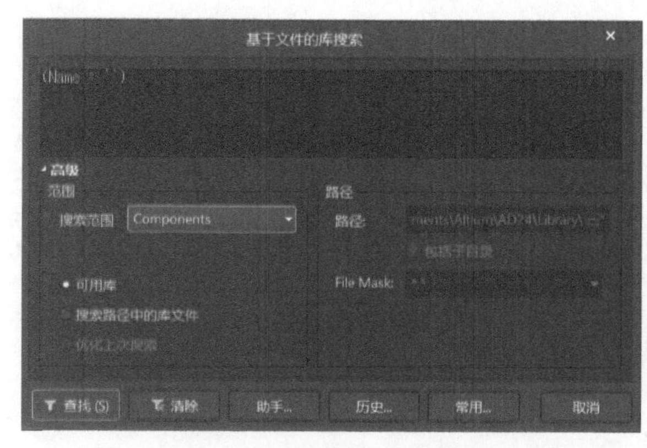

图 3-31　高级选项对话框

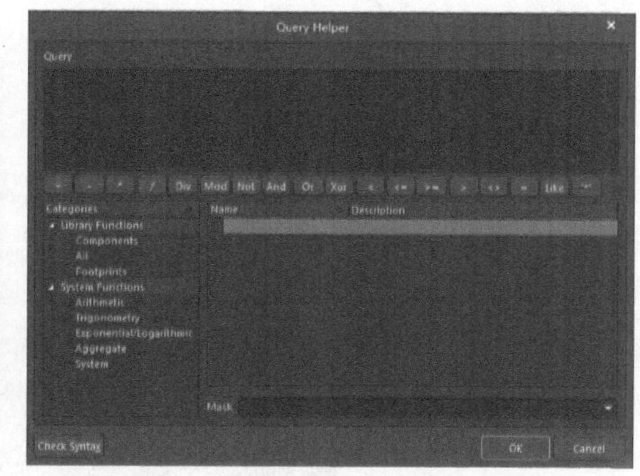

图 3-32　【Query Helper】对话框

- 【历史】：单击此按钮，则会打开 Expression Manager 的 History 选项卡，如图 3-33 所示。里面存放着以往所有的查询记录。
- 【常用】：单击该按钮，则会打开 Expression Manager 的 Favorites 选项卡，如图 3-34 所示，用户可将已查询的内容保存在这里，下次用到该元器件时可直接使用。

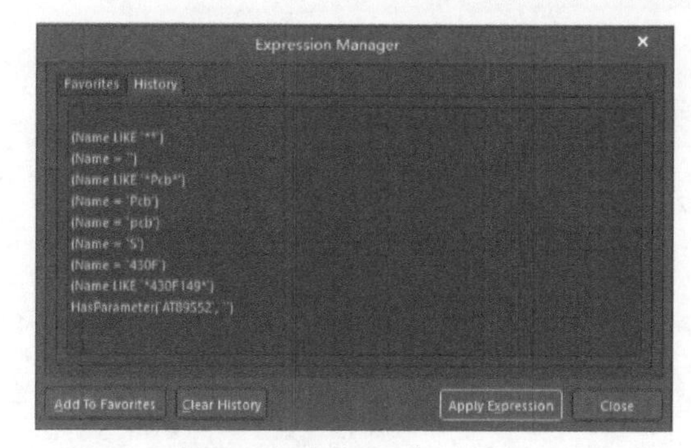

图 3-33　【History】选项卡

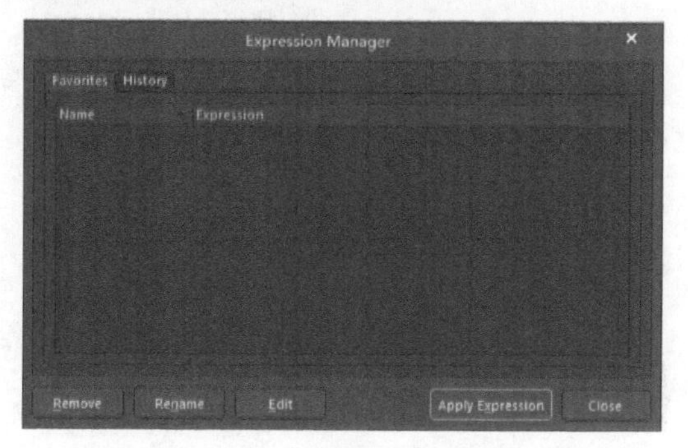

图 3-34　【Favorites】选项卡

下面就介绍一下如何在未知库中进行元器件的查找，以及如何添加相应的库文件。

打开基于文件的库搜索对话框，如图 3-35 所示。设置【搜索范围】为“Components”，选中【搜索路径中的库文件】单选框，此时【路径】文本编辑栏内显示的是安装时的系统默认路径，设置运算符为【contains】，在【值】文本编辑栏内输入元器件的全部名称或部分名称，如“Diode”。

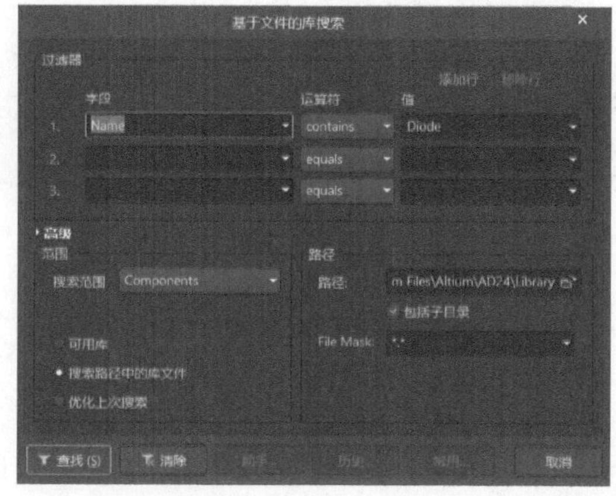

图 3-35　查找元器件设置

单击【查找】按钮后，系统开始查找元器件。在查找过程中，原来【Components】面板上的元器件列表中多了个【Stop】按钮。需要终止查找服务，单击【Stop】按钮即可。

查找结束后的元器件面板如图 3-36 所示。经过查找，满足查询条件的元器件共有 34 个，它们的元器件名、原理图符号、模型名及封装形式都在 Models 栏列出。References 栏中为厂商提供的参考信息，Part Choices 栏允许用户搜索、添加或删除指定零部件项目的公司认可的设计零部件。Where Used 栏给出元器件的应用范围。

在 Design Item ID 列表框中，单击选中需要的元器件，如这里选中了 Diode。在选中元器件名称上右击鼠标，系统会弹出一个菜单，如图 3-37 所示。

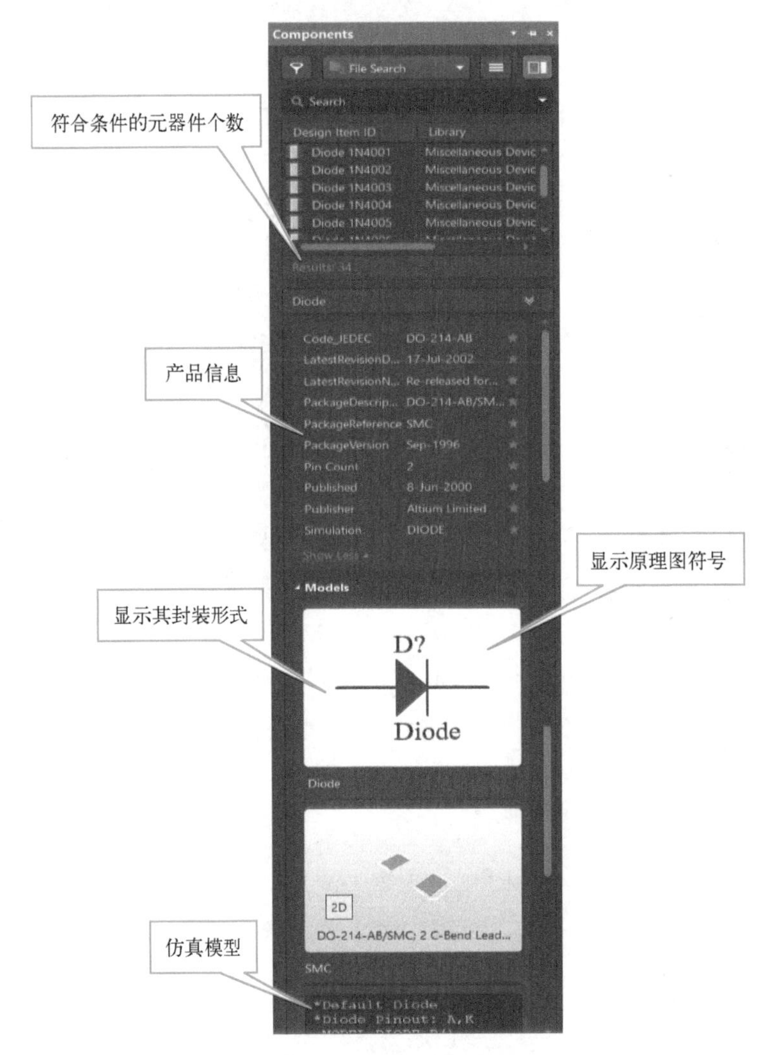

图 3-36 元器件查找结果

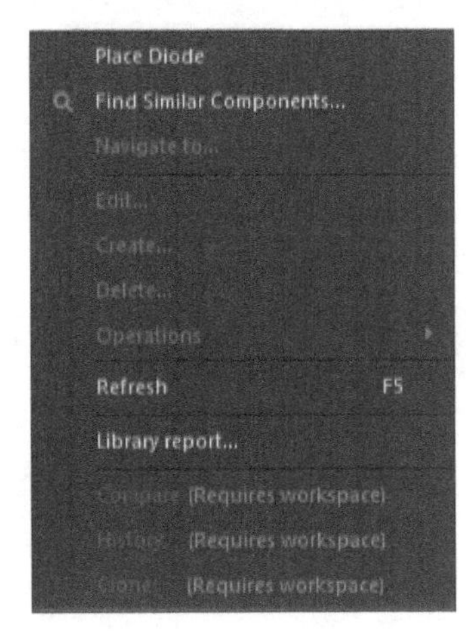

图 3-37 元器件操作菜单

3.4.2 元器件的放置

在原理图绘制过程中，将各种元器件的原理图符号放置到原理图纸中是很重要的操作之一。系统提供了两种放置元器件的方法：一种是利用菜单命令来完成原理图符号的放置，一种是使用【Components】面板来实现对原理图符号的放置。

由于【Components】面板不仅可以完成对元器件库的加载、卸载以及对元器件的查找、浏览等功能，还可以直观、快捷地进行元器件的放置。所以本书建议使用【Components】面板来完成对元器件的放置。至于第一种放置的方法，这里就不做地介绍了。

打开【Components】面板，先在库文件下拉列表中选中所需元器件所在的元器件库，之后在相应的【元器件名称】列表框中选择需要的元器件。例如，选择元器件库 Miscellaneous Devices. IntLib，选择该库的元器件 Inductor，如图 3-38 所示。

双击选中的元器件 Inductor，相应的元器件符号就会自动出现在原理图编辑环境内，并随“米字”光标移动，如图 3-39 所示。

图 3-38　选中需要的元器件

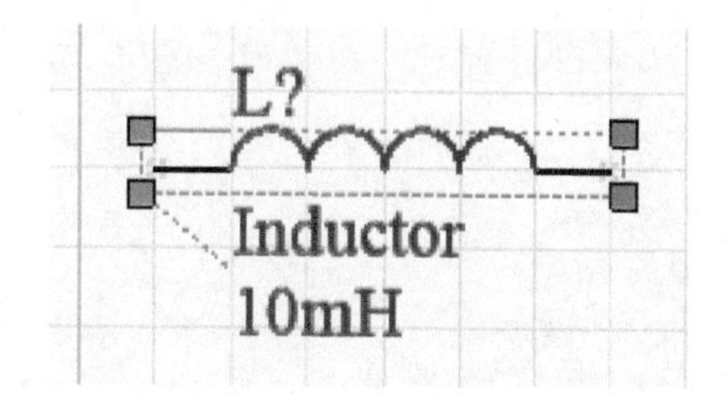

图 3-39　放置元器件

到达放置位置后，单击即可完成一次该元器件的放置，同时系统会保持放置下一个相同元器件的状态。连续操作，可以放置多个相同的元器件，右击鼠标可以退出放置状态。

3.4.3　编辑元器件的属性设置

在原理图上放置的所有元器件都具有自身的特定属性，如标识符、注释、位置和所在库名等，在放置好每一个元器件后，都应对其属性进行正确的编辑和设置，以免在后面生成网络表和印制电路板的制作带来错误。

1. 手动给各元器件加标注

下面就以一个电感的属性设置为例，介绍一下如何设置元器件属性。

双击元器件或是单击选中元器件后右击选择 Properties，右侧界面变成 Properties-Component 界面，如图 3-40 所示。

该界面包括 General、Parameters 和 Pins 三个标签页。General 区域包括 Properties 和 Location 等文档编辑栏。

- Properties 文档编辑栏：对原理图中的元器件进行主要内容的说明，包括元器件的名称、描述、标号等。其中，Designator 文档编辑栏是用来对原理图中的元器件进行标识的，以对元器件进行区分，方便印制电路板的制作。Comment 文档编辑栏是用来对元器件进行注释、说明的。

一般来说，应选中 Designator 后面的 Visible 复选框，不选中 Comment 后面的 Visible 复选框。这样在原理图中只是显示该元器件的标识，不会显示其注释内容，便于原理图的布局。该区域中其他属性均采用系统的默认设置。

- Location 栏：显示元器件的坐标位置及设置元器件的旋转角度。
- Footprint 栏：显示该元器件的封装模型。
- Graphical 栏：可以选择元器件的模式，颜色及是否镜像等。
- Parameters 栏：可以设置参数项 Value 的值。
- Pins 栏：单击下方的 按钮，打开如图 3-41 所示的【元件管脚编辑器】对话框，在这里可对元器件引脚进行编辑设置。右侧栏为引脚的属性界面，可以对引脚的各类参数进行编辑。

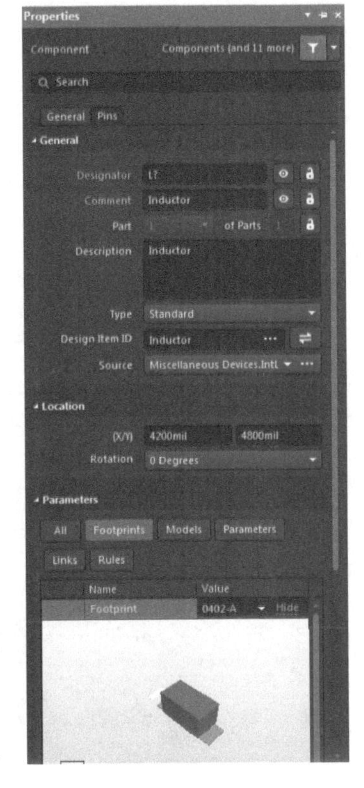

图 3-40 Properties-Component 界面

完成上述属性设置后，单击【确定】按钮关闭对话框，设置后的元器件如图 3-42 所示。

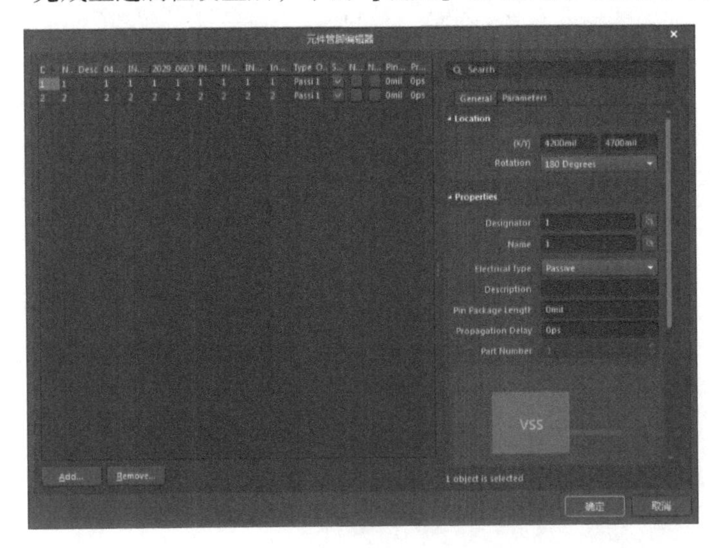

图 3-41 【元件管脚编辑器】对话框

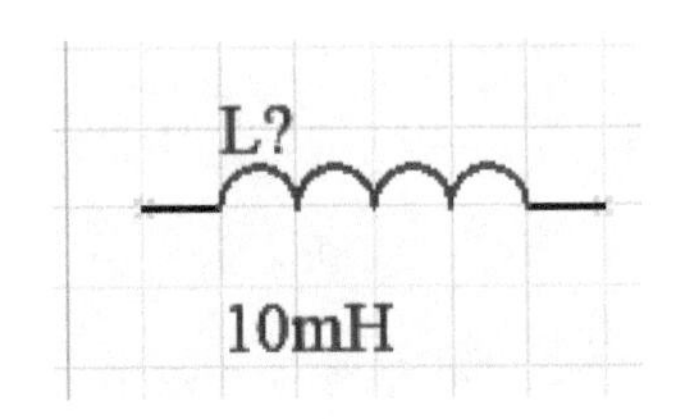

图 3-42 设置后的元器件

2. 自动给各元器件添加标注

有的电路原理图比较复杂，由许多的元器件构成，如果用手动标注的方式对元器件逐个进行操作，不仅效率很低，而且容易出现标志遗漏、标注号不连续或重复标注的现象。为了避免上述错误的发生，可以使用系统提供的自动标注功能来轻松完成对元器件的标注编辑。

在原理图编辑界面，执行【工具】→【标注】→【原理图标注】命令，系统会弹出【标注】对话框，如图 3-43 所示。

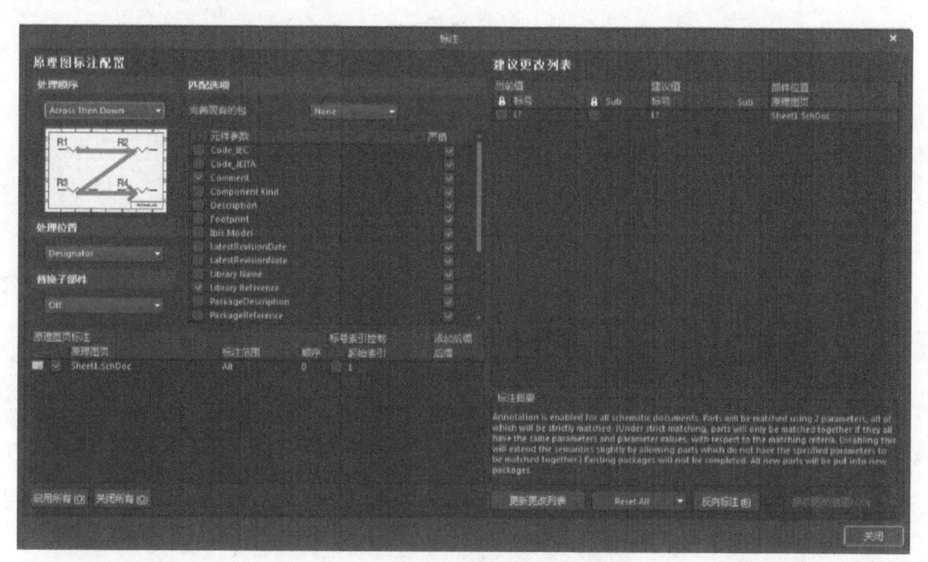

图 3-43 【标注】对话框

可以看到，该对话框包含 4 部分内容，分别是：【处理顺序】、【匹配选项】、【原理图页标注】、【建议更改列表】。

(1)【处理顺序】

用于设置元器件标注的处理顺序，单击其列表框的下拉按钮，系统给出了 4 种可供选择的标注方案。

- Up Then Across：按照元器件在原理图中的排列位置，先按从下到上、再按从左到右的顺序自动标注。
- Down Then Across：按照元器件在原理图中的排列位置，先按从上到下、再按从左到右的顺序自动标注。
- Across Then Up：按照元器件在原理图中的排列位置，先按从左到右、再按从下到上的顺序自动标注。
- Across Then Down：按照元器件在原理图中的排列位置，先按从左到右、再按从上到下的顺序自动标注。

(2)【匹配选项】

用于选择元器件的匹配参数，在下面的列表框中列出了多种元器件参数供用户选择。

(3)【原理图页标注】

用来选择要标注的原理图文件，并确定注释范围、起始索引值及扩展名字符等。

（4）【建议更改列表】

用来显示元器件的标志在改变前后的变化，并指明元器件所在原理图名称。

【例 3-3】 给元器件进行自动标注。

要进行标注原理图文件 Sheet1. SchDoc，如图 3-44 所示。

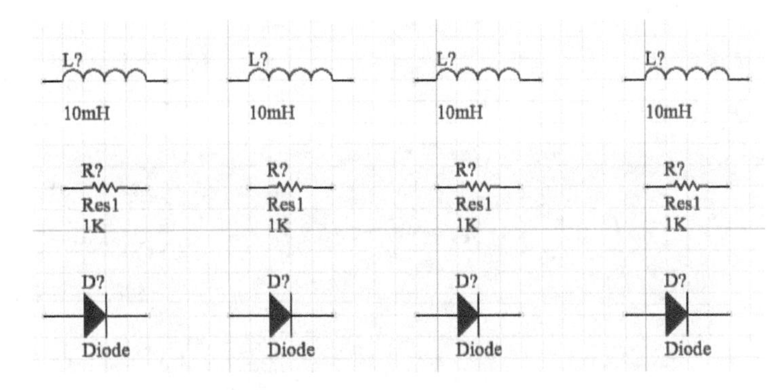

图 3-44　需要自动标注的元器件

第 1 步：打开【标注】对话框，设置【处理顺序】为 Down Then Across（先按从上到下，再按从左到右的顺序），在【匹配选项】列表中选中两项：Comment 与 Library Reference，【标注范围】为 All，【顺序】为 0，【启动索引】也设置为 1，设置好后的【标注】对话框如图 3-45 所示。

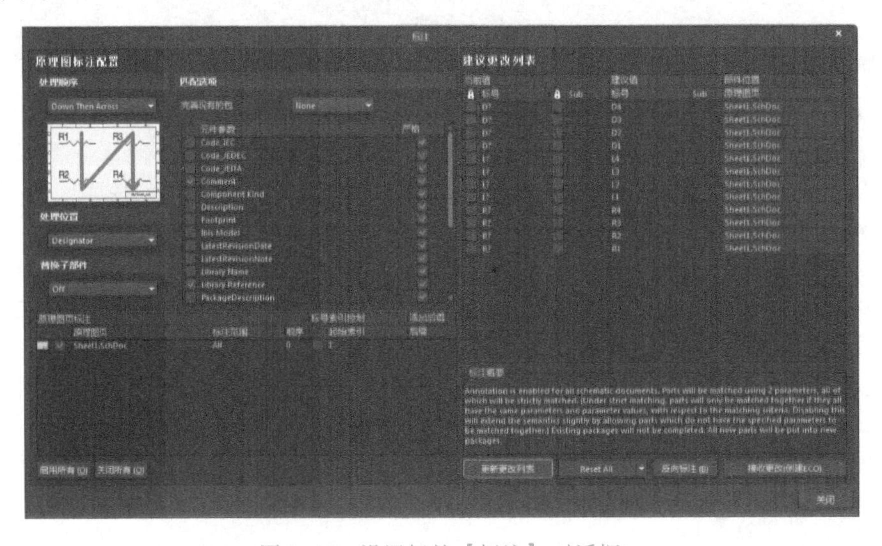

图 3-45　设置好的【标注】对话框

设置完成后，单击【更新更改列表】按钮，系统弹出提示框如图 3-46 所示，提醒用户元器件状态要发生变化。

第 2 步：单击提示框的【OK】按钮，系统会更新要标注元器件的标号，并显示在【建议更改列表】中，同时【标注】对话框右下角的【接收更改（创建 ECO）】按钮，处于激活状态，如图 3-47 所示。

第 3 步：单击【接收更改（创建 ECO）】按钮，系统自动弹出【工程变更指令】对话框，如图 3-48 所示。

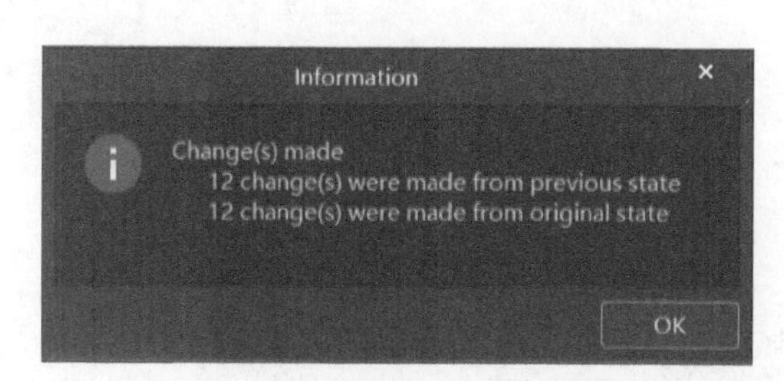

图 3-46 元器件状态变化提示框

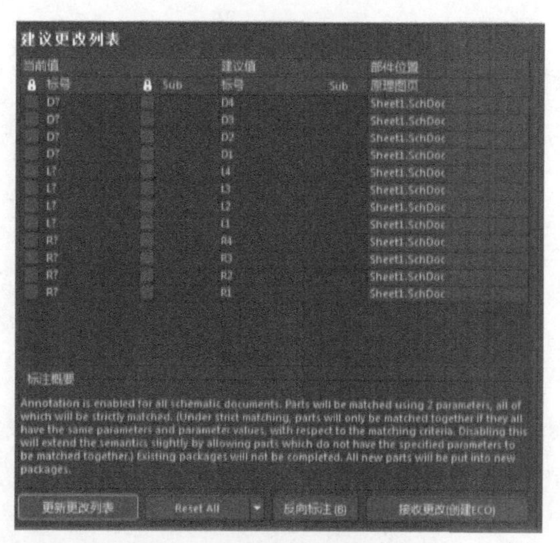

图 3-47 标号更新

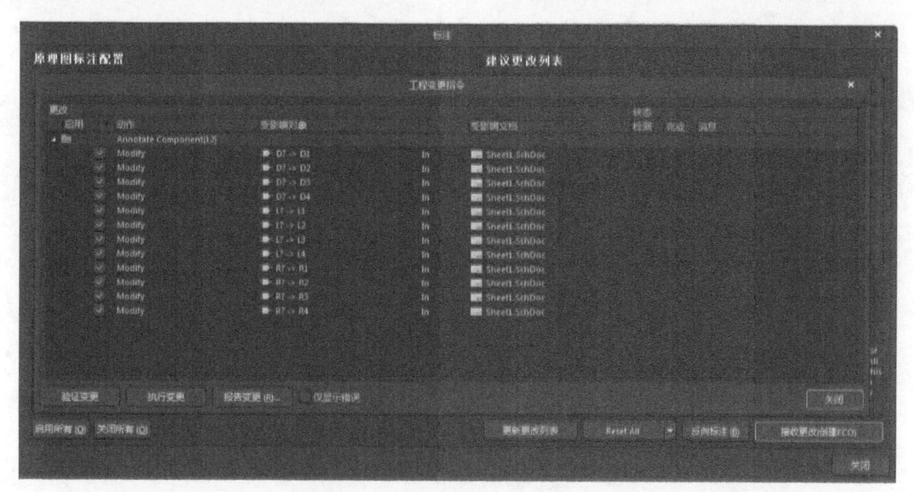

图 3-48 【工程变更指令】对话框

第 4 步：单击【验证变更】按钮，可使标号变化有效，但此时原理图中的元器件标号并没有显示出变化，单击【执行变更】按钮，【工程变更指令】对话框如图 3-49 所示。

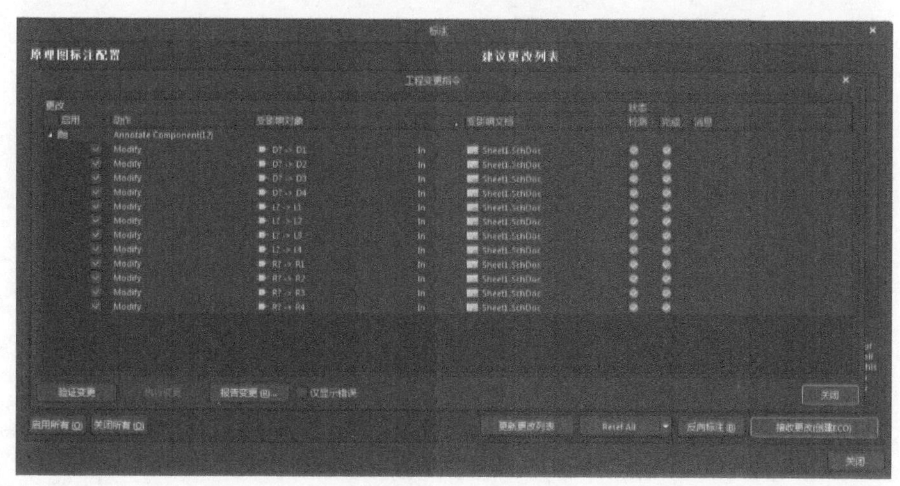

图 3-49 变化生效后【工程变更指令】对话框

依次关闭【工程变更指令】对话框和【标注】对话框，可以看到标注后的元器件，如图 3-50 所示。

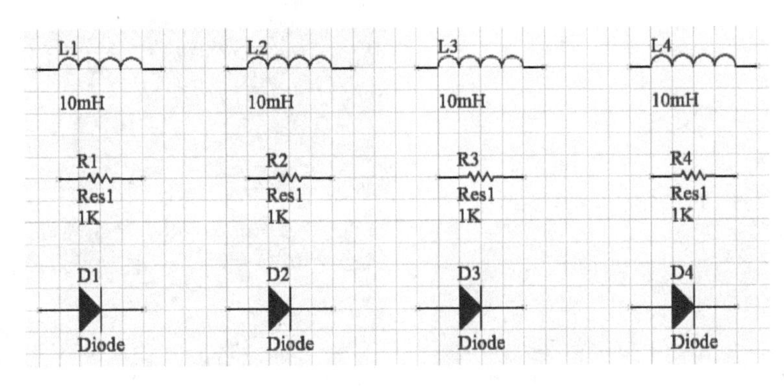

图 3-50　标注后的元器件

3.4.4　调整元器件的位置

放置元器件时，其初始位置一般是大体估计的，并不能满足设计要求的清晰和美观。所以需要根据原理图的整体布局，对元器件的位置进行一定的调整。

元器件位置的调整主要包括元器件的移动、元器件方向的设定和元器件的排列等操作。

下面介绍一下如何对元器件进行排列。对如图 3-51 所示的多个元器件进行位置排列，使其在水平方向上均匀分布。

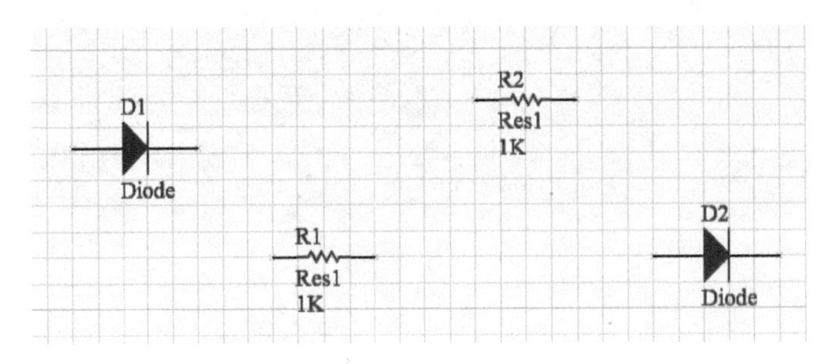

图 3-51　待排列的元器件

单击标准工具栏中的■图标，光标变成十字形状，单击并拖动将要调整的元器件包围在选择矩形框中，再次单击后选中这些元器件，如图 3-52 所示。

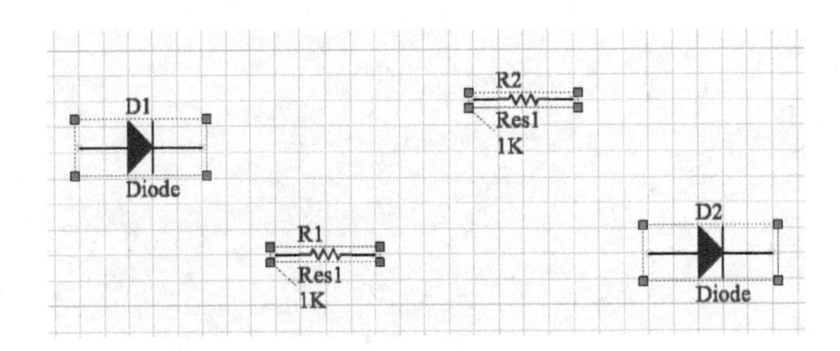

图 3-52　选中待调整的元器件

执行【编辑】→【对齐】→【顶对齐】命令，或者在编辑环境中按〈A〉键，如图 3-53 所示。

执行【顶对齐】命令，则选中的元器件以最上边的元器件为基准顶端对齐，如图 3-54 所示。

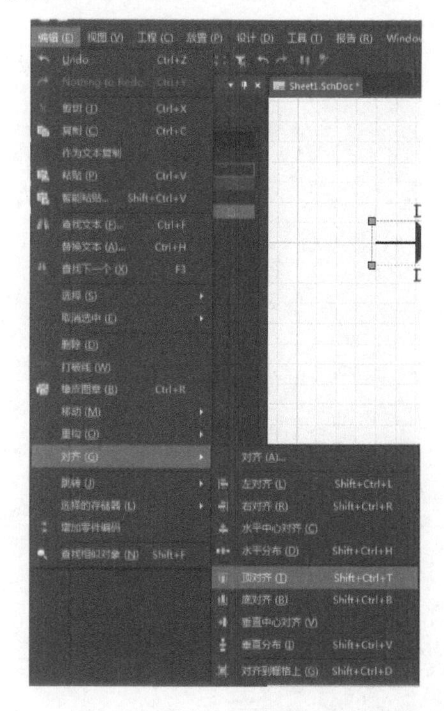

图 3-53　【顶对齐】命令菜单

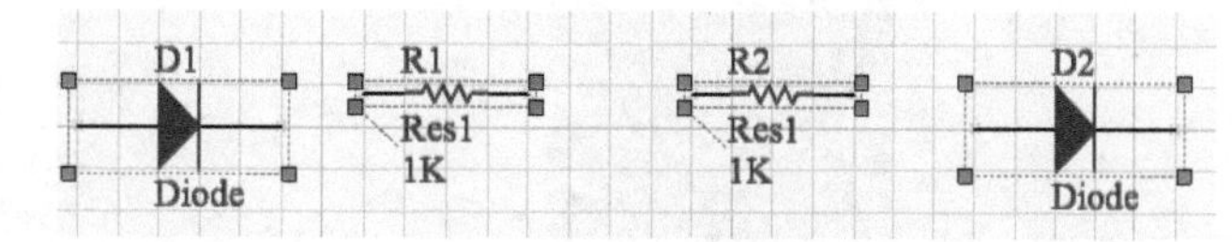

图 3-54　顶端对齐后的元器件

再按〈A〉键，在【对齐】命令菜单中执行【水平分布】命令，使选中的元器件在水平方向上均匀分布。单击【标准】工具栏中的图标，取消元器件的选中状态，操作完成后如图 3-55 所示。

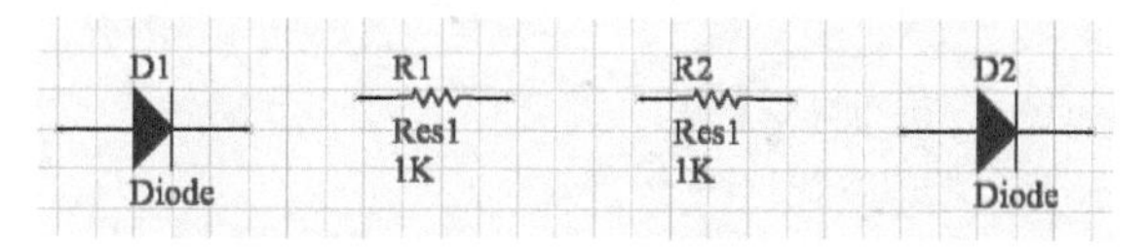

图 3-55　操作完成后的元器件排列

3.5　电路原理图的绘制

在原理图中放置好需要的元器件，并编辑好它们的属性后，就可以着手连接各个元器件，以建立原理图的实际连接了。这里所说的连接，实际上就是电气意义的连接。

电气连接有两种实现方式，一种是直接使用导线将各个元器件连接起来，称为“物理连接”；另外一种是不需要实际的相连操作，而是通过设置网络标签使得元器件之间具有电气连接关系。

原理图绘制从不追求一步到位，应当以一部分、一个模块的分步绘制逐步完成。本节以 3.7 节中的 LED 点阵驱动电路为例进行原理图的绘制。

3.5.1 原理图连接工具的介绍

系统提供了 3 种对原理图进行连接的操作方法，即使用菜单命令、使用【配线】工具栏和使用快捷键。由于使用快捷键，需要记忆各个操作的快捷键，容易混乱，不易应用到实际操作中，所以这里不予介绍。

1. 使用菜单命令

执行【放置】命令，系统弹出如图 3-56 所示的菜单。

在该菜单中，包含放置各种原理图元器件的命令，也包括了对总线、总线进口、导线和网络标签等连接工具，以及文本字符串、文本框的放置。其中，【指示】中还包含若干项子菜单命令，如图 3-57 所示，常用到的有【通用 No ERC 标号】（放置忽略 ERC 检查符号）等。

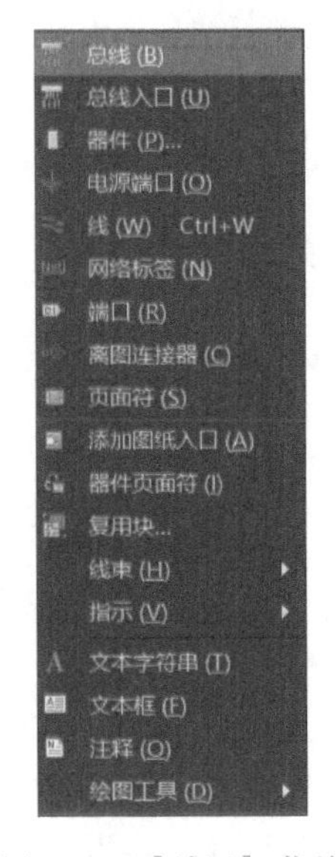

图 3-56 【放置】菜单

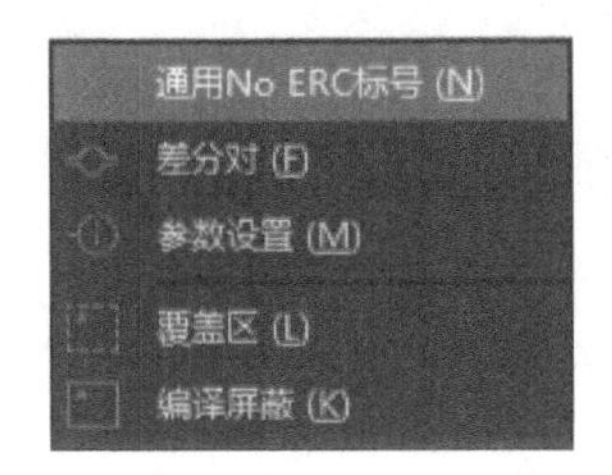

图 3-57 【放置】菜单的【指示】子菜单

2. 使用【配线】工具栏

【放置】菜单中的各项命令分别与【配线】工具栏中的图标一一对应，直接单击该工具栏中的相应图标，即可完成相应的功能操作。

3.5.2 元器件的电气连接

元器件之间的电气连接，主要是通过导线来完成的。导线具有电气连接的意义，不同于一般的绘图连线，后者没有电气连接的意义。

1. 绘制导线

在原理图编辑界面中，执行绘制导线命令，有以下两种方法。

1）执行【放置】→【线】命令。

2）单击【配线】工具栏中的【放置线】图标。

执行【放置线】命令后，光标变为十字形状。移动光标到将放置导线的位置，会出现一个红色米字标志，表示找到了元器件的一个电气节点，如图 3-58 所示。

在导线起点处单击并拖动，随之绘制出一条导线，拖动到待连接的另外一个电气节点处，同样会出现一个红色米字标志，如图 3-59 所示。

如果要连接的两个电气节点不在同一水平线上，则在绘制导线过程中需要单击确定导线的折点位置，再找到导线的终点位置后单击，完成两个电气节点之间的连接。右击或按〈Esc〉键退出导线的绘制状态，如图 3-60 所示。

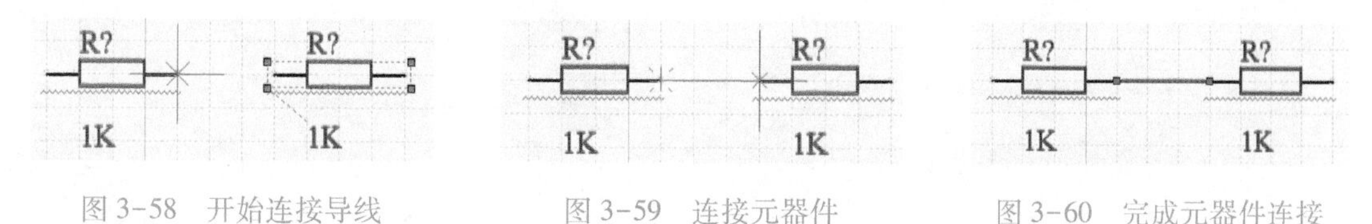

图 3-58　开始连接导线　　图 3-59　连接元器件　　图 3-60　完成元器件连接

2. 绘制总线

总线是一组具有相同性质的并行信号线的组合，如数据总线、地址总线和控制总线等。在原理图的绘制中，用一根较粗的线条来清晰方便地表示总线。其实在原理图编辑环境中的总线没有任何实质的电气连接意义，仅仅是为了绘制原理图和查看原理图方便而采取的一种简化连线的表现形式。

在原理图编辑界面中，执行绘制总线命令，有以下两种方法。

1）执行【放置】→【总线】命令。

2）单击【配线】工具栏中的【放置总线】图标。

执行【放置总线】命令后，光标变成十字形状，移动光标到待放置总线的起点位置单击，确定总线的起点位置，然后拖动光标绘制总线，如图 3-61 所示（其中 SW3 为自建元器件）。

在每个拐点位置都单击鼠标确认，到达适当位置后，再次单击鼠标确定总线的终点。右击鼠标或按〈Esc〉键可退出总线的绘制状态。绘制完成的总线，如图 3-62 所示。

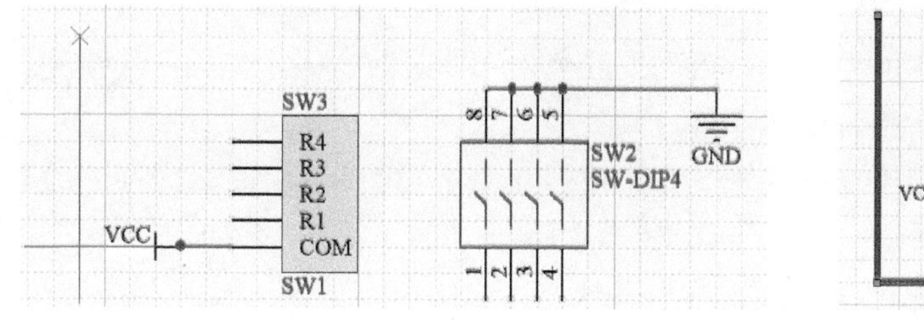

图 3-61　开始绘制总线

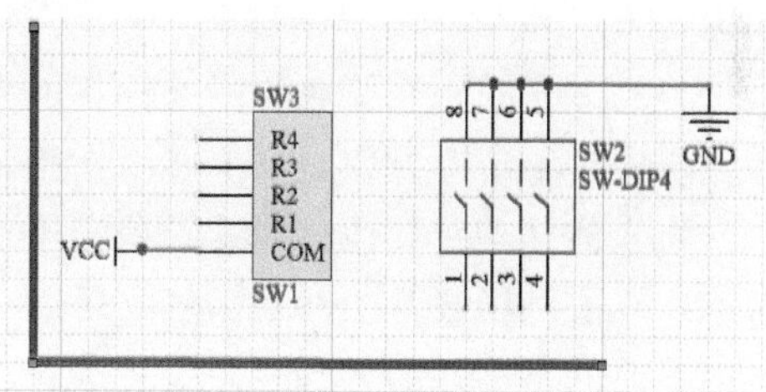

图 3-62　绘制完成的总线

3. 绘制总线进口

总线进口是单一导线与总线的连接线。与总线一样，总线进口也不具有任何电气连接的意义。使用总线进口，可以使电路原理图更为美观和清晰。

在原理图编辑界面中，执行绘制总线进口命令，有两种方法。

1）执行【放置】→【总线进口】命令。

2）单击【配线】工具栏中的【放置总线进口】图标。

执行【放置总线进口】命令后，光标变为十字形状，并带有总线进口符号“/”或“\”，如图 3-63 所示。

在导线与总线之间单击，即可放置一段总线进口。同时在放置总线进口的状态下，按空格键可以调整总线进口线的方向，每按一次，总线进口线逆时针旋转 90°。右击或按〈Esc〉键退出总线进口的绘制状态。绘制完成的总线进口如图 3-64 所示。

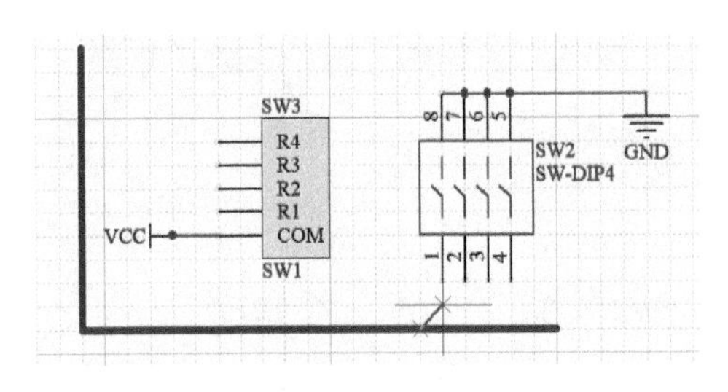

图 3-63　开始绘制总线进口

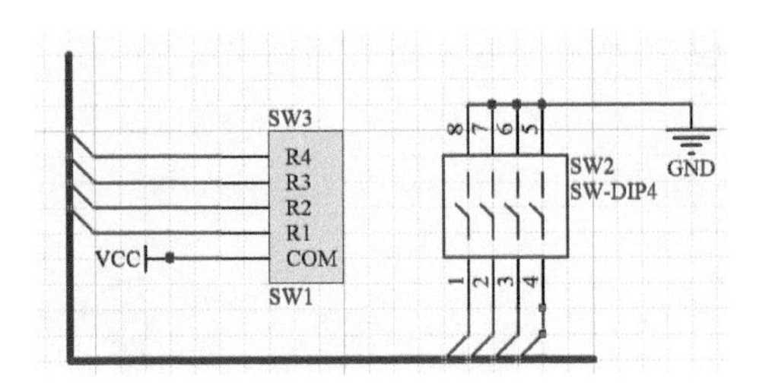

图 3-64　绘制完成的总线进口

3.5.3　放置网络标签

在绘制过程中，元器件之间的连接除了可以使用导线外，还可以通过网络标签的方法来实现。

具有相同网络标签名的导线或元器件引脚，无论在图上是否有导线连接，其电气关系都是连接在一起的。使用网络标签代替实际的导线连接可以大大地简化原理图的复杂度。比如，在连接两个距离较远的电气节点时，使用网络标签就不必考虑走线的困难。这里还要强调，网络标签名是区分大小写的。相同的网络标签名是指形式上完全一致的网络标签名。

在原理图编辑界面中，执行放置网络标签命令，有以下两种方法。

1）执行【放置】→【网络标签】命令。

2）单击配线工具栏中的【放置网络标签】图标。

执行【放置网络标签】命令后，光标变为十字形状，并附有一个初始标号为 Net Label1，如图 3-65 所示。

将光标移动到需要放置网络标签的导线处，当出现红色米字标志时，表示光标已连接到该导线，此时单击即可放置一个网络标签，如图 3-66 所示。

将光标移动到其他位置处，单击可连续放置，右击或按〈Esc〉键可退出网络标签的绘制状态。双击已经放置的网络标签，可以打开 Properties-Net Label 界面。在这个界面的编辑栏内可以更改网络标签的名称，并设置放置方向及字体，如图 3-67 所示。

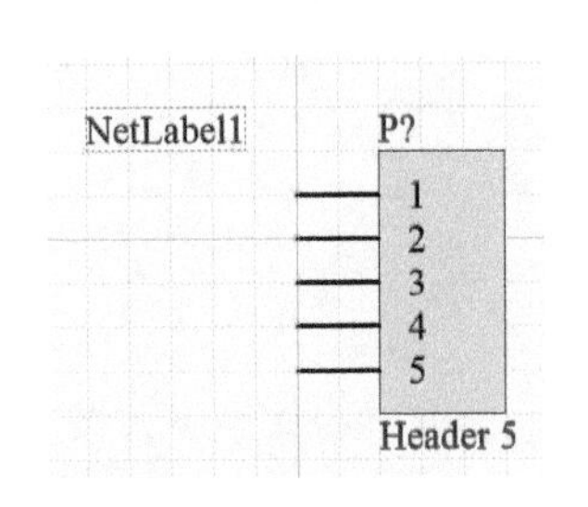

图 3-65　放置网络标签

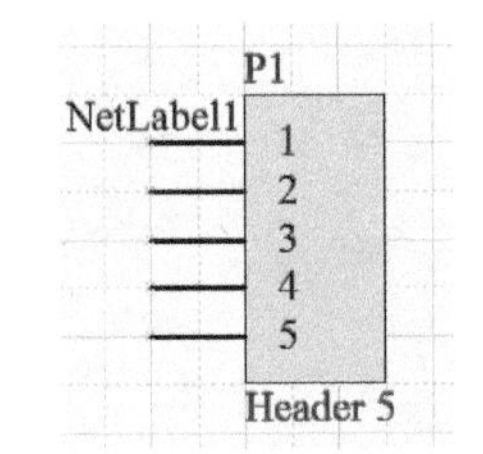

图 3-66　完成放置的网络标签

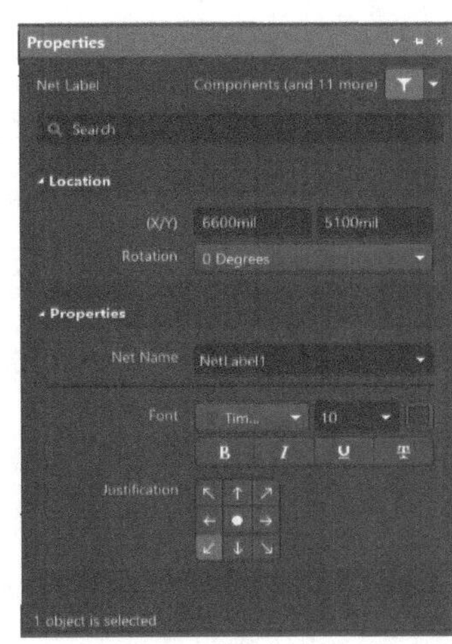

图 3-67　Properties-Net Label 界面

3.5.4　放置输入/输出端口

实现两点间的电气连接，也可以使用输入/输出端口来实现。具有相同名称的输入/输出端口在电气关系上是相连在一起的，这种连接方式一般只是使用在多层次原理图的绘制过程中。

在原理图编辑界面中，执行放置输入/输出端口命令，有以下两种方法。

1）执行【放置】→【端口】命令。

2）单击配线工具栏中的【放置端口】图标■。

执行【放置端口】命令后，光标变为十字形状，并附带有一个输入/输出端口符号，如图 3-68 所示。

移动光标到适当位置处，当出现红色米字标志时，表示光标已连接到该处。单击确定端口的一端位置，然后拖动光标调整端口大小，再次单击确定端口的另一端位置，如图 3-69 所示。

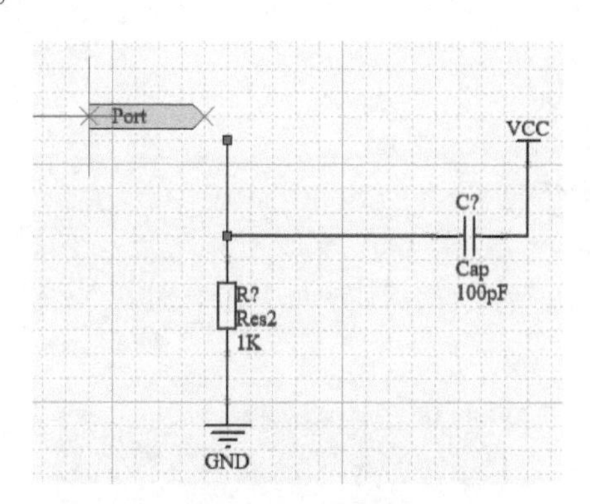

图 3-68　放置输入/输出端口

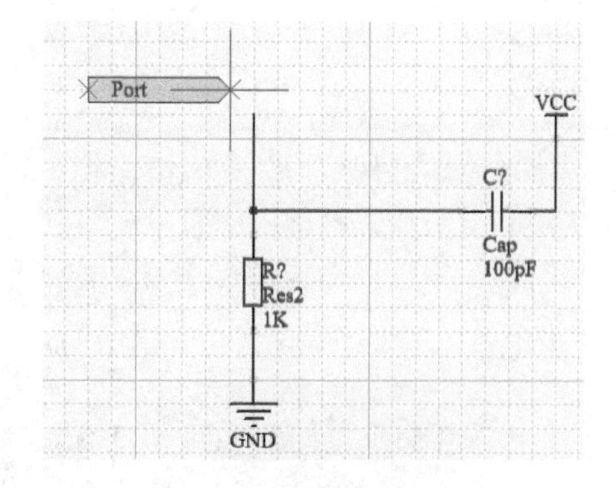

图 3-69　完成放置

右击鼠标或按〈Esc〉键退出输入/输出端口的绘制状态。双击所放置的输入/输出端口图标，可以打开 Properties-Port 界面，如图 3-70 所示。

在这个 Properties 界面中可以对端口名称、端口类型进行设置。端口类型包括 Unspecified（未指定类型）、Input（输入端口）、Output（输出端口）等。

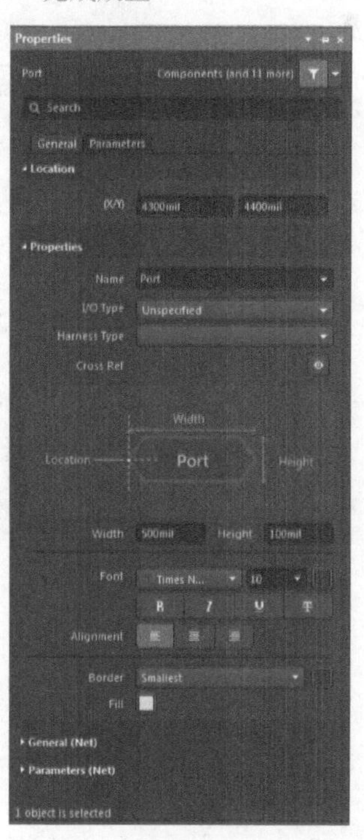

图 3-70　Properties-Port 界面

3.5.5　放置电源或地端口

作为一个完整的电路，电源符号和接地符号都是其不可缺少的组成部分。系统给出了多种电源符号和接地符号的形式，且每种形式都有其相应的网络标签。

【例 3-4】放置电源端口。

在原理图编辑界面中，执行放置电源和接地端口命令，有以下两种方法。

1）执行【放置】→【电源端口】命令。

2）单击配线工具栏中的放置【VCC 电源端口】■或放置【GND 端口】■图标。

第 1 步：执行放置【VCC 电源端口】或【GND 端口】命令，光标变为十字形状，并带有一个电源或接地的端口符号，如图 3-71 所示。

移动光标到需要放置的位置处，单击鼠标即可完成放置，再次单击鼠标可实现连续放置。放置好后，如图 3-72 所示。

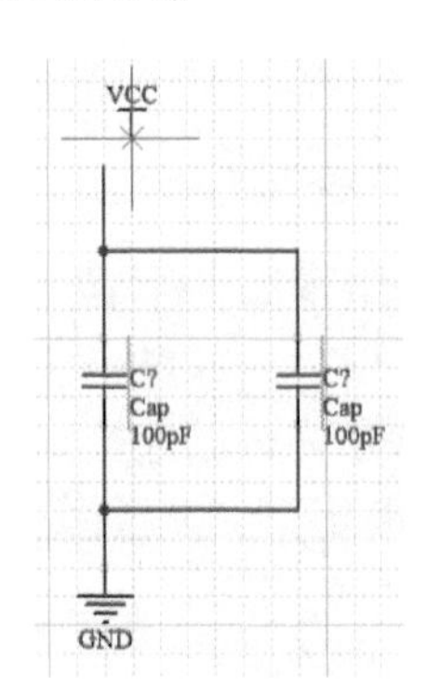

图 3-71　开始放置电源符号

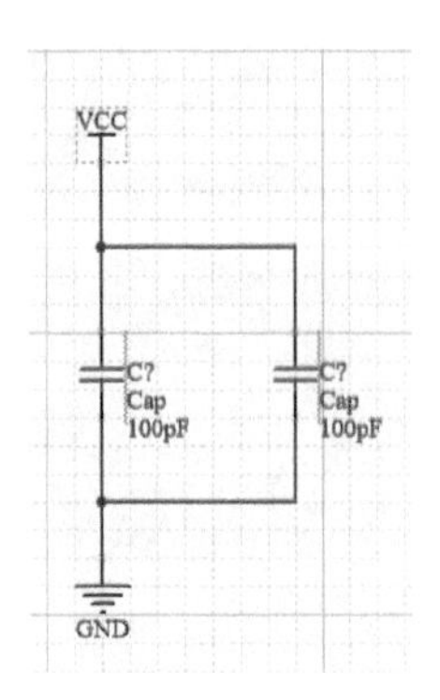

图 3-72　完成放置电源符号

右击鼠标或按〈Esc〉键可退出电源符号的绘制状态。

第 2 步：双击放置好的电源符号，打开 Properties- Power Port 界面，如图 3-73 所示。

在该对话框中可以对电源的名称、电源的样式进行设置，该界面中包含的电源样式，如图 3-74 所示。

图 3-73　Properties-Power Port 界面

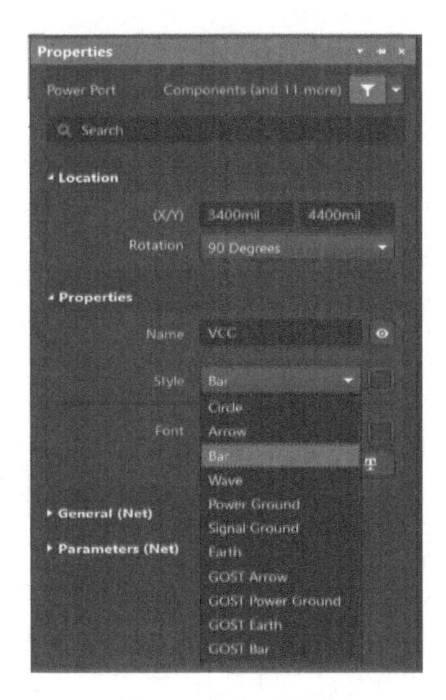

图 3-74　电源样式

3.5.6　放置忽略电气规则（ERC）检查符号

在电路设计过程中系统进行电气规则检查（ERC）时，有时会产生一些非实际错误的错误报告，如电路设计中并不是所有引脚都需要连接，而在 ERC 检查时，将认为悬空引脚是错误的，会给出错误报告，并在悬空引脚处放置一个错误标志。

为了避免用户为查找这种“错误”而浪费资源，可以使用忽略 ERC 检查符号，让系统忽略对此处的电气规则检查。

在原理图编辑界面中，执行放置忽略 ERC 命令，有以下两种方法。

1）执行【放置】→【指示】→【通用 No ERC 符号】命令。

2）单击配线工具栏中的【放置通用 No ERC 符号】图标。

执行【放置通用 No ERC 符号】图标命令后，光标变为十字形状，并附有一个红色的小叉，如图 3-75 所示。

移动光标到需要放置的位置处，单击即可完成放置，如图 3-76 所示。

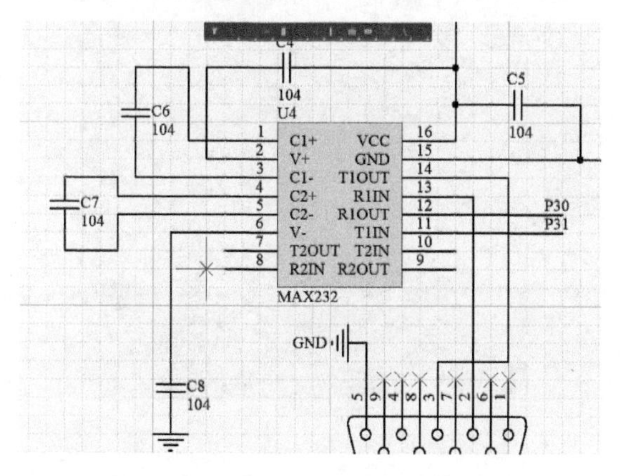

图 3-75　开始放置忽略 ERC 检查符号

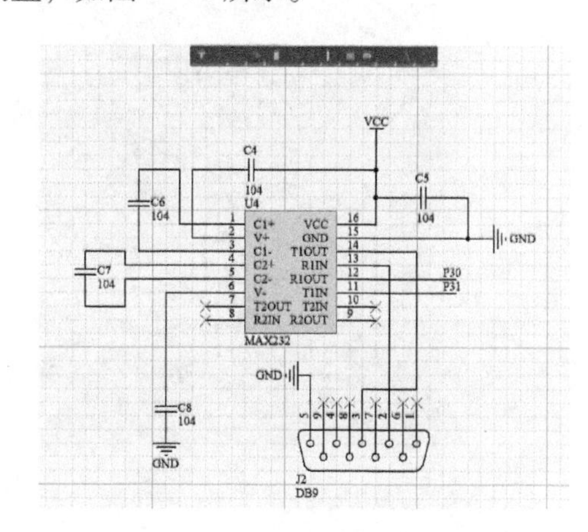

图 3-76　完成放置忽略 ERC 检查符号

右击鼠标或按〈Esc〉键退出忽略 ERC 检查的绘制状态。

3.5.7　放置 PCB 布局标志

用户绘制原理图的时候，可以在电路的某些位置处放置印制电路板布局标志，以便预先规划指定该处的印制电路板布线规则。这样，在由原理图创建印制电路板的过程中，系统会自动引入这些特殊的设计规则。

这里介绍一下印制电路板标志设置导线拐角。

【例 3-5】 放置 PCB 布局标志。

第 1 步：在原理图编辑界面中，执行【放置】→【指示】→【参数设置】命令，或是单击配线工具栏中的【放参数设置】图标在选定位置处放置 PCB 布局标志，如图 3-77 所示。

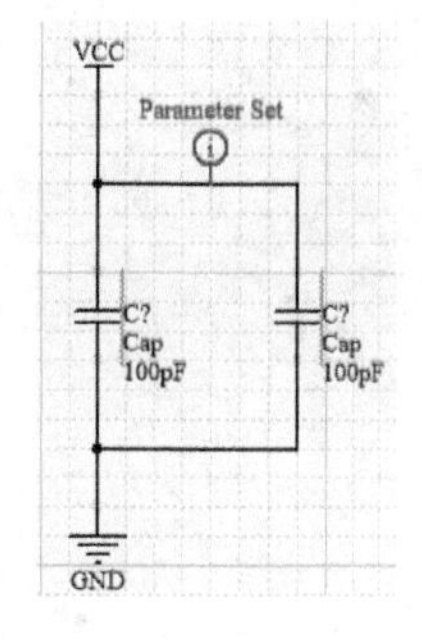

图 3-77　放置 PCB 布局标志

第 2 步：双击所放置的 PCB 布局标志，系统弹出相应的 Properties-Parameter Set 界面，此时在 Rules 栏中显示的是空的，如图 3-78 所示。

第 3 步：单击【Add】按钮选择【Rule】，进入【选择设计规则类型】对话框，选中 Routing 规则下的 Routing Corners 选项，如图 3-79 所示。

第 4 步：单击【确定】按钮后，会打开相应的【Edit PCB Rule】对话框，如图 3-80 所示。

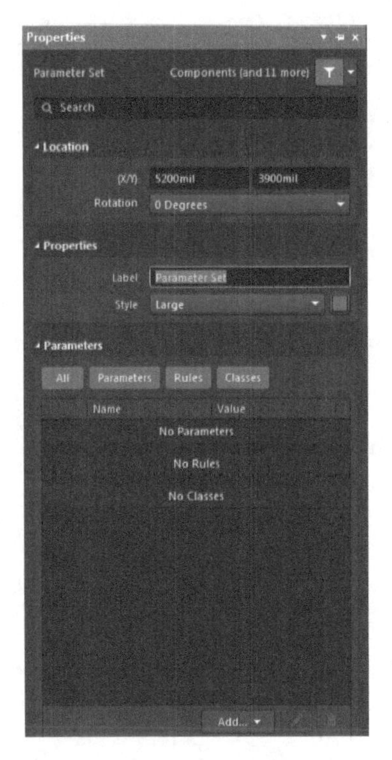

图 3-78 Properties-Parameter Set 界面

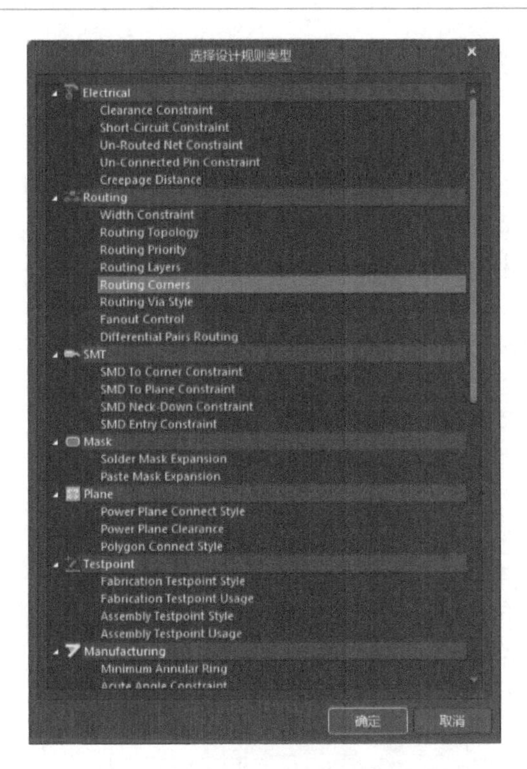

图 3-79 【选择设计规则类型】对话框

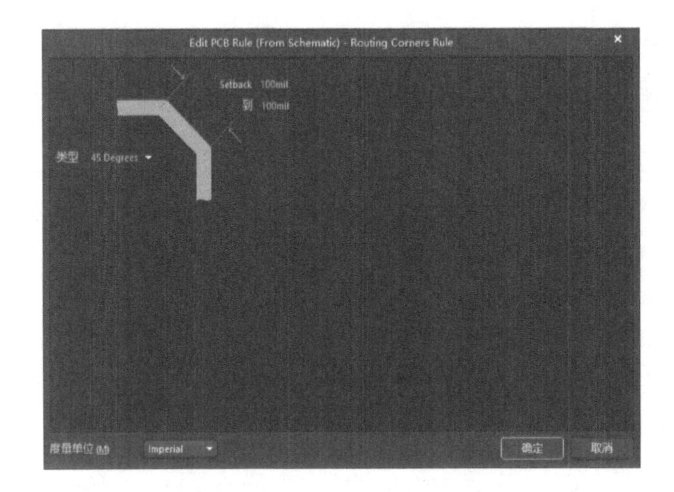

图 3-80 【Edit PCB Rule】对话框

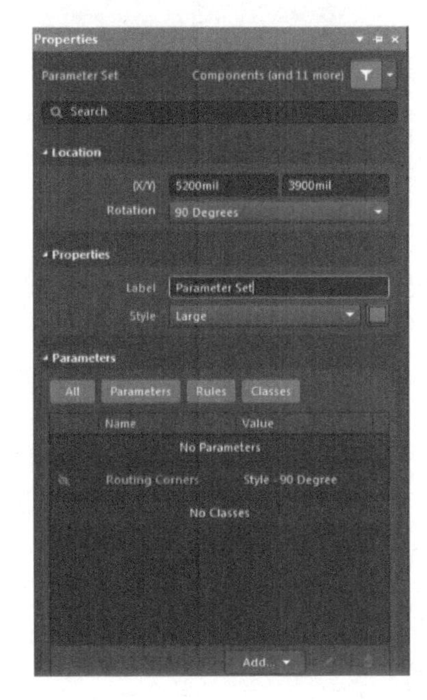

图 3-81 设置完成后的值参数

设置【类型】为【90 Degrees】，单击【确定】按钮，返回 Properties-Parameter Set 界面，此时在 Rules 参数栏中显示的是已经设置的数值，如图 3-81 所示。

第 5 步：选中【可见的】复选框。此时在 PCB 布局标志的附近显示出了所设置的具体规则，如图 3-82 所示。

3.6　绘制实例

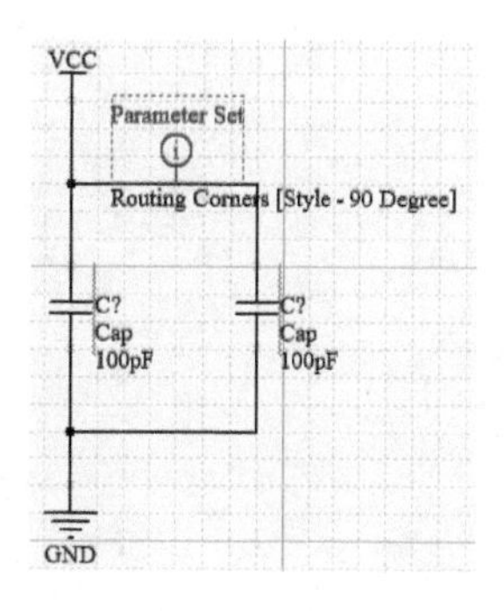

图 3-82　完成后的 PCB 布局标志

为了更好地掌握绘制原理图的方法，接下来就以一个综合实例来介绍下整个绘制原理图过程。

【例 3-6】LED 点阵驱动电路的设计练习。

第 1 步：双击运行 Altium Designer 24，在 Altium Designer 24 主界面中执行【文件】→【新的...】→【项目】→【Create】命令，在 Projects 面板中出现了新建的项目文件，系统给出默认名 PCB-Project1. PrjPcb。在项目文件 PCB-Project1. PrjPcb 上右击鼠标，执行项目菜单中的【保存】命令。在弹出的对话框中输入自己喜欢或与设计相关的名字，如"LED 点阵驱动电路 . PrjPcb"，如图 3-83 所示。在项目文件"LED 点阵驱动电路 . PrjPcb"上右击鼠标，执行【添加新的... 到项目】→【Schematic】命令，则在该项目中添加了一个新的原理图文件，系统给出的默认名为 Sheet1. SchDoc。在该文件上右击鼠标，执行菜单命令【保存】，将其保存为自定义的名字，如本例中的"LED 点阵驱动电路"如图 3-84 所示。

图 3-83　新建项目文件

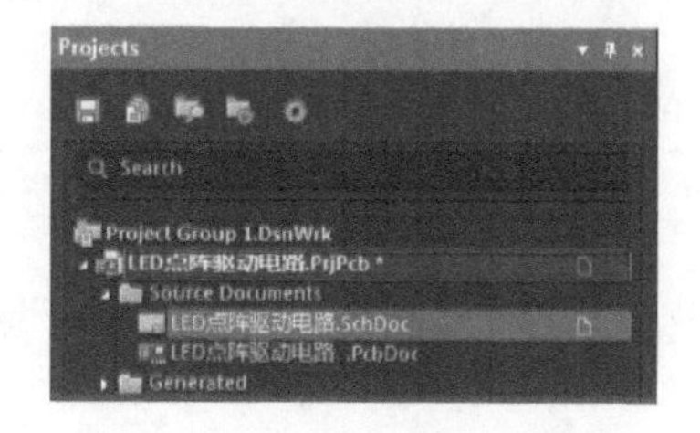

图 3-84　新建原理图文件

在绘制原理图的过程中，首先应放置电路中的关键元器件，然后再放置电阻、电容等外围元器件。本例中用到的核心芯片 89C51，由于在系统提供的集成库中不能找到该元器件，因此需要用户自己绘制它的原理图符号，再进行放置。对于元器件库的制作，这里暂时不做介绍，已经在第 2 章进行了详细的讲解。

第 2 步：在原理图编辑环境中，放置 89C51 芯片，并对其进行属性编辑，如图 3-85 所示。

在【Components】面板的当前元器件 Components 栏中选择 Miscellaneous Devices. IntLib Components，在元器件列表中分别选择电容、电阻、单电源电平转换芯片、数据接口连接器等，并一一进行放置，在各个元器件相应的 Components 的 Properties 界面中进行参数设置，完成标注工作后，如图 3-86 所示。

第 3 步：单击配线工具栏上的【VCC 电源端口】图标，放置电源。单击配线工具栏上的【GND 端口】图标，放置接地符号。放置好电源和接地符号的原理图如图 3-87 所示。

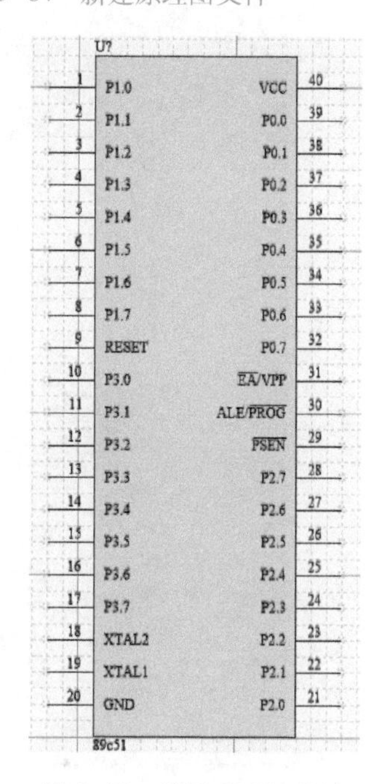

图 3-85　放置 89C51 芯片

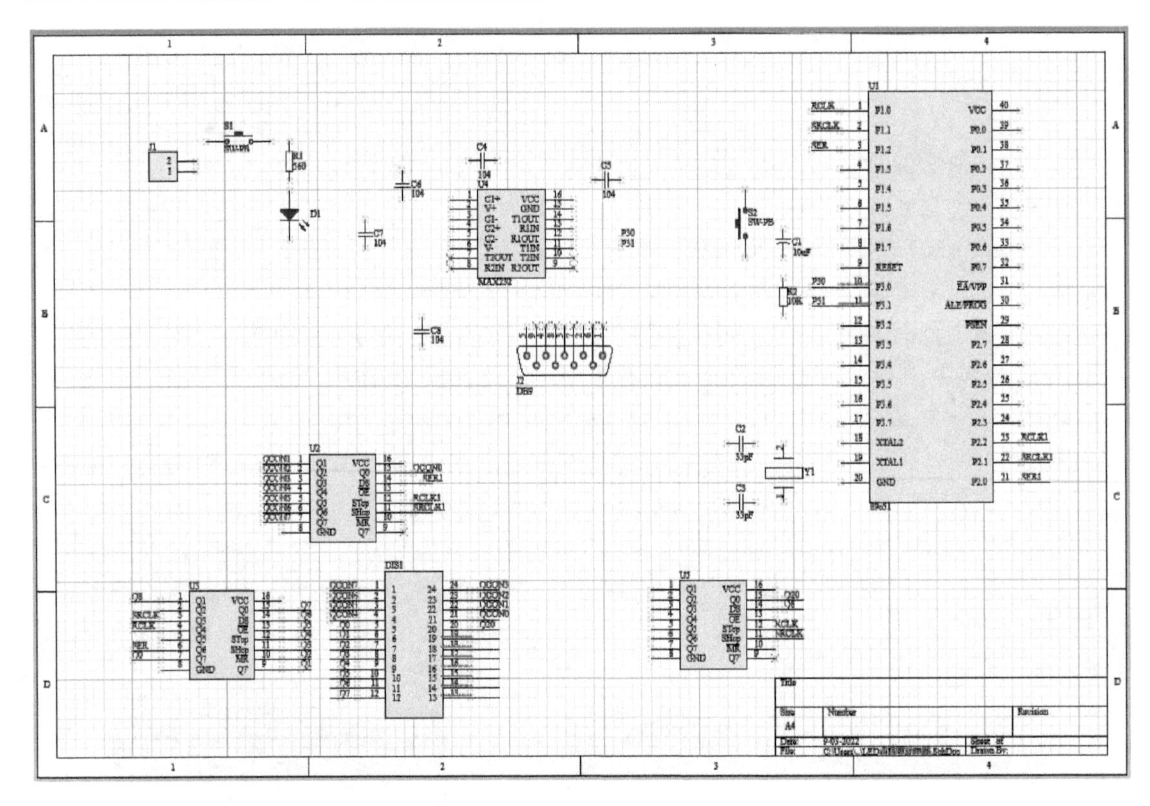

图 3-86　放置完成所有元器件

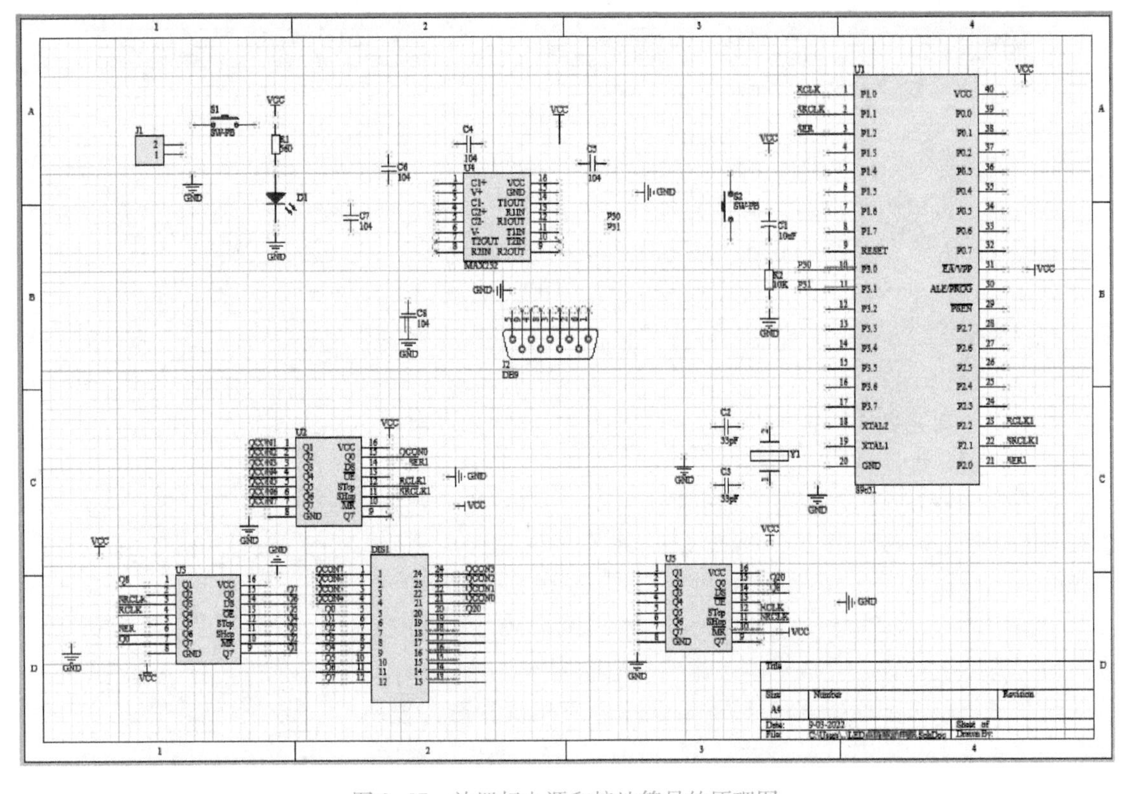

图 3-87　放置好电源和接地符号的原理图

第 4 步：对元器件的位置进行调整，使其更加合理。单击配线工具栏中的【放置线】图标，完成元器件之间的电气连接。单击配线工具栏中的【放置总线】图标和【放置总线入口】图标，完成电路原理图中总线的绘制。完成所有连接后的电路原理图，如图 3-88 所示，单击【保存】按钮，对绘制好的原理图加以保存。

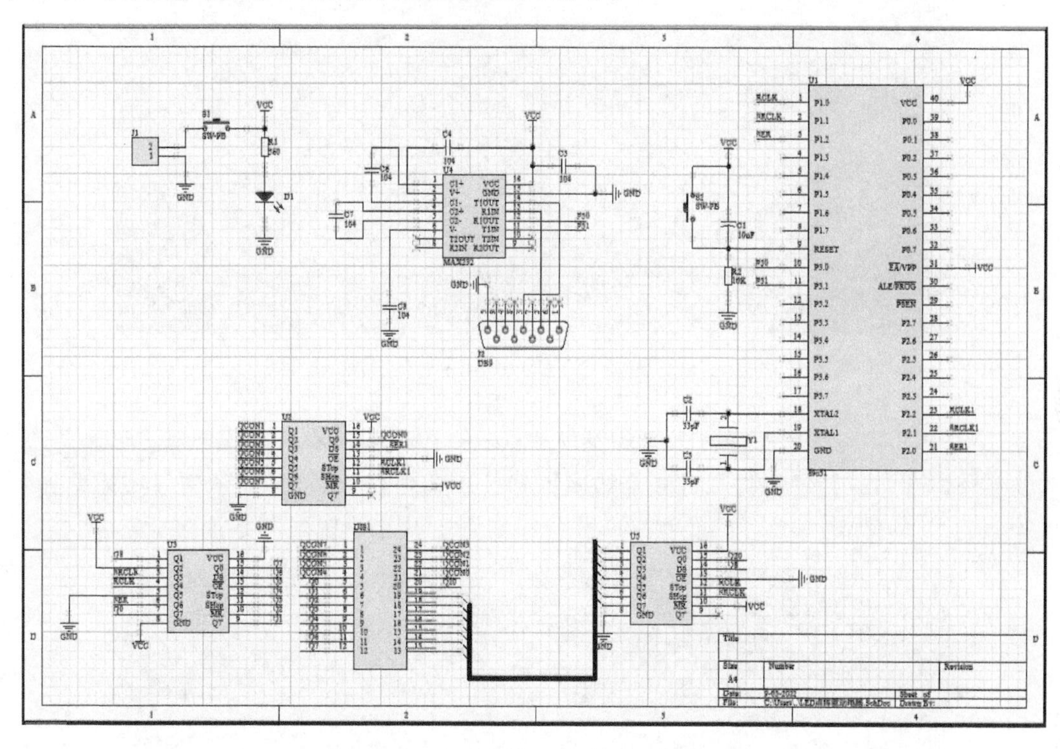

图 3-88　完成所有连接后的电路原理图

至此，原理图设计的主要部分已经完成了，然而整个设计还没有结束，剩下的内容在原理图设计中也很重要，是原理图设计成功的保障。

3.7　编译项目及查错

在使用 Altium Designer 24 进行设计的过程中，编译项目是一个很重要的环节。编译时，系统将会根据用户的设置检查整个项目。对于层次原理图来说，编译的目的就是将若干个子原理图联系起来。编译结束后，系统会提供相关的网络构成、原理图层次、设计文件包含的错误类型及分布等报告信息。本节以之前使用的工程文件为例，进行编译及查错工作。

3.7.1　设置项目选项

选中项目中的设计文件（就以上面的设计为例），单击鼠标右键→【Project Options】命令，如图 3-89 所示。

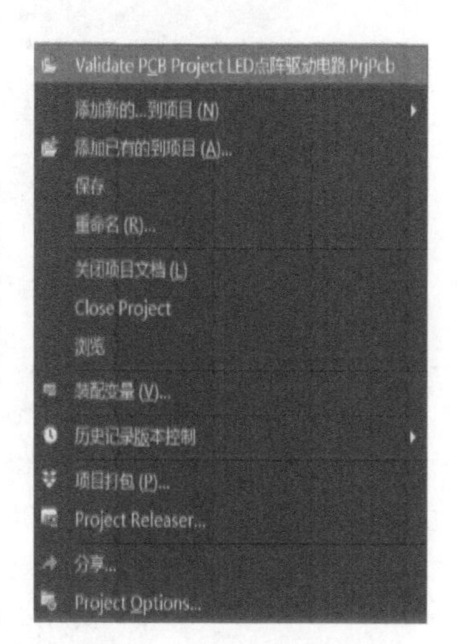

图 3-89　【Project Options】命令

打开【Option for PCB Project】对话框，如图 3-90 所示。

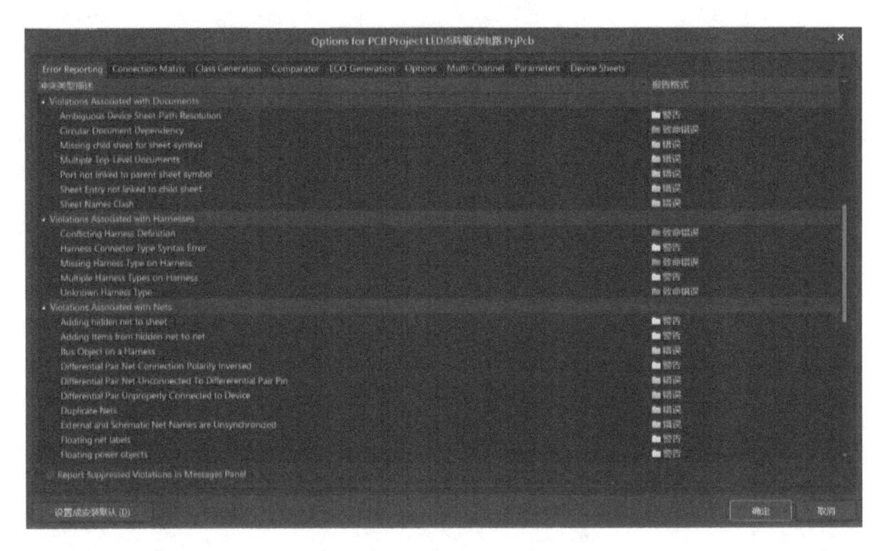

图 3-90 【Options for PCB Project】对话框

在 Error Reporting（错误报告类型）选项卡中，可以设置所有可能出现错误的报告类型。报告类型分为【错误】、【警告】、【致命错误】和【不报告】4 种级别。单击【报告格式】栏中的报告类型，会弹出一个下拉菜单，如图 3-91 所示，用来设置报告类型的级别。

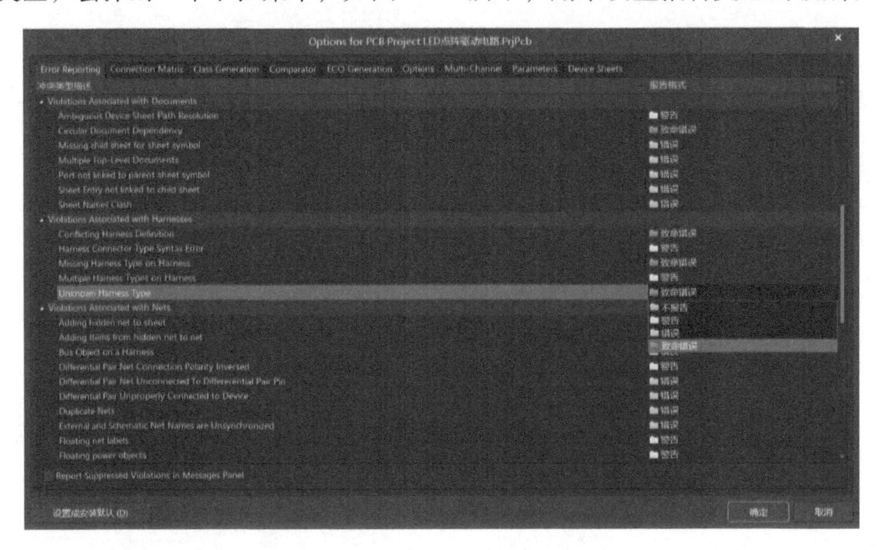

图 3-91 设置报告类型的级别

Connection Matrix 选项卡，用来显示设置的电气连接矩阵，如图 3-92 所示。

要设置当 Passive Pin（不设置电气特性引脚）未连接时是否产生警告信息，可以在矩阵的右侧找到其所在的行，在矩阵的上方找到 Unconnected（未连接）列。行和列的交点表示 Input Pin Unconnected，如图 3-93 所示。

移动光标到该点处，此时鼠标光标变成手形，连续单击该点，可以看到该点处的颜色在绿、黄、橙、红之间循环变化。其中绿色代表不报告、黄色代表警告、橙色代表错误、红色代表致命错误。此处设置当不设置电气特性引脚未连接时系统产生警告信息，即设置为黄色。

Comparator 选项卡用于显示比较器，如图 3-94 所示。

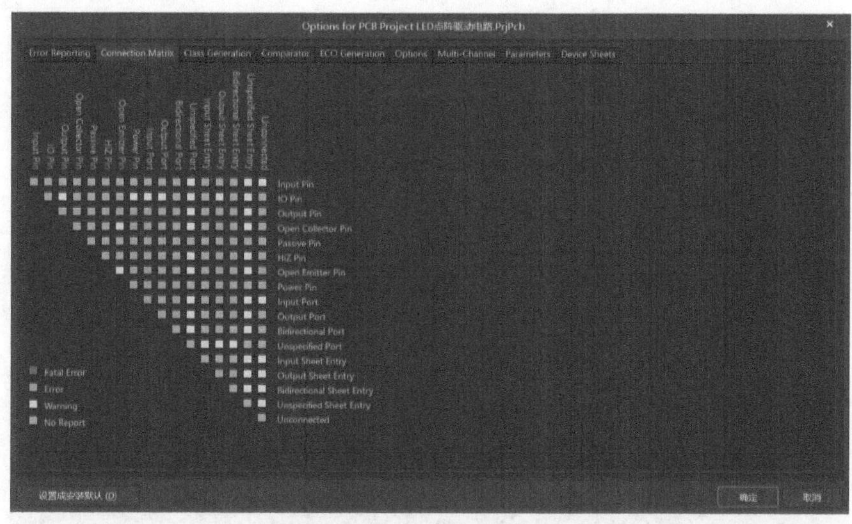

图 3-92　Connection Matrix 选项卡

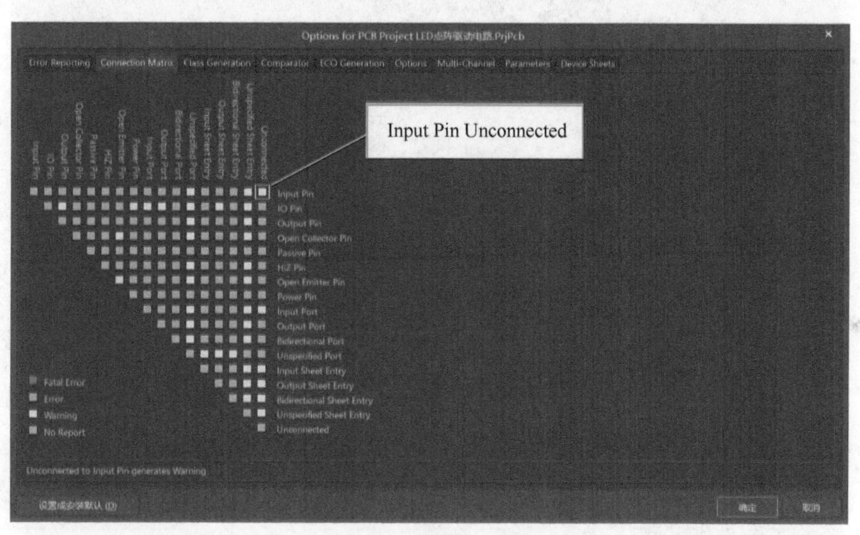

图 3-93　确定 Input Pin Unconnected 交点

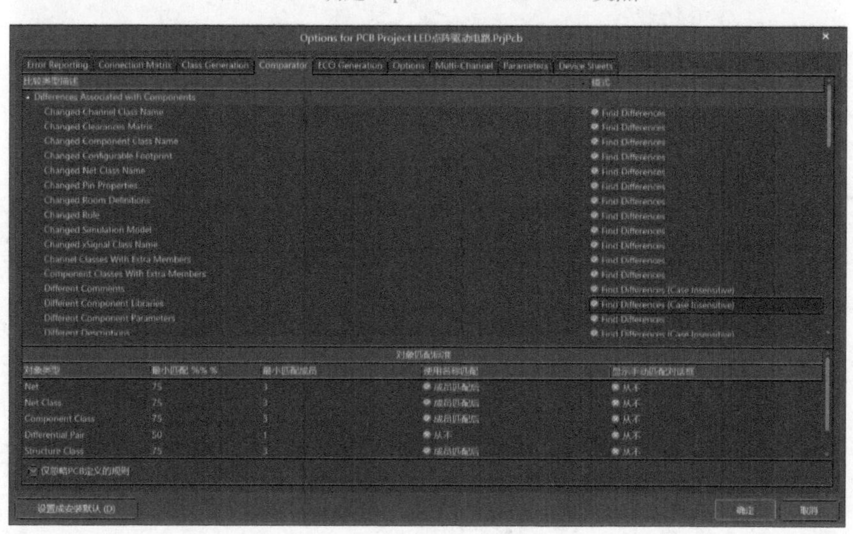

图 3-94　Comparator 选项卡

如果希望在改变元器件封装后，系统在编译时有信息提示，则找到 Different Footprint 元器件封装一行，如图 3-95 所示。

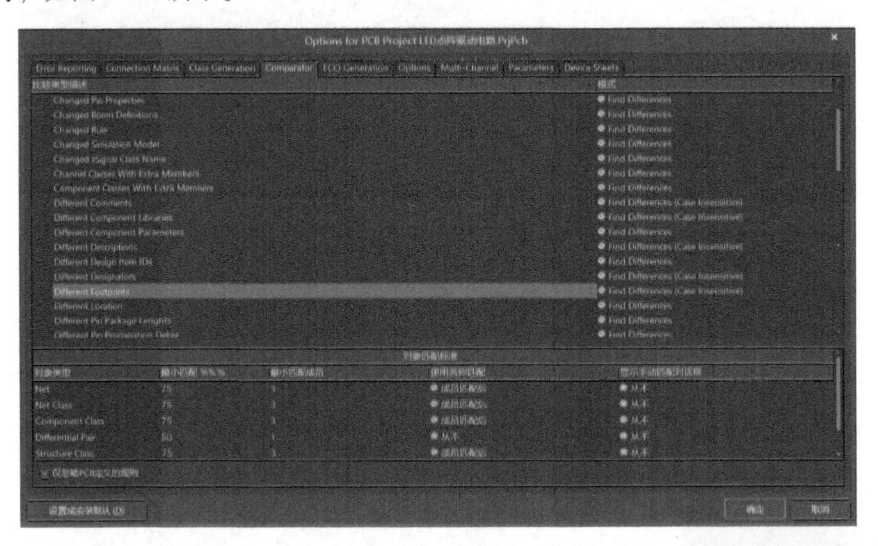

图 3-95　找到 Different Footprint 元器件封装一行

单击其右侧的【模式】栏，在下拉列表中选择 Find Differences 表示改变元器件封装后系统在编译时有信息提示；选择 Ignore Differences 表示忽略该提示。当设置完所有信息后，单击【确定】按钮，退出该对话框。

3.7.2　编译项目的同时查看系统信息

在完成项目选项后，在原理图编辑环境中，单击鼠标右键→【Validate PCB Project LED 点阵驱动电路 . PrjPcb】菜单命令，如图 3-96 所示。

图 3-96　单击鼠标右键→【Validate PCB Project LED 点阵驱动电路 . PrjPcb】菜单命令

系统生成编译信息提示框，如图 3-97 所示。

可以看出这一部分报错是由于总线造成的报错，可以忽略。如果没有弹出“Messages”对话框，单击整个界面右下角的“Panels”按钮，选择“Messages”选项，即可查看。

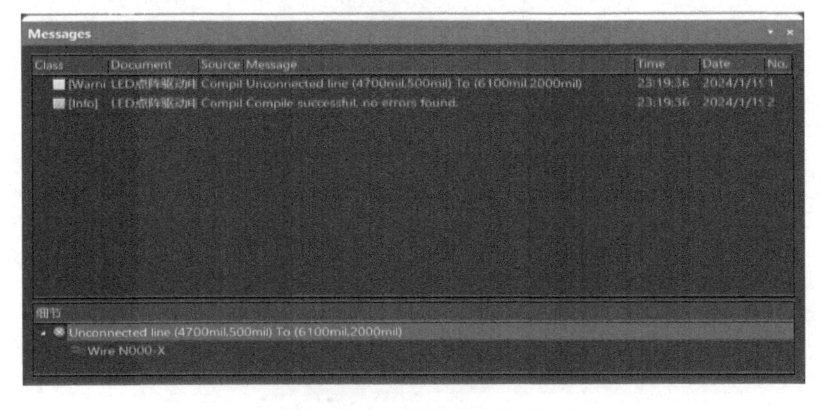

图 3-97　编译信息提示框

3.8　生成和输出各种报表和文件

原理图设计完成后，除了保存有关的项目文件和设计文件以外，还要输出和整个设计项目相关的信息，并以表格的形式保存。在 Altium Designer 24 中除了可以生成电路网络表以外，还可将整个项目中的元器件类别和总数以多种格式输出保存和打印。报表可以将绘制的 PCB 中信息导出其他格式以便厂商和其他设计师浏览。本节以之前的工程为例进行输出报表操作。

3.8.1　生成原理图网络表文件

网络表可以提供该工程文件的网络连接信息，借由网络表可以检查元器件参数和网络连接是否正确。本节以之前的工程为例进行生产网络表操作。

在原理图编辑环境中执行【设计】→【工程的网络表】→Protel 菜单命令，如图 3-98 所示。则会在该项目中生成一个与项目同名的网络表文件，双击该文件，打开如图 3-99 所示的文件。

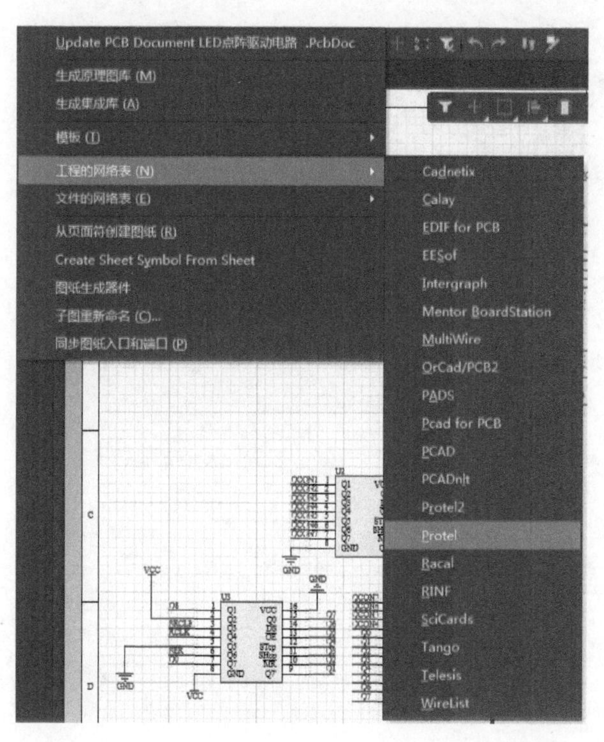

图 3-98　执行【设计】→【工程的网络表】→Protel 菜单命令

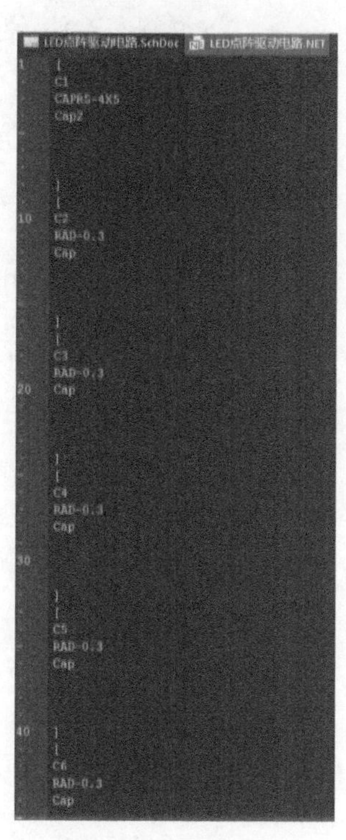

图 3-99　网络表文件

该网络表文件主要分成两个部分，前一部分描述元器件的属性参数（元器件序号、元器件的封装形式和元器件的文本注释），方括号是一个元器件的标志。以“[”为起始标志，其后为元器件序号、元器件封装和元器件注释，最后以“]”标志结束对该元器件属性的描述。

后一部分描述原理图文件中电气连接，标志为圆括号。该网络以“(”为起始，首先是网络号名，其后按字母顺序依次列出与该网络标号相连接的元器件引脚号，最后以“)”结束该网络连接的描述。

3.8.2 输出元器件报表

以综合实例的电路为例，在原理图编辑环境中执行【报告】→【Bill of Materials】菜单命令，如图 3-100 所示。系统会弹出 Bill of Materials for Project 对话框，如图 3-101 所示。

该对话框中列出了整个项目中所用到的元器件，在 Altium Designer 24 中右侧的【Properties】界面为设计师们提供了供应链等信息。在 Columns 分页中可以对报表中信息的来源和显示与否进行设置。

在 Bill of Materials for Project 对话框中单击 Preview 按钮，系统将下载并打开一个如图 3-102 所示的【报表预览】。

图 3-100 【报告】→【Bill of Materials】菜单命令

图 3-101 Bill of Materials for Project 对话框

Comment	Description	Designator	Footprint	LibRef	Quantity
Cap2	Capacitor	C1	CAPR5-4X5	Cap2	1
Cap	Capacitor	C2, C3, C4, C5, C6, C7	RAD-0.3	Cap	7
LED1	Typical RED GaAs LE	D1	LED-1	LED1	1
Component_1		DIS1	双色点阵	Component_1	1
Header 2	Header, 2-Pin	J1	HDR1X2	Header 2	1
DB9	Receptacle Assembly	J2	DSUB1.385-2H9	Connector 9	1
Res2	Resistor	R1, R2	AXIAL-0.4	Res2	2
SW-PB	Switch	S1, S2	SPST-2	SW-PB	2
89c51		U1	89c51	Component_1	1
Component_1		U2, U3, U5	74HC595	Component_1	3
MAX232		U4	MAX232	MAX232	1
Component_1		Y1	LC-HC-49S	Component_1	1

图 3-102 【报表预览】窗口

单击 Bill of Material for Project 窗口中的 Export 按钮，系统将会弹出【另存为】对话框，如图 3-103 所示。

在【文件名】下拉列表中输入保存文件的名字。

📖 提示：此时【保存类型】下拉列表已经固定，如需更改，应在 Bill of Material For Project 对话框的 Expert Option 栏中进行设置。

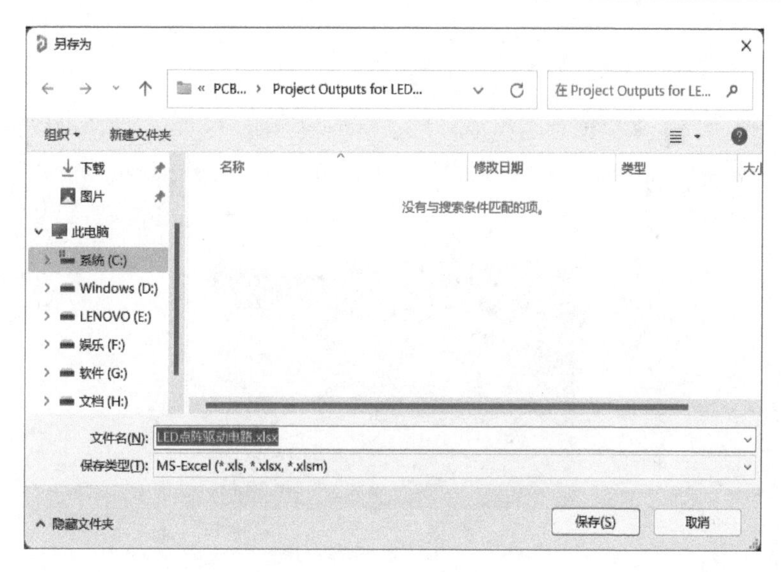

图 3-103　【另存为】对话框

一般选择 MS Excel（*.xls，*xlsx，*.xlsm）。单击【保存】按钮，将元器件报表以 Excel 表格格式保存，打开“LED 点阵驱动电路.xlsx”，如图 3-104 所示。

Comment	Description	Designator	Footprint	LibRef	Quantity
Cap2	Capacitor	C1	CAPR5-4X5	Cap2	1
Cap	Capacitor	C2, C3, C4, C5, C6, C7	RAD-0.3	Cap	7
LED1	Typical RED GaAs LE	D1	LED-1	LED1	1
Component_1		DIS1	双色点阵	Component_1	1
Header 2	Header, 2-Pin	J1	HDR1X2	Header 2	1
DB9	Receptacle Assembly	J2	DSUB1.385-2H9	Connector 9	1
Res2	Resistor	R1, R2	AXIAL-0.4	Res2	2
SW-PB	Switch	S1, S2	SPST-2	SW-PB	2
89c51		U1	89c51	Component_1	1
Component_1		U2, U3, U5	74HC595	Component_1	3
MAX232		U4	MAX232	MAX232	1
Component_1		Y1	LC-HC-49S	Component_1	1

图 3-104　用 Excel 显示元器件报表

在 Export Report From Project 窗口中的“保存类型”下拉列表中选择 Web Page(*.htm; *.html)选项，单击【保存】按钮，系统将用 Edge 浏览器保存并打开文件，如图 3-105 所示。

Bill of Materials
文件　C:/Users/Administrator.USER-20200506PH/Desktop/

Comment	Description	Designator	Footprint	LibRef	Quantity
Cap2	Capacitor	C1	CAPR5-4X5	Cap2	1
Cap	Capacitor	C2, C3, C4, C5, C6, C7, C8	RAD-0.3	Cap	7
LED1	Typical RED GaAs LED	D1	LED-1	LED1	1
Component_1		DIS1	双色点阵	Component_1	1
Header 2	Header, 2-Pin	J1	HDR1X2	Header 2	1
DB9	Receptacle Assembly, 9 Position, Right Angle	J2	DSUB1.385-2H9	Connector 9	1
Res2	Resistor	R1, R2	AXIAL-0.4	Res2	2
SW-PB	Switch	S1, S2	SPST-2	SW-PB	2
89c51		U1	89c51	Component_1	1
Component_1		U2, U3, U5	74HC595	Component_1	3
MAX232		U4	MAX232	MAX232	1
Component_1		Y1	LC-HC-49S	Component_1	1

图 3-105　用 Edge 浏览器显示元器件报表

3.8.3 输出整个项目原理图的元器件报表

如果一个设计项目由多个原理图组成，那么整个项目所用的元器件还可以根据它们所处原理图的不同分组显示。在原理图编辑环境中，执行【报告】→【Component Cross Reference】菜单命令，如图 3-106 所示。

图 3-106 执行【报告】→【Component Cross Reference】菜单命令

输出结果如图 3-107 所示。对于图 3-107 所示对话框的操作，与前面的操作方式相同，这里就不再进行重复地介绍了。

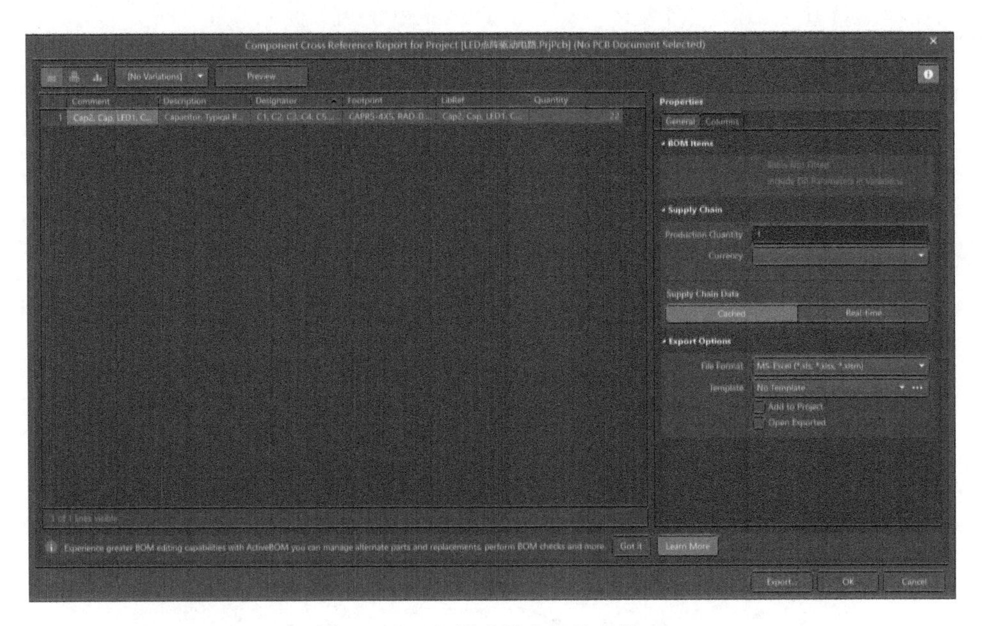

图 3-107 按原理图分组输出报表

习题

1. 启动 Altium Designer 24，创建一个新的项目文件，将其保存在自己创建的目录中，并为该项目文件加载一个新的原理图文件。

2. 对上题中的新建原理图文件进行相应的属性设置，图纸大小为 800 mm×400 mm（本书单位若无特别说明均为 mm）、水平放置，其他参数按照系统默认设置即可。

3. 在新建原理图文件中绘制如下电路图：

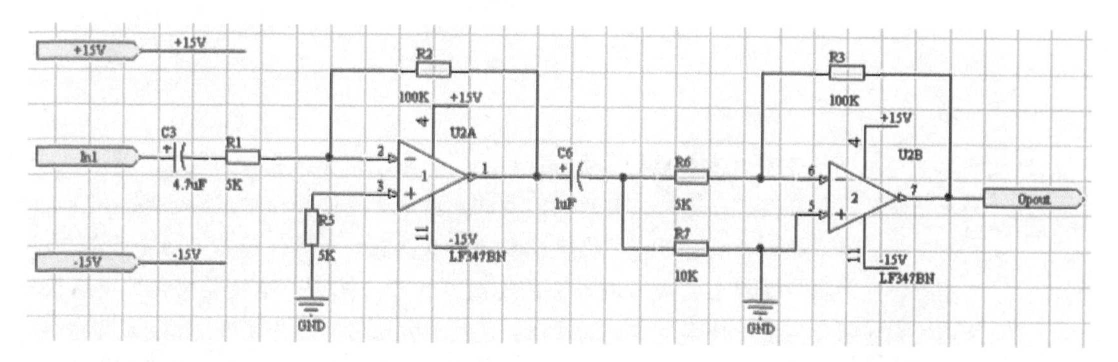

在这个过程中，熟练对元器件 Components 的操作、对元器件放置的操作、对元器件之间连接的操作。

1）熟悉电路原理图绘制的相关技巧。

2）项目编译有哪些意义？

3）输出本例电路图中的相关报表。

4）熟悉 Connect Matrix 设置，设定规则发现 2 个输出引脚连接在一起的错误。

5）熟悉 ERC Report 设置，设定规则发现 2 个不同网络连在一起的错误。

第 4 章　电路原理图绘制的优化方法

前 3 章中学习了电路原理图的基本绘制方法，这种绘制方法适用于结构较为简单、规模较小的电路设计。对于功能更为复杂，规模更为庞大的电路，首先应该考虑选择用何种方法去优化的设计原理图，以满足简洁、清晰的目的。对于一些模块较多的电路，它的元器件繁多、功能复杂会难以分析阅读，甚至难以在一张原理图上完成所有部分的绘制。这种情况可以选择层次化的电路设计，将各个模块分别绘制于原理图上，使得电路更加清晰，也便于多人同时进行设计，加快设计进程。

目的：在完成了的电路图基础绘制后，可以通过利用元器件编号、层级化设计等方式对原理图进行优化，使设计的原理图更加清晰简洁，不容易出错。

内容提要

- 🕮 使用网络标号进行电路原理图绘制的优化
- 🕮 使用端口进行电路原理图绘制的优化
- 🕮 层次设计电路的特点
- 🕮 使用自上而下的层次电路设计优化方法绘制
- 🕮 使用自下而上的层次电路设计优化方法绘制
- 🕮 电路原理图中标注元器件其他相关参数优化绘制

4.1　使用网络标号进行电路原理图绘制的优化

网络标号实际是一个电气连接点，具有相同网络标号的电气连接即表明是连在一起的，因此使用网络标号可以避免电路中出现较长的连接线，从而使电路原理图可以清晰地表达电路连接的脉络。下面以 LED 点阵驱动电路为例进行原理图绘制优化的演示。

1. 复制电路原理图到新建的原理图文件

在 Altium Designer 24 的主界面中，执行菜单命令【文件】→【新的】→【原理图】，保存文件名为“LED 点阵驱动电路 . SchDoc”并打开新建的原理图文件。将界面切换到绘制好的原理图，如图 4-1 所示。

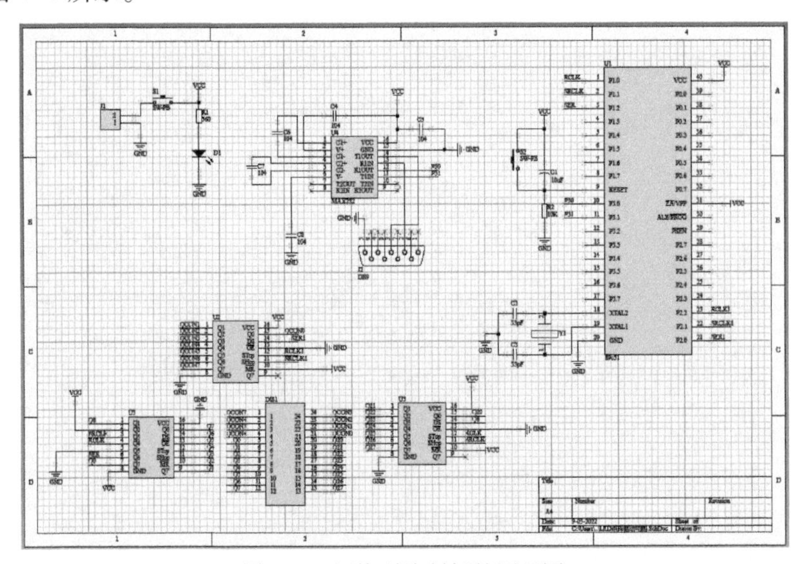

图 4-1　切换到绘制好的原理图

在原理图编辑环境中执行【编辑】→【选择】→【全部】菜单命令，如图 4-2 所示。

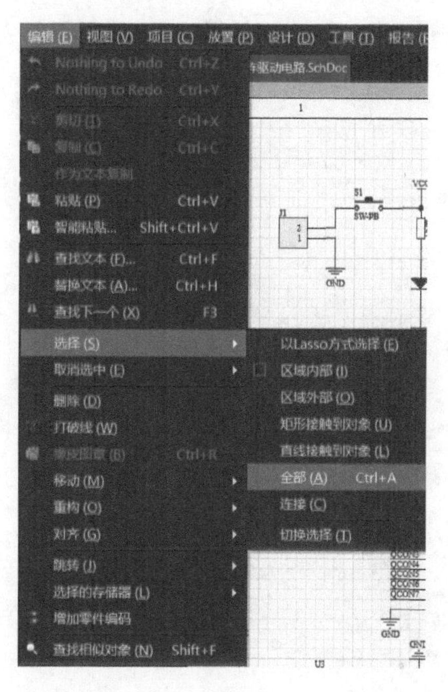

图 4-2　执行【编辑】→【选择】→【全部】菜单命令

选中后的电路原理图如图 4-3 所示。

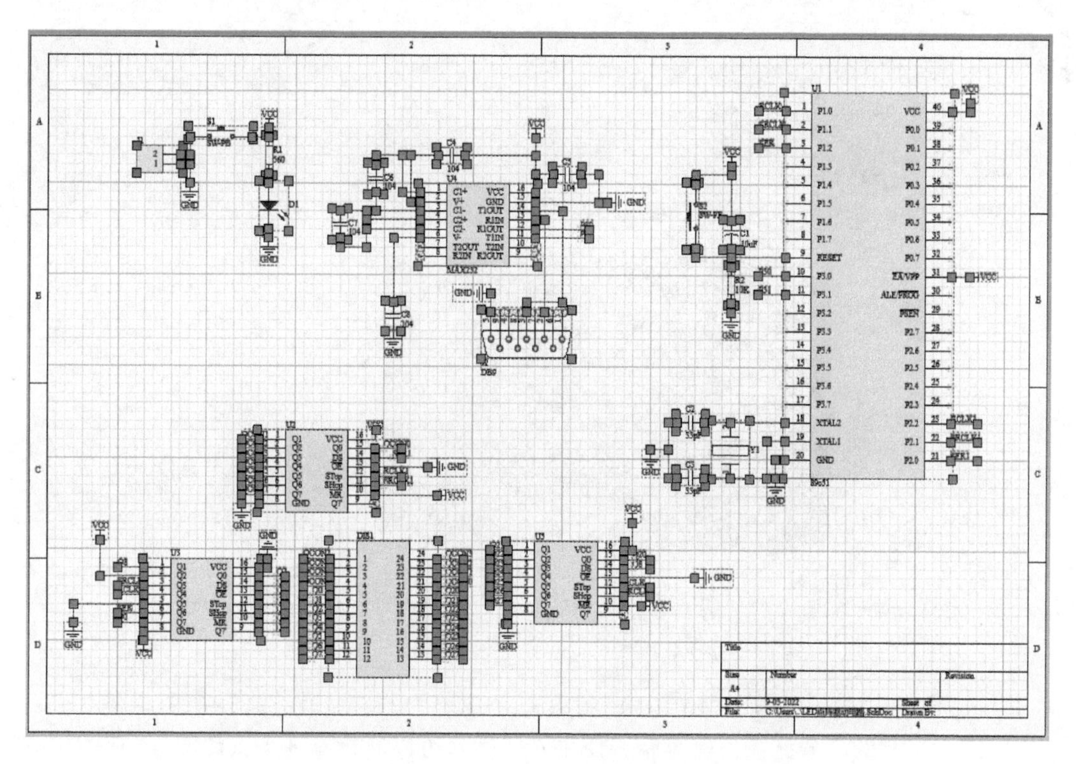

图 4-3　选中后的电路原理图

在原理图编辑环境中执行【编辑】→【复制】菜单命令，或右击鼠标，在弹出的菜单命令中执行【复制】命令，需要注意的是，此处复制的时候需要不勾选之前章节设置优选项时的【Schematic】→【Graphical Editing】选项区域“粘贴时重置元器件位号”，否则复制粘贴后，所有元器件编号都将重置。

将界面切换到新建的原理图文件，执行【编辑】→【粘贴】菜单命令。此时鼠标下将出现已绘制好的电路原理图，如图 4-4 所示。

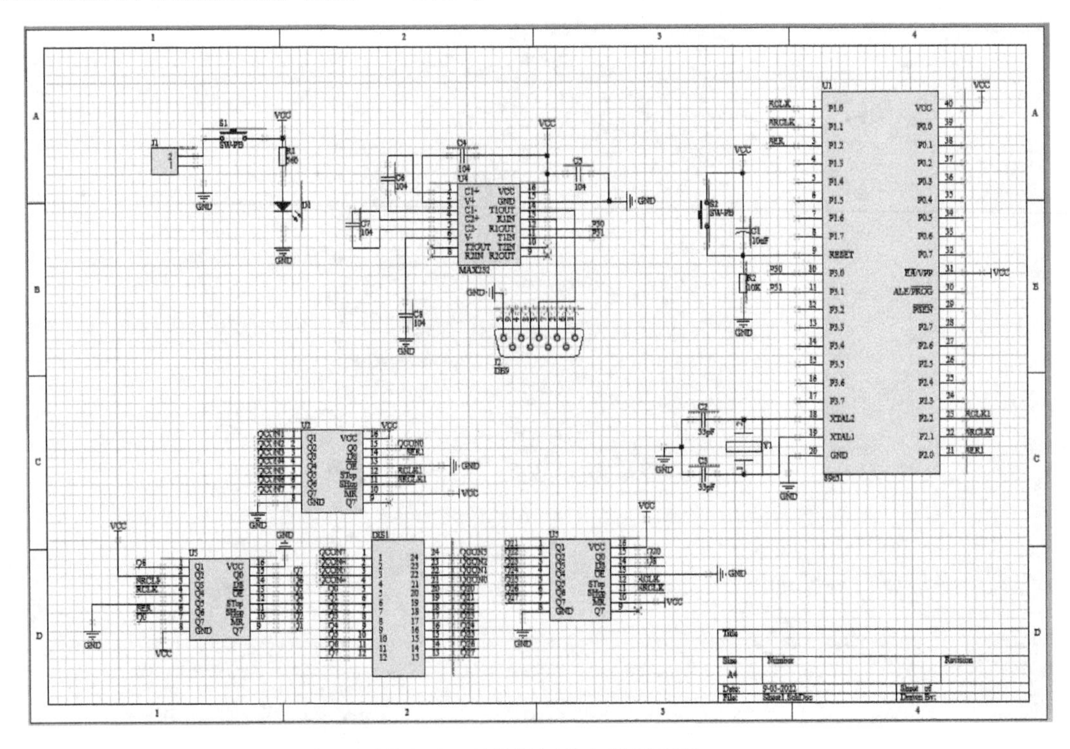

图 4-4　已绘制好的电路原理图

在期望放置电路的位置单击即可放置原理图，如图 4-5 所示。

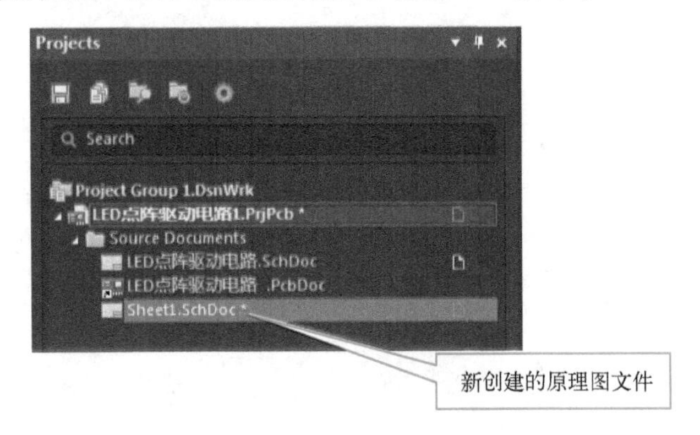

图 4-5　放置原理图

2. 删除部分连线

在电路图中有的部分连线比较复杂，使用网络标号可以简化原理图，使原理图更为直观和清晰。在本设计中，拟将图 4-6 所示电路中的以粗线形式表示的连线删除。

选择其中的一条连线，则在连线两个端点出现绿色手柄（图中显示为灰色，具体颜色见软件操作），如图 4-7 所示。

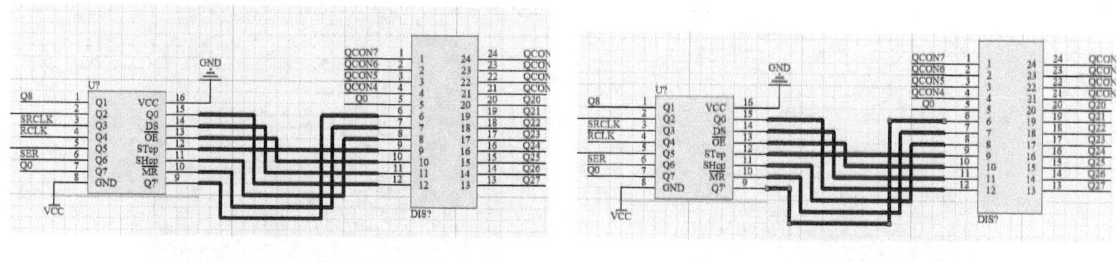

图 4-6　待删除的连线　　　　图 4-7　点选某一连线

按〈Delete〉键，即可删除连线，如图 4-8 所示。在这里用户已知待删除的连线群，可采用下述方式删除多条连线。将鼠标放置到待删除的连线上，按住〈Shift〉键再单击，可以一次选中多条待删除的连线，如图 4-9 所示。

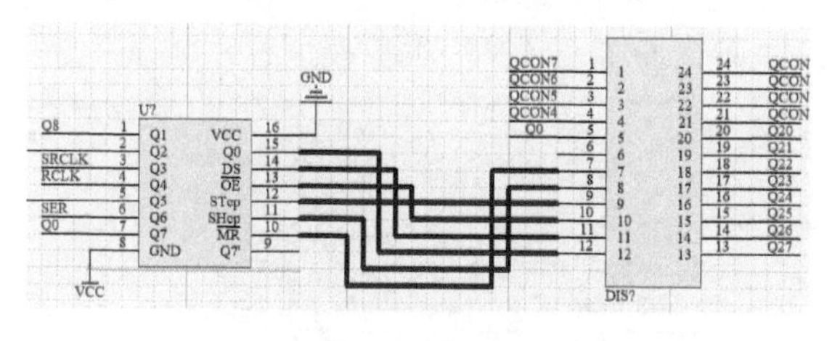

图 4-8　删除连线

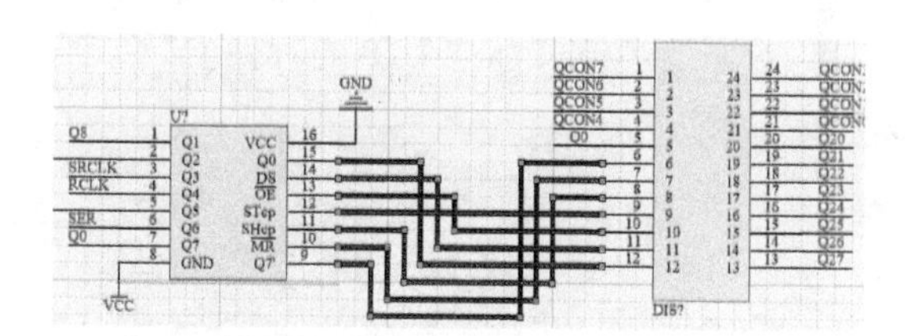

图 4-9　选中多条待删除的连线

按〈Delete〉键，即可删除连线，如图 4-10 所示。

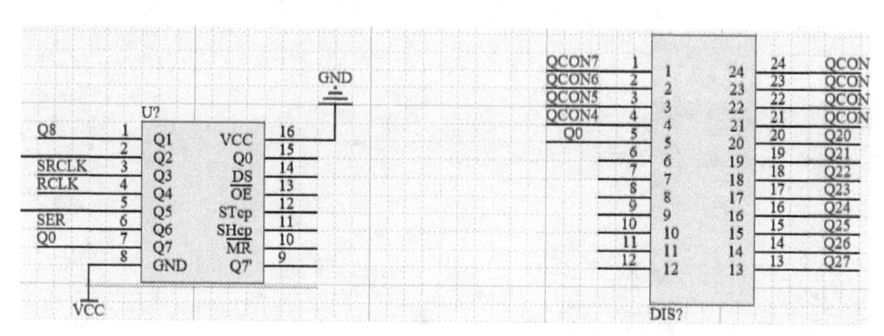

图 4-10　删除所有选中的连线

3. 使用网络标号优化电路连接

选择【布线】工具栏中的【放置网络标号】工具，如图 4-11 所示。

图 4-11　选择【放置网络标号】工具

此时鼠标下将出现如图 4-12 所示的放置网络标号框。

按下〈Tab〉键，此时系统将弹出如图 4-13 所示的 Properties-Net Label 设置界面。

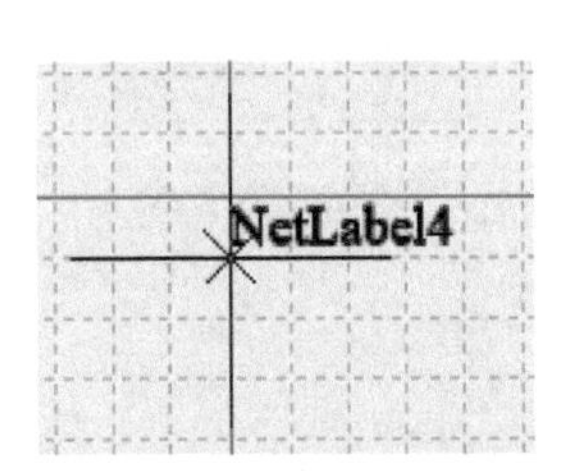

图 4-12　鼠标下出现放置网络标号框

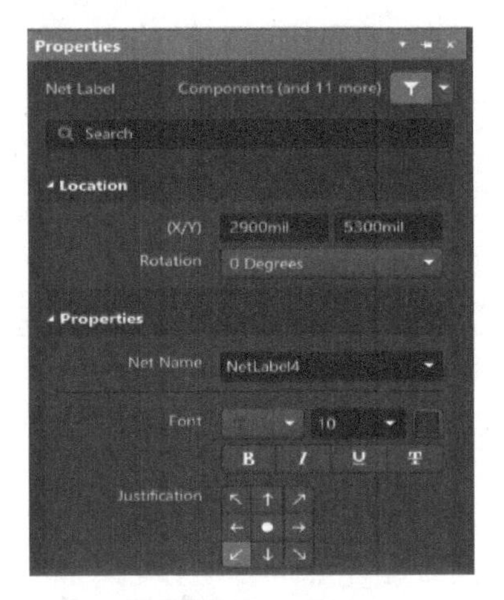

图 4-13　Properties-Net Label 设置界面

在网络栏中键入 Q1 标号后，放置在 U10 接口处，如图 4-14 所示。

按照上述方式标注 U10 的其他端口，结果如图 4-15 所示。

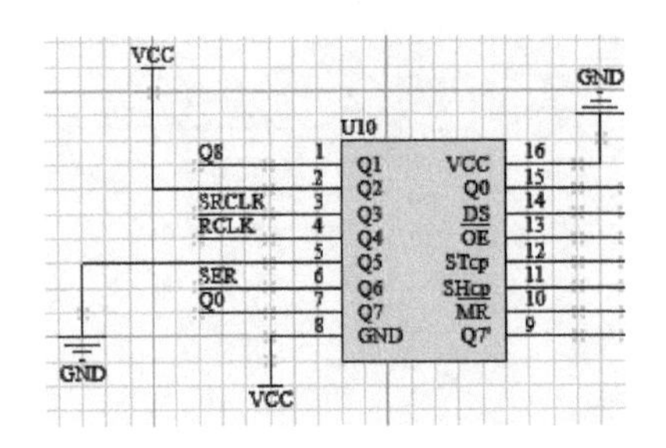

图 4-14　放置网络标号

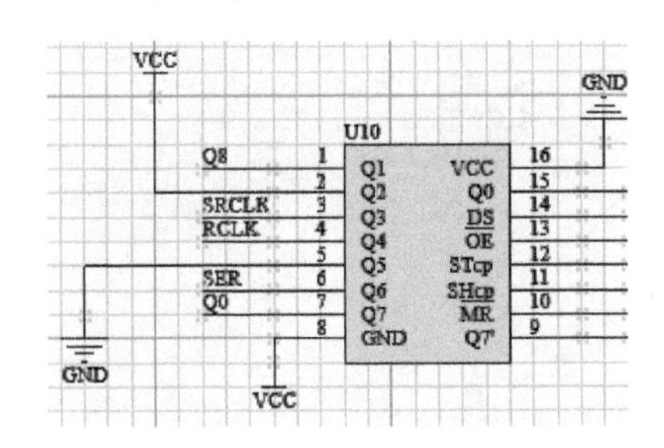

图 4-15　标注结果

对 DIS2 进行标注，结果如图 4-16 所示。

再对 DIS2 的其他端口进行标注，结果如图 4-17 所示。

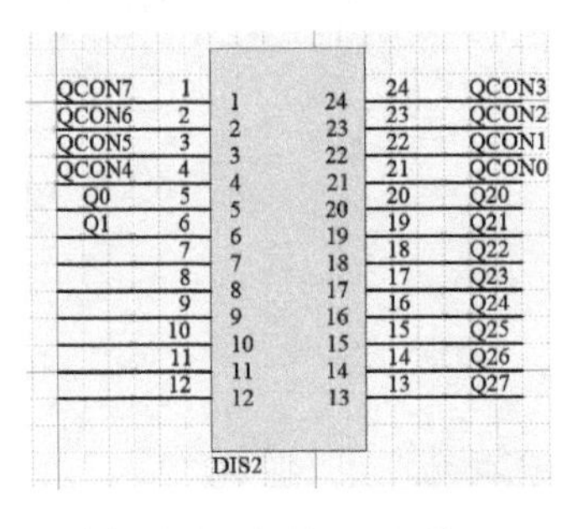

图 4-16　标注 DIS2 端口

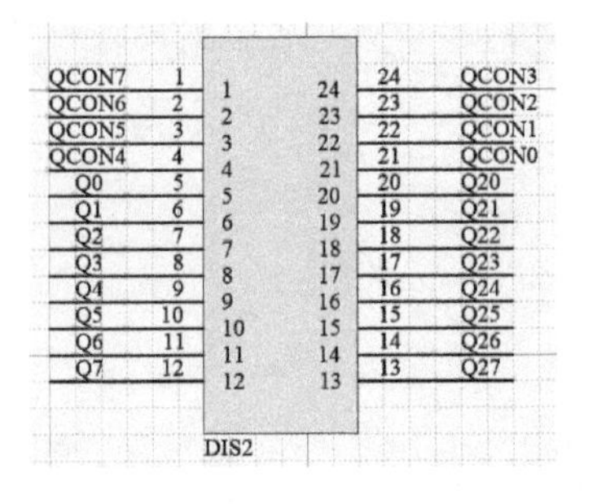

图 4-17　标注 DIS2 的其他端口

标注完所有，电路原理图如图 4-18 所示。

点选工具栏的【保存】工具，保存对电路图的编辑。

4. 使用网络表查看网络连接

在原理图编辑环境中执行【设计】→【工程的网络表】→Protel 菜单命令，如图 4-19 所示。需要注意的是，既然为工程的网络表，就必须需要一个工程，所以切记要在工程文件下进行此操作。

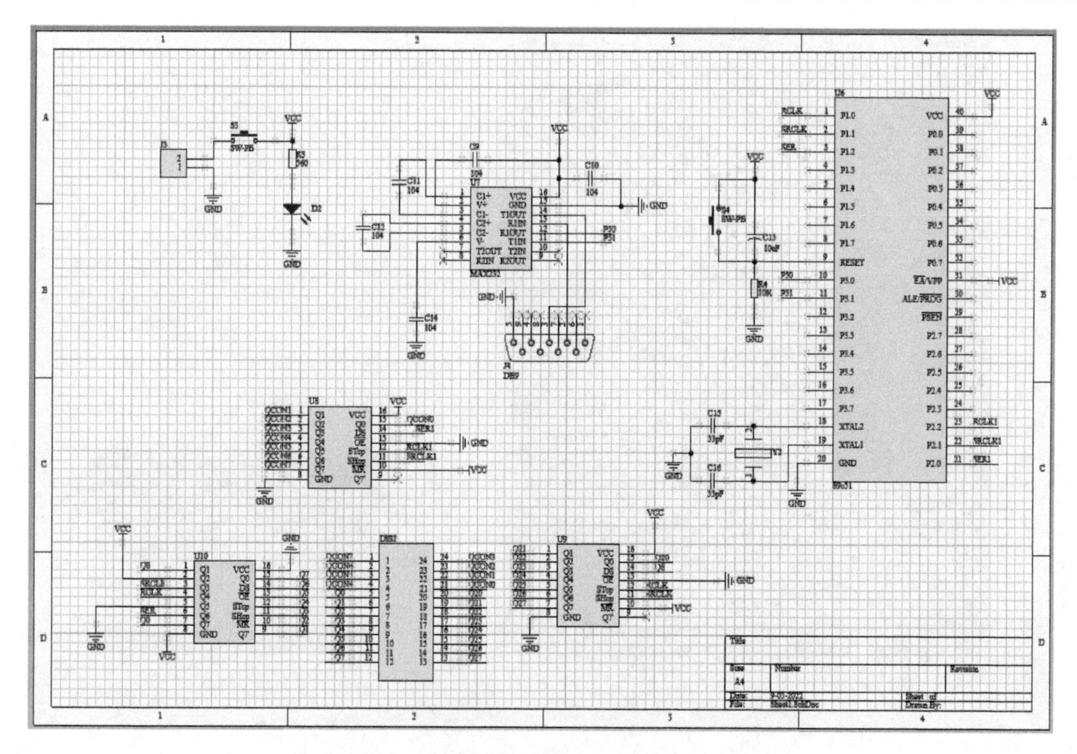

图 4-18　经过网络标号优化的电路原理图

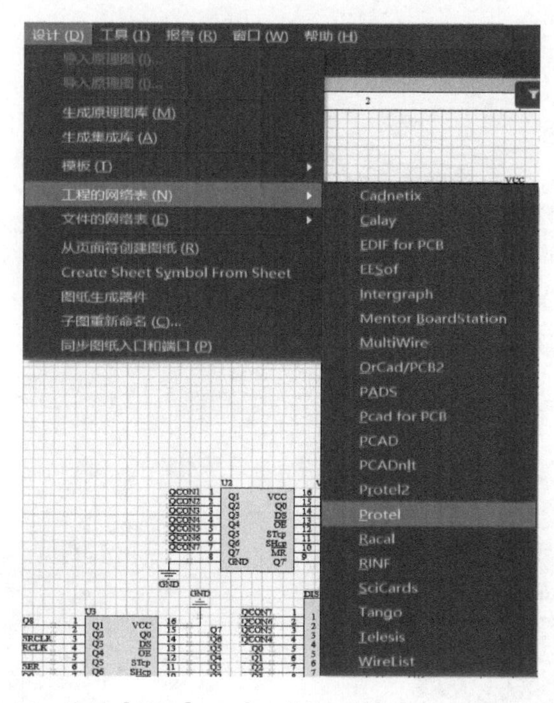

图 4-19　执行【设计】→【工程的网络表】→Protel 菜单命令

系统会在工程文件中添加一个文本文件，其扩展名是 . NET，如图 4-20 所示，它的扩展名为“. NET”。使用窗口中的滚动条查看电路的网络连接，其中 Q5 网络包括如图 4-21 所示的部分。

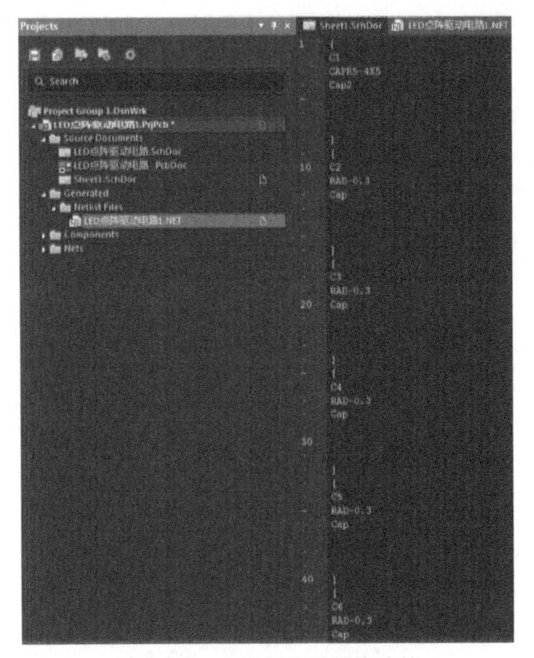

图 4-20　查看电路的网络连接

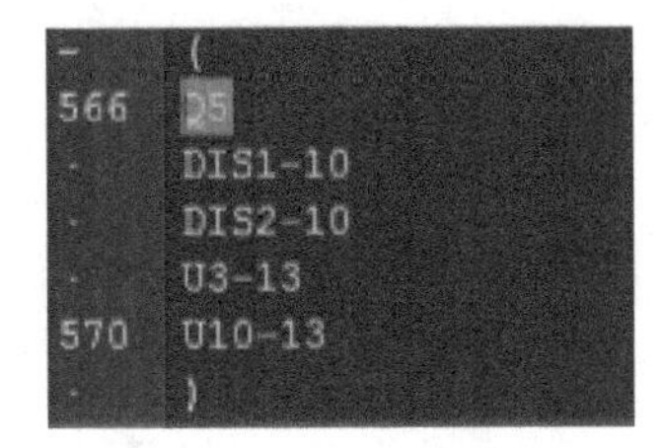

图 4-21　Q5 网络

从网络表可知 AD7 网络包含 DIS1 的 10 引脚、DIS2 的 10 引脚、U3 的 13 引脚和 U10 的 13 引脚，与电路连接一致，因此可以在较复杂的连线时采用网络标签来简化电路，使电路图更加的直观，更利于用户读图。

4.2　使用端口进行电路原理图绘制的优化

在电路中使用 I/O 端口，并设置某些 I/O 端口，使其具有相同的名称，这样就可以将具有相同名称的 I/O 端口视为同一网络或者认为它们在电气关系上是相互连接的。除网络标号外，使用 I/O 端口这一方式也是进行原理图优化的好方法，这一方式与网络标号相似。接下来以 LED 点阵驱动电路为例进行原理图绘制优化的演示。

1. 创建并输入原理图

在 4.1 节中生成了 Sheet1. SchDoc 原理图。选择 Projects 面板中的 Sheet1. SchDoc 文件，如图 4-22 所示。

此时系统在原理图编辑环境出现 Sheet1. SchDoc 原理图绘制窗口。右击鼠标，选择菜单中的【另存为】命令，如图 4-23 所示。

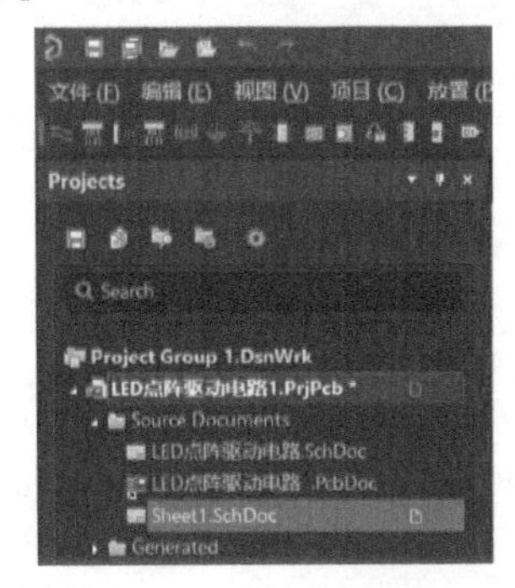

图 4-22　选择 Projects 面板中的 Sheet1. SchDoc 文件

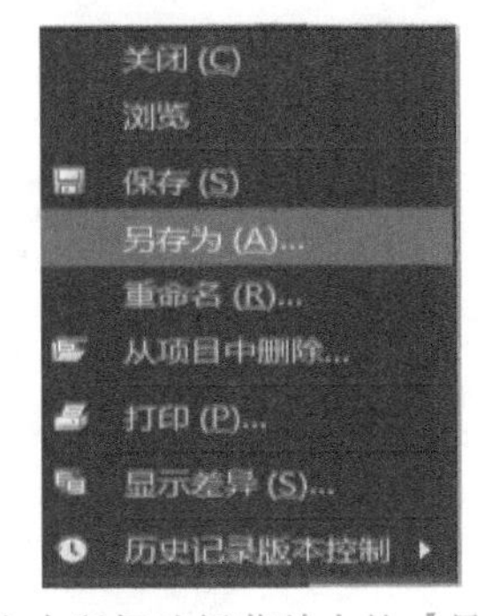

图 4-23　右击鼠标选择菜单中的【另存为】命令

此时系统将弹出如图 4-24 所示的另存为对话框。

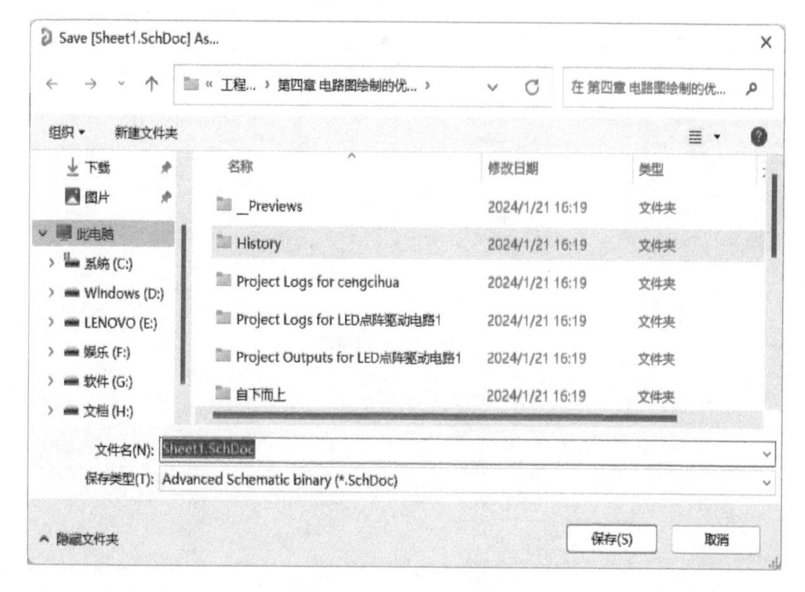

图 4-24　弹出另存为对话框

然后单击【保存】按钮，此时系统将切换到 Sheet1. SchDoc 界面，如图 4-25 所示。

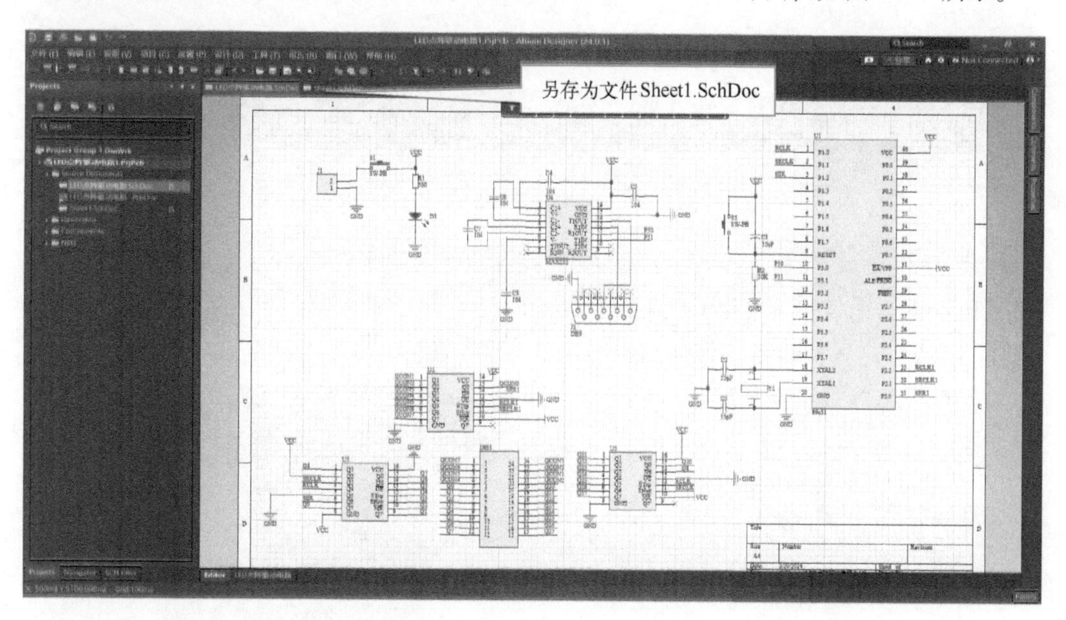

图 4-25　切换到 Sheet1. SchDoc 文件

上图中，DIS2 与 U9 相连接部分可以使用端口来简化电路的连接。

2. 删除电路原理图中部分连线

单击网络标号，结果如图 4-26 所示。

然后按下〈Delete〉键，此时选择的网络标号被删除，如图 4-27 所示。

按照上述方法，删除电路中 DIS2 与 U10 相连接部分的网络标号，结果如图 4-28 所示。

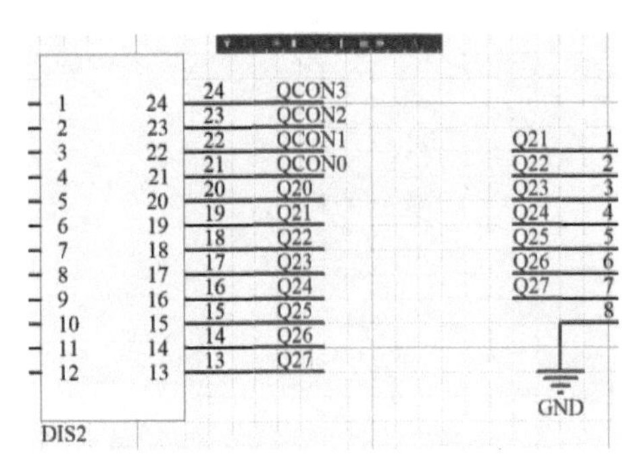

图 4-26　单击网络标号

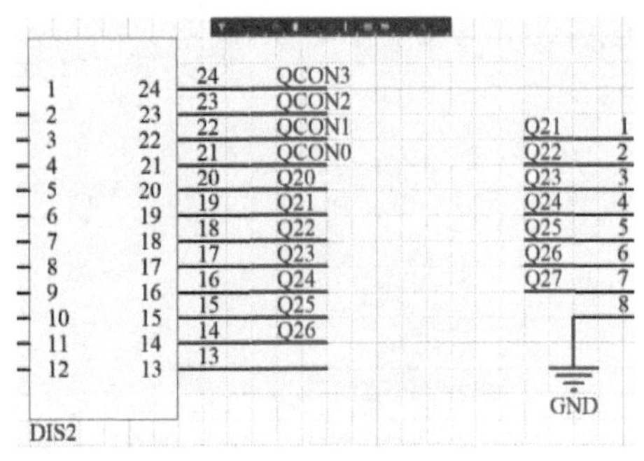

图 4-27　删除网络标号

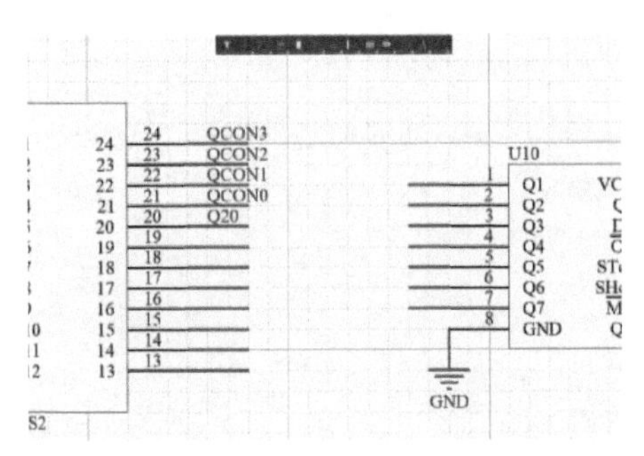

图 4-28　删除电路中 DIS2 与 U10 相连接部分的网络标号

3. 使用 I/O 优化电路连接

选择【布线】工具栏中的【放置端口】工具，如图 4-29 所示。

图 4-29　选择【放置端口】工具

此时鼠标下将出现如图 4-30 所示的 I/O 端口。

按下〈Tab〉键，此时系统将弹出如图 4-31 所示的端口属性对话框。

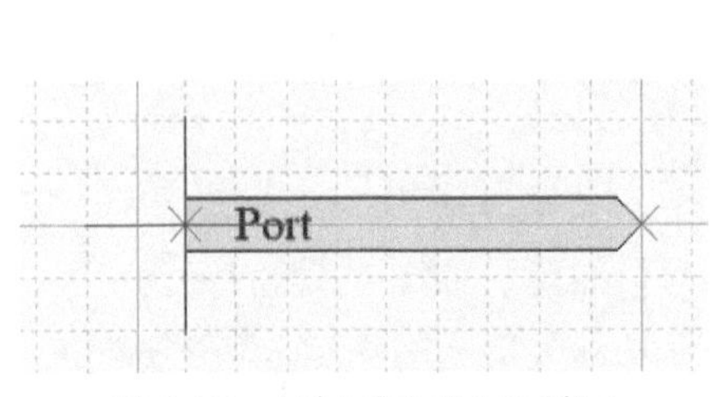

图 4-30　鼠标下出现 I/O 端口

图 4-31　Properties-Port 面板

- Name：在该文本编辑栏中输入端口名称。
- I/O Type：单击下拉式按钮，用户可以看到系统提供了 4 种端口类型：Unspecified（未指定）、Output（输出端口）、Input（输入端口）及 Bidirectional（双向端口）。
- Alignment：端口名称的放置位置，单击【队列】文本框中的下拉式按钮，用户可以看到系统提供了 3 种位置：Center（居中）、Left（左对齐）及 Right（右对齐）。
- Harness Type：束线类型，单击文本框中的下拉式按钮，Altium Designer 24 中没有提供默认的束线类型，如图 4-32 所示。

图 4-32　束线类型

在【Name】栏中键入 I/O 端口名 Q21，设置【I/O 类型】为 Output，端口名称位置【Alignment】为 Center，其他采用系统的默认设置，结果如图 4-33 所示。

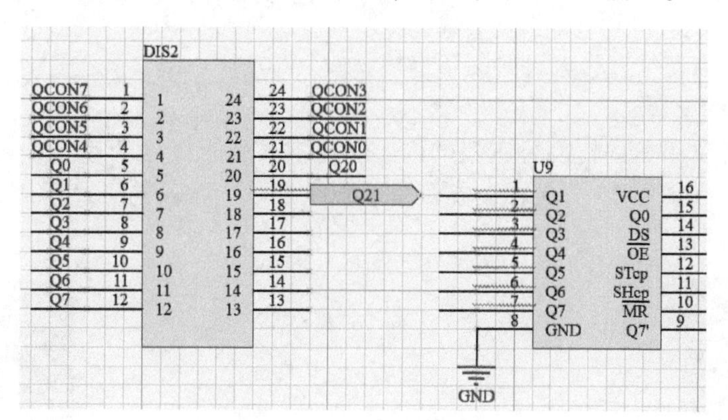

图 4-33　放置并设置端口

按照上述方式在 DIS2 端口的其他引脚线上放置 I/O 端口。端口【类型】为 Right、【I/O 类型】为 Output、端口名称位置【Alignment】为 Center，其他采用系统的默认设置，结果如图 4-34 所示。

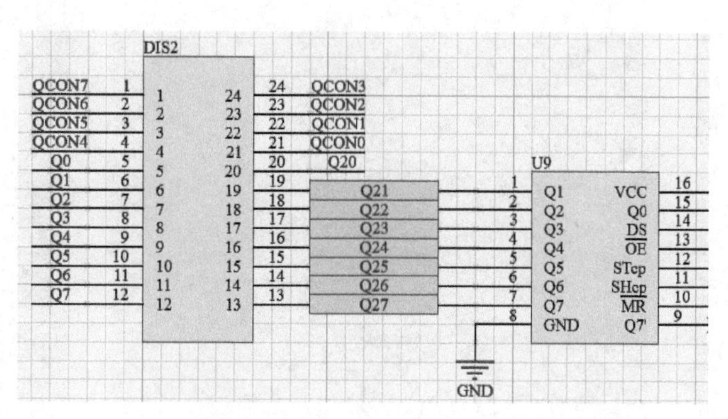

图 4-34　放置并设置其他 I/O 端口

按照上述方法，可以进行单独设置，应注意 U9 放置的端口的【I/O 类型】应设置成 Input，结果如图 4-35 所示。

点选工具栏的保存工具，将该原理图存做 sheet3. SchDoc 保存对电路图的编辑。

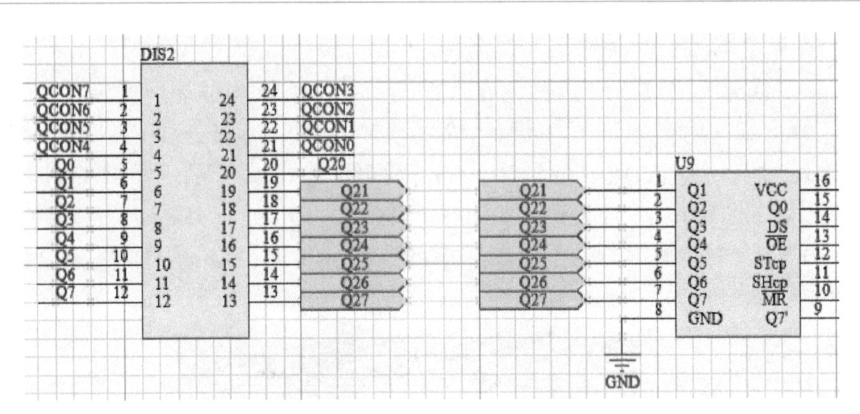

图 4-35　单独设置 I/O 端口

4. 使用网络表查看网络连接

在原理图编辑环境中，执行【设计】→【工程的网络表】→Protel 菜单命令。打开 Sheet3. SchDoc 网络表，如图 4-36 所示。

使用窗口中的滚动条查看电路的网络连接。按〈Ctrl+F〉组合键进行查找操作，系统将弹出如图 4-37 所示的窗口。

在 Text to find 文本框中输入待查找的内容。在本文中查找 Q21 字段，即在文本框中键入 Q21 字样后，单击 OK 按钮，光标停留在第一次查找到 Q21 字段的位置。其中 Q21 所在网络包含如图 4-38 所示的部分。

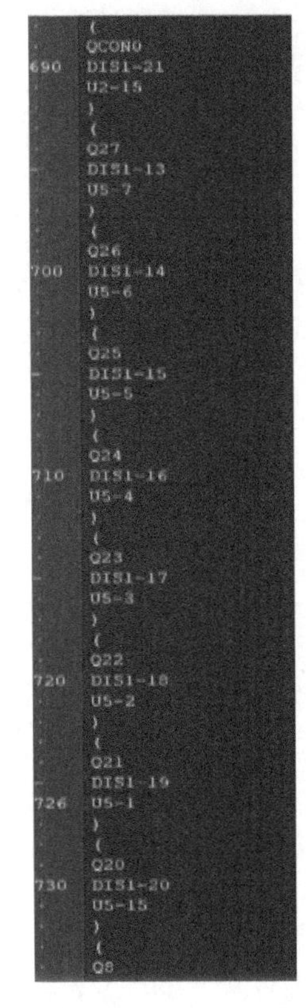

图 4-36　Sheet3. SchDoc 网络表

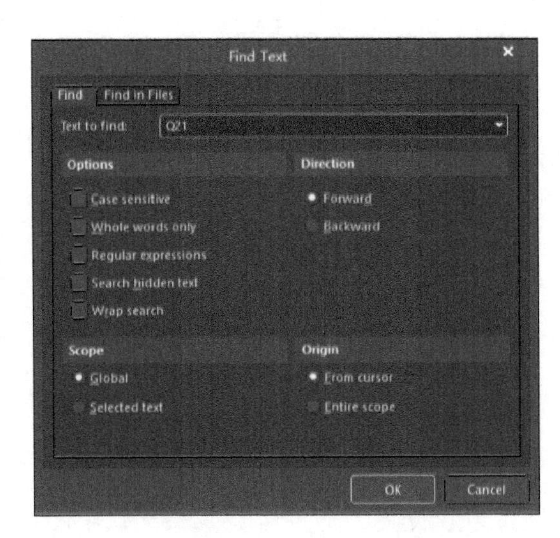

图 4-37　对象查找窗口

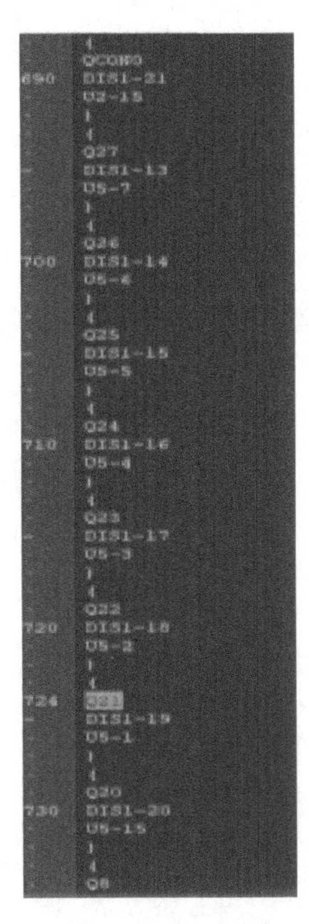

图 4-38　Q21 所在网络包含的内容

从网络表可知 Q21 网络包含 DIS1-19 的 19 引脚、U5-1 的 1 引脚，与电路连接一致，因此可以在较复杂的连线时采用 I/O 端口来简化电路，使电路图更加的直观，更利于用户的读图。

4.3　层次设计电路的特点

层次设计电路的主要特点如下：

1）将一个复杂的电路设计分为几个部分，分配给不同的技术人员同时进行设计。这样可缩短设计周期。

2）按功能将电路设计分成几个部分，使具有不同特长的设计人员负责不同部分的设计。降低了设计难度。

3）复杂电路图需要很大的页面图纸来进行绘制，而采用的打印输出设备不支持打印过大的电路图。

4）目前自上而下的设计策略已成为电路和系统设计的主流。这种设计策略与层次电路结构相一致。因此相对复杂的电路和系统设计，目前大多采用层次结构。

4.4　层次电路设计方法

4.4.1　使用自上而下的层次电路设计方法优化绘制

对于一个庞大的电路设计任务来说，用户不可能一次完成，也不可能在一张电路图中绘制，更不可能一个人完成。Altium Designer 24 充分满足用户在实践中的需求，提供了一个层次电路设计方案。

层次设计方案实际是一种模块化的方法。自上而下的层次电路设计需要设计师对整个工程有一个把握，要求在原理图绘制之前就对系统有深入的了解，这样才能对各个模块有比较清晰的划分。

用户将系统划分为多个子系统，子系统又由多个功能模块构成，在大的工程项目中，还可将设计进一步细化。将项目分层后，即可分别完成各子块，子块之间通过定义好的连接方式连接，即可完成整个电路的设计。自上而下电路设计流程如图 4-39 所示。

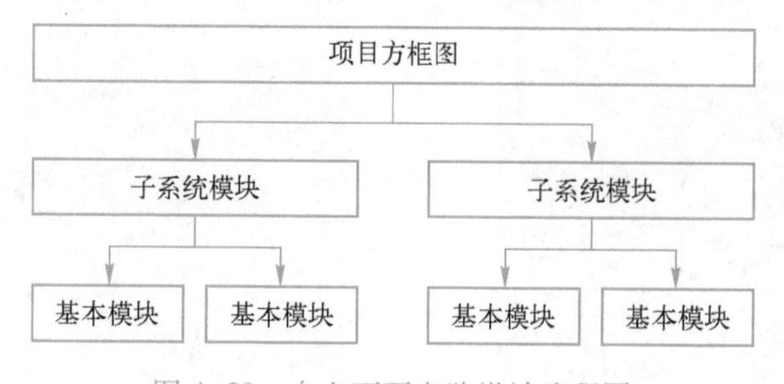

图 4-39　自上而下电路设计流程图

1. 将电路划分为多个功能块

可将该电路划分为 3 个功能模块，分别是电源块、单片机及外围电路块和 D/A 转换输出模块。

2. 创建原理图文件

新的原理图文件的创建在本章的前几节中已经介绍过，这里不再重复，在这一节中创建文件名为 Sheet4. SchDoc 文件。

3. 绘制主电路原理图

第 1 步：将界面切换到 Sheet4. SchDoc 编辑窗口，单击【布线】工具栏中的【放置图表符】工具，如图 4-40 所示。

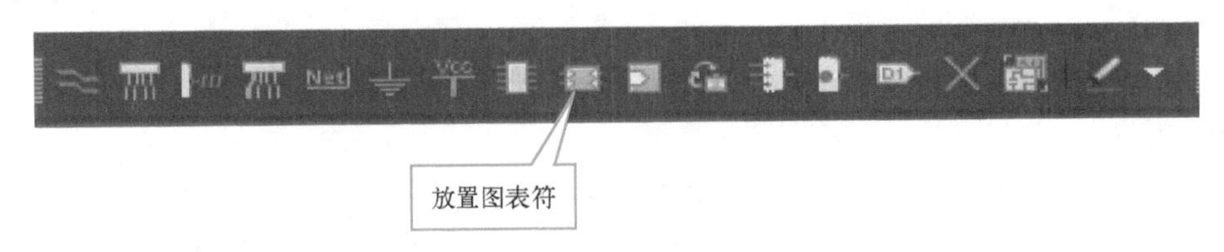

图 4-40 单击【放置图表符】工具

此时鼠标下将出现如图 4-41 所示的图表符。

按下〈Tab〉键，此时系统将弹出如图 4-42 所示的 Properties-Sheet Symbol 界面。

该对话框中包含对子电路块名称、大小、颜色等参数的设置。如果想要修改 File Name 一栏，首先需要单击 File Name 的标题，进入 Properties-Parameter 界面，修改其中的 Value 值。在该界面还可以修改 File Name 的字体、字号颜色等，如图 4-43 所示。

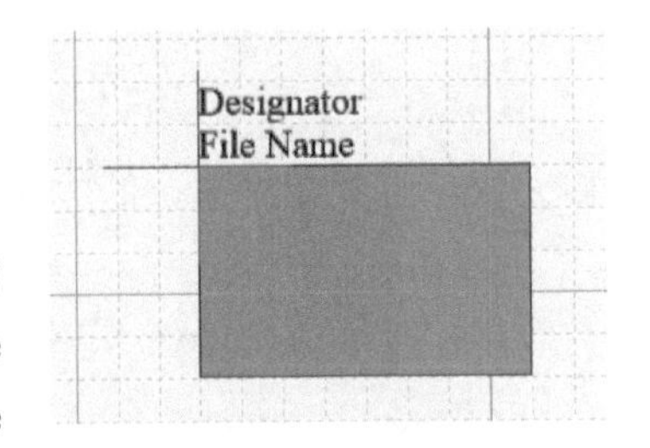

图 4-41 图表符

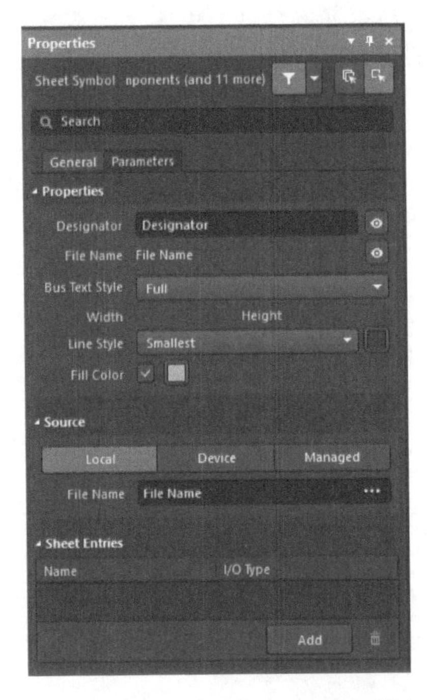

图 4-42 Properties-Sheet Symbol 界面

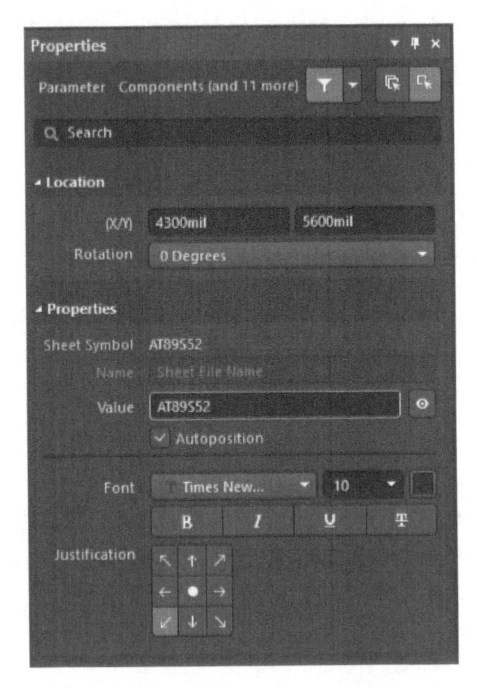

图 4-43 Properties- Parameter 界面

单击并移动鼠标到合适大小再次单击，完成子电路块的放置，如图 4-44 所示。

第 2 步：按照上述方式放置其他子电路块，结果如图 4-45 所示。

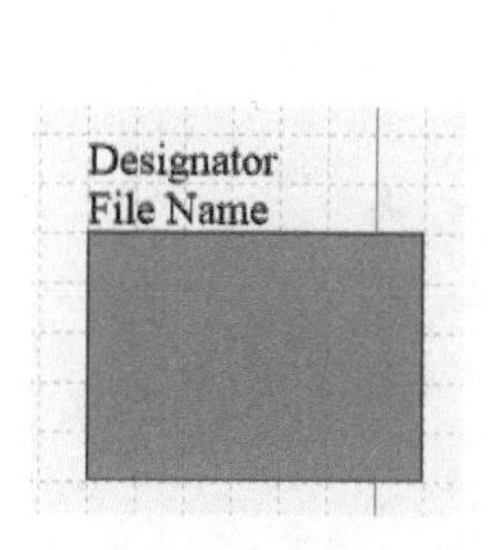

图 4-44　完成子电路块的放置

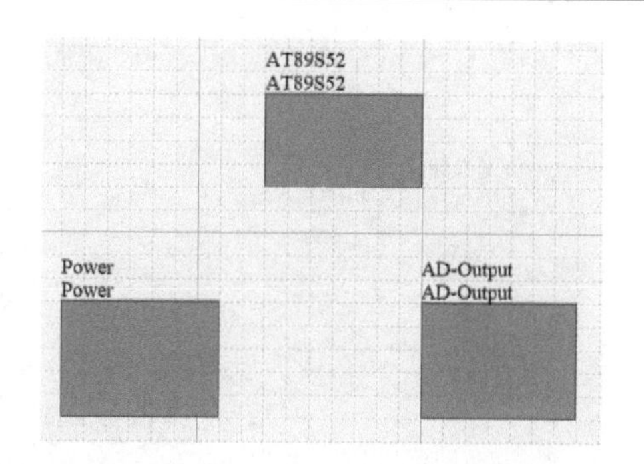

图 4-45　放置其他子电路块

接下来编辑 Power 图表符的端口。Power 图表符代表电源电路，在电源电路中有 4 脚连接端子，用于输入从外界稳压电源来的电压，因此 Power 子电路块需放置 3 个输入端口；并需在 Power 子电路块中放置 3 个输出端口。

第 3 步：单击【布线】工具栏中的【放置图纸入口】工具，如图 4-46 所示。

图 4-46　单击【放置图纸入口】工具

将鼠标放置到图表符上单击鼠标，此时鼠标下将出现如图 4-47 所示的子电路块端口。

按下〈Tab〉键，此时系统将弹出如图 4-48 所示的 Properties-Sheet Entry 界面。

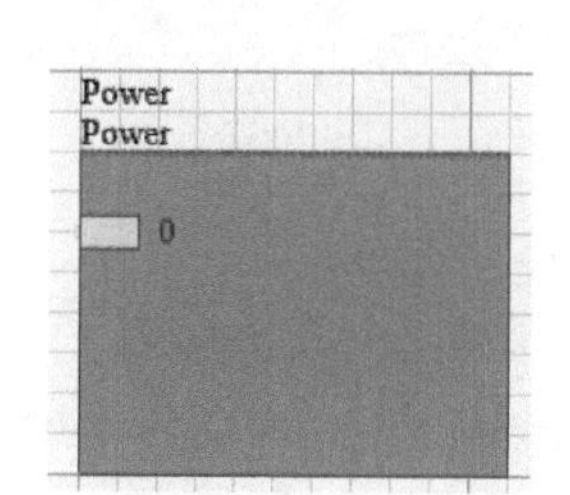

图 4-47　鼠标下出现子电路块端口

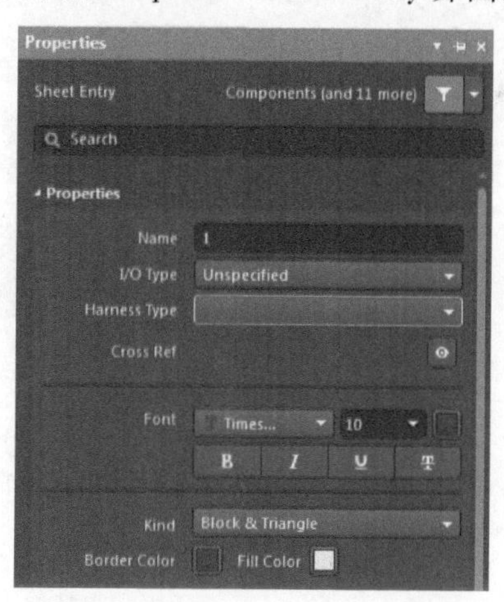

图 4-48　Properties-Sheet Entry 界面

- Name：设置端口名称。
- I/O Type：端口类型。系统提供了 4 种端口类型，具体类型如之前介绍的相同。单击 I/O Type 文本框中的下拉式按钮，可选择端口类型。
- Harness type：束线类型，单击文本框中的下拉式按钮，AD24 没有提供束线类型。
- Kind：端口风格。系统提供了 4 种端口风格，单击 Kind 文本框中的下拉式按钮，可选择端口风格。包括了 Block&Triangle、Triangle、Arrow 和 Arrow Tail。

定义端口 Name 为 In1，I/O Type 定义为 Output，其他项目采用系统默认设置，设置完成后结果如图 4-49 所示。

第 4 步：按照上述方式在 Power 子电路块中放置其他端口，结果如图 4-50 所示。

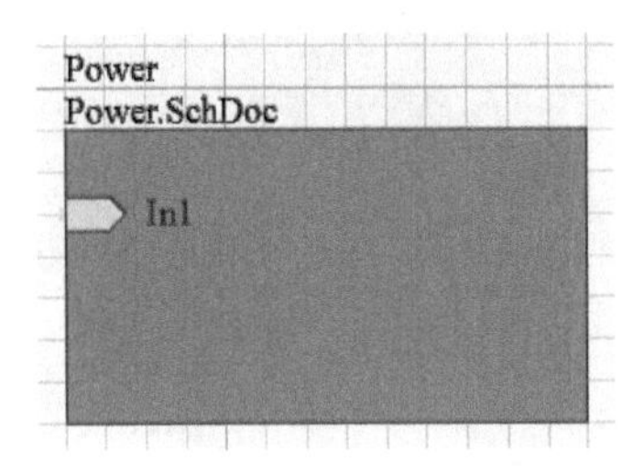

图 4-49　设置端口完成后结果

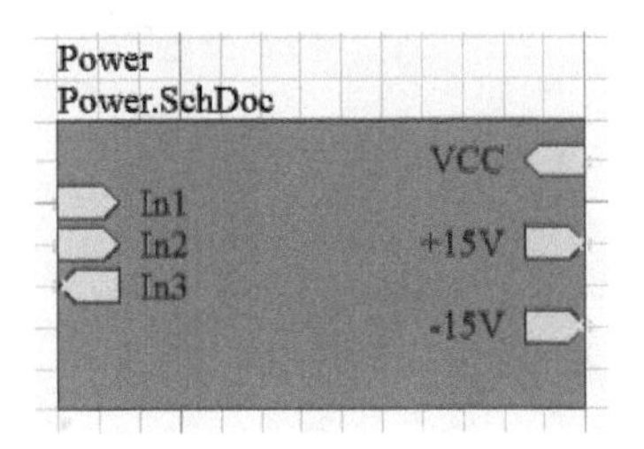

图 4-50　在 Power 子电路块中放置其他端口

按照上述方式编辑其他子电路块，编辑好的电路如图 4-51 所示。

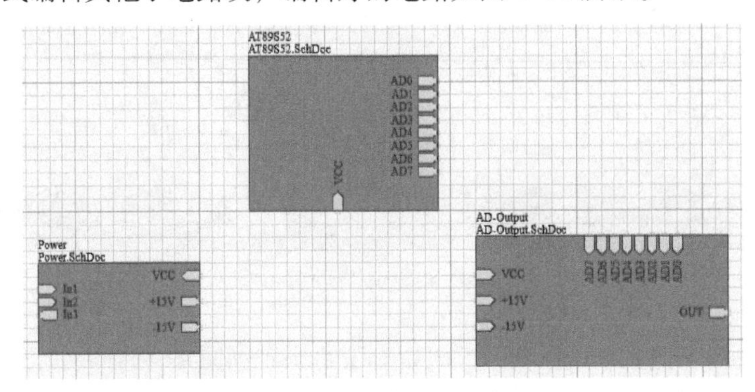

图 4-51　编辑其他子电路块

第 5 步：接下来放置各连接端子，然后连接电路，结果如图 4-52 所示。

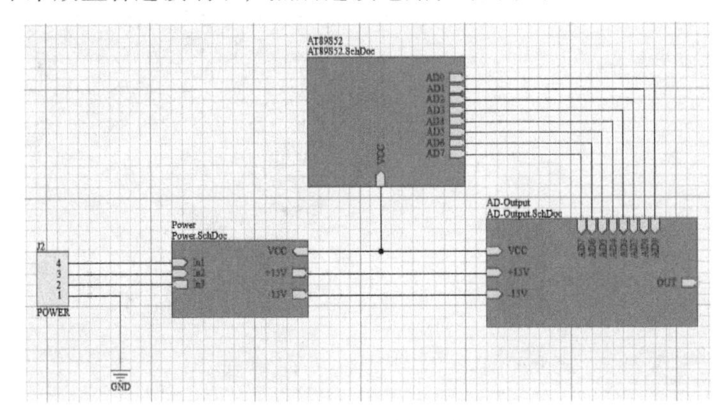

图 4-52　连接电路

4. 在子电路块中输入电路原理图

当子电路块原理图绘制完成后，用户为子电路块输入电路原理图。首先需要建立子电路块与电路图的连接，Altium Designer 24 中子电路块与电路原理图通过 I/O 端口匹配。在 Altium Designer 24 中提供了由子电路块生成电路原理图 I/O 端口的功能，这样就简化的用户的操作。

在原理图编辑界面中执行【设计】→【从页面符创建图纸】菜单命令，如图 4-53 所示。

此时鼠标为十字形状，移动鼠标到 Power 电路块并单击。图纸会跳转到一个新打开的原理图编辑器，其名称为 Power，如图 4-54 所示。也可以单击 Power 页面符后，右击鼠标选择【页面符操作】→【从页面符创建图纸】。

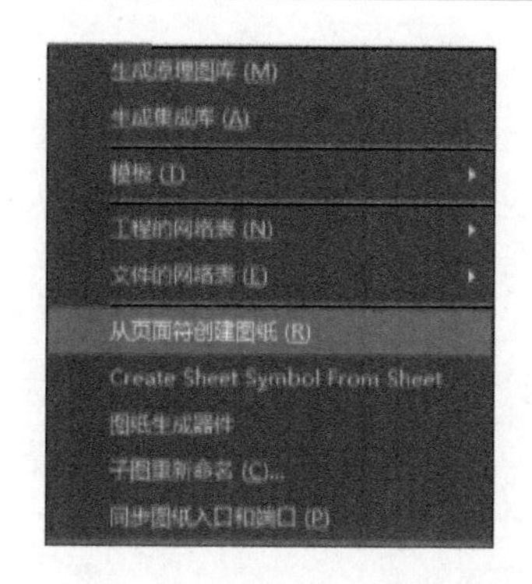

图 4-53　执行【设计】→【从页面符创建图纸】菜单命令

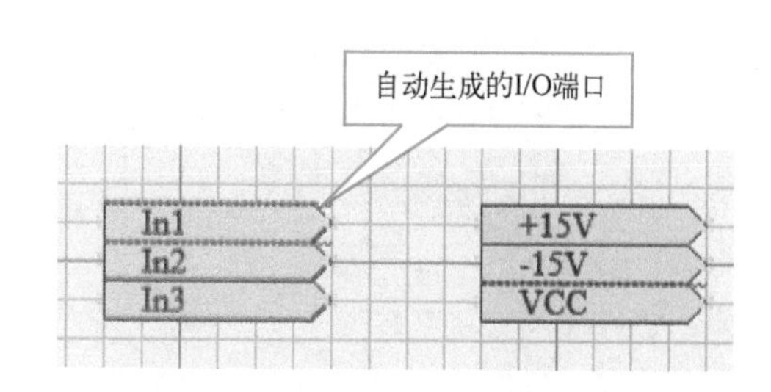

图 4-54　跳转到新的原理图文件

可以看到，在系统中会自动生成的 I/O 端口。采用复制方法输入原理图，并连接 I/O 端口，结果如图 4-55 所示。

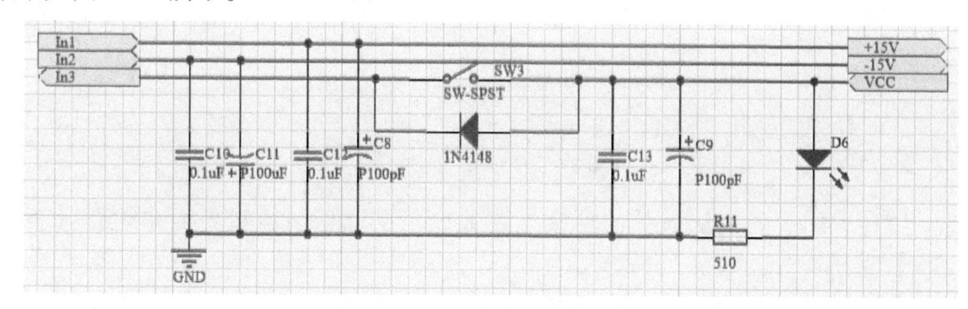

图 4-55　连接 I/O 端口

按照上述方法将另两块的电路块输入电路原理图，并连接端口，结果如图 4-56 所示。

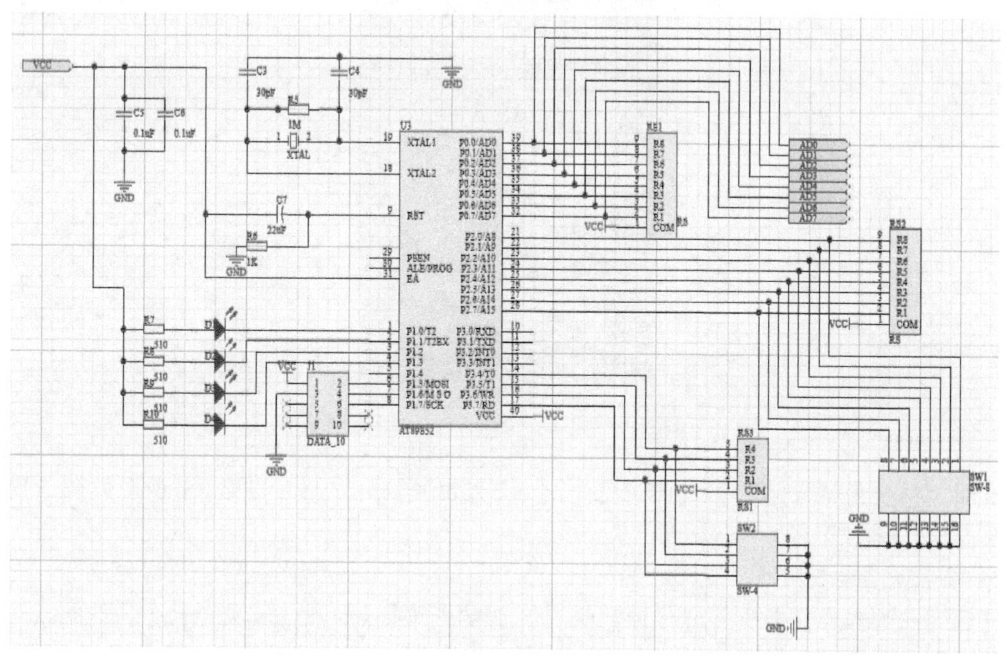

a) 连接好的AT89S52电路

图 4-56　将另两块电路块输入电路原理图

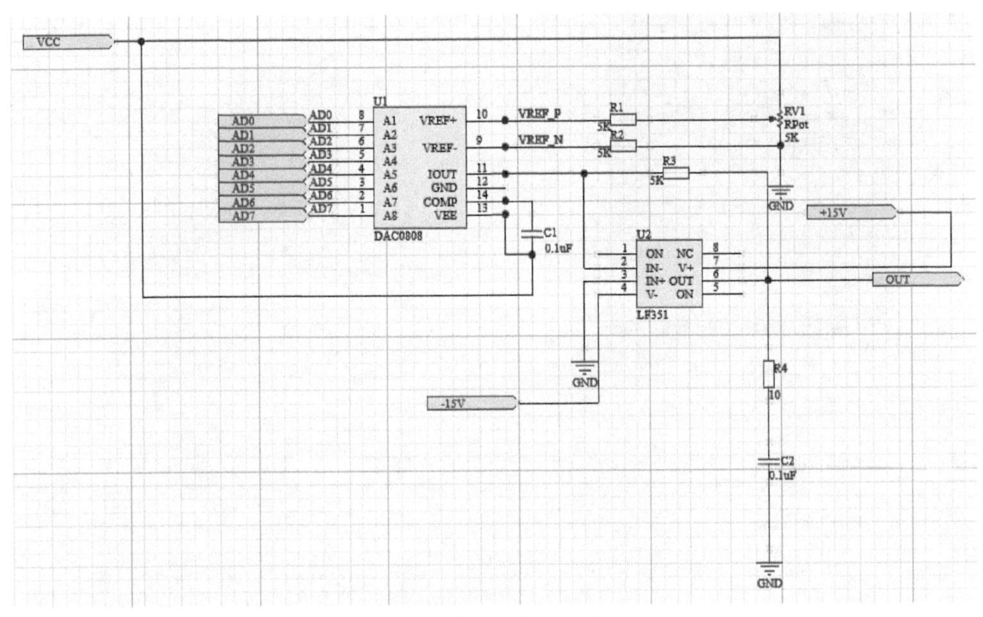

b) 连接好的AD-Output电路

图 4-56 将另两块电路块输入电路原理图（续）

至此采用自上而下的方法设计的层次电路完成。在原理图编辑界面中执行【工具】→【上/下层次】菜单命令，如图 4-57 所示。

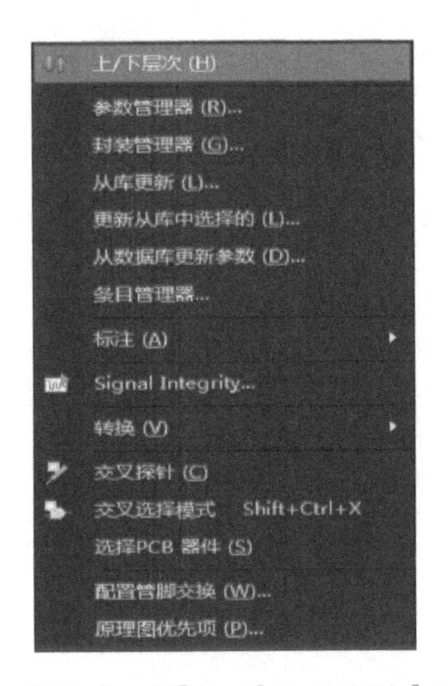

图 4-57 执行【工具】→【上/下层次】菜单命令

此时鼠标变为“十字”形，此时选中之前设置好的端口入口，即可实现上层到下层或下层到上层的切换。

5. 使用网络表查看网络连接

在原理图编辑界面中执行【设计】→【工程的网络表】→Protel 菜单命令，此时系统将生成该原理图的网络表，如图 4-58 所示。

使用鼠标滑轮，在网络表中找到 AD7 的网络连接，如图 4-59 所示。

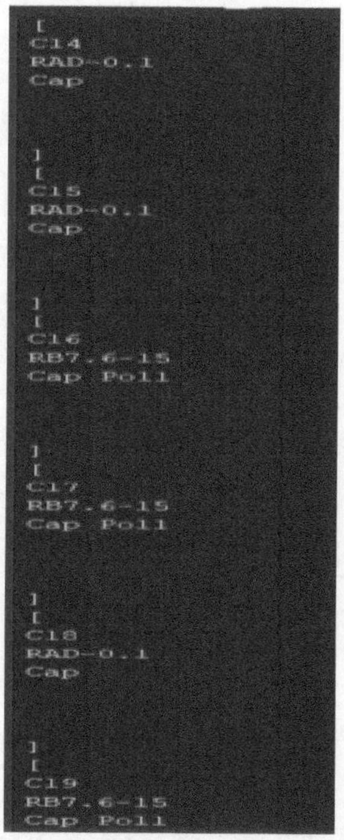

```
[
C14
RAD-0.1
Cap

]
[
C15
RAD-0.1
Cap

]
[
C16
RB7.6-15
Cap Pol1

]
[
C17
RB7.6-15
Cap Pol1

]
[
C18
RAD-0.1
Cap

]
[
C19
RB7.6-15
Cap Pol1
```

图 4-58　层次电路原理图的网络表

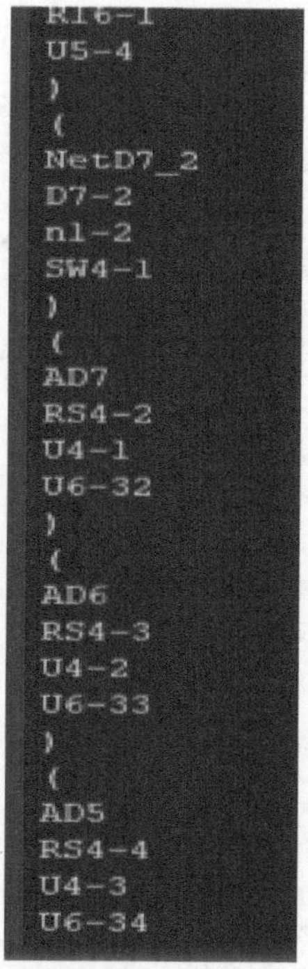

```
R16-1
U5-4
)
(
NetD7_2
D7-2
n1-2
SW4-1
)
(
AD7
RS4-2
U4-1
U6-32
)
(
AD6
RS4-3
U4-2
U6-33
)
(
AD5
RS4-4
U4-3
U6-34
```

图 4-59　AD7 所在网络包含的内容

从网络表可知 AD7 网络包含 RS4 的 2 引脚、U6 的 32 引脚及 U4 的 1 引脚，与电路原理图连接一致，因此可以在较复杂的连线时采用层次化电路来简化电路原理图的设计，使电路图的针对性更强，更利于用户的读图。

4.4.2　使用自下而上的层次电路设计方法优化绘制

使用自下而上设计方法，即先子模块后主模块，先底层后顶层，先部分后整体，这种方法更适用于对整个设计不那么熟悉的工程师，同时也是初学者的最佳选择。自下而上设计电路流程如图 4-60 所示。

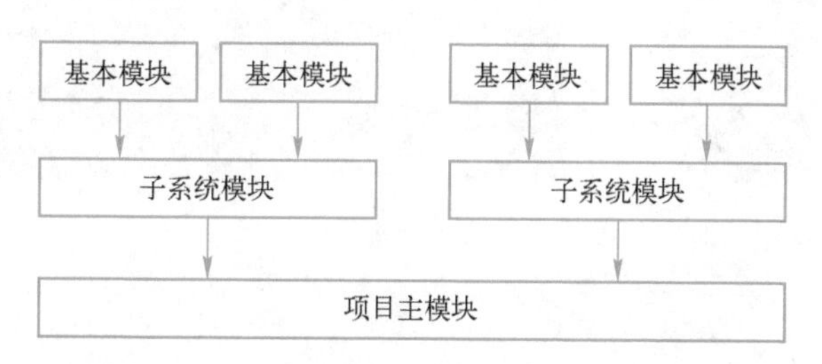

图 4-60　自下而上设计电路流程图

1. 创建子模块电路

采用另存为方式创建子模块电路。因为在自上而下的电路中已经创建了子模块电路，因此打开 Power. SchDoc 电路，执行【文件】→【保存为】菜单命令，此时系统将弹出 Save As 对话框，如图 4-61 所示。

修改【文件名】为 PowerNew. SchDoc，然后单击【保存】按钮确认。按照上述方式创建 AT89S52New. SchDoc 与 AD-OutputNew. SchDoc 文件。

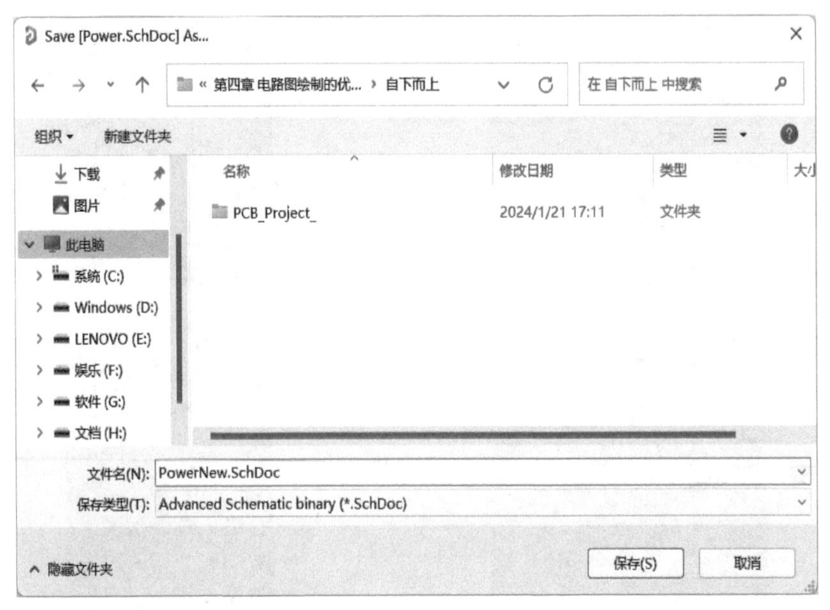

图 4-61 Save As 对话框

2. 从子电路生成子电路模块

执行【文件】→【新的】→【原理图】菜单命令，打开一个新的原理图文件，将其命名为 Sheet1. SchDoc。在新建原理图编辑环境中，执行【设计】→【Create Sheet Symbol From Sheet】菜单命令，如图 4-62 所示。

此时系统将弹出如图 4-63 所示的选择文件窗口。

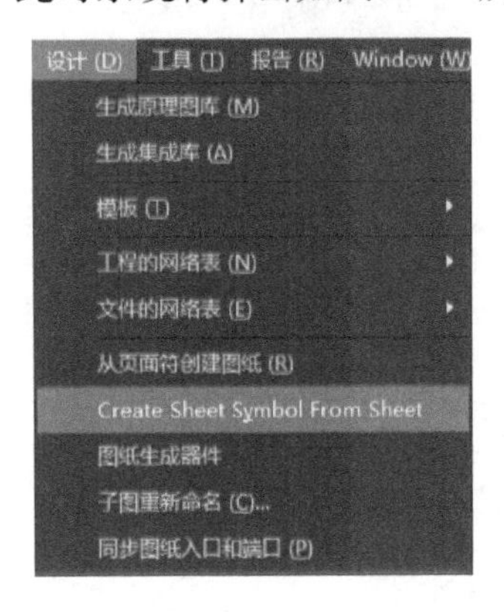

图 4-62 执行【设计】→【Create Sheet Symbol From Sheet】菜单命令

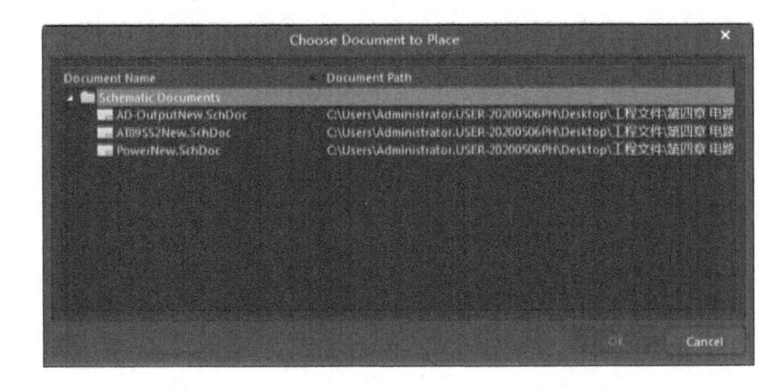

图 4-63 Choose Document to Place 对话框

点选 PowerNew. SchDoc 文件后，单击【确定】按钮，此时鼠标下出现子电路模块，如图 4-64 所示。

在期望放置子电路模块的位置单击，即可放置子电路模块，结果如图 4-65 所示。

由于系统自动创建的子电路模块不美观、端口位置错误，因此需要调整，调整完毕后，如图 4-66 所示。

拖动绿色手柄即可改变模块尺寸，如图 4-67 所示。

按照上述方法生成 AT89S52New. SchDoc 及 AD-OutputNew. SchDoc 模块，并对其进行调整，结果如图 4-68 所示。

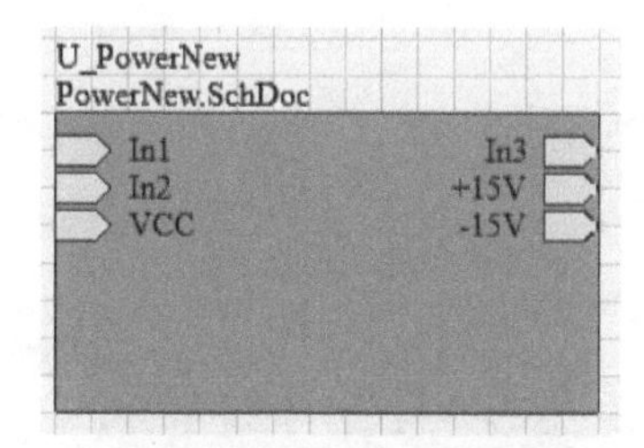

图 4-64　鼠标下出现子电路模块

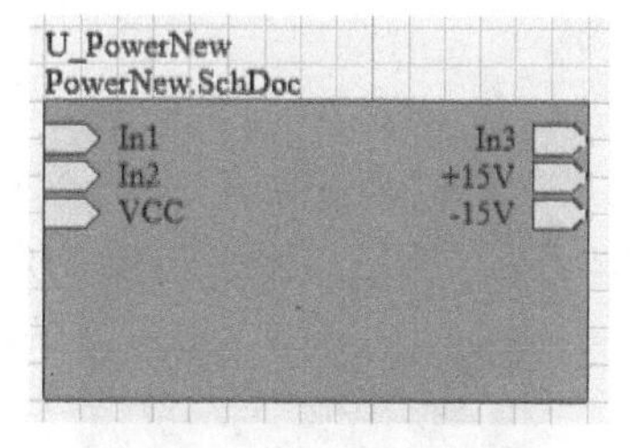

图 4-65　放置子电路模块

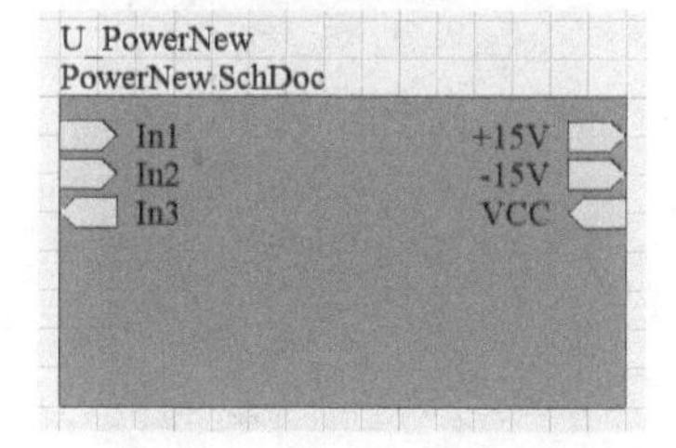

图 4-66　调整子电路模块

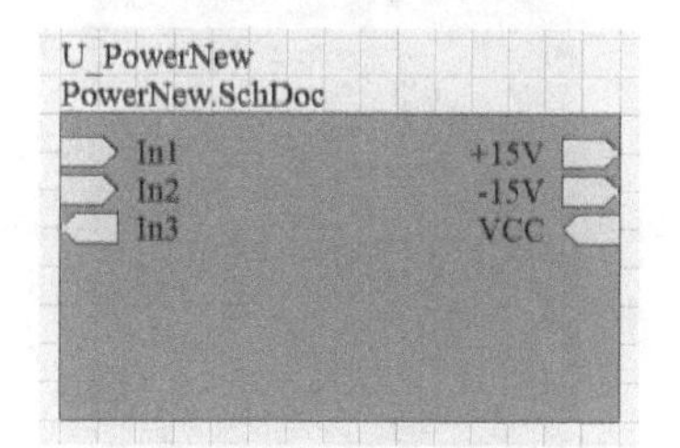

图 4-67　改变模块尺寸

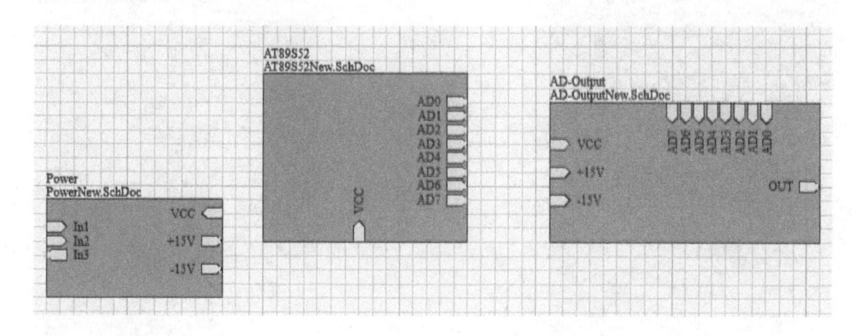

图 4-68　生成电路模块

3. 连接电路模块

在 Power 模块应放置一个四角连接端子。连接后电路，如图 4-69 所示。

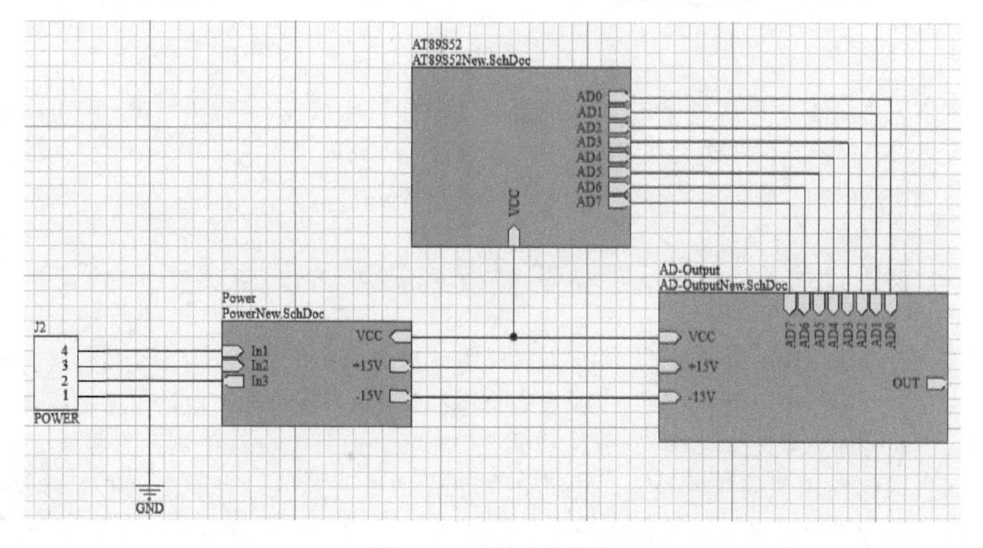

图 4-69　连接电路模块

4. 使用网络表查看网络连接

在原理图编辑界面中执行【设计】→【工程的网络表】→Protel 菜单命令。打开 Sheet1. SchDoc 网络表，如图 4-70 所示。

使用鼠标滑轮，在网络表中找到 AD7 的网络连接，如图 4-71 所示。

```
(7) Schematic Document
[
C14
RAD-0.1
Cap
]
[
C15
RAD-0.1
Cap
]
[
C16
RB7.6-15
Cap Pol1
]
[
C17
RB7.6-15
Cap Pol1
]
[
C18
RAD-0.1
Cap
]
[
C19
RB7.6-15
Cap Pol1
```

图 4-70　网络表查看连接

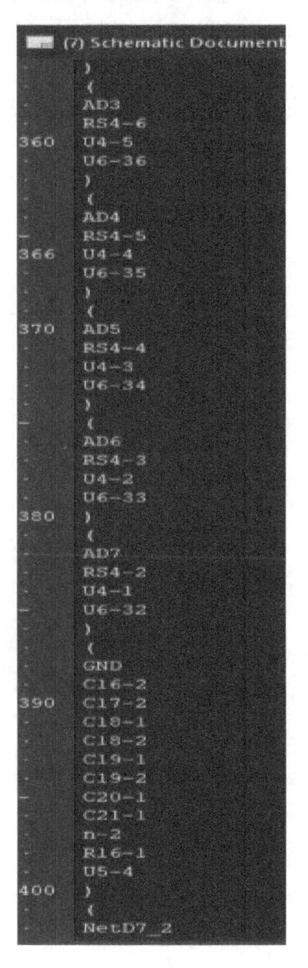

图 4-71　AD7 的网络连接

从网络表可知 AD7 网络包含 RS4 的 2 引脚、U6 的 32 引脚及 U4 的 1 引脚，与电路连接一致，因此可以在较复杂的连线时采用层次化电路来简化电路原理图的设计，使电路图的针对性更强，更利于用户的读图。

4.5　电路原理图中标注元器件其他相关参数优化绘制

在图例电路中包含电阻元器件，当电阻体内有电流流过时要发热，温度太高容易烧毁，为了使电路正常工作，在选用电阻时用户需要考虑选择何种功率的电阻；电路中还用到电容，电容的耐压值的合理选取是保证电路正常工作的重要参数；此外，电路中用到二极管，二极管的最大反向工作电压值的选取是关系电路正常工作的重要参数，如果反向电压选取不当，可能会造成二极管被击穿。因此在电路中标注元器件参数便于阅读电路。电路中各元器件参数见表 4-1。

表 4-1　电路中各元器件参数

元器件类型	元器件标号	标称值或类型值及其参数	封　　装
二极管（包括发光二极管）	D1	LED/25 V	DO-35
	D2	LED/25 V	LED-1
	D3	LED/25 V	
	D4	LED/25 V	
	D5	1N4148/25 V	
	D6	LED/25 V	
电解电容	C8	P100 μF/50 V	RB7. 6-15
	C9	P100 μF/50 V	
	C11	P100 μF/50 V	
电容	C1	0. 1 μF/50 V	RAD-0. 3
	C2	0. 1 μF/50 V	
	C3	30 pF/50 V	
	C4	30 pF/50 V	
	C5	0. 1 μF/50 V	
	C6	0. 1 μF/50 V	
	C7	0. 1 μF/50 V	
	C10	0. 1 μF/50 V	
	C12	0. 1 μF/50 V	
	C13	0. 1 μF/50 V	
电阻	R1	1 MΩ/0. 25 W	AXIAL-0. 4
	R2	5 kΩ/0. 25 W	
	R3	5 kΩ/0. 25 W	
	R4	5 kΩ/0. 25 W	
	R5	1 kΩ/0. 25 W	
	R6	510 Ω/0. 25 W	
	R7	10 Ω/0. 25 W	
	R8	510 Ω/0. 25 W	
	R9	510 Ω/0. 25 W	
	R10	510 Ω/0. 25 W	
	R11	510 Ω/0. 25 W	

双击电路中的电容 C1，打开 Properties-Component 界面，在编辑元器件标称值的文本框中编辑电容 C1 的耐压值为 50 V，如图 4-72 所示。

编辑完成后，单击 OK 按钮，完成设置，结果如图 4-73 所示。

在电路中标注元器件的其他参数可增加电路的可读性。按照上述方式标注电路，结果如图 4-74 所示。

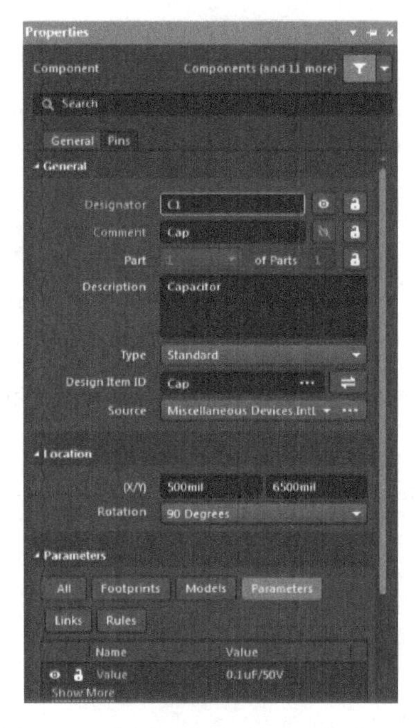

图 4-72　编辑电容 C1 的耐压值为 50 V

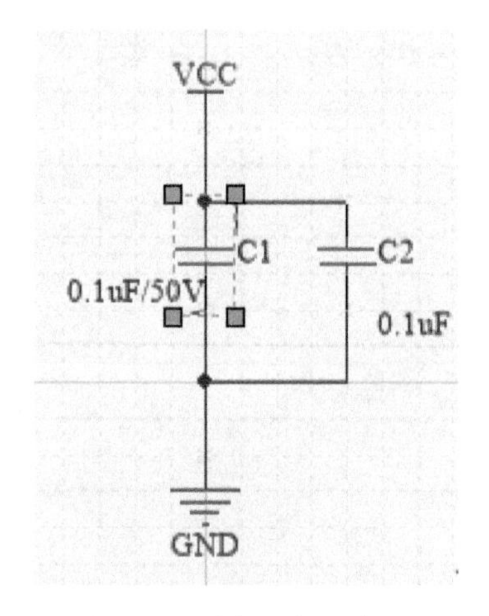

图 4-73　编辑后的电容 C1

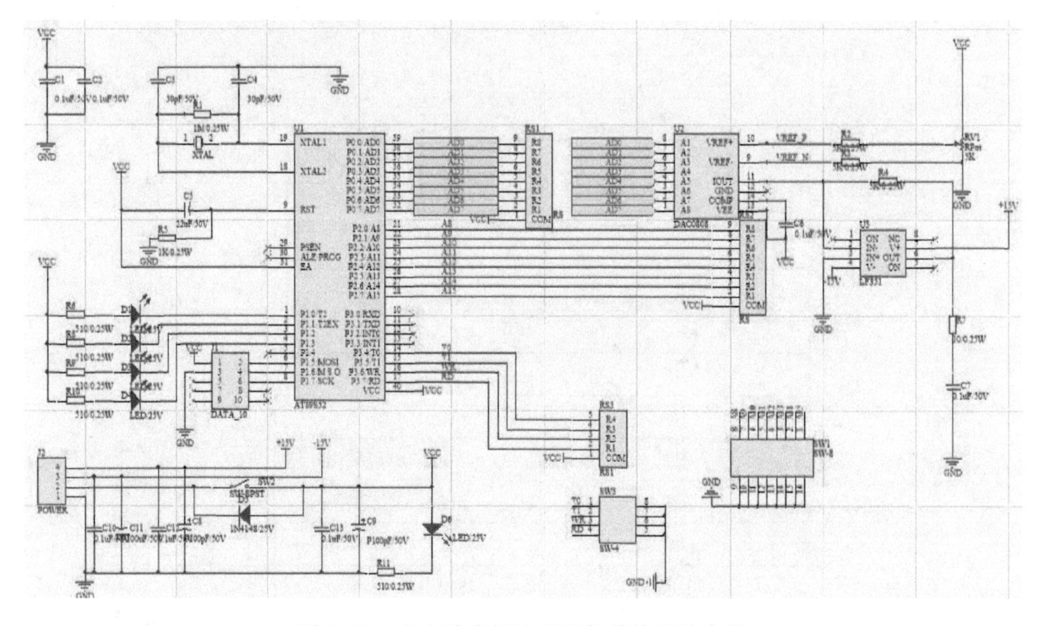

图 4-74　在电路中标注元器件其他相关参数

习题

1. 优化原理图的绘制方法有哪些？

2. 写出自上而下的层次电路设计和自下而上的层次电路设计的流程图，并说说这两种方法之间的差别。

3. 层次电路的优点有哪些？

第5章　PCB设计预备知识

PCB是Printed Circuit Board的英文缩写，译为印制电路板。通常把在绝缘材料上，按预定设计，制成印制线路、印制元器件或两者组合而成的导电图形称为印制电路。而在绝缘基材上提供元器件之间电气连接的导电图形，称为印制线路。这样就把印刷电路或印制线路的成品板称为印制线路板，也称为印制板或印制电路板。

印制电路的基板是由绝缘隔热、并不易弯曲的材质制作而成。在表面可以看到的细小线路是由铜箔制成的，原本铜箔是覆盖在整个板子上的，但在制造过程中部分被蚀刻处理掉，留下来的部分就变成网状的细小线路了，这些线路被称作导线或布线，用来提供PCB上零件的电路连接。

印制电路板几乎应用到各种电子设备中，如电子玩具、手机、计算机等，只要有集成电路等电子元器件，为了它们之间的电气互连，都会使用印制板。

目的：PCB印制是整个工程的最终目的。由于要满足PCB功能上的需要，因此，电路板的设计需要符合诸多设计规则，否则在实践中会产生如干扰、散热等诸多问题。本章将对PCB设计中的名词、常识以及部分界面进行一一介绍。

内容提要

- 印制电路板的构成及其基本功能
- PCB制造工艺流程
- PCB中的名称定义
- PCB板层
- Altium Designer 24中的分层设置
- 元器件封装技术
- 电路板的形状及尺寸定义
- 印制电路板设计的一般原则
- 电路板测试

5.1　印制电路板的构成及其基本功能

5.1.1　印制电路板的构成

一块完整的印制电路板（图5-1）主要由以下几部分构成：

- 绝缘基材：一般由酚醛纸基、环氧纸基或环氧玻璃布制成。
- 铜箔面：铜箔面为电路板的主体，它由裸露的焊盘和被绿油覆盖的铜箔电路所组成，焊盘用于焊接电子元器件。
- 阻焊层：用于保护铜箔电路，由耐高温的阻焊剂制成。
- 字符层：用于标注元器件的编号和符号，便于印制电路板加工时的电路识别。
- 孔：用于基板加工、元器件安装、产品装配以及不同层面的铜箔电路之间的连接。

PCB上的绿色或是棕色，是阻焊漆的颜色。这层是绝缘的防护层，可以保护铜线，也可以防止零件被焊到不正确的地方。在阻焊层上另外印刷上一层丝网印刷面。通常在这上面会印上文字与符号（大多是白色的），以标示出各零件在板子上的位置。丝网印刷面也被称作图标面。

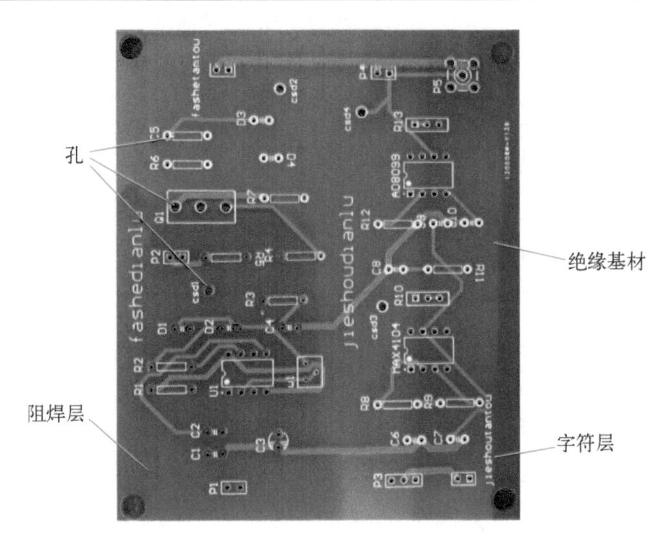

图 5-1　一块完整的印制电路板

5.1.2　印制电路板的功能

1. 机械支撑

印制电路板为集成电路等各种电子元器件固定、装配提供了机械支撑，如图 5-2 所示。

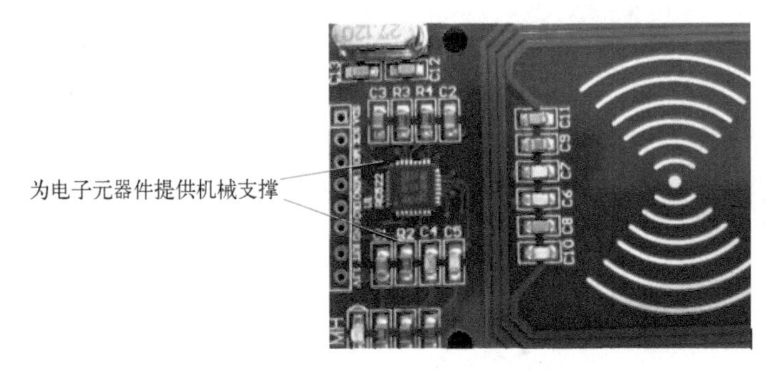

图 5-2　印制电路板为电子元器件提供机械支撑

2. 电气连接或电绝缘

印制电路板实现了集成电路等各种电子元器件之间的布线和电气连接，如图 5-3 所示。

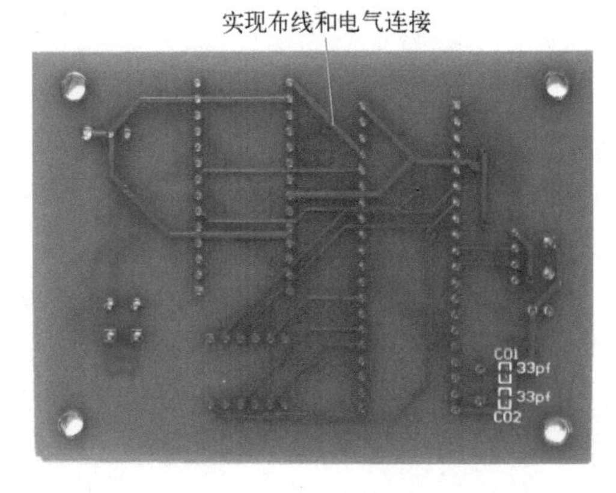

图 5-3　实现布线和电气连接

印制电路板也实现了集成电路等各种电子元器件之间的电绝缘。

3. 其他功能

印制电路板为自动装配提供阻焊图形，同时也为元器件的插装、检查、维修提供识别字符和图形，如图 5-4 所示。

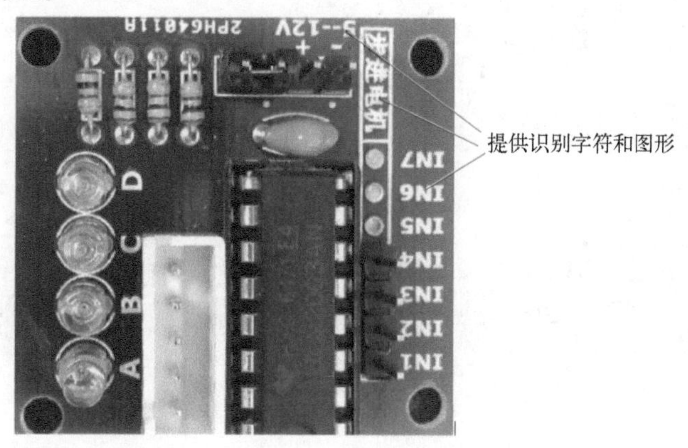

图 5-4 提供识别字符和图形

5.2 PCB 制造工艺流程

5.2.1 菲林底版

菲林底版是印制电路板生产的前导工序。在生产某一种印制线路板时，印制板的每种导电图形（信号层电路图形和地、电源层图形）和非导电图形（阻焊图形和字符）至少都应有一张菲林底片。菲林底版在印制板生产中的用途如下：图形转移中的感光掩膜图形，包括线路图形和光致阻焊图形；网印工艺中的丝网模板的制作，包括阻焊图形和字符；机加工（钻孔和外形铣）数控机床编程依据及钻孔参考。

5.2.2 基板材料

覆铜箔层压板（Copper Clad Laminates，CCL），简称覆铜箔板或覆铜板，是制造印制电路板（以下简称 PCB）的基板材料。目前最广泛应用的蚀刻法制成的 PCB，就是在覆铜箔板上有选择地进行蚀刻，得到所需的线路的图形。

覆铜箔板在整个印制电路板上，主要担负着导电、绝缘和支撑 3 个方面的功能。

5.2.3 拼版及光绘图数据

PCB 设计完成后，由于 PCB 板形太小，不能满足生产工艺要求，或者一个产品由几块 PCB 组成，这样就需要把若干小板拼成一个面积符合生产要求的大板，或者将一个产品所用的多个 PCB 拼在一起，此道工序即为拼版。

拼版完成后，用户需生成光绘图数据。PCB 生产的基础是菲林底版。早期制作菲林底版时，需要先制作出菲林底图，然后再利用底图进行照相或翻版。随着计算机技术的发展，印制板 CAD 技术得到极大的进步，印制板生产工艺水平也不断向多层、细导线、小孔径、高密度方向迅速提高，原有的菲林制版工艺已无法满足印制板的设计需要，于是出现了光绘技术。使用光绘机可以直接将 CAD 设计的 PCB 图形数据文件送入光绘机的计算机系统，控制光绘机利用光线直接在底片上绘制图形。然后经过显影、定影得到菲林底版。

光绘图数据的产生，是将 CAD 软件产生的设计数据转化成为光绘数据（多为 Gerber 数据），经过 CAM 系统进行修改、编辑，完成光绘预处理（拼版、镜像等），使之达到印制板生产工艺的要求。然后将处理完的数据送入光绘机，由光绘机的光栅（Raster）图像数据处理器转换成为光栅数据，此光栅数据通过高倍快速压缩还原算法发送至激光光绘机，完成光绘。

5.3 PCB 中的名称定义

5.3.1 导线

原本铜箔是覆盖在整个板子上的，但在制造过程中部分被蚀刻处理掉，留下来的部分就变成网状的细小线路了，这些线路被称作导线或称布线，如图 5-5 所示。

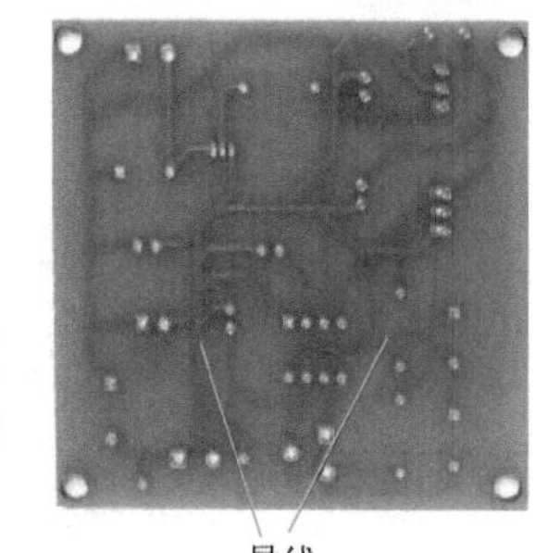

图 5-5 导线

5.3.2 ZIF 插座

为了将零件固定在 PCB 上面，将它们的接脚直接焊在布线上。在最基本的 PCB（单面板）上，零件都集中在其中一面，导线则都集中在另一面。因此就需要在板子上打洞，这样接脚才能穿过板子到另一面，所以零件的接脚是焊在另一面上的。其中，PCB 的正面被称为零件面，而 PCB 反面被称为焊接面。如果 PCB 上头有某些零件，需要在制作完成后也可以拿掉或装回去，那么该零件安装时会用到插座。由于插座是直接焊在板子上的，零件可以任意拆装。零插拔力插座（Zero Insertion Force，又称 ZIF、ZIF 插座）是一种只需很少力就能插拔的集成电路插座或电子连接器。这种插座通常附有一支杠杆或者滑杆让用户只要将之推开或拉开，插座内的弹簧式接点就会被分开，只要非常少的力就能把集成电路插下去（一般而言芯片自身的重量即可给予足够的力）。然后当杠杆或者滑杆回到原位后，接点便会被重新闭合并抓紧芯片的针脚。ZIF 插座由于这种杠杆设计，因而会比普通其他插座贵很多，也需要较大的面积放置杠杆，所以只有当有需要时才会使用。ZIF 插座如图 5-6 所示。

图 5-6 ZIF 插座

5.3.3 边接头

如果要将两块 PCB 相互连接，一般都会用到俗称“金手指”的边接头（edge connector）。金手指上包含了许多裸露的铜垫，这些铜垫事实上也是 PCB 布线的一部分。通常连接时，将其中一片 PCB 上的金手指插进另一片 PCB 上合适的插槽上（一般称为扩充槽 Slot）。在计算机中，像是显示卡，声卡或是其他类似的界面卡，都是借着金手指来与主机板连接的。边接头如图 5-7 所示。

图 5-7 边接头

5.4　PCB 板层

5.4.1　PCB 分类

1. 单面板

在最基本的 PCB 上，元器件集中在其中一面，导线则集中在另一面上。因为导线只出现在其中一面，所以就称这种 PCB 称为单面板（Single-sided）。因为单面板在设计线路上有许多严格的限制（因为只有一面，布线间不能交叉，而必须绕独自的路径），所以只有早期的电路才使用这类板子。

2. 双面板

这种电路板的两面都有布线。不过要用上两面的导线，必须要在两面间有适当的电路连接才行。这种电路之间的“桥梁”称为导孔。导孔是在 PCB 上充满或涂上金属的小洞，它可以与两面的导线相连接。双面板的面积比单面板大了一倍，而且布线可以互相交错（可以绕到另一面），它更适合用在比单面板更复杂的电路上。双面板实例如图 5-8 所示。

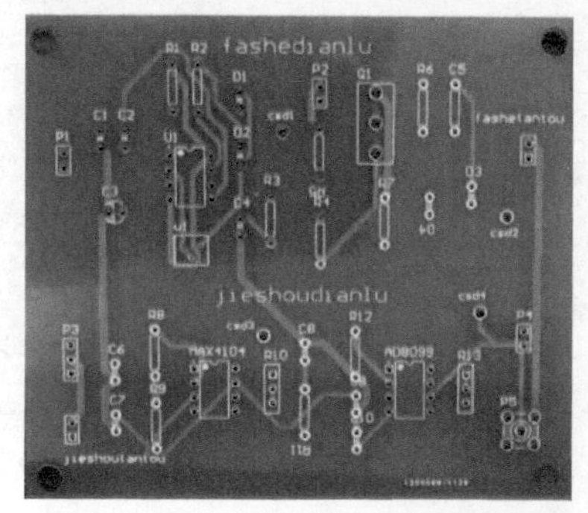

a) 双面板上面

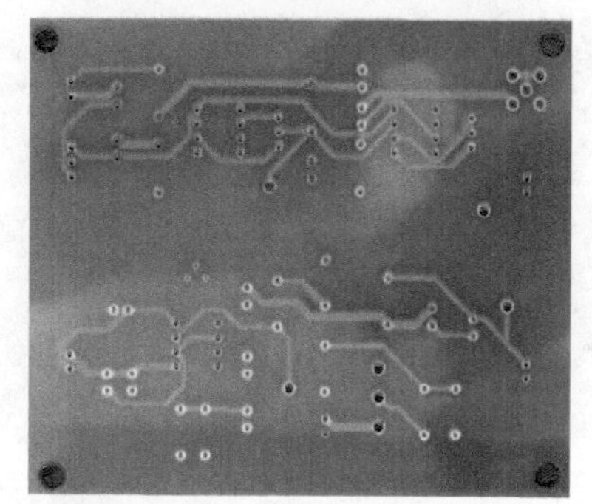

b) 双面板下面

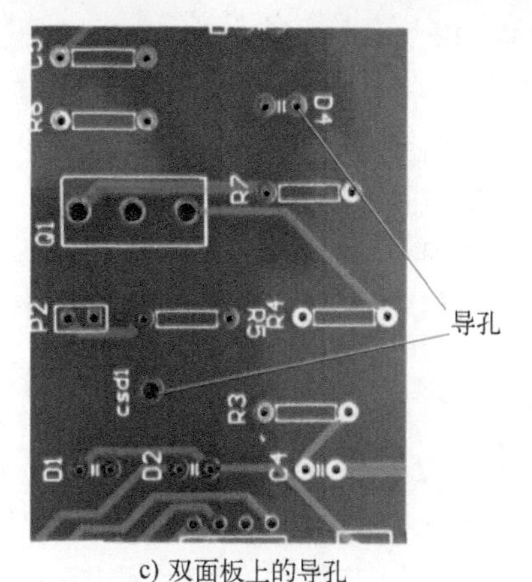

c) 双面板上的导孔

图 5-8　双面板

3. 多层板

为了增加可以布线的面积，多层板用上了更多单或双面的布线板。多层板使用数片双面板，并在每层板间放进一层绝缘层后粘贴牢固（压合）。板子的层数就代表了有几层独立的布线层，通常层数都是偶数，并且包含最外侧的两层。大部分的主机板都是 4 到 8 层的结构，不过技术上可以做到近 100 层的 PCB。大型的超级计算机大多使用超多层的主机板，不过因为这类计算机已经可以用许多普通计算机的集群代替，超多层板已经渐渐不被使用了。因为 PCB 中的各层都紧密地结合，一般不太容易看出实际数目，不过如果用户仔细观察主机板，也许可以看出来。

刚刚提到的导孔，如果应用在双面板上，那么一定都是打穿整个板子。不过在多层板当中，如果只想连接其中一些线路，那么导孔可能会浪费一些其他层的线路空间。埋孔和盲孔技术可以避免这个问题，因为它们只穿透其中几层。盲孔是将几层内部 PCB 与表面 PCB 连接，不须穿透整个板子。埋孔则只连接内部的 PCB，所以光是从表面是看不出来的。

在多层板 PCB 中，整层都直接连接上地线与电源。所以将各层分类为信号层（Signal）、电源层（Power）或是地线层（Ground）。如果 PCB 上的零件需要不同的电源供应，通常这类 PCB 会有两层以上的电源与电线层。

5.4.2 Altium Designer 24 中的板层管理

PCB 板层结构的相关设置及调整，是通过如图 5-9 所示的 Layer Stack Manager（层叠管理器）对话框来完成的。

#	Name	Material	Type	Weight	Thickness	Dk	Df
	Top Overlay		Overlay				
	Top Solder	Solder Resist	Solder Mask		0.4mil	3.5	
1	Top Layer		Signal	1oz	1.4mil		
	Dielectric 1	FR-4	Dielectric		12.6mil	4.8	
2	Bottom Layer		Signal	1oz	1.4mil		
	Bottom Solder	Solder Resist	Solder Mask		0.4mil	3.5	
	Bottom Overlay		Overlay				

图 5-9　层叠管理器对话框

首先选择【文件】→【新的】→PCB，接下来打开 Layer Stack Manager（层叠管理器）对话框可以采用以下两种方式。为了适应软硬板，AD24 可以进行多个叠层的设定。AD24 的叠层管理器对于各个层的设定做了优化，使得可设置的内容变得更加详细而操作更加简单。在 Material 栏中可以对层的材质进行预定，完成预定以后便可在叠层管理器中直接使用。对于过孔和背钻 AD24 中做了可视化的处理。

执行【设计】→【层叠管理器】菜单命令，如图 5-10 所示。

图 5-10　执行【设计】→【层叠管理器】菜单命令

在编辑环境中内按〈O〉键，在弹出的菜单中执行【层叠管理器】命令。执行上述命令后将弹出两部分内容，如图 5-11 所示。

单击下方 Impedance 切换分页，弹出阻抗设置界面如图 5-12 所示。此处的线宽等参数均为默认添加的值，读者可根据需要自行修改宽度等内容。AD24 对于高速电路多层板的阻抗计算进行了优化，支持更复杂的阻抗计算公式，同时也支持差分线的阻抗计算。

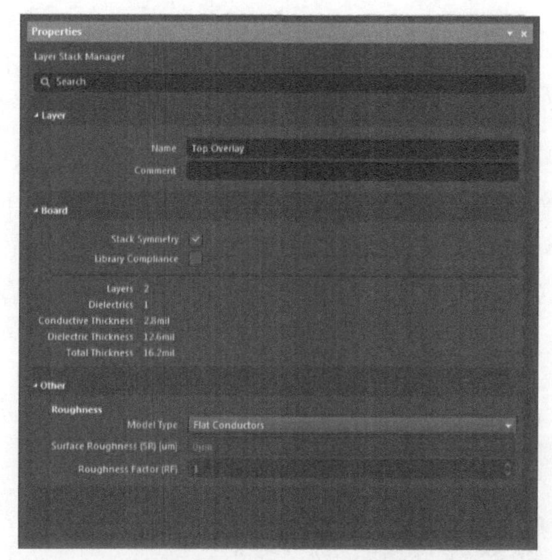

a) Properties-Layer Stack Manager 界面

PCB1.PcbDoc　PCB1.PcbDoc [Stackup]

Add　Modify　Delete

#	Name	Material	Type	Weight	Thickness	Dk	Df
	Top Overlay		Overlay				
	Top Solder	Solder Resist	Solder Mask		0.4mil	3.5	
1	Top Layer		Signal	1oz	1.4mil		
	Dielectric 1	FR-4	Dielectric		12.6mil	4.8	
2	Bottom Layer		Signal	1oz	1.4mil		
	Bottom Solder	Solder Resist	Solder Mask		0.4mil	3.5	
	Bottom Overlay		Overlay				

b) 层叠管理器

图 5-11　层叠管理器内容

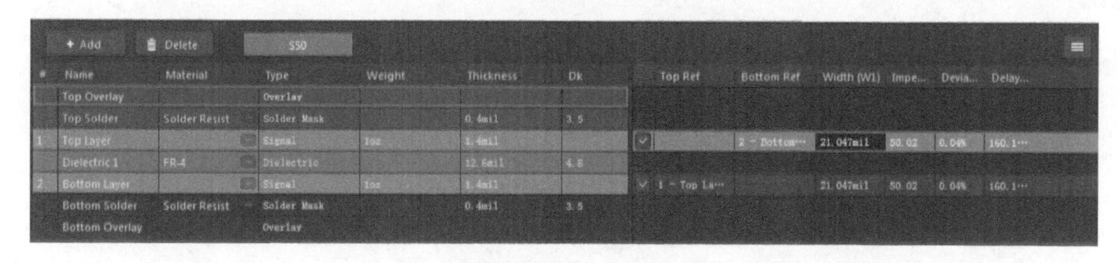

图 5-12　阻抗设置界面

单击下方 Via Types 切换分页，弹出过孔设置界面如图 5-13 所示。此处例式为默认添加的模式，读者可根据需要自行修改过孔的宽度占比等内容。由下图可以看出该过孔的位置，这也就是 AD24 做出的可视化处理。

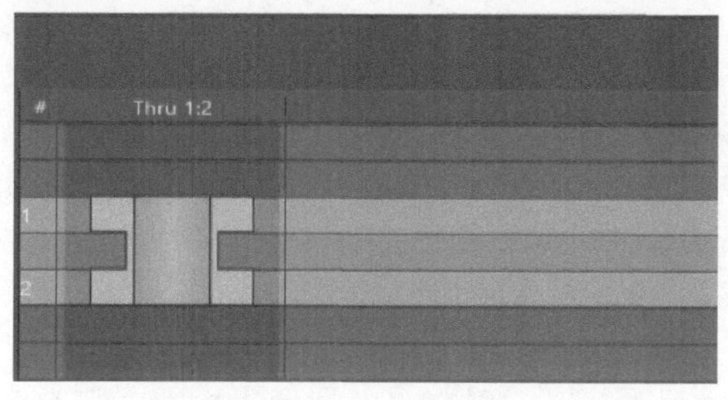

图 5-13　过孔设置界面

5.5　Altium Designer 24 中的分层设置

Altium Designer 24 为用户提供了多个工作层，板层标签用于切换 PCB 工作的层面，所选中的板层的颜色将显示在最前端。在 PCB 编辑环境中，按〈O〉键→【板层及颜色（视图选项）】，可打开【View Configuration】（视图配置）对话框，如图 5-14 所示。

在该对话框中，可以设置某一层板的颜色与显示与否，以及某一功能的显示与否。同时可以设置 Layer Sets 即层合集，使得操作更加方便。单击 Import 按钮可以导入已设定好的层合集，如图 5-15 所示。

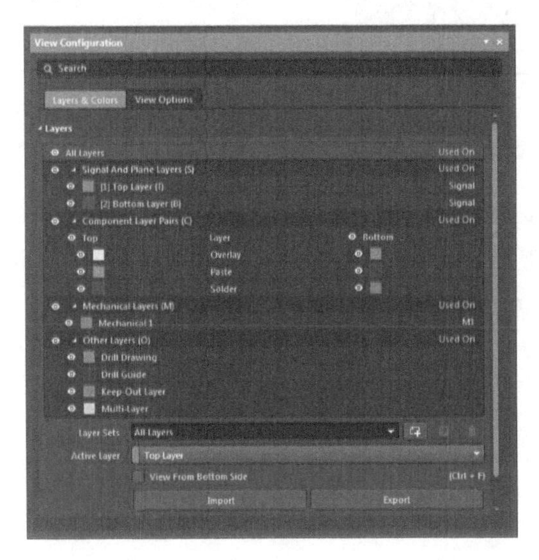

图 5-14　【View Configuration】对话框

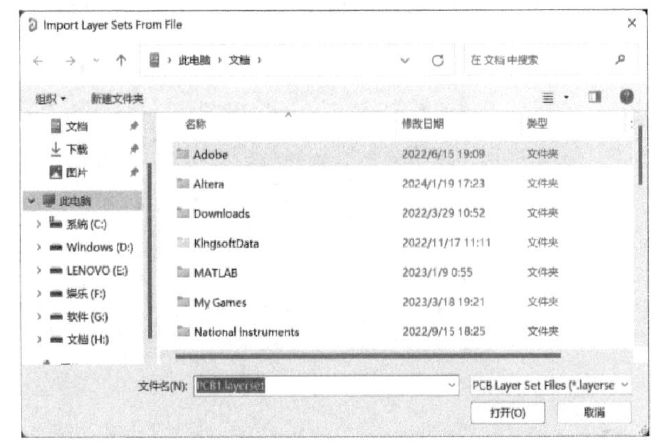

图 5-15　导入层合集对话框

Altium Designer 24 提供的工作层主要有以下几种。

1. 信号层

Altium Designer 24 提供了 32 个信号层，分别为 Top layer（顶层）、Mid-Layer1（中间层 1）、Mid-Layer2（中间层 2）…Mid-Layer30（中间层 30）和 Bottom layer（底层）。信号层主要用于放置元器件（顶层和底层）和走线。

2. 内平面层

Altium Designer 24 提供了 16 个内平面层，分别为 Internal Plane1（内平层第 1 层）、Internal Plane2（内平层第 2 层）…Internal Plane16（内平层第 16 层），内平面层主要用于布置电源线和地线网络。

3. 机械层

Altium Designer 24 提供了 16 个机械层，分别为 Mechanical1（机械层第 1 层）、Mechanical2（机械层第 2 层）… Mechanical16（机械层第 16 层），机械层一般用于放置有关制板和装配方法的指示性信息，如电路板轮廓、尺寸标记、数据资料、过孔信息、装配说明等信息。制作 PCB 时，系统默认的机械层为 1 层。

4. 掩膜层

掩膜层分为 Top Solder（顶层阻焊层）、Bottom Solder（底层阻焊层）、Top Paste（顶层助

焊层）和 Bottom Paste（底层助焊层）。Top Solder 和 Bottom Solder 两个阻焊层，是 Protel PCB 对应于电路板文件中的焊盘和过孔数据自动生成的板层，主要用于铺设阻焊漆。本板层采用负片输出，所以板层上显示的焊盘和过孔部分代表电路板上不铺阻焊漆的区域，也就是可以进行焊接的部分。阻焊盘就是 solder mask，是指板子上要上绿油的部分。实际上这阻焊层使用的是负片输出，所以在阻焊层的形状映射到板子上以后，并不是上了绿油阻焊，反而是露出了铜皮。通常为了增大铜皮的厚度，采用阻焊层上划线去绿油，然后加锡达到增加铜线厚度的效果。在焊盘以外的各部位涂覆一层涂料，通常用的有绿油、蓝油等，用于阻止这些部位上锡。阻焊层用于在设计过程中匹配焊盘，是自动产生的。阻焊层是负片输出，阻焊层的地方不盖油，其他地方盖油。

助焊层和阻焊层的作用相似，不同的是在机器焊接时对应的表面粘贴式元器件的焊盘。主要针对 PCB 上的 SMD 元器件。在将 SMD 元器件贴 PCB 上以前，必须在每一个 SMD 焊盘上先涂上锡膏，在涂锡用的钢网就一定需要这个 Paste Mask 文件，菲林胶片才可以加工出来。Paste Mask 层的 Gerber 输出最重要的一点要清楚，即这个层主要针对 SMD 元器件，同时将这个层与上面介绍的 Solder Mask 进行比较，弄清两者的不同作用，因为从菲林胶片图中看这两个胶片图很相似。

5. 丝印层

Altium Designer 24 提供了 2 个丝印层，分别为 Top Overlay（顶层丝印层）和 Bottom Overlay（底层丝印层）。丝印层主要用于绘制元器件的外形轮廓、放置元器件的编号、注释字符或其他文本信息。

6. 其余层

Drill Guide（钻孔指示）和 Drill Drawing（钻孔视图）：用于绘制钻孔图和钻孔的位置。

Keep-Out Layer（禁止布线层）：用于定义元器件布线的区域。

Multi-layer（多层）：焊盘与过孔都要设置在多层上，如果关闭此层，焊盘与过孔就无法显示出来。

5.6 元器件封装技术

5.6.1 元器件封装的具体形式

元器件封装分为插入式封装和贴片式封装。其中将零件安置在板子的一面，并将接脚焊在另一面上，这种技术称为插入式（Through Hole Technology，THT）封装；而接脚是焊在与零件同一面，不用为每个接脚的焊接而在 PCB 上钻洞，这种技术称为贴片式（Surface Mounted Technology，SMT）封装。使用 THT 封装的元器件需要占用大量的空间，并且要为每只接脚钻一个洞，因此它们的接脚实际上占掉两面的空间，而且焊点也比较大；SMT 元器件比 THT 元器件要小，因此使用 SMT 技术的 PCB 板上零件要密集很多；SMT 封装元器件也比 THT 元器件要便宜，所以现今的 PCB 上大部分都是 SMT 封装。但 THT 元器件和 SMT 元器件比起来，与 PCB 连接的构造比较好。

元器件封装的具体形式如下。

1. SOP/SOIC 封装

SOP 是英文 Small Outline Package 的缩写，即小外形封装。SOP 封装技术由菲利浦公司开发成功，以后逐渐派生出 SOJ（J 型引脚小外形封装）、TSOP（薄小外形封装）、VSOP（甚小外形封装）、SSOP（缩小型 SOP）、TSSOP（薄的缩小型 SOP）及 SOT（小外形晶体管）、SOIC（小外形集成电路）等。以 SOJ 封装为例，SOJ-14 封装如图 5-16 所示。

2. DIP 封装

DIP 是英文 Double In-line Package 的缩写，即双列直插式封装。其属于插装式封装，引脚从封装两侧引出，封装材料有塑料和陶瓷两种。DIP 是最普及的插装型封装，应用范围包括标准逻辑 IC、存储器 LSI 及微机电路。以 DIP-14 为例，DIP-14 封装如图 5-17 所示。

3. PLCC 封装

PLCC 是英文 Plastic Leaded Chip Carrier 的缩写，即塑封引线封装。PLCC 封装方式的外形呈正方形，四周都有引脚，外形尺寸比 DIP 封装小得多。PLCC 封装适合用 SMT 表面安装技术在 PCB 上安装布线，具有外形尺寸小，可靠性高的优点。以 PLCC-20 为例，PLCC-20 封装如图 5-18 所示。

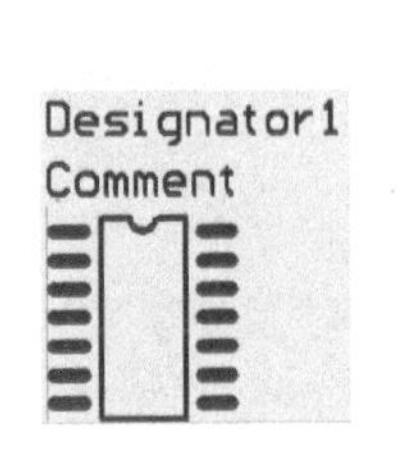

图 5-16　SOJ-14 封装

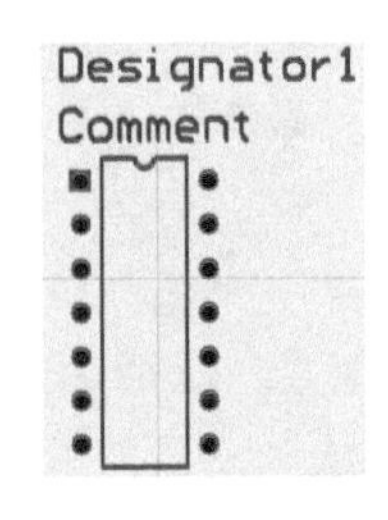

图 5-17　DIP-14 封装

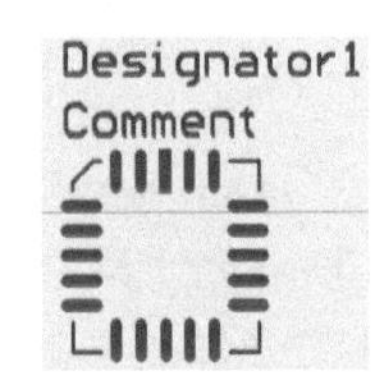

图 5-18　PLCC-20 封装

4. TQFP 封装

TQFP 是英文 Thin Quad Flat Package 的缩写，即薄塑封四角扁平封装。TQFP 工艺能有效利用空间，从而降低印制电路板空间大小的要求。由于缩小了高度和体积，这种封装工艺非常适合对空间要求较高的应用，如 PCMCIA 卡和网络元器件。

5. PQFP 封装

PQFP 是英文 Plastic Quad Flat Package 的缩写，即塑封四角扁平封装。PQFP 封装的芯片引脚之间距离很小，引脚很细，一般大规模或超大规模集成电路采用这种封装形式。以 PQFP84（N）为例，PQFP84（N）封装如图 5-19 所示。

6. TSOP 封装

TSOP 是英文 Thin Small Outline Package 的缩写，即薄型小尺寸封装。TSOP 内存封装技术的一个典型特征就是在封装芯片的周围做出引脚，TSOP 适合用 SMT 技术在 PCB 上安装布线，适合高频应用场合，操作比较方便，可靠性也比较高。以 TSOP 8×14 封装为例，TSOP 8×14 封装如图 5-20 所示。

7. BGA 封装

BGA 封装是英文 Ball Grid Array Package 的缩写，即球栅阵列封装。BGA 封装的 I/O 端子以圆形或柱状焊点按阵列形式分布在封装下面，BGA 技术的优点是 I/O 引脚数虽然增加了，但引脚间距并没有减小反而增加了，从而提高了组装成品率；虽然它的功耗增加，但 BGA 能用可控塌陷芯片法焊接，从而可以改善它的电热性能；厚度和重量都较以前的封装技术有所减少；寄生参数减小，信号传输延迟小，使用频率大大提高；组装可用共面焊接，可靠性高。以 BGA10-25-1.5 封装为例，BGA10-25-1.5 封装如图 5-21 所示。

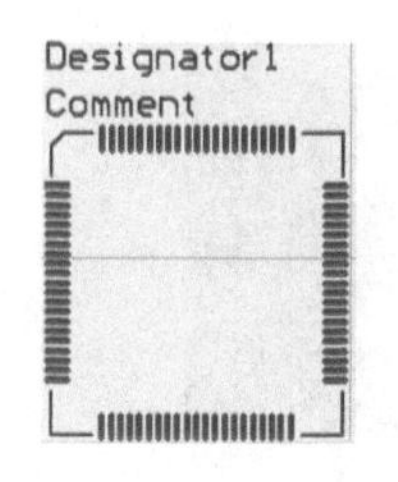

图 5-19　PQFP84（N）封装

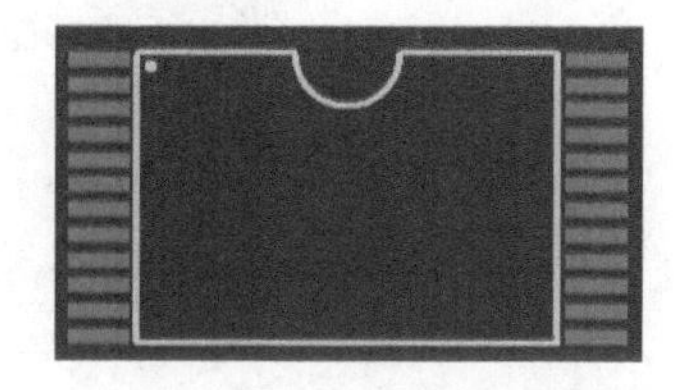

图 5-20　TSOP 8×14 封装

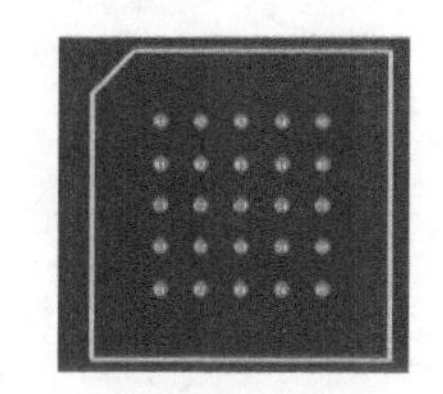

图 5-21　BGA10-25-1.5 封装

5.6.2　Altium Designer 24 中的元器件及封装

Altium Designer 24 中提供了许多元器件模型及其封装形式，如电阻、电容、二极管、晶体管等。

1. 电阻

电阻是电路中最常用的元器件，如图 5-22 所示。

Altium Designer 24 中电阻的标识为 Res1、Res2、Res3 等，其封装属性为 AXIAL 系列。Altium Designer 24 中电阻如图 5-23 所示。

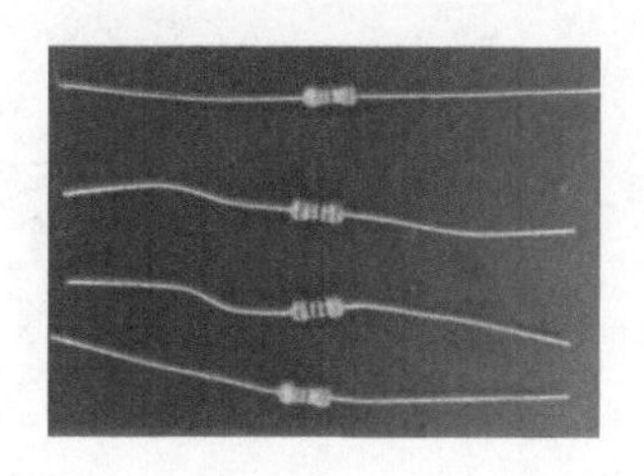

图 5-22　电阻

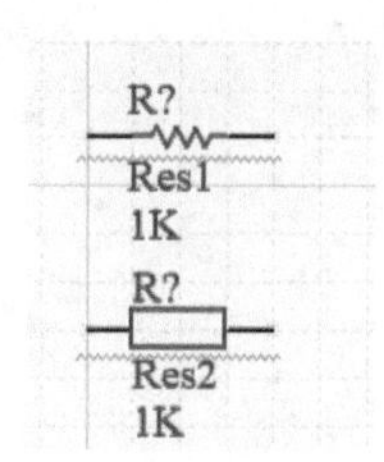

图 5-23　Altium Designer 24 中的电阻

Altium Designer 24 中提供的电阻封装 AXIAL 系列如图 5-24 所示。

图中所列出的电阻封装为 AXIAL 0.3、AXIAL 0.4 及 AXIAL 0.5，其中 0.3 为焊盘中心距，单位是英寸，1 inch=25.4 mm=1000 mil。

2. 电位器

电位器实物如图 5-25 所示。

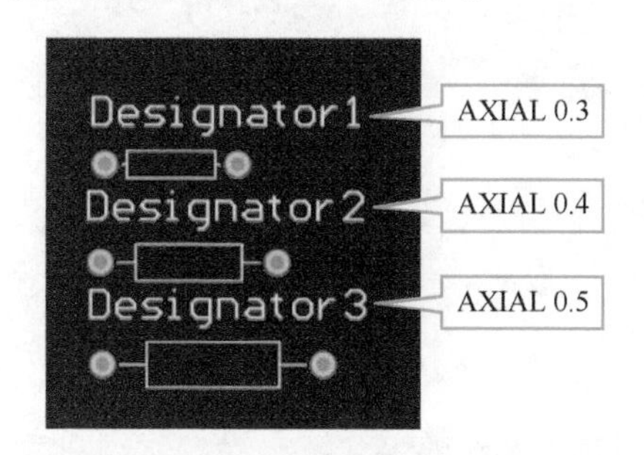

图 5-24　Altium Designer 24 中提供的电阻封装 AXIAL 系列

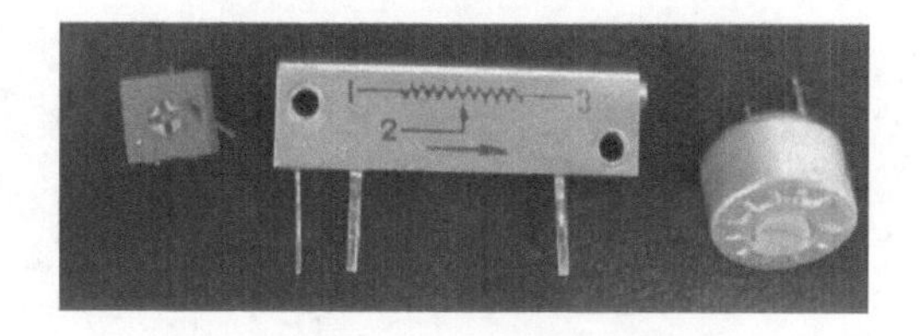

图 5-25　电位器实物

Altium Designer 24 中电位器的标识为 RPOT 等，其封装属性为 VR 系列。Altium Designer 24 中电位器如图 5-26 所示。

Altium Designer 24 中提供的电位器封装 VR 系列如图 5-27 所示。

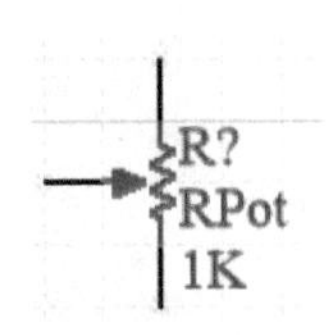

图 5-26　Altium Designer 24 中电位器

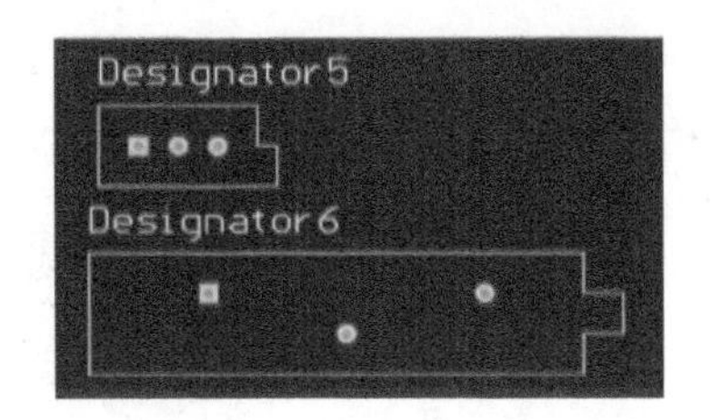

图 5-27　Altium Designer 24 中提供的电位器封装 VR 系列

3. 电容（无极性电容）

电路中的无极性电容元器件如图 5-28 所示。

Altium Designer 24 中无极性电容的标识为 CAP 等，其封装属性为 RAD 系列。Altium Designer 24 中电容如图 5-29 所示。

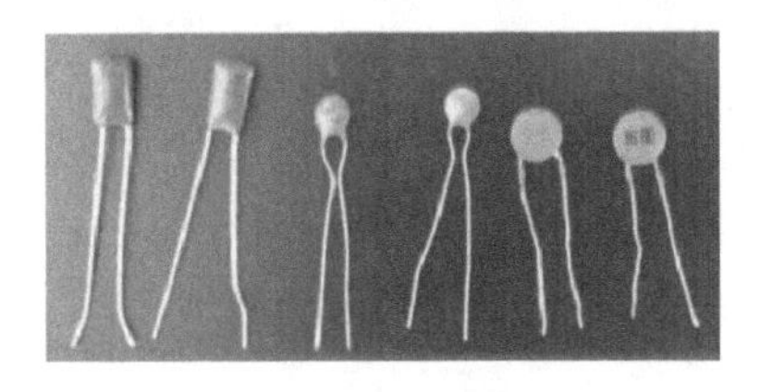

图 5-28　无极性电容元器件

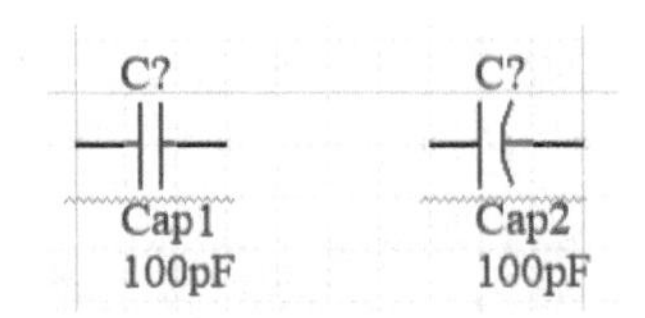

图 5-29　Altium Designer 24 中的电容

Altium Designer 24 中提供的无极性电容封装 RAD 系列如图 5-30 所示。

上图 5-30 中左为 Cap 的封装 RAD-0. 3，右为 Cap2 的封装 CAPR5-4X5。其中 0. 3 是指该电容在印刷电路板上焊盘间的距离为 300mil，以此类推。

4. 极性电容

电路中的极性电容元器件如电解电容如图 5-31 所示。

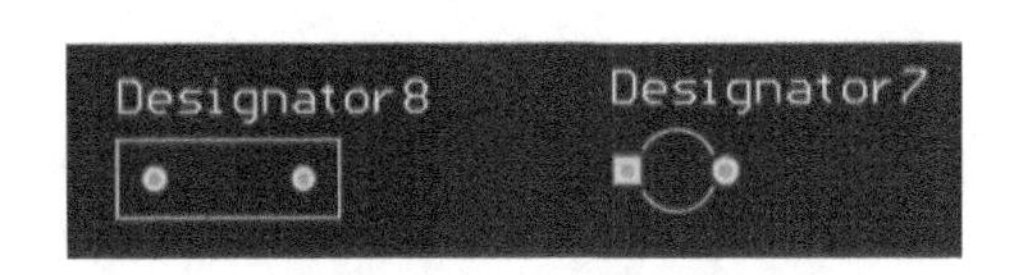

图 5-30　无极性电容封装 RAD 系列

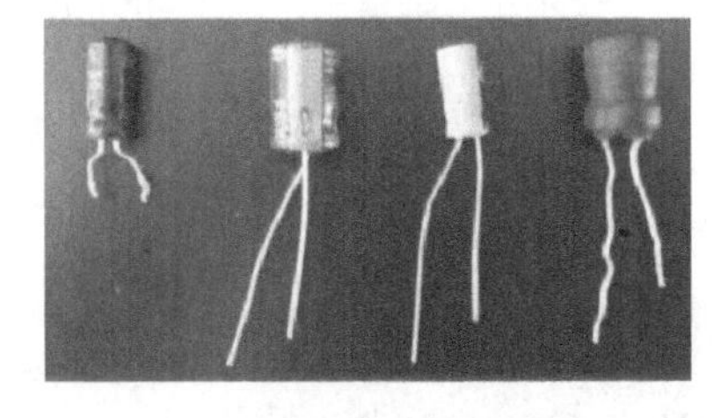

图 5-31　电解电容

Altium Designer 24 中电解电容的标识为 CAP POL，其封装属性为 RB 系列。Altium Designer 24 中电解电容如图 5-32 所示。

Altium Designer 24 中提供的电解电容封装 RB 系列如图 5-33 所示。

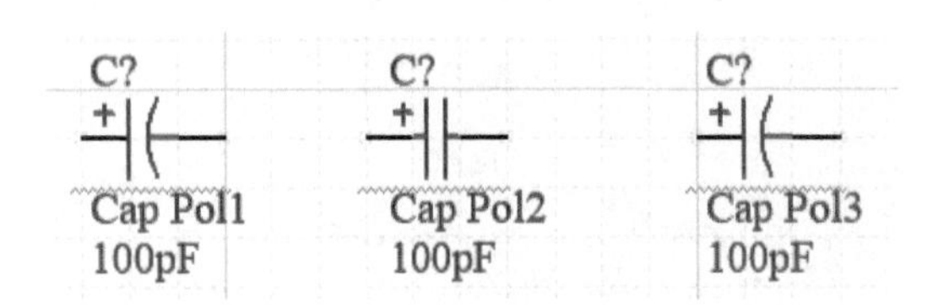

图 5-32　Altium Designer 24 中电解电容

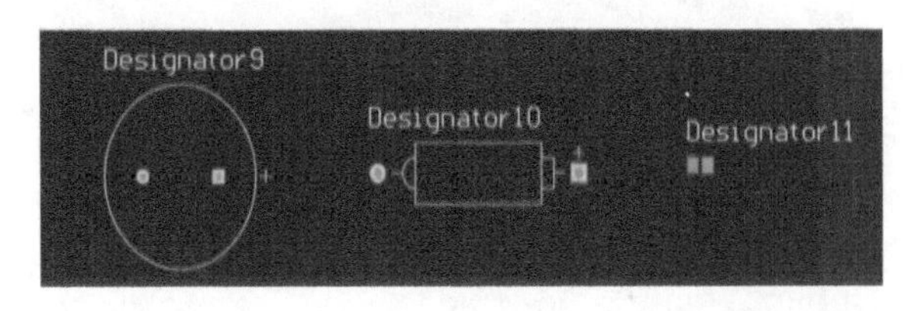

图 5-33　电解电容封装 RB 系列

图中从左到右分别为：RB7.6-15，POLAR0.8，C0805。其中 RB7.6-15 中的 7.6 表示焊盘间的距离为 7.6 mm，15 表示电容圆筒的外径为 15 mm。

5. 二极管

二极管的种类比较多，其中常用的有整流二极管 1N4001 和开关二极管 1N4148，如图 5-34 所示。

Altium Designer 24 中二极管的标识为 Diode（普通二极管）、D Schottky（肖特基二极管）、D Tunnel（隧道二极管）、D Varactor（变容二极管）及 D Zener（稳压二极管），其封装属性为 DO 系列，如 DO-35 等。Altium Designer 24 中二极管如图 5-35 所示。

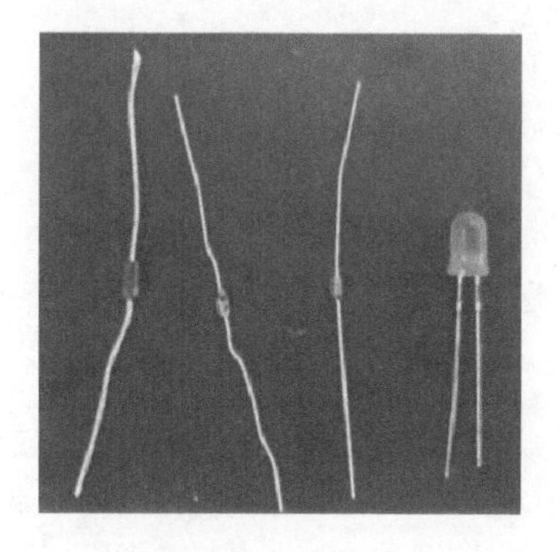

图 5-34　二极管

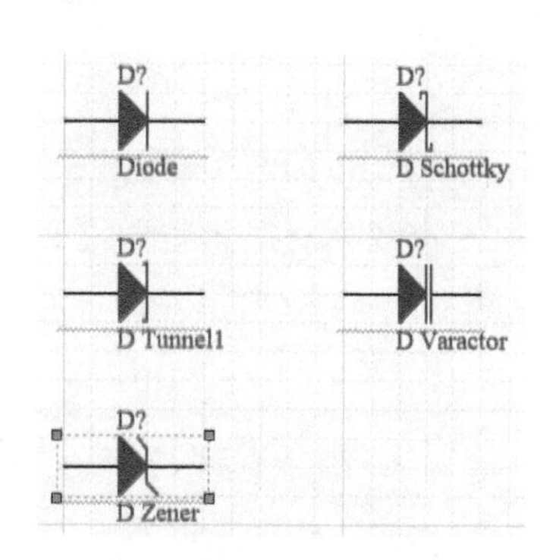

图 5-35　Altium Designer 24 中二极管

Altium Designer 24 中提供的二极管封装 DIODE 系列如图 5-36 所示。

图 5-36 中从左到右依次为：DIODE-0.4、DIODE-0.7。其中后缀数字越大，表示二极管的功率越大。而对于发光二极管，Altium Designer 24 中的标识符为 LED，元器件符号如图 5-37 所示。

图 5-36　二极管封装 DIODE 系列

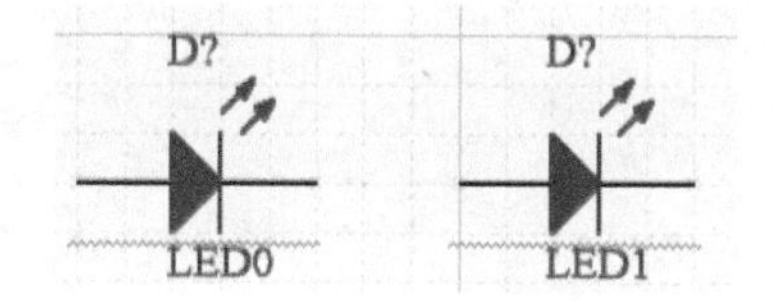

图 5-37　Altium Designer 24 中的发光二极管的符号

通常发光二极管使用 Altium Designer 24 中提供的 LED-0、LED-1 封装，如图 5-38 所示。图中分别为 LED-0、LED-1 封装形式。

6. 晶体管

晶体管分为 PNP 型和 NPN 型，晶体管的三个引脚分别为 E、B 和 C，如图 5-39 所示。

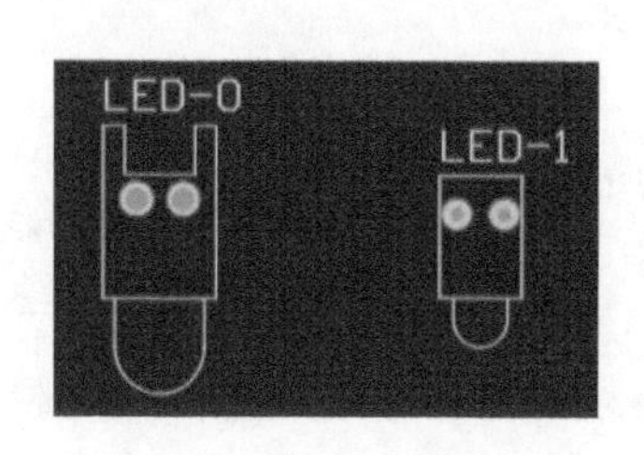

图 5-38　发光二极管封装

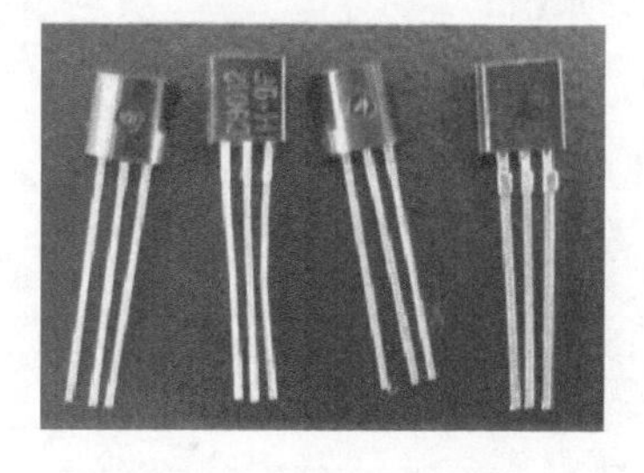

图 5-39　晶体管

Altium Designer 24 中晶体管的标识为 NPN、PNP，其封装属性为 TO 系列。Altium Designer 24 中晶体管如图 5-40 所示。

Altium Designer 24 中 2N3904 与 2N3906 的晶体管封装 TO92A，如图 5-41 所示。

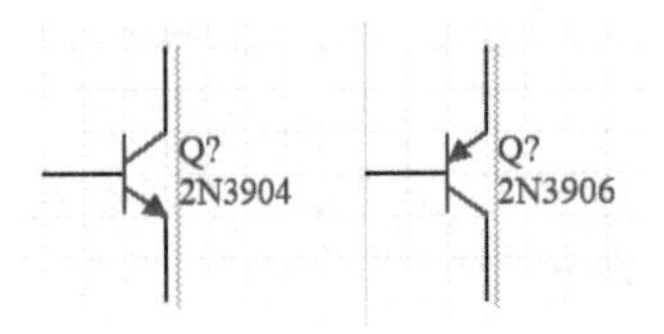

图 5-40 Altium Designer 24 中晶体管

图 5-41 晶体管封装形式

7. 集成 IC 电路

常用的集成电路 IC 如图 5-42 所示。

集成电路 IC 有双列直插封装形式 DIP，也有单排直插封装形式 SIP。Altium Designer 24 中的常用集成电路如图 5-43 所示。

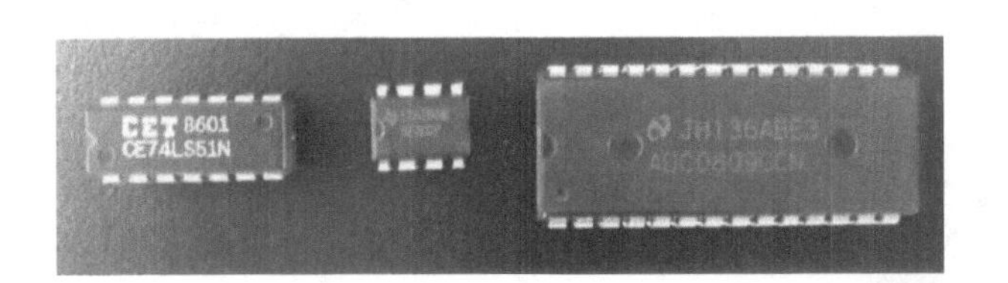

图 5-42 常用的集成电路 IC

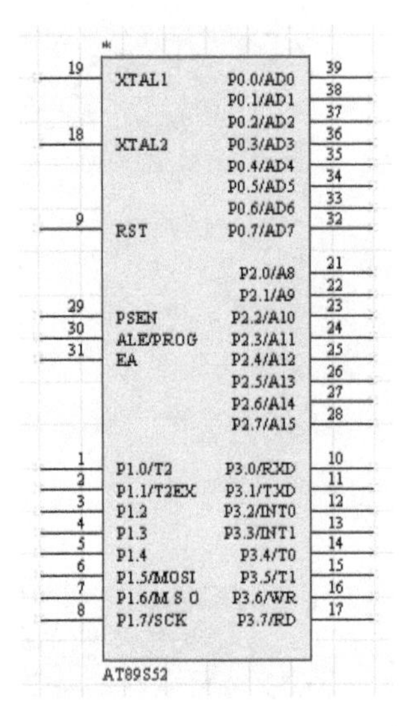

图 5-43 Altium Designer 24 中的常用集成电路

Altium Designer 24 中提供的集成电路 IC 封装 DIP、SIP 系列如图 5-44 所示。

图 5-44 中可以看到，在上方的是 SIP 封装形式，下方的就是 DIP 封装形式。

8. 单排多针插座

单排多针插座的实物如图 5-45 所示。

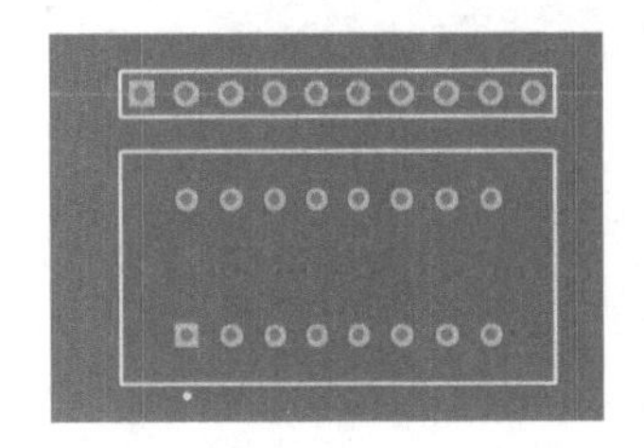

图 5-44 集成电路 IC 封装 DIP、SIP 系列

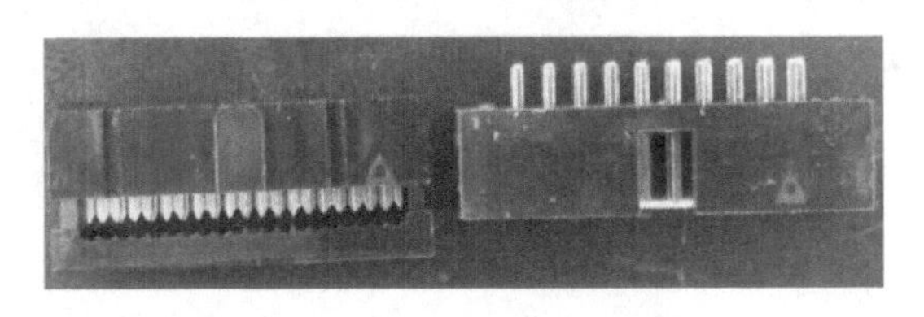

图 5-45 单排多针插座的实物

Altium Designer 24 单排多针插座标称为 Header，Altium Desinger 24 中的单排多针插座元器件如图 5-46 所示。

Header 后的数字表示单排插座的针数，如 Header12，即为 12 脚单排插座。Altium Designer 24 中提供的单排多针插座封装为 SIP 系列，如图 5-47 所示。

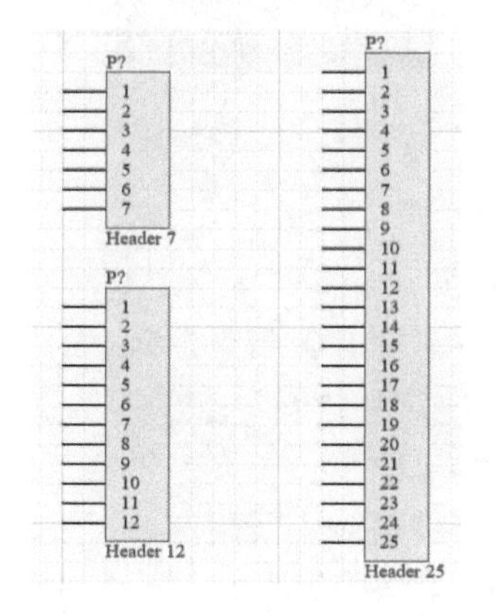

图 5-46　单排多针插座元器件

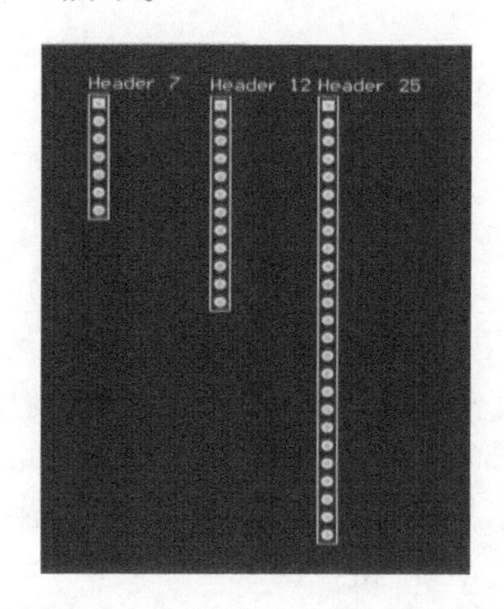

图 5-47　单排多针插座封装形式

9. 整流桥

整流桥的实物如图 5-48 所示。

Altium Designer 24 整流桥标称为 Bridge，Altium Designer 24 中的整流桥元器件如图 5-49 所示。

图 5-48　整流桥

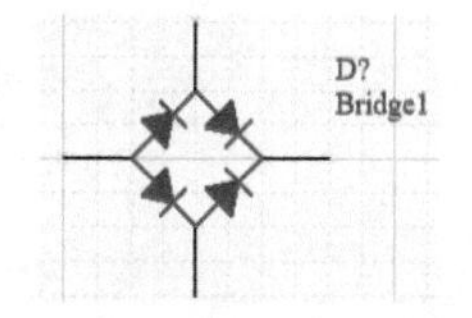

图 5-49　整流桥元器件

Altium Designer 24 中提供的整流桥封装为 D 系列，如图 5-50 所示。

10. 数码管

数码管的实物如图 5-51 所示。

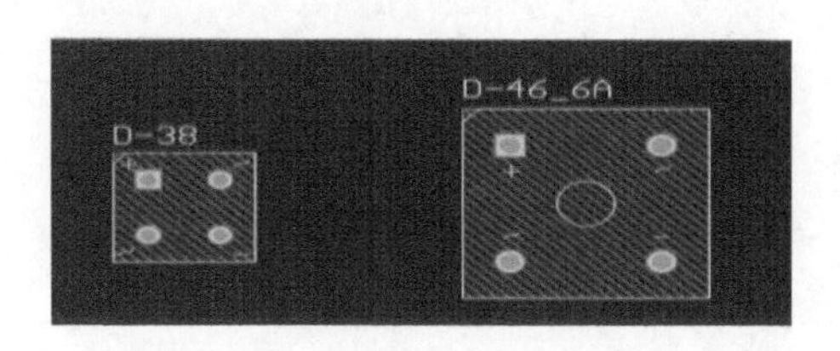

图 5-50　整流桥 D-38 封装和整流桥 D-46_6A 封装

图 5-51　数码管

Altium Designer 24 数码管标称为 Dpy Amber，Altium Designer 24 中的数码管元器件如图 5-52 所示。

Altium Designer 24 中提供的数码管封装，如图 5-53 所示。

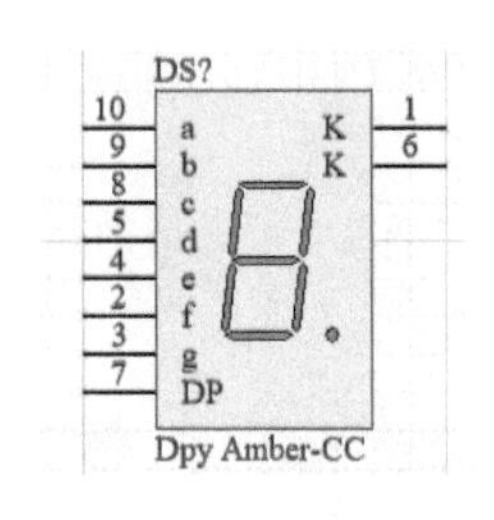

图 5-52　数码管元器件

图 5-53　数码管封装形式

5.6.3　元器件引脚间距

元器件不同，其引脚间距也不相同。但大多数引脚都是 100 mil（2.54 mm）的整数倍。在 PCB 设计中必须准确测量元器件的引脚间距，因为它决定着焊盘放置间距。通常对于非标准元器件的引脚间距，用户可使用游标卡尺进行测量。

焊盘间距是根据元器件引脚间距来确定的。而元器件引脚中间距有软尺寸和硬尺寸之分。软尺寸是指基于引脚能够弯折的元器件，如电阻、电容、电感等，如图 5-54 所示。

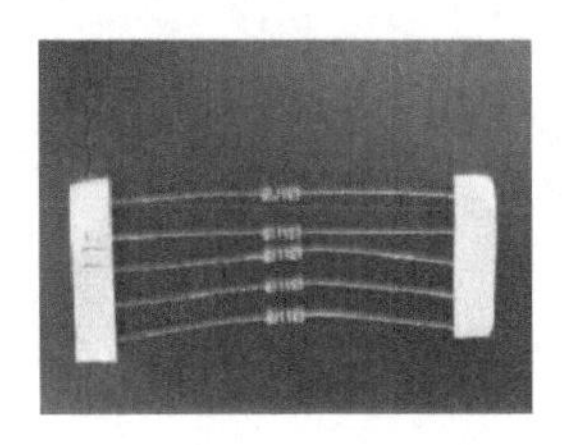

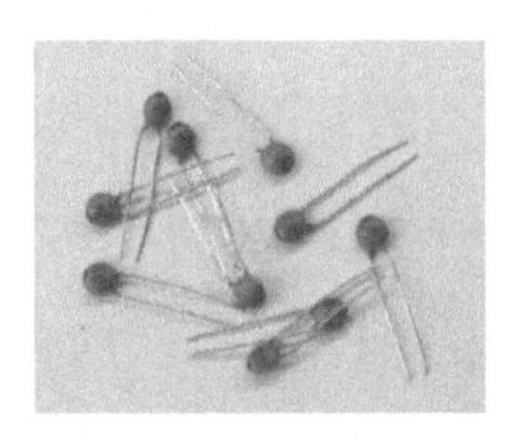

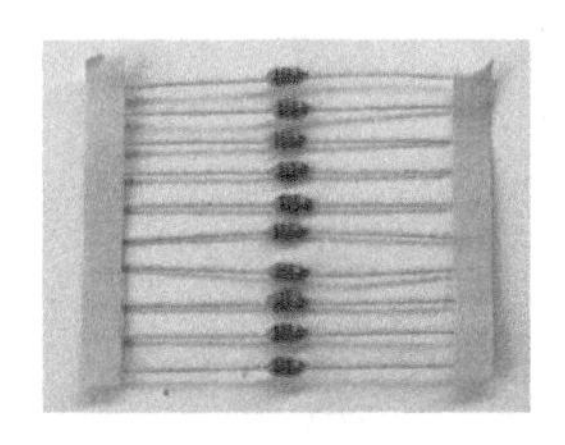

图 5-54　引脚间距为软尺寸的元器件

因引脚间距为软尺寸的元器件引脚可弯折，故设计该类元器件的焊盘孔距比较灵活。而硬尺寸是基于引脚不能弯折的元器件，如排阻、晶体管、集成 IC 元器件，如图 5-55 所示。

由于其引脚不可弯折，因此其对焊盘孔距要求相当准确。

图 5-55　引脚间距为硬尺寸的元器件

5.7　电路板的形状及尺寸定义

电路板的尺寸的设置直接影响电路板成品的质量。当 PCB 尺寸过大时，必然造成印制线路长，而导致阻抗增加，致使电路的抗噪声能力下降，成本也增加；而当 PCB 尺寸过小，则导致 PCB 的散热不好，且印制线路密集，必然使邻近线路易受干扰。因此电路板的尺寸定义应引起设计者的重视。通常 PCB 外形及尺寸应根据设计的 PCB 在产品中的位置、空间的大小、形状以及与其他部件的配合来确定 PCB 的外形与尺寸。

1. 根据安装环境设置电路板形状及尺寸

当设计的电路板有具体的安装环境时，用户需要根据实际的安装环境设置电路的形状及尺寸。例如，设计并行下载电路，并行下载电路的安装环境如图 5-56 所示。

并行下载电路板需要根据其安装环境设置其形状及尺寸。并行下载电路板设计如图 5-57 所示。

图 5-56　并行下载电路

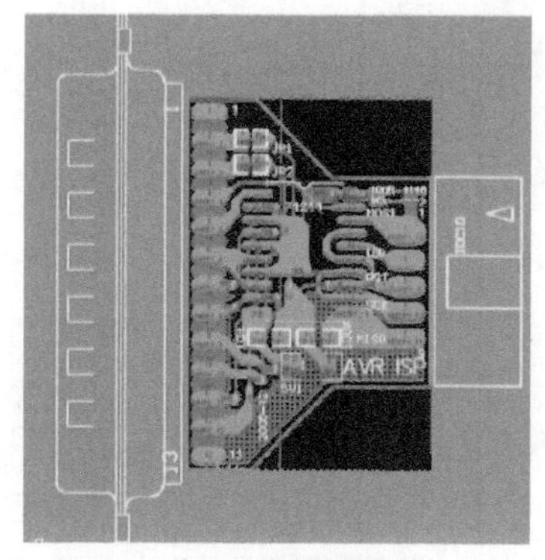

a) 并行下载电路PCB板

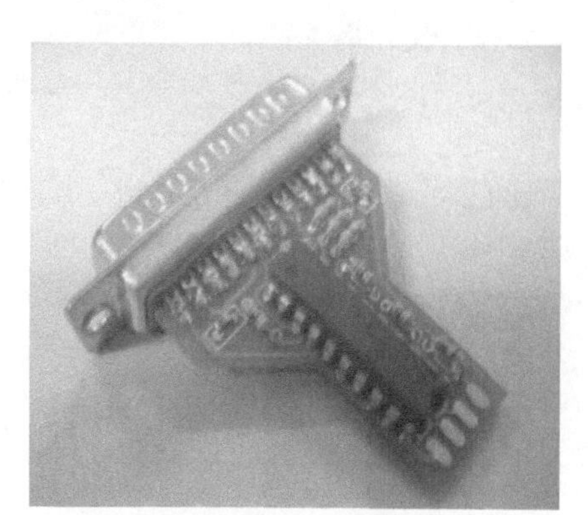

b) 并行下载电路实物板

图 5-57　并行下载电路板设计

2. 布局布线后定义电路板尺寸

当电路板的尺寸及形状没有特别要求时，可在完成布局布线后再定义板框。如图 5-58 所示，电路没有具体的板框尺寸及形状要求，因此用户可先根据电路功能进行布局布线。

布局布线后，用户可根据布线结果绘制板框，结果如图 5-59 所示。

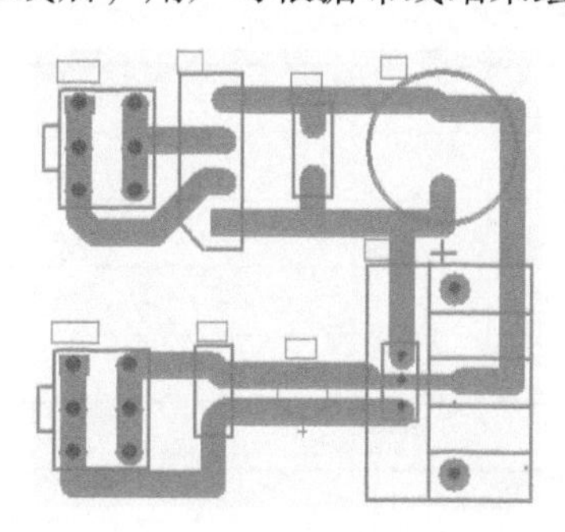

图 5-58　先进行布局布线操作

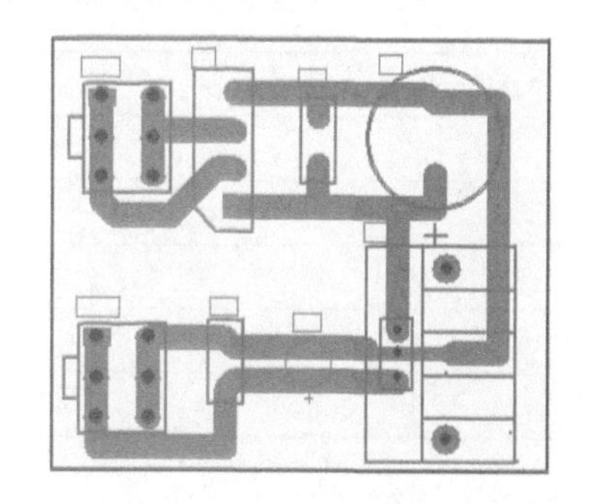

图 5-59　根据布局布线结果绘制板框

5.8　印制电路板设计的一般原则

在 PCB 的设计过程，需要遵守一定的布线、布局规则，不满足规则的设计可能会不满足原本的设计要求，甚至无法实现设计功能。下面对 PCB 设计过程中常用的设计要求进行介绍。

1. 导线长度

PCB 制板设计中走线应尽量短。

2. 导线宽度

PCB 导线宽度与电路电流承载值有关，一般导线越宽，承载电流的能力越强。因此在布线时，应尽量加宽电源、地线宽度，最好是地线比电源线宽，它们的关系是：地线>电源线>信号线，通常信号线宽为：0. 2~0. 3 mm（8~12 mil）。

在实际的 PCB 制作过程中，导线宽度应以能满足电气性能要求而又便于生产为宜，它的最小值以承受的电流大小而定，导线宽度和间距可取 0. 3 mm（12 mil）；导线的宽度在大电流的情况下还要考虑其温升问题。

在 DIP 封装的 IC 脚间导线，当两脚间通过 2 根线时，焊盘直径可设为 50 mil、线宽与线距都为 10 mil；当两脚间只通过 1 根线时，焊盘直径可设为 64 mil、线宽与线距都为 12 mil。

3. 导线间距

相邻导线间必须满足电气安全要求，其最小间距至少要能适合承载的电压。导线之间最小间距主要取决于相邻导线的峰值电压差、环境大气压力、印制板表面所用的涂覆层。无外涂覆层的导线间距（海拔高度为 3048 m）见表 5-1。

表 5-1　无外涂覆层的导线间距（海拔高度为 3048 m）

导线之间的直流或交流峰值电压/V	最小间距/mm	最大间距/mil
0~50	0. 38	15
51~150	0. 635	25
151~300	1. 27	50
301~500	2. 54	100
>500	0. 005	0. 2

无外涂覆层的导线间距（海拔高度高于 3048 m）见表 5-2。

表 5-2　无外涂覆层的导线间距（海拔高度高于 3048 m）

导线之间的直流或交流峰值电压/V	最小间距/mm	最大间距/mil
0~50	0. 635	25
51~100	1. 5	59
101~170	3. 2	126
171~250	12. 7	500
>250	0. 025	1

而内层和有外涂覆层的导线间距（任意海拔高度）见表 5-3。

表 5-3　内层和有外涂覆层的导线间距（任意海拔高度）

导线之间的直流或交流峰值电压/V	最小间距/mm	最大间距/mil
0~9	0. 127	5
10~30	0. 25	10
31~50	0. 38	15
51~150	0. 51	20

（续）

导线之间的直流或交流峰值电压/V	最小间距/mm	最大间距/mil
151～300	0.78	31
301～500	1.52	60
>500	0.003	0.12

此外，导线不能有急剧的拐弯和尖角，拐角不得小于 90°。

4. PCB 焊盘

元器件通过 PCB 上的过孔，用焊锡焊接固定在 PCB 上，印制导线把焊盘连接起来，实现元器件在电路中的电气连接，过孔及其周围的铜箔称为焊盘，如图 5-60 所示。

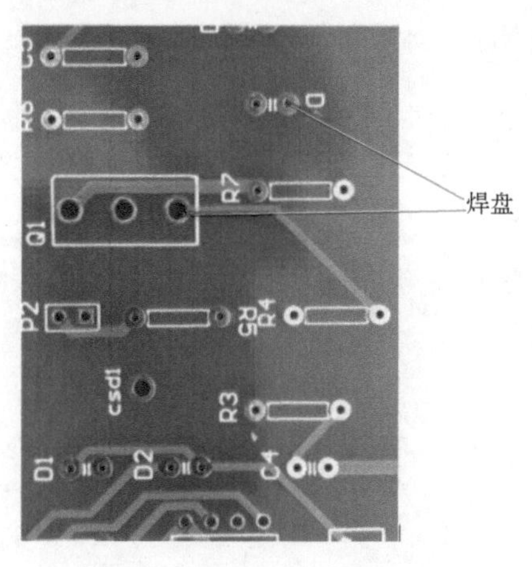

图 5-60　PCB 中的焊盘

焊盘的直径和内孔尺寸需从元器件引脚直径、公差尺寸，以及焊锡层厚度、孔金属化电镀层厚度等方面考虑，焊盘的内孔一般不小于 0.6 mm（24 mil），因为小于 0.6 mm（24 mil）的孔开模冲孔时不易加工，通常情况下以金属引脚直径值加 0.2 mm（8 mil）作为焊盘内孔直径。如电容的金属引脚直径为 0.5 mm（20 mil）时，其焊盘内孔直径应设置为 0.5+0.2＝0.7 mm（28 mil）。而焊盘直径与焊盘内孔直径之间的关系见表 5-4。

表 5-4　焊盘直径与焊盘内孔直径之间的关系

焊盘内孔直径/mm	焊盘直径/mm	焊盘内孔直径/mil	焊盘直径/mil
0.4		16	
0.5	1.5	20	59
0.6		24	
0.8	2	31	79
1.0	2.5	39	98
1.2	3.0	47	118
1.6	3.5	63	138
2.0	4	79	157

通常焊盘的外径一般应当比内孔直径大 1.3 mm（51 mil）以上。

当焊盘直径为 1.5 mm（59 mil）时，为了增加焊盘抗剥强度，可采用长不小于 1.5 mm

（59 mil）、宽为 1.5 mm（59 mil）的长圆形焊盘。

进行 PCB 设计时，焊盘的内孔边缘应放置到距离 PCB 边缘大于 1 mm（39 mil）为位置，以避免加工时焊盘的缺损；当与焊盘连接的导线较细时，要将焊盘与导线之间的连接设计成水滴状，以避免导线与焊盘断开；相邻的焊盘要避免设计成锐角等。

此外，在 PCB 设计中，用户可根据电路特点选择不同形式的焊盘。焊盘选择依据表 5-5 所示。

表 5-5　焊盘形状选取原则

焊盘形状	形状描述	用　　途
0	圆形焊盘	广泛用于元器件规则排列的单、双面 PCB 中
0	方形焊盘	用于 PCB 上元器件大而少且印制导线简单的电路
0	多边形焊盘	用于区别外径接近而孔径不同的焊盘，以便加工和装配

5. 电源线设计

根据印制电路板电流的大小，选择合适的电源，尽量加粗电源线宽度，减小环路电阻。同时，使电源线、地线的走向和电流的方向一致，这样有助于增强抗噪声能力。

6. 地线设计

地线设计的原则是：

- 数字地与模拟地分开。若电路板上既有逻辑电路又有线性电路，应使它们尽量分开。低频电路的地应尽量采用单点并联接地，实际布线有困难时可部分串联后再并联接地。高频电路宜采用多点串联接地，地线应短而粗，高频元器件周围尽量用栅格状的大面积铜箔。
- 接地线应尽量加粗。若接地线用很细的线条，则接地点位随电流的变换而变化，使抗噪声能力降低。因此应将接地线加粗，使它能通过 3 倍于印制电路板上的允许电流。如有可能，接地线的直径应在 2~3 mm。
- 接地线构成环路。只由数字电路组成的印制电路板，其接地电路构成闭环能提高抗噪声能力。

5.9　电路板测试

电路板制作完成之后，用户需测试电路板是否能正常工作。测试分为两个阶段，第一阶段是裸板测试，主要目的在于测试未插置元器件之前电路板中相邻铜膜走线间是否存在短路的现象。第二阶段的测试是组合板的测试，主要目的在于测试插置元器件并焊接之后整个电路板的工作情况是否符合设计要求。

电路板的测试需要通过测试仪器（如示波器、频率计或万用表等）来测试。为了使测试仪器的探针便于测试电路，Altium Designer 24 提供了生成测试点功能。

一般合适的焊盘和过孔都可作为测试点，当电路中无合适的焊盘和过孔时，用户可生成测试点。测试点可能位于电路板的顶层或底层，也可以双面都有。

- PCB 上可设置若干个测试点，这些测试点可以是孔或焊盘。
- 测试孔设置与再流焊导通孔要求相同。
- 探针测试支撑导通孔和测试点。

采用在线测试时，PCB 上要设置若干个探针测试支撑导通孔和测试点，这些孔或点和焊盘相连时，可从有关布线的任意处引出，但应注意以下几点。

- 要注意不同直径的探针进行自动在线测试（ATE）时的最小间距。
- 导通孔不能选在焊盘的延长部分，与再流焊导通孔要求相同。
- 测试点不能选择在元器件的焊点上。

习题

1. 说说印制电路板的构成和基本功能。
2. 什么是俗称的“金手指”？
3. 如何对 PCB 进行分类？
4. 什么是元器件封装技术？

第6章　PCB设计基础

印制电路板（PCB）是从电路原理图变成一个具体产品的必经之路。因此，印制电路板设计是电路设计中最重要、最关键的一步。

目的：本章将对PCB设计中的主要界面、常规操作以及常用元器件进行介绍。

内容提要

- 创建PCB文件和PCB设计环境
- 元器件在Altium Designer 24中的验证
- 规划电路板及参数设置
- 电路板系统环境参数设置
- 电路板板层颜色及显示设置
- 载入网络表

6.1　创建PCB文件和PCB设计环境

6.1.1　创建PCB文件

在Altium Designer 24系统中，可以采用两种方法来创建PCB文件，一是使用系统提供的工程向导；二是在Altium Designer 24主界面中，执行【文件】→【新的】→PCB命令，新建一个PCB文件。需要说明，这样创建的PCB文件，其各项参数均采用了系统的默认值。因此在具体设计时，还需要设计者进行具体的设置。

6.1.2　PCB设计环境

在进行PCB设计之前，首先应该对于操作环境有所熟悉。在开始设计之前先了解一下PCB设计环境中的各个操作与设置界面。

在创建一个新的PCB文件或打开一个现有的PCB文件后，则启动了Altium Designer 24系统的PCB编辑器，进入了编辑环境，如图6-1所示。

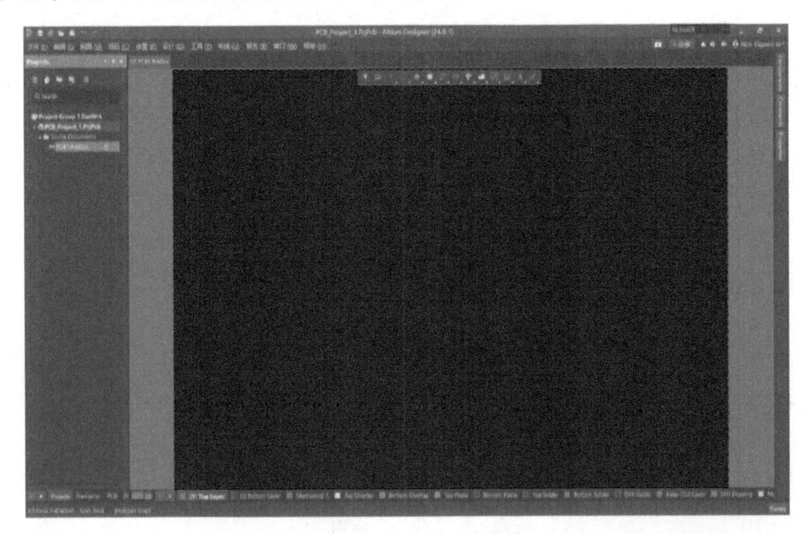

图6-1　PCB设计环境

1. 主菜单栏

主菜单栏显示了供用户选用的菜单操作，主要菜单内容与其他设计界面相似，如图 6-2 所示。在设计过程中，会用到菜单栏中的各种下拉列表中的命令，以完成各种操作。第 1～5 栏都可以在主菜单栏通过鼠标右键进行快速选择。

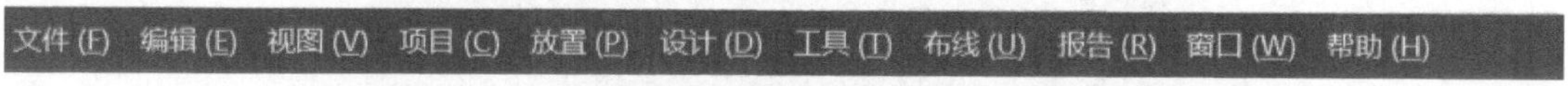

文件 (F)
编辑 (E)
视图 (V)
项目 (C)
放置 (P)
设计 (D)
工具 (T)
布线 (U)
报告 (R)
窗口 (W)
帮助 (H)

图 6-2　PCB 主菜单栏

2. PCB 标准工具栏

PCB 标准工具栏也与其他操作界面的内容的一些基本操作命令一致，如保存、放缩、打印、选择范围等，如图 6-3 所示。

Altium Standard 2D

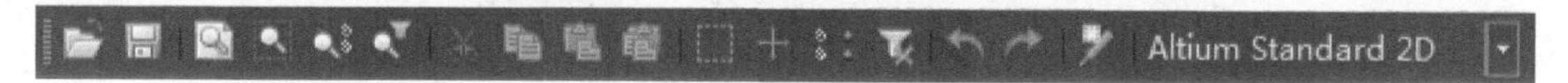

图 6-3　PCB 标准工具栏

3. 布线工具栏

在布线工具栏中除了提供了 PCB 设计中常用的几种布线操作外，如交互式布线连接、交互式差分对连接、使用灵巧布线交互布线连接。还包括了常用的图元放置命令，如焊盘、过孔、元器件等，如图 6-4 所示。

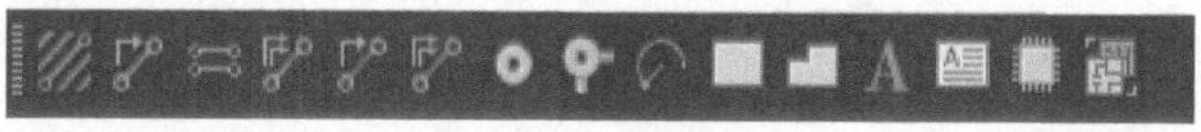

图 6-4　布线工具栏

4. 过滤工具栏

使用该工具栏，根据网络、元器件标号等过滤参数，可以使符合设置的图元在编辑窗口内高亮显示。过滤工具栏如图 6-5 所示。

(All)

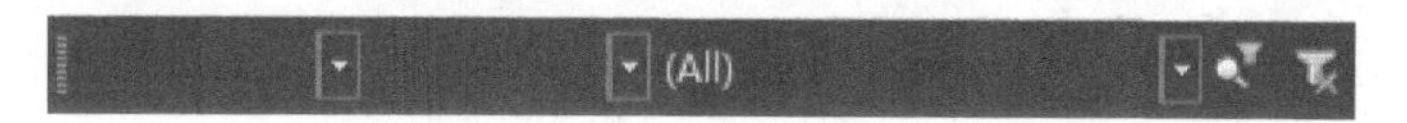

图 6-5　过滤工具栏

5. 导航工具栏

该工具栏用于指示当前页面的位置，借助所提供的左、右按钮可以实现 Altium Designer 24 系统中所打开的窗口之间的相互切换。导航工具栏，如图 6-6 所示。

C:\Users\Administrator.USER-2

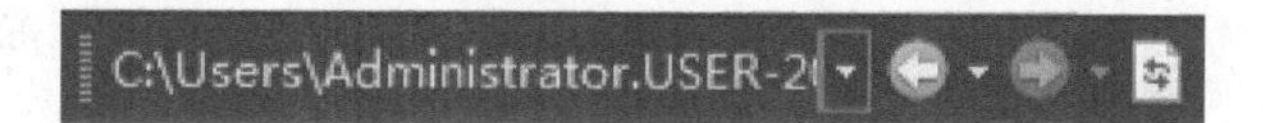

图 6-6　导航工具栏

6. PCB 编辑窗口

编辑窗口即是对 PCB 设计的工作平台，该区域主要是进行元器件的布局、布线有关等相关操作。PCB 设计主要内容都在这里完成。其中快捷工具栏也在编辑窗口内。与其他界面的快捷工具栏类似，该快捷工具栏也是包括了一些常用功能如区域模块选择、布线、放置等常见功能，如图 6-7 所示。

PCB1.PcbDoc
Top Layer
LS
[1] Top Layer
[2] Bottom Layer
Mechanical 1
Top Overlay
Bottom Overlay
Top Paste

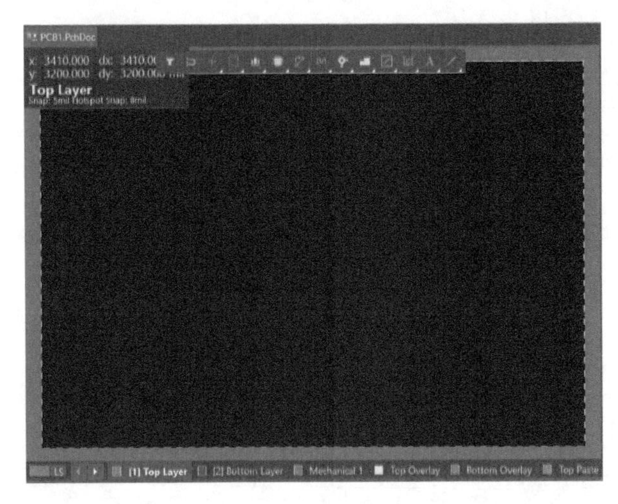

图 6-7 编辑窗口

7. 板层标签

该栏用于切换 PCB 工作的层面，当前选中的板层及其颜色显示在双箭头之前，如图 6-8 所示。

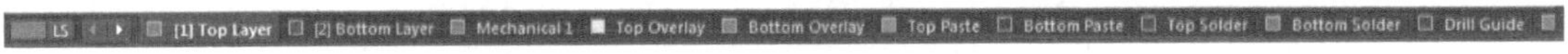

LS
[1] Top Layer
[2] Bottom Layer
Mechanical 1
Top Overlay
Bottom Overlay
Top Paste
Bottom Paste
Top Solder
Bottom Solder
Drill Guide

图 6-8 板层标签

8. 状态栏

用于显示光标指向的坐标值、所指向元器件的网络位置、所在板层和有关参数，以及编辑器当前的工作状态。最右端 Panels 按钮在之前提到过的控制各个面板的显示与否，如图 6-9 所示。

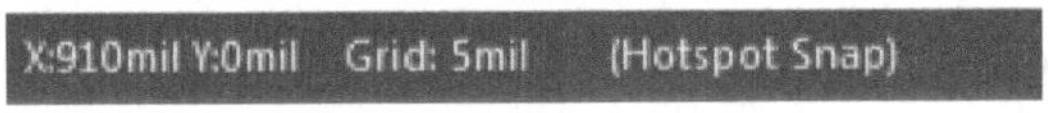

X:910mil Y:0mil Grid: 5mil (Hotspot Snap)

图 6-9 状态栏

6.2 元器件在 Altium Designer 24 中的验证

PCB 设计最终需要到达实物的层面，因此必须确保 Altium Designer 24 中提供的元器件封装与元器件实物一一对应，所以接下来验证元器件实物与 Altium Designer 24 中提供的元器件封装，以保证最后设计的 PCB 能与使用的元器件规格匹配，完成设计产品。

1. 二极管 1N4001 匹配验证

二极管 1N4001 的元器件符号如图 6-10 所示。

实物图尺寸如图 6-11 所示。

Altium Designer 24 中 DO-41 尺寸如图 6-12 所示。

单击左、右焊盘，会进入 Properties-Pad 界面，在界面给出焊盘的各类参数，如焊盘的样板、焊盘的大小等信息，如图 6-13 所示。

D?
Diode 1N4001

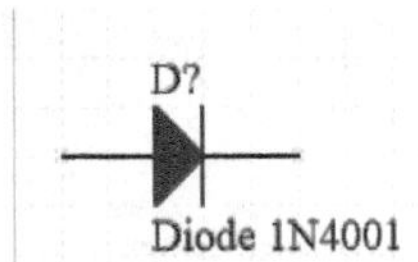

图 6-10 二极管 1N4001 的元器件符号

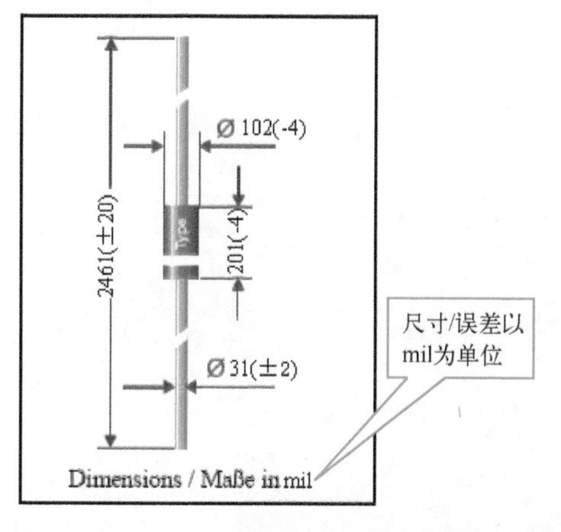

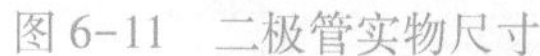
图 6-11　二极管实物尺寸

图 6-12　DO-41 尺寸

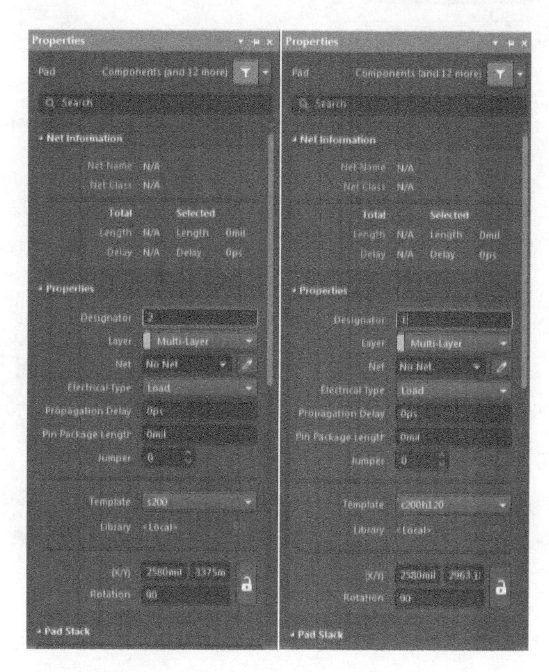

图 6-13　DO-41 封装具体数据值

通过计算，两焊盘间距离为 681 mil，折合成标准单位约为 17 mm（1 mil = 0.0254 mm）。焊盘直径为 1.2 mm，折合成英制约为 47 mil。与二极管实物尺寸对照，可知 Altium Designer 24 所提供的封装尺寸与二极管实物尺寸相匹配。

2. 运算放大器 LF347 匹配验证

运算放大器 LF347 的元器件及尺寸图如图 6-14 所示，图中尺寸单位为 inches（millimeters）。

Altium Designer 24 系统提供的是 LF347N 的元器件符号，如图 6-15 所示。

LF347N 的封装，如图 6-16 所示。

与之前实例同样的操作，双击任意两个相邻引脚，可以打开 Properties-Pad 界面。

从图中可以看到它的封装尺寸。计算出相邻引脚之间的距离为 100 mil，相对引脚之间的距离为 300 mil。孔径为 35.433 mil。满足实物的设计尺寸。

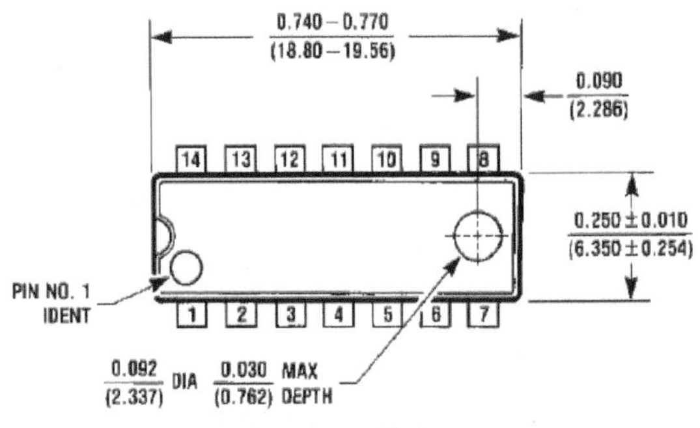

a) 运算放大器LF347的长、宽尺寸

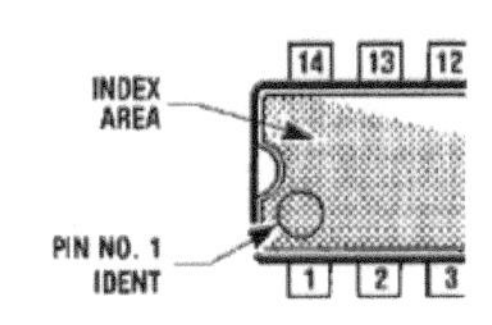

b) 运算放大器LF347引脚起始标记

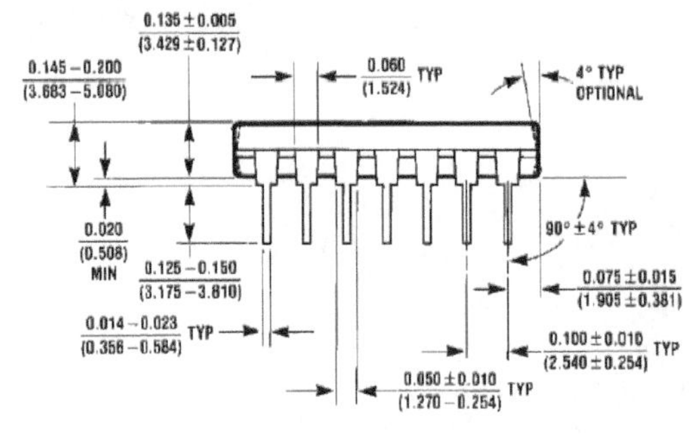

c) 运算放大器LF347引脚宽度及引脚间距

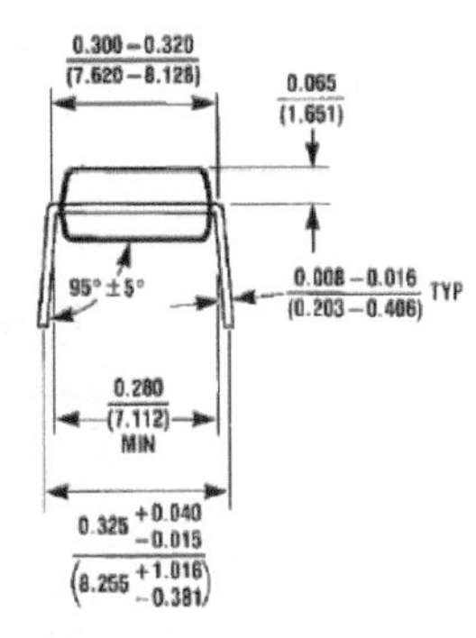

d) 运算放大器LF347两侧引脚宽度

图 6-14　运算放大器 LF347 元器件及尺寸图

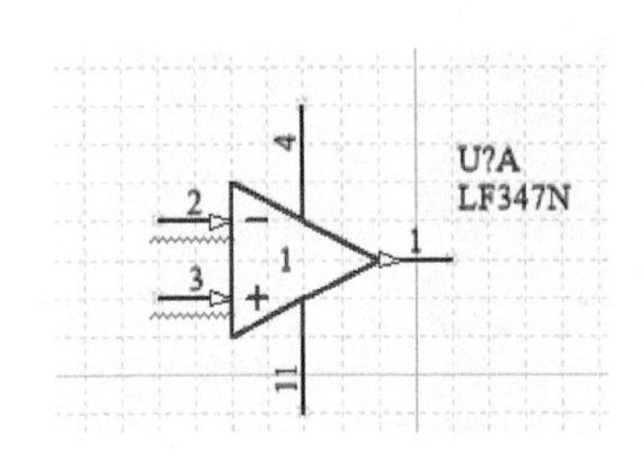

图 6-15　LF347N 的元器件符号

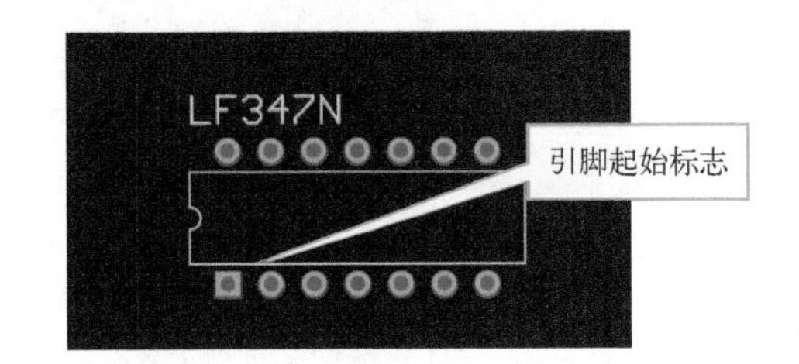

图 6-16　LF347N 的封装形式

3. 电解电容封装 RB7.6-15 匹配验证

电路中电容值为 1000 μF、耐压为 50 V 的电容使用的封装为 RB7.6-15。它的外观如图 6-17 所示。外径为 13.12 mm（516 mil），焊盘间距为 6.08 mm（200 mil），引脚直径为 0.5 mm（20 mil）。

电解电容元器件符号如图 6-18 所示。

Altium Designer 24 系统给出的 RB7.6-15 的封装，如图 6-19 所示。

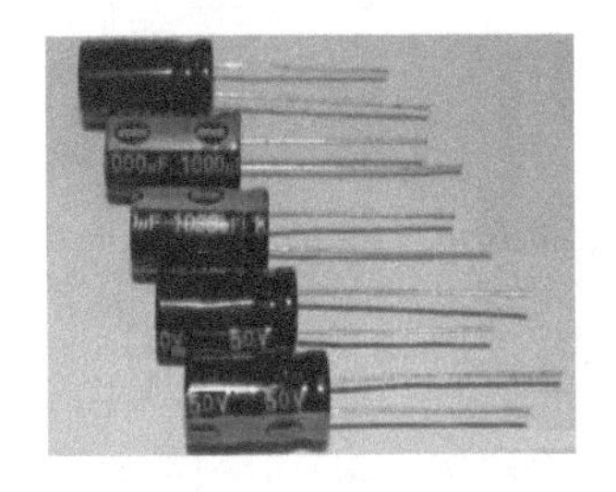

图 6-17　电路中电容值为 1000 μF、耐压为 50 V 的电容外观图

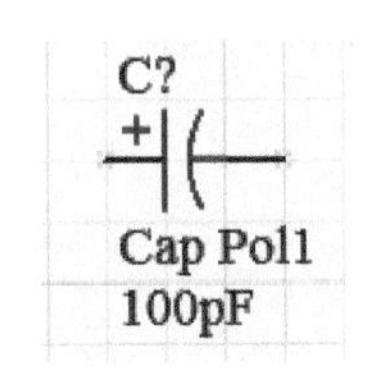

图 6-18　电解电容元器件符号

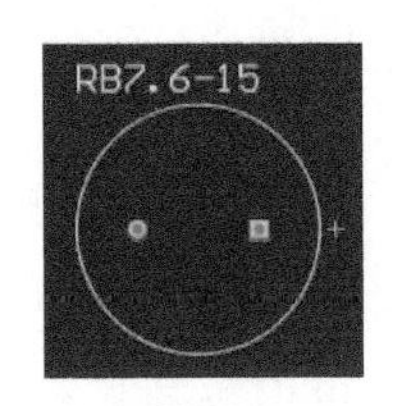

图 6-19　RB7.6-15 的封装形式

分别单击两引脚可计算出两引脚之间的距离为 300 mil，折合成毫米制为 7.62 mm，满足实物的设计尺寸。

4. 无极性电容封装 RAD-0.3 匹配验证

电路中电容值为 100 pF、耐压为 50 V 的无极性电容使用的封装为 RAD-0.3。它的外观如图 6-20 所示。它的尺寸示意图如图 6-21 所示，尺寸数据见表 6-1。

图 6-20　电容值为 100 pF、耐压为 50 V 的无极性电容外观图

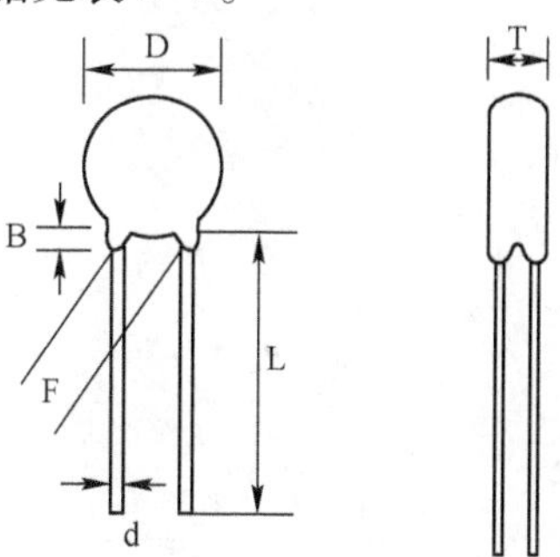

图 6-21　尺寸示意图

表 6-1　电容值为 100 pF、耐压为 50 V 的无极性电容尺寸数据表

电容值	耐压值	B		D		d		F		L		T	
		mm	mil	mm	mil	mm	mil	mm	mil	mm	mil	mm	mil
100 pF	50 V	2	79	7.16	281	0.5	20	6.88	231	25	984	4.36	172

Altium Designer 24 系统给出的无极性电容的封装，如图 6-22 所示。

单击两焊盘，可查看元器件引脚的属性界面，如图 6-23 所示。

图 6-22　无极性电容的封装形式

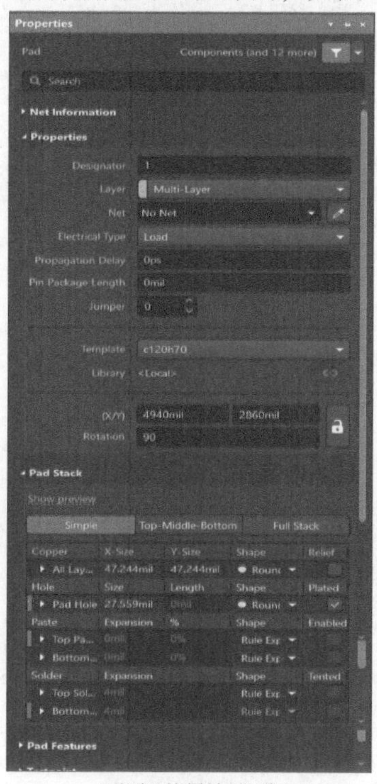

a) 引脚1的属性对话框

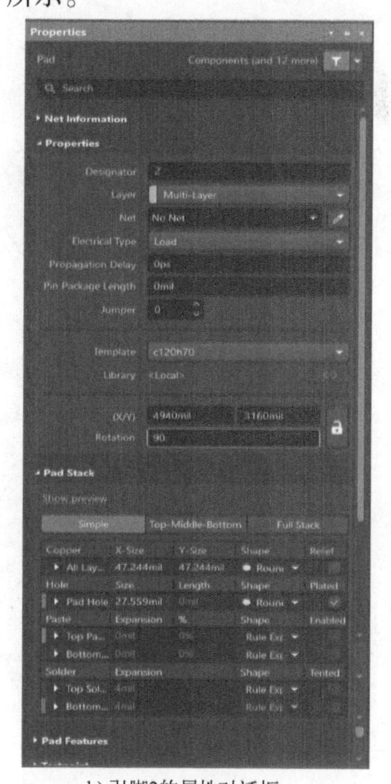

b) 引脚2的属性对话框

图 6-23　元器件引脚的属性界面

通过与电容的实际物理尺寸比较可知，采用 RAD-0.3 的封装，焊盘间距为 300 mil。由于无极性电容的焊盘间距为软尺寸，因此可以满足电路的需要。

5. 电阻封装 AXIAL-0.4 匹配验证

电阻外形如图 6-24 所示，尺寸示意图如图 6-25 所示，尺寸数据见表 6-2。

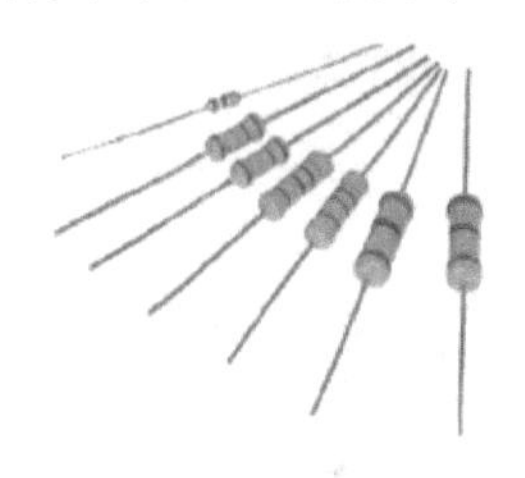

图 6-24 电阻外形

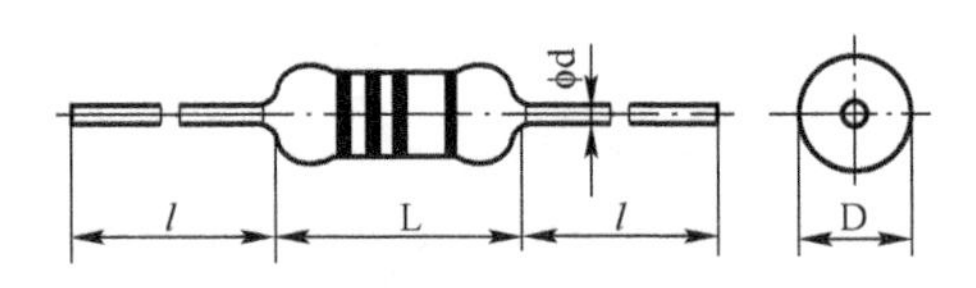

图 6-25 尺寸示意图

表 6-2 电阻尺寸数据表

电阻功率值	L		D		d	
	mm	mil	mm	mil	mm	mil
1/4 W	6.90	232	3.24	128	0.50	16

Altium Designer 24 系统给出的电阻封装为 AXIAL-0.4，其形式如图 6-26 所示。

单击两焊盘，可打开引脚属性对话框，如图 6-27 所示。

图 6-26 AXIAL-0.4 封装形式

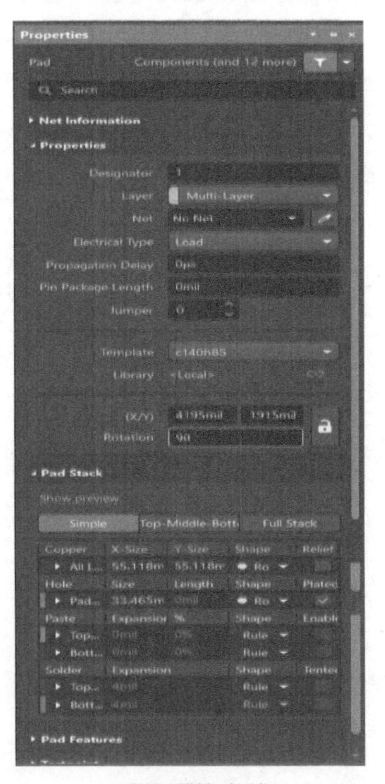

a) 引脚1属性对话框

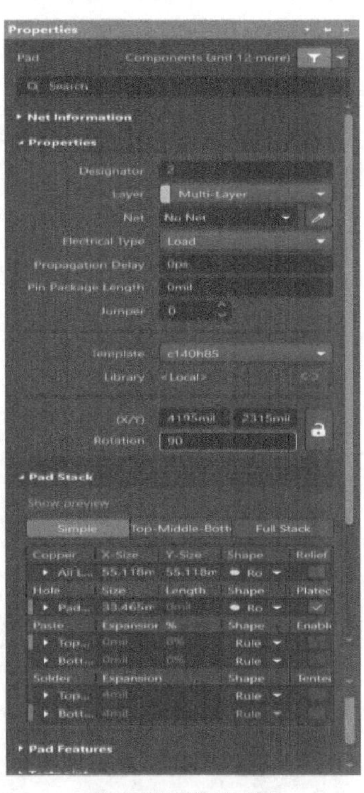

b) 引脚2属性对话框

图 6-27 引脚属性对话框

可以验证，两焊盘之间的距离为 400 mil，过孔直径为 33.465 mil，满足要求。因此 AXIAL-0.4 可作为电阻的封装。

6. 变阻器元器件封装

变阻器的元器件外观如图 6-28 所示。

相关物理尺寸见表 6-3。

表 6-3　变阻器物理尺寸

电阻值	长		宽		焊盘间距		引脚与边界的距离	
	mm	mil	mm	mil	mm	mil	mm	mil
10 kΩ/50 kΩ	8. 13	320	6. 10	200	2. 54	100	2. 54	100

系统给出的封装形式为 VR5，如图 6-29 所示。

图 6-28　变阻器的元器件外观

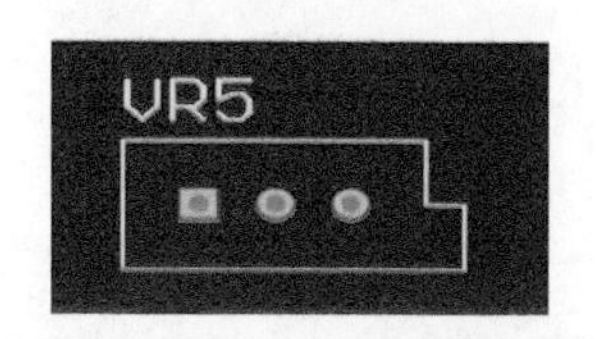

图 6-29　VR5 的封装形式

打开 VR5 封装的引脚属性对话框，如图 6-30 所示。

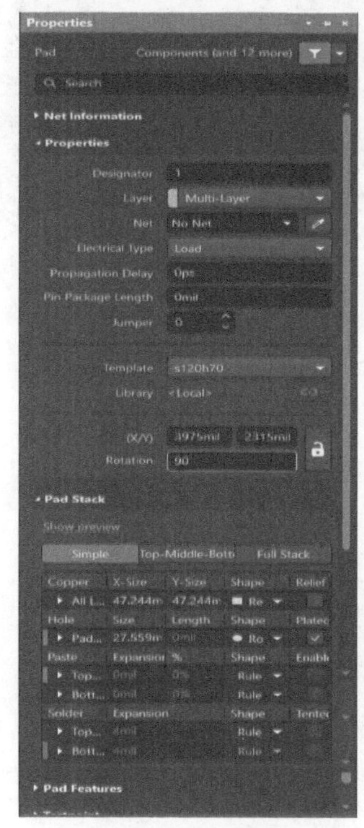

a) 引脚1属性对话框

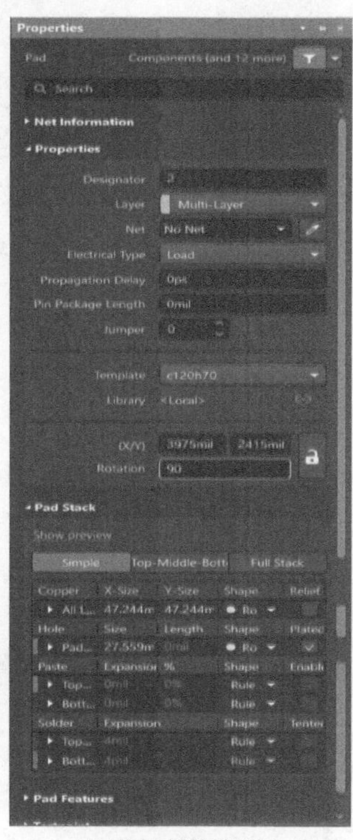

b) 引脚2属性对话框

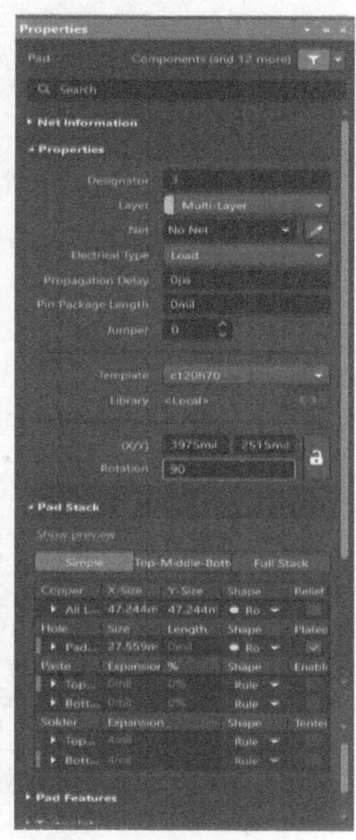

c) 引脚3属性对话框

图 6-30　VR5 封装的引脚属性对话框

可以看到，VR5 封装的引脚之间的距离为 100 mil，可以满足设计时的要求，与给出的实际尺寸相匹配。

6.3 规划电路板及参数设置

对于要设计的电子产品，设计人员首先需要确定其电路板的尺寸。因此，电路板的规划也成为 PCB 制板中需要首先解决的问题。电路板规划也就是确定电路板的板边，并且确定电路板的电气边界。下面介绍如何手动规划电路板。

【例 6-1】手动规划电路板。

第 1 步：单击编辑区域下方的标签 Mechanical 1，将编辑区域切换到机械层，如图 6-31 所示。

LS | Top Layer | Bottom Layer | Mechanical 1 | Top Overlay | Bottom Overlay | Top Paste | Bottom Paste | Top Solder | Bottom Solder | Drill Guide

图 6-31　将编辑区域切换到机械层

在 PCB 编辑环境中执行【设计】→【板子形状】→【定义板切割】命令，进入到对板子重新定义外形界面，如图 6-32 所示。

用“十字”光标，框选出板子外形，如图 6-33 所示。

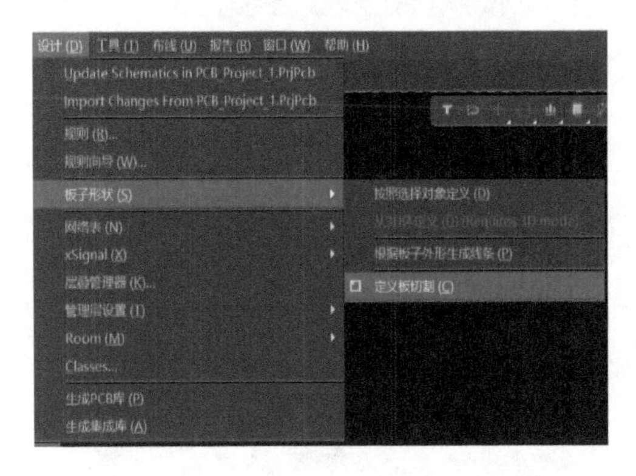

图 6-32　进入重新定义板子外形界面

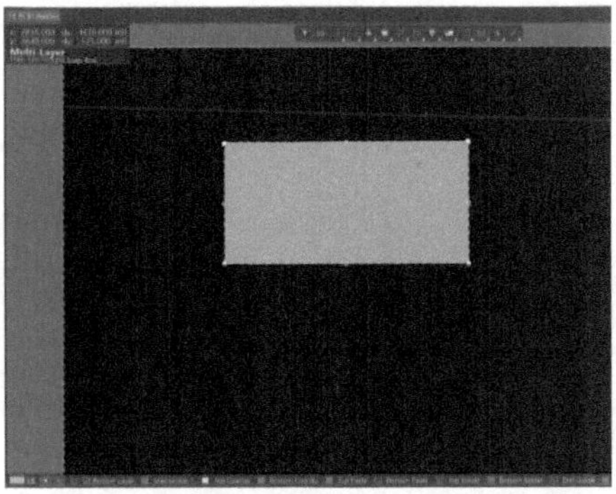

图 6-33　框选出板子外形

第 2 步：鼠标右键可以退出【定义板切割】界面，按数字〈3〉键，进入 3D 显示，如图 6-34 所示，可知框选的部分为裁掉部分。

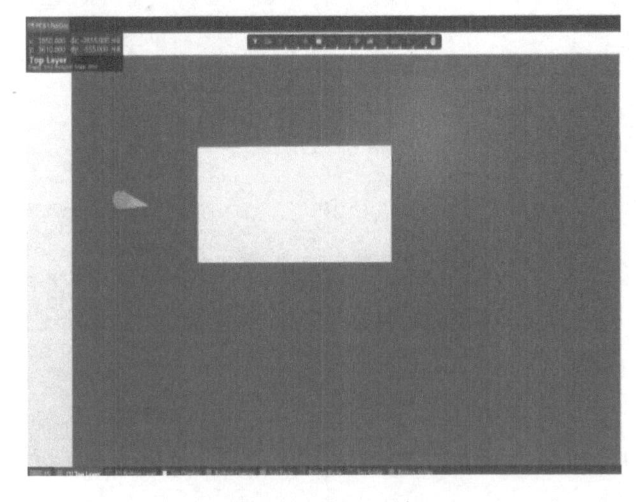

图 6-34　3D 显示

第 3 步：按数字〈2〉键，返回到 2D 显示，并切换层面到禁止布线层（Keep-Out Layer），然后执行【设计】→【板子形状】→【根据板子外形生成线条】命令，出现【来自板形状的线/弧基元对象】对话框，如图 6-35 所示。

第 4 步：勾选【包含切割槽】选项，并执行【确定】命令，绘制出了 PCB 的电气边界，如图 6-36 所示。

来自板形状的线/弧基元对象 [mil]
宽度
47.244mil
图层
Keep-Out Layer
包含切割槽
包含层堆栈区域
布线工具轮廓
删除图层上现有的无网络连线/圆弧
确定
取消

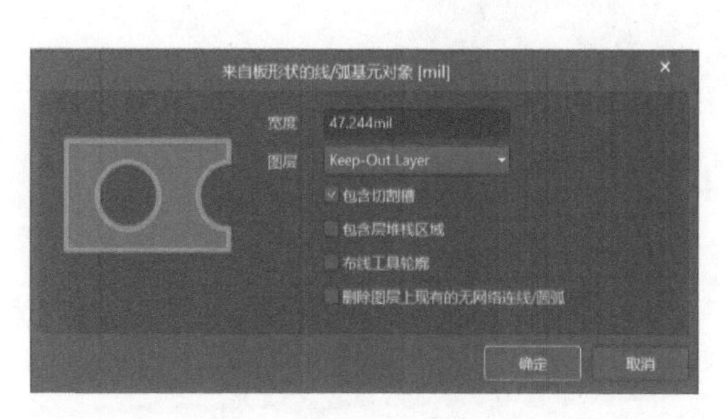

图 6-35 【来自板形状的线/弧基元对象】对话框

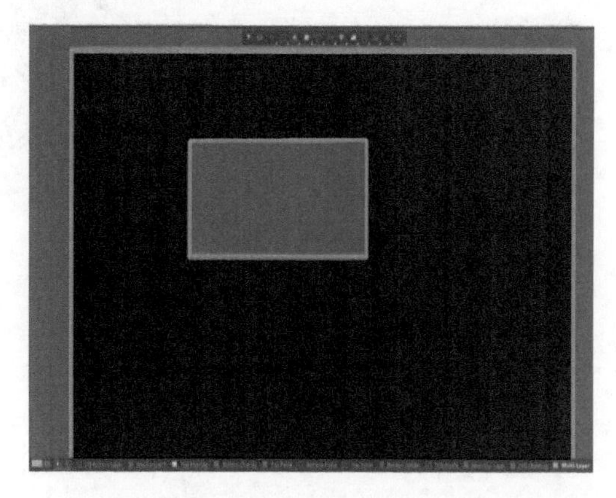

图 6-36　具有电气边界的 PCB

至此第一种规划板型的方法介绍完毕，接下来将按照选择对象定义进行板型规划。

【例 6-2】 按照选择对象定义进行板型规划。

第 1 步：在 PCB 编辑环境中执行【放置】→【矩形】命令，绘制电路板的物理边界，如图 6-37 所示。

首先选中整个矩形框，然后执行【设计】→【板子形状】→【按照选择对象定义】命令，出现 Confirm 对话框，裁剪好的 PCB 如图 6-38 所示，可见线框外部为裁掉部分。

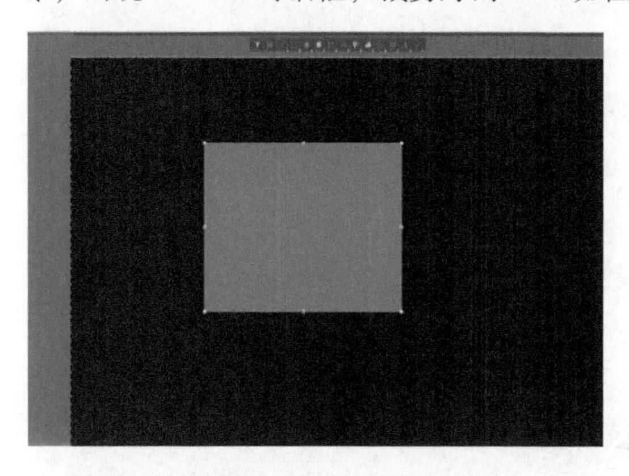

图 6-37　绘制 PCB 物理边界

图 6-38　裁剪好的 PCB

第 2 步：切换层面到禁止布线层（Keep-Out Layer），如图 6-39 所示。

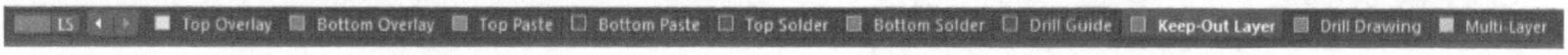

LS
Top Overlay
Bottom Overlay
Top Paste
Bottom Paste
Top Solder
Bottom Solder
Drill Guide
Keep-Out Layer
Drill Drawing
Multi-Layer

图 6-39　切换层面到禁止布线层

第 3 步：再次执行菜单命令【放置】→【矩形】，绘制出 PCB 的电气边界，如图 6-40 所示。

图 6-40　绘制出 PCB 的电气边界

至此，PCB 的规划就完成了。

6.4　电路板系统环境参数设置

系统环境参数的设置是 PCB 设计过程中非常重要的一步，用户根据个人的设计习惯，设置合理的环境参数，将会大大地提高设计的效率。

那么如何对 PCB 板编辑环境进行参数设置？在 PCB 编辑环境中执行【工具】→【优先选项】命令，或者在编辑窗口内右击鼠标，在弹出的列表中执行【优先选项】命令，如图 6-41 所示，将会打开 PCB 编辑器的【优选项】对话框，如图 6-42 所示。

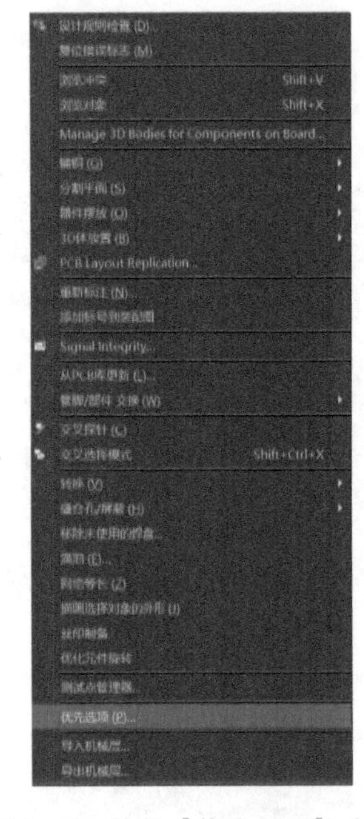

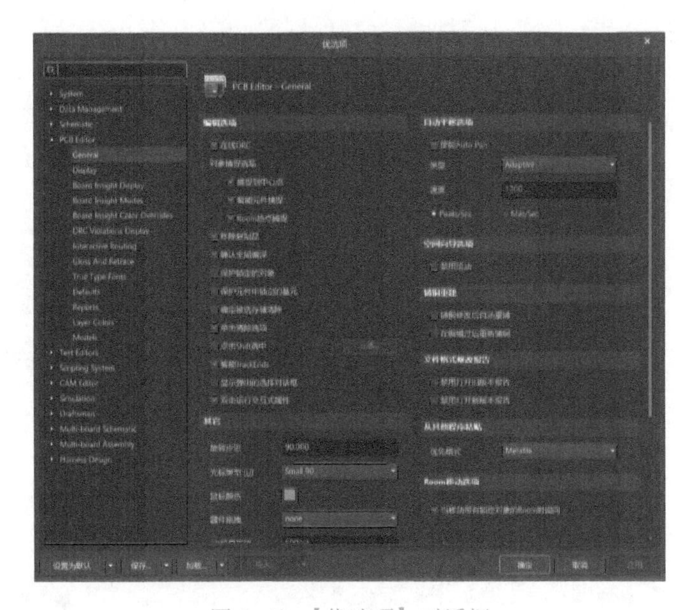

图 6-41　执行【优先选项】命令

图 6-42　【优选项】对话框

该对话框中有 13 项标签页供设计者进行设置。

- General：用于设置 PCB 设计中的各类操作模式，如【在线 DRC】、【智能元器件捕捉】、【移除复制品】、【自动平移选项】、【公制显示精度】等。其设置界面如图 6-42 所示。

- Display：用于设置 PCB 编辑窗口内的显示模式，如显示选项高亮选项和层绘制顺序等。其设置界面如图 6-43 所示。

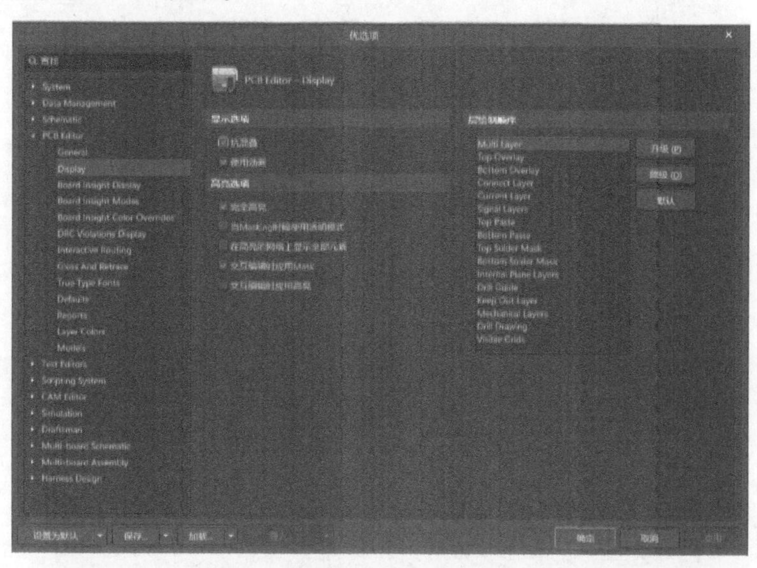

图 6-43　Display 设置界面

- Board Insight Display：用于设置 PCB 文件在编辑窗口内的显示方式，包括焊盘和过孔显示选项、可用的单层模式和实时高亮选项，其设置界面如图 6-44 所示。

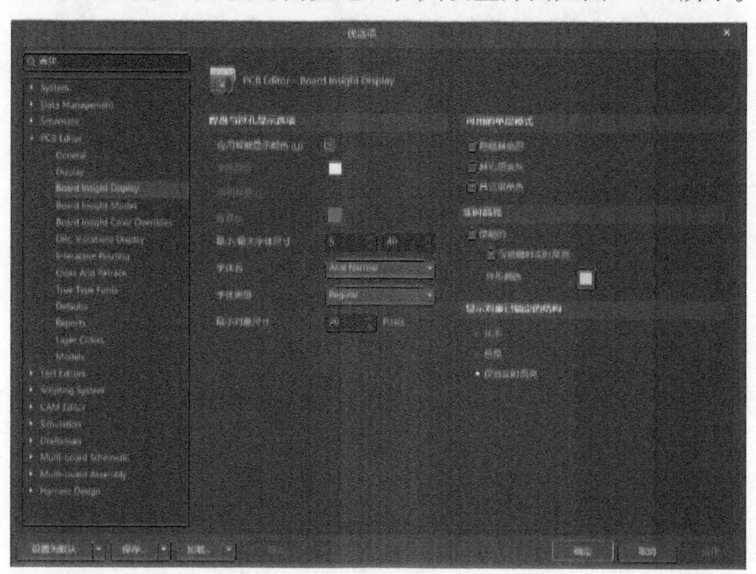

图 6-44　Board Insight Display 设置界面

- Board Insight Modes：用于 Board Insight 系统的显示模式设置，其设置界面如图 6-45 所示。
- Board Insight Color Overrides：用于 Board Insight 系统的覆盖颜色模式设置，其设置界面如图 6-46 所示。
- DRC Violations Display：用于 DRC 设计规则的错误显示的模式设置，其设置界面如图 6-47 所示。

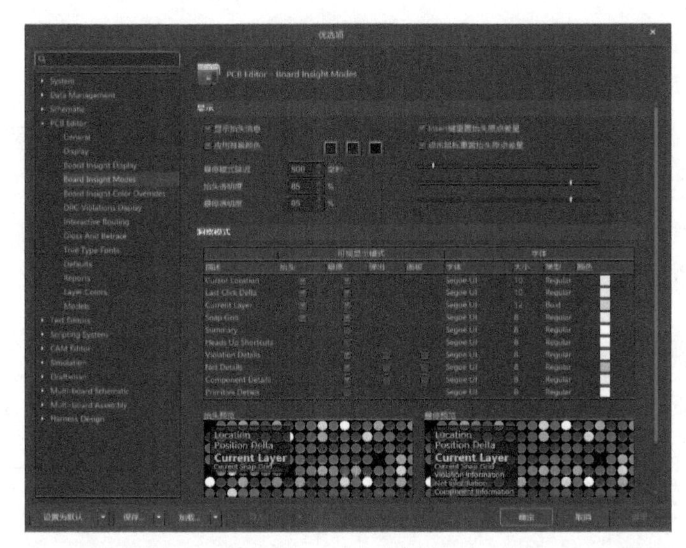

图 6-45　Board Insight Modes 设置界面

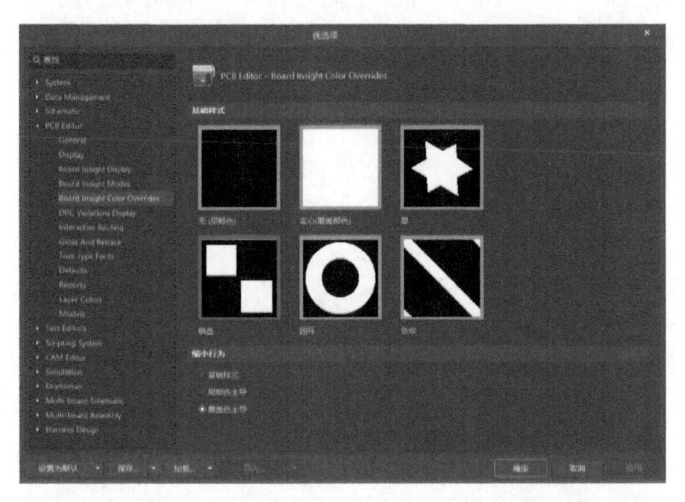

图 6-46　Board Insight Color Overrides 设置界面

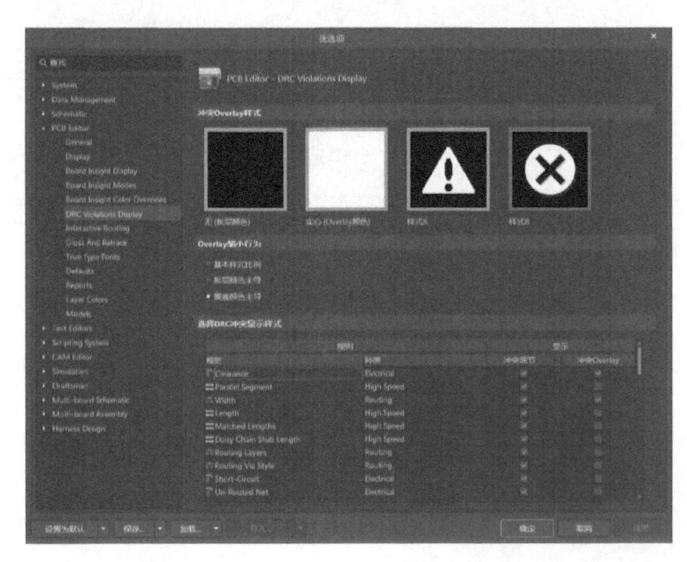

图 6-47　DRC Violations Display 设置界面

- Interactive Routing：用于交互式布线操作的有关模式设置，包括交互式布线冲突裁决方案、交互式布线宽度/过孔尺寸资料和交互式布线选项等设置。其设置界面如图 6-48 所示。

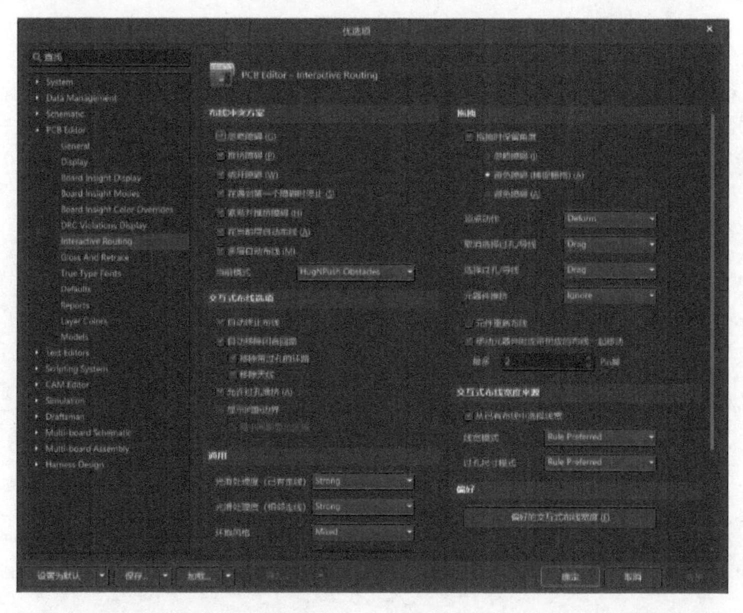

图 6-48　Interactive Routing 设置界面

- Gloss And Retrace：此项功能为 Altium Designer 24 增加的新功能，为了帮助用户更好地控制线路优化处理的过程，引入了一个新的“Gloss And Retrace（光滑与重布）”面板，用于配置【Routing（布线）】→【Gloss Selected（优化选中走线）】和【Routing（布线）】→【Retrace Selected（返回所选项）】命令选项。新的面板可用于设置与用户当前在设计中光滑或重布的选定布线最适合的光滑处理和重布的参数，对于布线过程的优化和更新提供了更多选择。
- True Type Fonts：用于选择设置 PCB 设计中所用的 True Type 字体，其设置界面如图 6-49 所示。

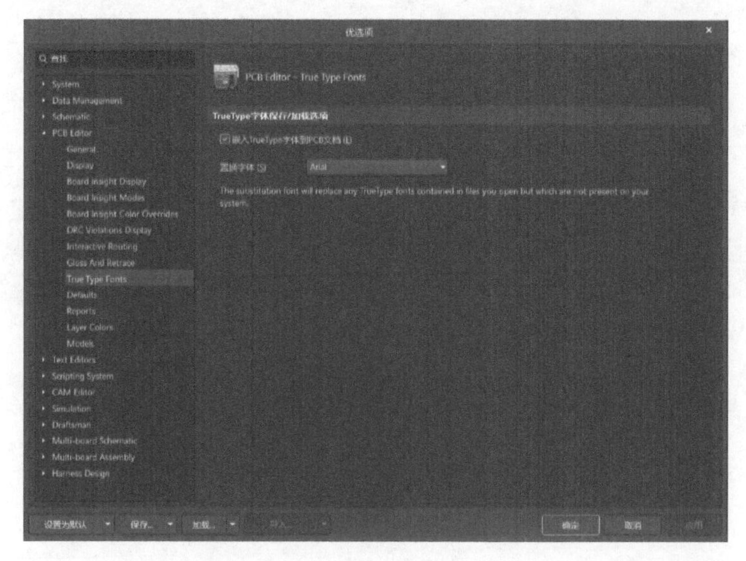

图 6-49　True Type Fonts 设置界面

● Defaults：用于设置各种类型图元的系统默认值，在该项设置中可以对 PCB 图中的各项图元的值进行设置，也可以将设置后的图元值恢复到系统默认状态，设置界面如图 6-50 所示。

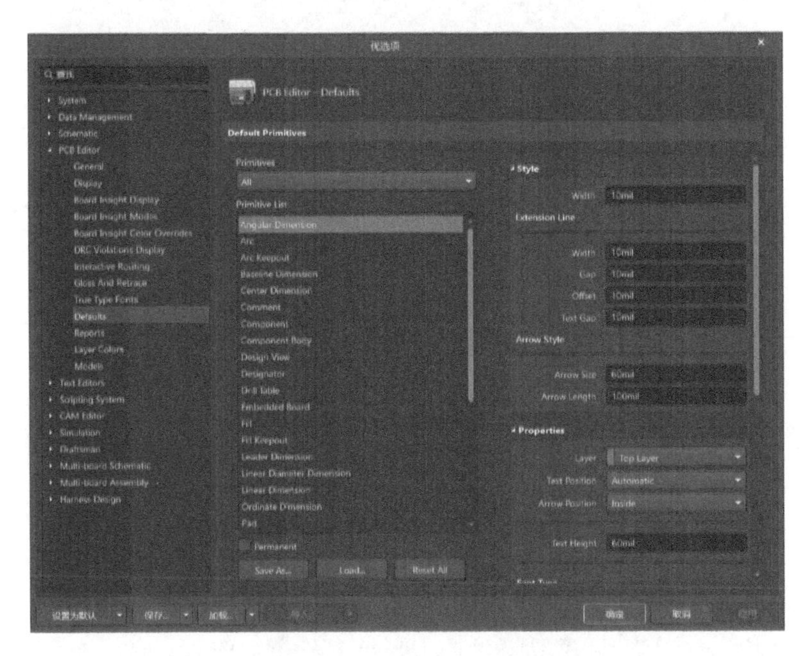

图 6-50　Defaults 设置界面

● Reports：用于对 PCB 相关文档的批量输出进行设置，设置界面如图 6-51 所示。

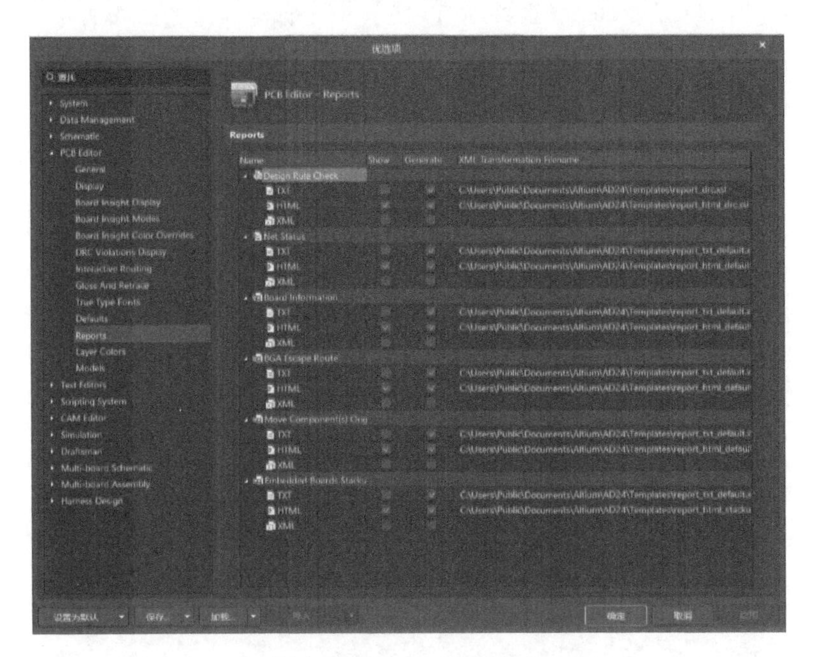

图 6-51　Reports 设置界面

● Layer Colors：用于设置 PCB 各层板的颜色，如图 6-52 所示。
● Models：用于设置模式搜查路径等，如图 6-53 所示。

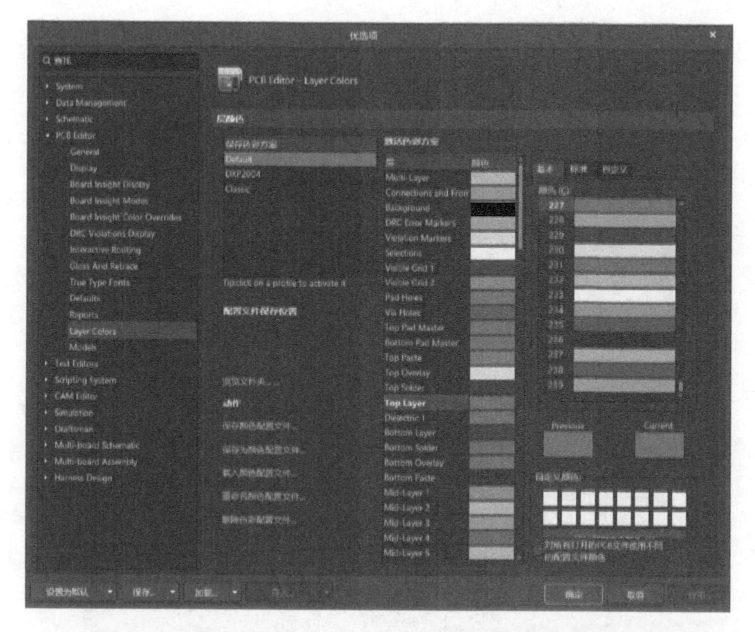

图 6-52　Layer Colors 设置界面

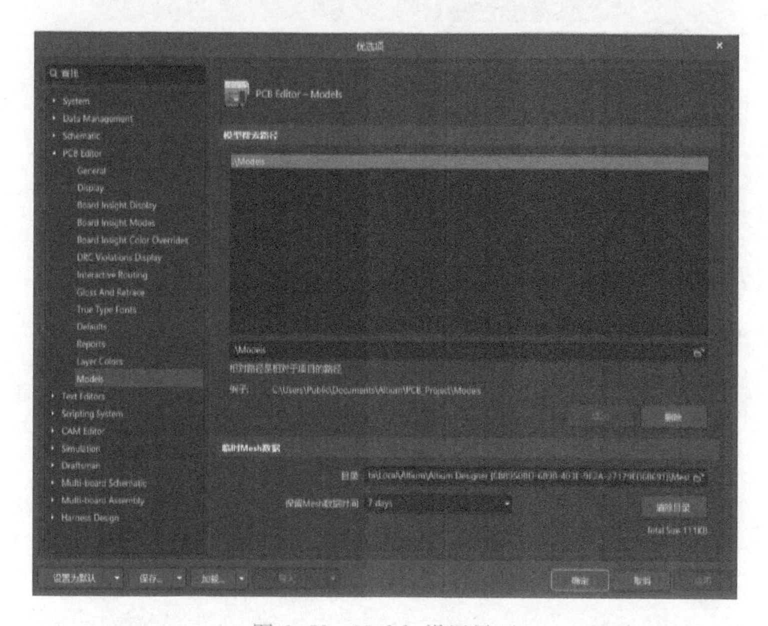

图 6-53　Models 设置界面

6.5　电路板板层颜色及显示设置

为了便于区分，编辑窗口内所显示的不同工作层应该选用不同的颜色进行区分，这一点设计人员可以根据自己的设计习惯，用自己熟悉的方式区分板层，提高设计师的工作效率。通过 PCB 的【板层及颜色】（视图选项）对话框来加以设定。通过该对话框还可以设定相应层面是否在编辑窗口内显示出来。

那么如何进行板层颜色及显示设置？按〈O〉键→【板层及颜色（视图选项）】命令，或者执行快捷键组合〈Ctrl+D〉则会打开【View Configuration】（视图选项）如图 6-54 所示的对话框。

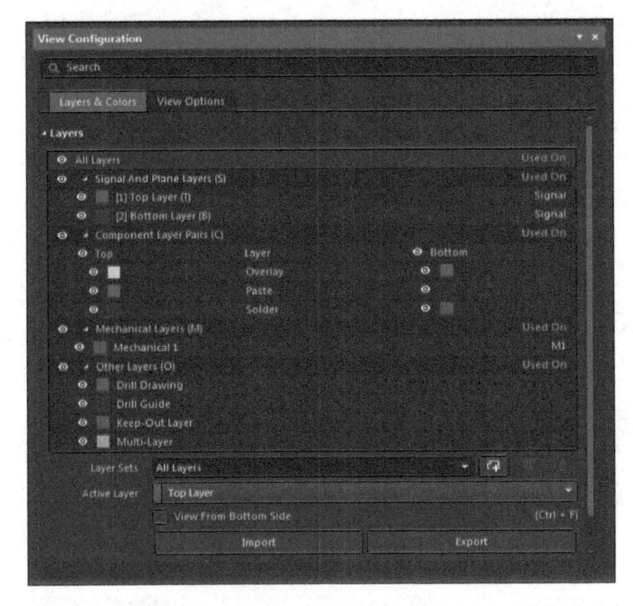

图 6-54 【View Configuration】（视图选项）对话框

该对话框主要分为两部分：层面颜色设置和系统颜色设置。

1. 层面颜色设置

PCB 的工作层面是按照信号层、内平面层、机械层、掩膜层、其他层、丝印层和禁止布线层 7 个区域分类设置的。各个区域中，每一工作层面的后面都有 1 个颜色选择块和 1 个复选框，若选中该复选框，则相应的工作层面标签会在编辑窗口中显示出来。

2. 系统颜色设置

系统颜色设置提供了若干选择项，如图 6-55 所示，分别如下。

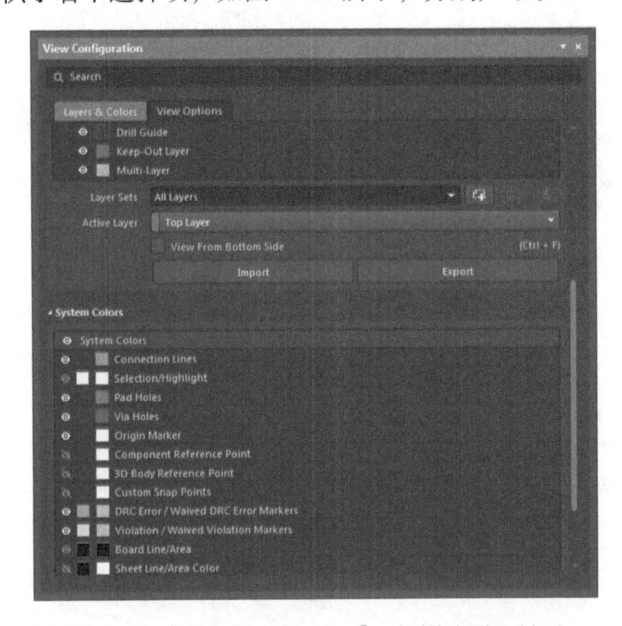

图 6-55 【View Configuration】（视图选项）界面

- Connection Lines：用于设置连线颜色。
- Selection/Highlight：用于被选中图元的/高亮的显示颜色。
- Pad Holes：用于设置焊盘孔的颜色。
- Via Holes：用于设置过孔的颜色。
- DRC Error/Waived DRC Error Markers：用于设置违反 DRC 设计规则的错误信息或是被放置的违反 DRC 设计规则的错误信息显示。
- Board Line/Area：用于设置 PCB 边界线/区域的颜色。
- Workspace Start/End：用于设置编辑窗口起始端和终止端的颜色。

6.6　载入网络表

加载网络表，即将原理图中元器件的相互连接关系及元器件封装尺寸数据输入到 PCB 编辑器中，实现原理图向 PCB 的转化，以便进一步制板。

要将原理图中的设计信息转换到新的空白 PCB 文件中，首先应完成如下项目的准备工作。

1）对项目中所绘制的电路原理图进行编译检查和验证设计，确保电气连接的正确性和元器件封装的正确性。

2）确认与电路原理图和 PCB 文件相关联的所有元器件库均已加载，保证原理图文件中所指定的封装形式在可用库文件中都能找到并可以使用。PCB 元器件库的加载和原理图元器件库的加载方法完全相同。

3）将所新建的 PCB 空白文件添加到与原理图相同的项目中。

Altium Designer 24 系统为用户提供了两种装入网络与元器件封装的方法。

1）在原理图编辑环境中使用设计同步器。

2）在 PCB 编辑环境中执行【设计】→Import Changes From PCB_Project1. PrjPcb 命令。

这两种方法的本质是相同的，都是通过启动工程变化订单来完成的。下面就以相同的例子，介绍一下这两种方法。

1. 使用设计同步器装入网络与元器件封装

创建新的项目“PCB_Project1. PrjPcb”，在项目名上右击鼠标后右击菜单，执行【添加已有的到项目】命令，将已绘制好的电路原理图和需要进行设计的 PCB 文件导入该项目，如图 6-56 所示。

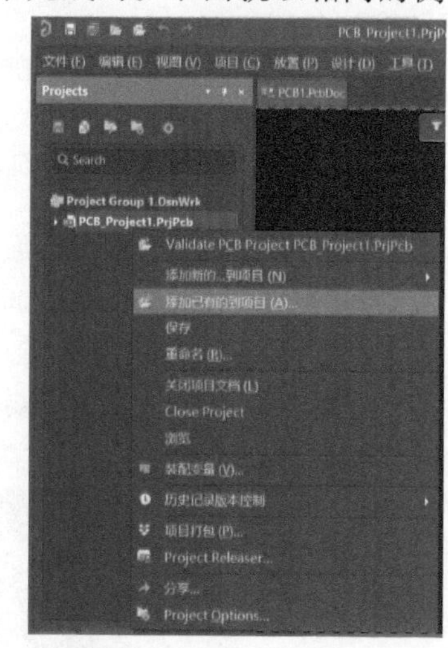

图 6-56　添加文件到新建项目

将工作界面切换到已绘制好的原理图界面，如图 6-57 所示。

执行【项目】→Validate PCB Project PCB_Project1. PrjPcb 命令，编译项目“PCB_Project1. PrjPcb”。若没有弹出错误信息提示，证明电路绘制正确。对工程进行重命名，保存为“LED 点阵驱动电路 . PrjPcb”

在原理图编辑环境中，执行【设计】→【Update Schematics in LED 点阵驱动电路 . PrjPcb】命令，如图 6-58 所示。

🕮 提示：在更新该 PCB 文件时，应首先对其进行保存。再者应该确认所有用到的 PCB 库都已安装或都加载在工程文件下。

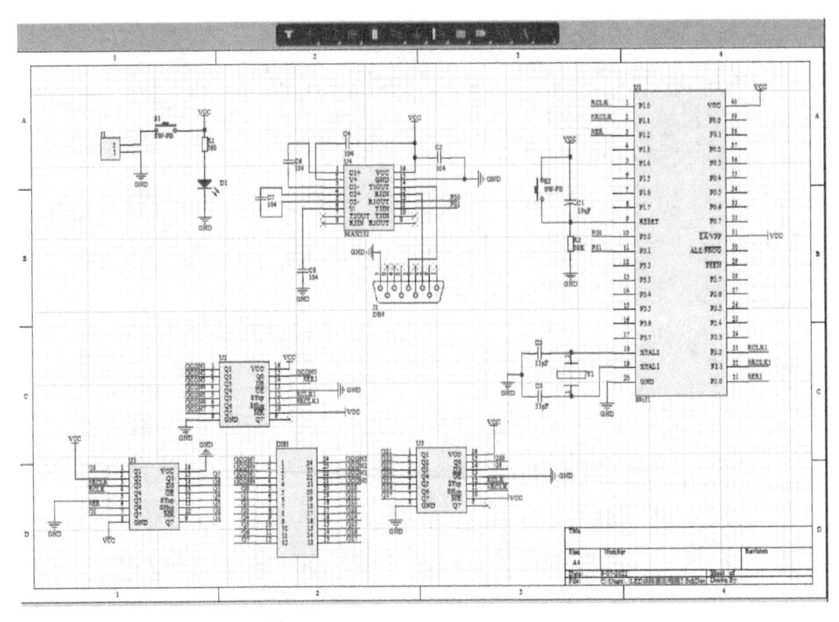

图 6-57　打开原理图界面

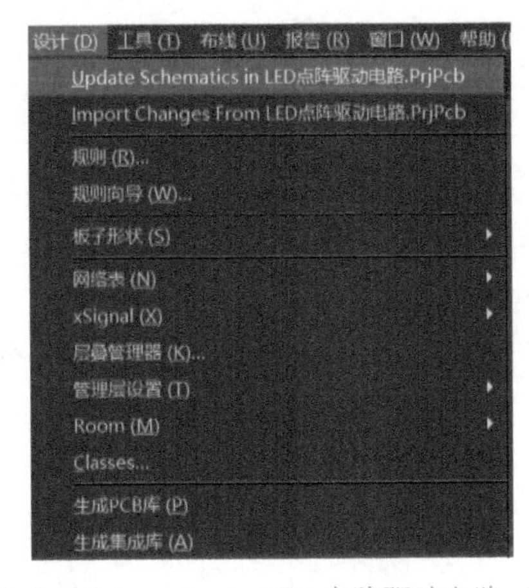

图 6-58　【Update Schematics in LED 点阵驱动电路 . PrjPcb】命令

执行完上述命令后，系统会打开【Comparator Results】对话框，单击“Yes”按钮后，进入【Differences between Schematic Document and PCB Document】对话框，右键单击【Update All in-PCB Document】指令，再点击左下角【创建工程变更列表】指令进入【工程变更指令】对话框，对话框中显示了本次要进行载入的元器件封装及载入到的 PCB 文件名等，如图 6-59 为操作顺序。

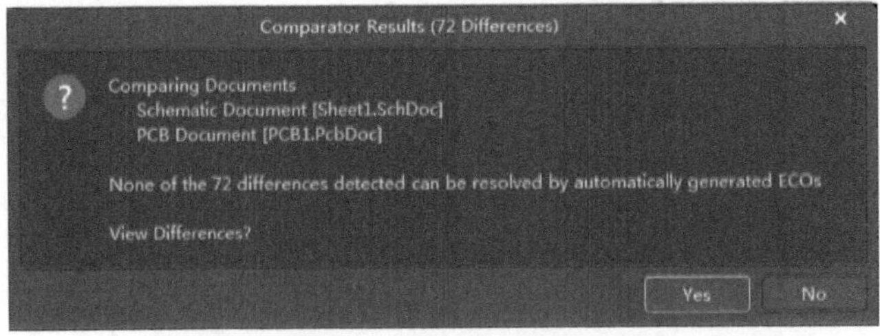

a)【Comparator Results】对话框

图 6-59　操作顺序

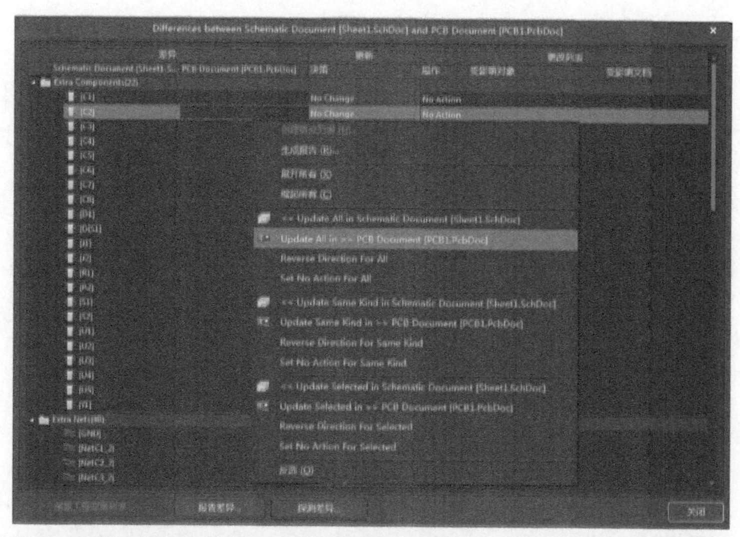

b)【Differences between Schematic Document and PCB Document】→【Update All in–PCB Document】

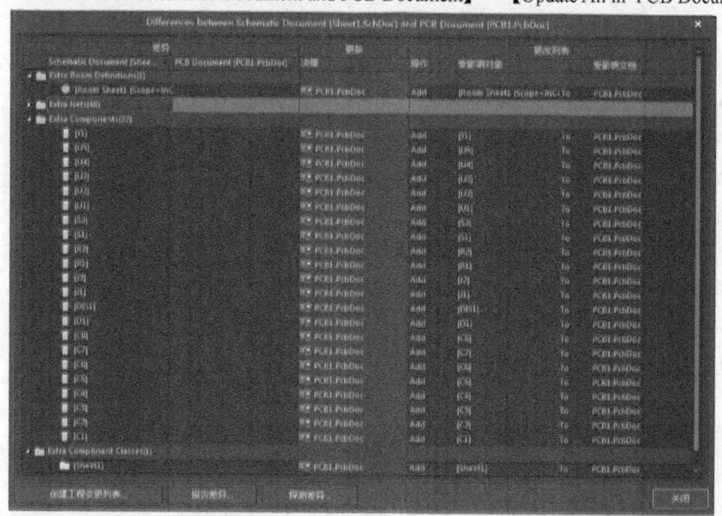

c)【Differences between Schematic Document and PCB Document】→【创建工程变更列表】

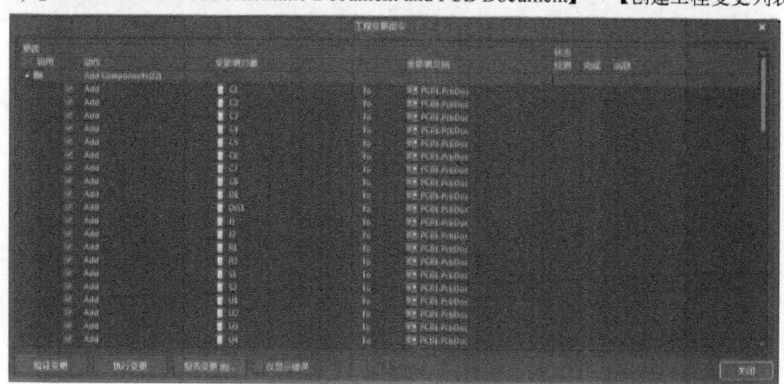

d)【工程变更指令】对话框

图 6–59　操作顺序（续）

单击【验证变更】按钮，在【状态】区域中的【检测】栏中将会显示检查的结果，出现绿色的对号标志，表明对网络及元器件封装的检查是正确的，变化有效。当出现红色的叉号标志，表明对网络及元器件封装检查是错误的，变化无效。效果如图 6-60 所示。

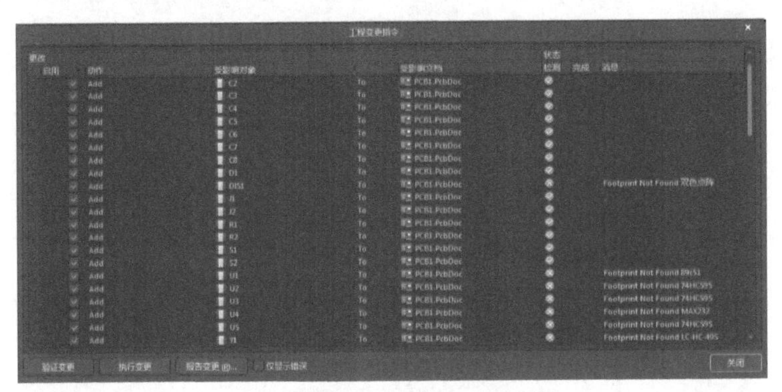

图 6-60 检查网络及元器件封装

需要强调，如果网络及元器件封装检查是错误，一般是由于没有装载可用的集成库、无法找到正确的元器件封装。

单击【执行更改】按钮，将网络及元器件封装装入到 PCB 文件 PCB1. PcbDoc 中，如果装入正确，则在【状态】区域中的【完成】栏中显示出绿色的对号标志，如图 6-61 所示。

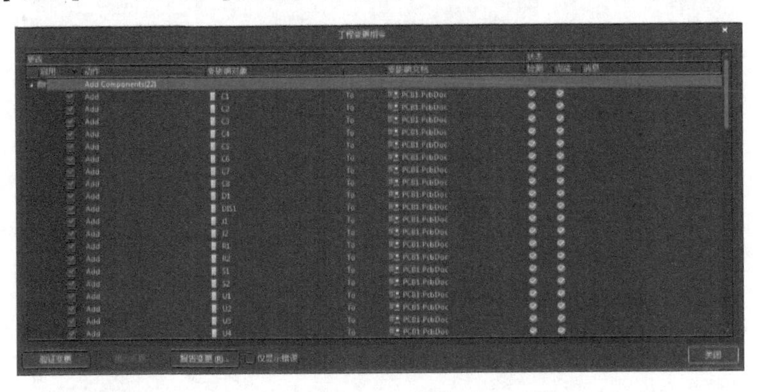

图 6-61 完成装入

关闭【工程变更指令】对话框，则可以看到所装入的网络与元器件封装，放置在 PCB 的电气边界以外，并且以飞线的形式显示着网络和元器件封装之间的连接关系，如图 6-62 所示。

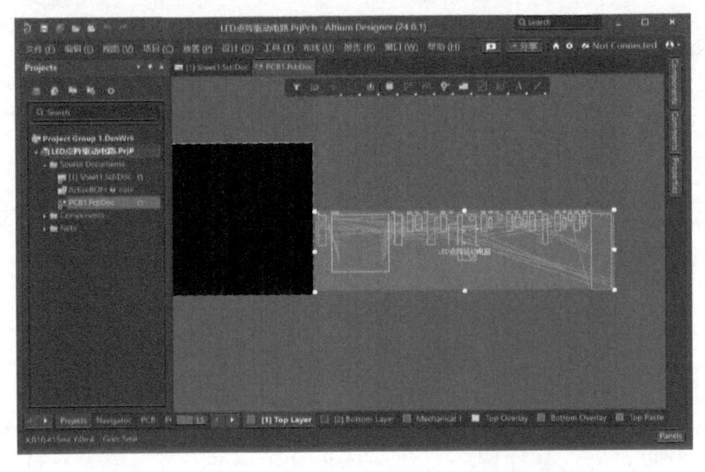

图 6-62 装入网络与元器件封装到 PCB 文件

2. 在 PCB 编辑环境中装入网络与元器件封装

确认原理图文件及 PCB 文件已经加载到新建的工程项目中，操作与前面相同。将界面切换到 PCB 编辑环境，执行【设计】→【Import Changes From PCB_Project1. PrjPcb】命令，打开【工程变更指令】对话框，如图 6-63 所示。

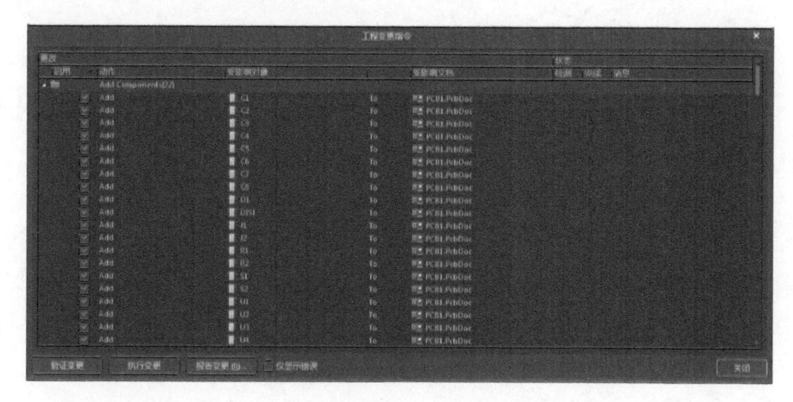

图 6-63　在 PCB 编辑环境中打开【工程变更指令】对话框

接下来的操作与前面相同，这里就不再重复描述。

3. 飞线

将原理图文件导入 PCB 文件后，系统会自动生成飞线，如图 6-64 所示。飞线是一种形式上的连线。它只从形式上表示出各个焊点间的连接关系，没有电气的连接意义，其按照电路的实际连接将各个节点相连，使电路中的所有节点都能够连通，且无回路。

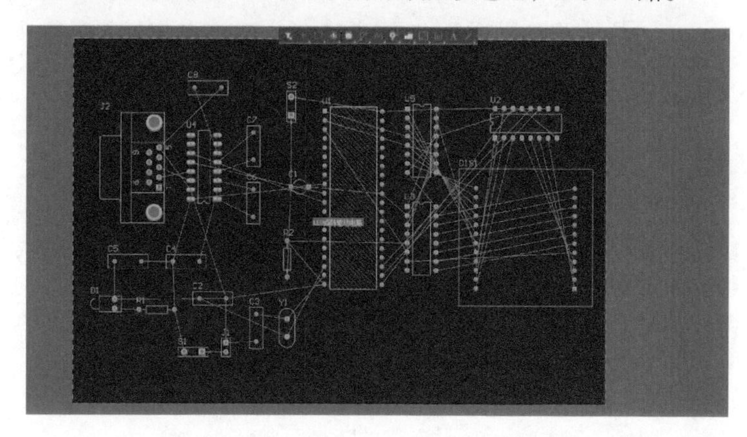

图 6-64　PCB 中的飞线

习题

1. 在第 3 章习题 1 中用到的实例中，添加一个新的 PCB 文件。
2. 对 PCB 形状进行重新定义，给出 PCB 的物理边界和电气边界。
3. 在第 3 章习题 3 中用到的电路原理图中，导出网络表到该 PCB 中。

第7章　元器件布局

装入网络表和元器件后，用户需要将封装好的元器件放入工作区，这就是对元器件进行布局。在PCB设计中，布局是一个重要的环节。布局的好坏将直接影响布线的效果，可以认为合理的布局是PCB设计成功的第一步。

布局的方式分为2种，即自动布局和手动布局。

1. 自动布局

设计人员布局前先设定好设计规则，系统自动在PCB上进行元器件的布局，这种方法效率较高，布局结构比较优化，但缺乏一定的布局合理性，所以在自动布局完成后，需要进行一定的手工调整。以达到设计的要求。

2. 手动布局

设计者手工在PCB上进行元器件的布局，包括移动、排列元器件。这种布局结果一般比较合理和实用，但效率比较低，完成一块PCB板布局的时间比较长。所以一般采用自动布局和手动布局这两种方法相结合的方式进行PCB的设计。

目的：PCB布局在整个设计中有十分重要的地位，合理布局能使得走线通畅，更能让走线距离短，占用空间少。本章将对PCB布局中的常用方法和注意事项进行介绍。

内容提要

🕮 自动布局　　　　🕮 PCB布局注意事项

🕮 手动布局

7.1　自动布局

自动布局是在满足布局的设计规则下进行符合条件的自动布局，因此在进行自动布局之前，设计者需要对布局规则进行设置。合理的自动布局规则，可以使自动布局结果更能符合设计要求。

7.1.1　布局规则设置

在PCB编辑环境中，执行【设计】→【规则】菜单命令，如图7-1所示。

即可打开【PCB规则及约束编辑器】对话框，如图7-2所示。

在对话框的左列表框中，列出了系统所提供的10类设计规则，分别是Electrical（电器规则）、Routing（布线规则）、SMT（表贴封装规则）、Mask（阻焊规则）、Plane（中间层布线规则）、Testpoint（测试点规则）、Manufacturing（生产制造规则）、High Speed（高速信号相关规则）、Placement（元器件放置规则）、Signal Integrity（信号完整性规则）。

这里需要进行设置的规则是Placement（元器件放置规则）。单击布局规则前面的三角号，可以看到布局规则包含了6项子规则，如图7-3所示。

这6项布局子规则分别是Room Definition（空间定义）、Component Clearance（元器件间距）、Component Orientations（元器件布局方向）、Permitted Layers（工作层设置）、Nets to

Ignore（忽略网络）和 Height（高度）子规则。下面分别对这 6 种子规则进行介绍。

图 7-1　执行【设计】→【规则】菜单命令

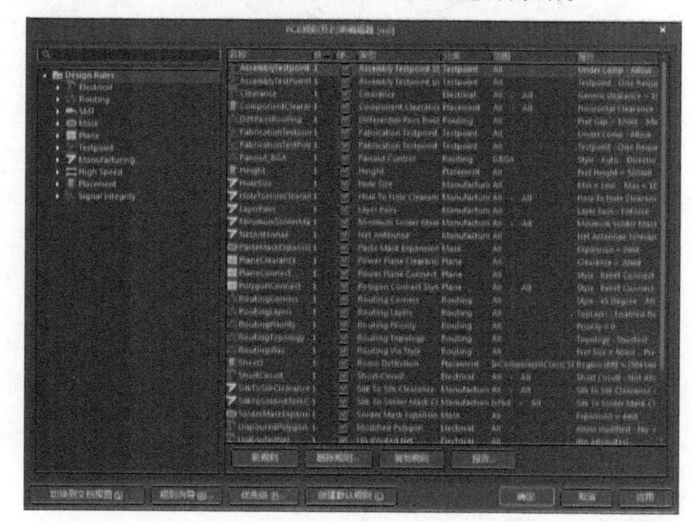

图 7-2　【PCB 规则及约束编辑器】对话框

1. Room Definition（空间定义）子规则

Room Definition 子规则主要是用来设置 Room 空间的尺寸，以及它在 PCB 中所在的工作层面。单击 Room Definition 选项，可在【PCB 规则及约束编辑器】对话框的右侧打开如图 7-4 所示的对话框。

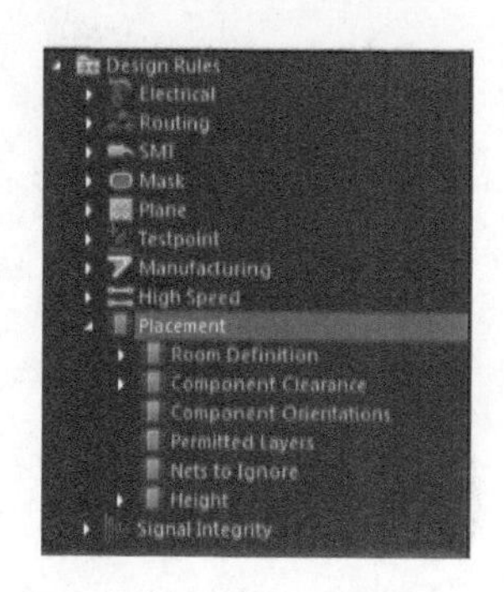

图 7-3　布局子规则

执行对话框右侧的【新规则】命令，Room Definition 则会展开一个 Room Definition 子规则，单击新生成的子规则，则【PCB 规则及约束编辑器】对话框右侧的子规则对话框如图 7-5 所示。

该对话框右侧分为上下两部分。上部分主要用于设置该规则的具体名称及适用的范围。在后面的一些子规则设置中，上部分的设置基本是相同的。这部分主要包括了 3 个文本编辑框（其功能是对子规则的命名及填写子规则描述信息等）和 6 个单选菜单，供用户选择设置规则匹配对象的范围，下拉列表如图 7-6 所示。

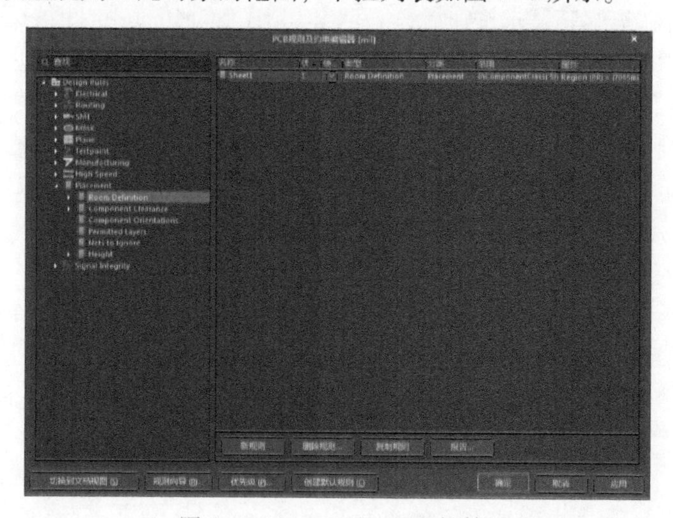

图 7-4　Room Definition 对话框

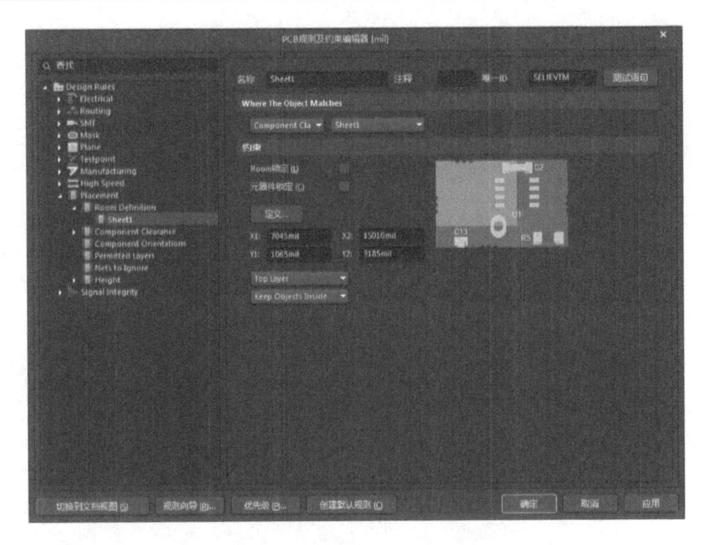

图 7-5　Room Definition 子规则对话框

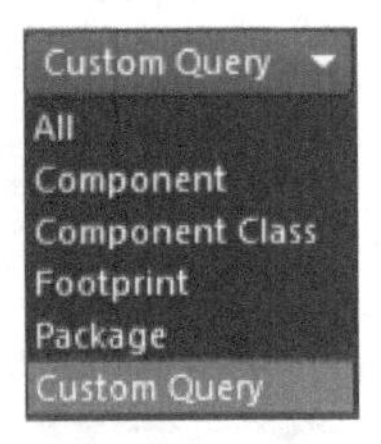

图 7-6　下拉列表

这 6 个选项的含义分别如下：

- All：选中该菜单，表示当前设定的规则在整个 PCB 上有效。
- Component：选中该菜单，表示当前设定的规则在某个选定的元器件上有效，此时在右端的编辑框内可设置元器件名称。
- Component Class：选中该菜单，表示当前设定的规则可在全部元器件或几个元器件上有效。
- Footprint：选中该菜单，表示当前设定的规则在选定的引脚上有效，此时在右端的编辑框内可设置引脚名称。
- Package：选中该菜单，表示当前设定的规则在选定的范围中有效。
- Custom Query：选中该菜单，即激活了【询问助手】按钮，单击该按钮，可启动 Query Helper 对话框来编辑一个表达式，以便自定义规则的适用范围。

下部分主要用于设置规则的具体约束特性。对于不同的规则，约束特性的设置内容也是不同的。在【约束】子规则中，需要设置的有如下几项。

- 【Room 锁定】：选中该复选按钮后，表示 PCB 图上的 Room 空间被锁定，此时用户不能再重新定义 Room 空间，同时在进行自动布局或手动布局时该空间也不能再被拖动。
- 【锁定的元器件】：选中该复选按钮后，Room 空间中元器件封装的位置和状态将被锁定，在进行自动布局或手动布局时，不能再移动它们的位置和编辑它们的状态。

对于 Room 空间大小，可通过【定义】按钮或输入 X1、X2、Y1、Y2 四个对角坐标来完成。其中 X1 和 Y1 用来设置 Room 空间最左下角的横坐标和纵坐标的值，X2 和 Y2 用来设置 Room 空间最右上角的横坐标和纵坐标的值。

【约束】区域最下方是两个下拉列表框，用于设置 Room 空间所在工作层及元器件所在位置。工作层设置包括两个选项，即 Top Layer（顶层）和 Bottom Layer（底层）。元器件位置设置也包括两个选项，即 Keep Objects Inside（元器件位于 Room 空间内）和 Keep Objects Outside（元器件位于 Room 空间外）。

2. Component Clearance（元器件间距）子规则

Component Clearance 子规则是用来设置自动布局时元器件封装之间的安全距离的。

单击 Component Clearance 子规则前面的加号，则会展开一个 Component Clearance 子规则选项，单击该规则可在【PCB 规则及约束编辑器】对话框的右侧打开如图 7-7 所示的对话框。

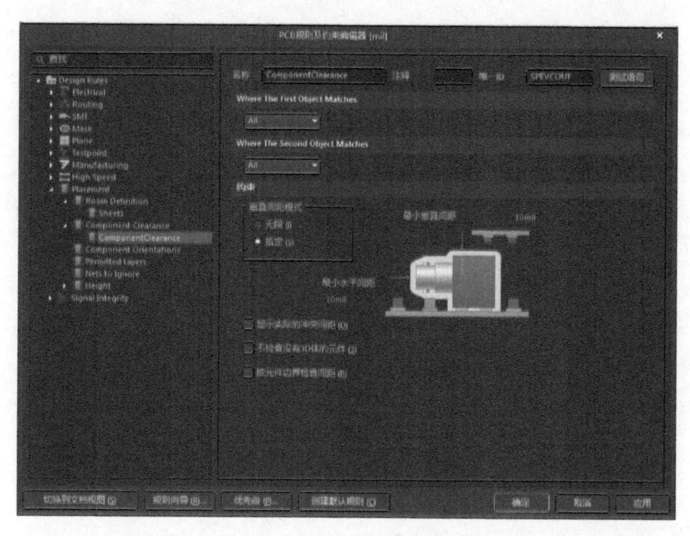

图 7-7　Component Clearance 子规则设置对话框

间距是相对于两个对象而言的，因此在该规则对话框中，相应地会有两个规则匹配对象的范围设置，设置方法与前面的相同。

在【约束】区域内的【垂直间距模式】栏内提供了两种对该项规则进行检查的模式，对应于不同的检查模式，在布局中对于是否违规判断的依据会有所不同。这两种模式分别为【无限】和【指定】检查模式。

- 【无限】：以元器件的外形尺寸为依据。选中该模式，【约束】区域就会变成如图 7-8 所示的形式。在该模式下，只需设置最小水平距离。
- 【指定】：以元器件本体图元为依据，忽略其他图元。在该模式中需要设置元器件本体图元之间的最小水平间距和最小垂直间距。选中该模式，【约束】区域就会变成如图 7-9 所示的形式。

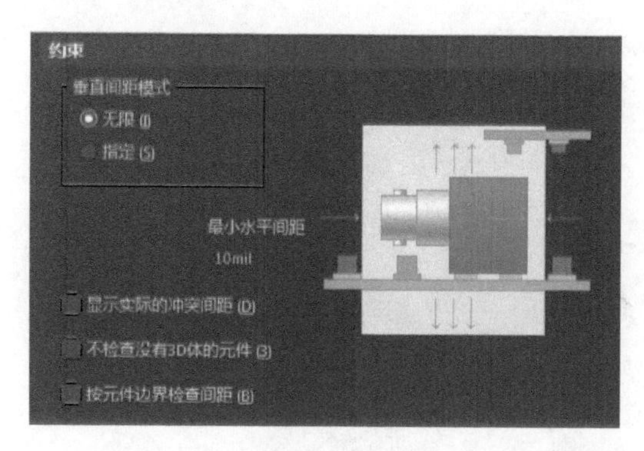

图 7-8　使用【无限】检查模式

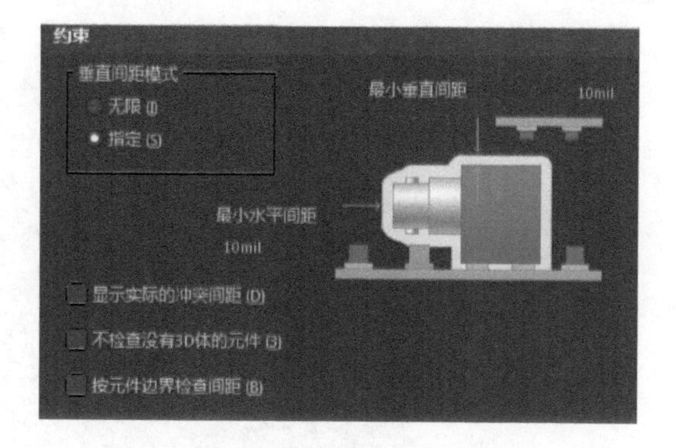

图 7-9　使用【指定】检查模式

3. Component Orientations（元器件布局方向）子规则

Component Orientations 子规则用于设置元器件在 PCB 上的放置方向。通过图 7-5 可以看到，该项子规则前没有加号，说明该项规则并未被激活。右击 Component Orientations 子规则，执行【新规则】菜单命令。单击新建的 Component Orientations 子规则选项即可打开设置对话框，如图 7-10 所示。

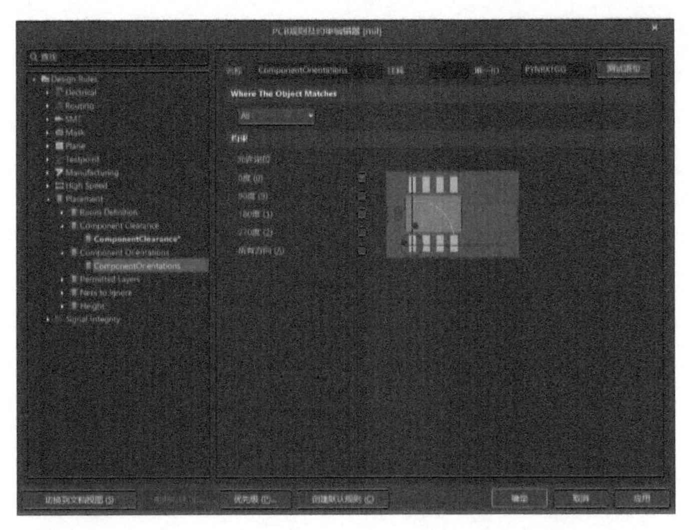

图 7-10　Component Orientations 子规则设置对话框

【约束】：该区域内提供了如下 5 种允许元器件旋转角度的复选框。

- 【0 度】：选中该复选框，表示元器件封装放置时不用旋转。
- 【90 度】：选中该复选框，表示元器件封装放置时可以旋转 90°。
- 【180 度】：选中该复选框，表示元器件封装放置时可以旋转 180°。
- 【270 度】：选中该复选框，表示元器件封装放置时可以旋转 270°。
- 【所有方向】：选中该复选框，表示元器件封装放置时可以旋转任意角度。当该复选框被选中后，其他复选框都处于不可选状态。

4. Permitted Layers（工作层设置）子规则

Permitted Layers 子规则主要用于设置 PCB 上允许元器件封装所放置的工作层。执行菜单命令【新规则】，新建一个 Permitted Layers 子规则选项，单击新建的规则选项即可打开设置对话框，如图 7-11 所示。

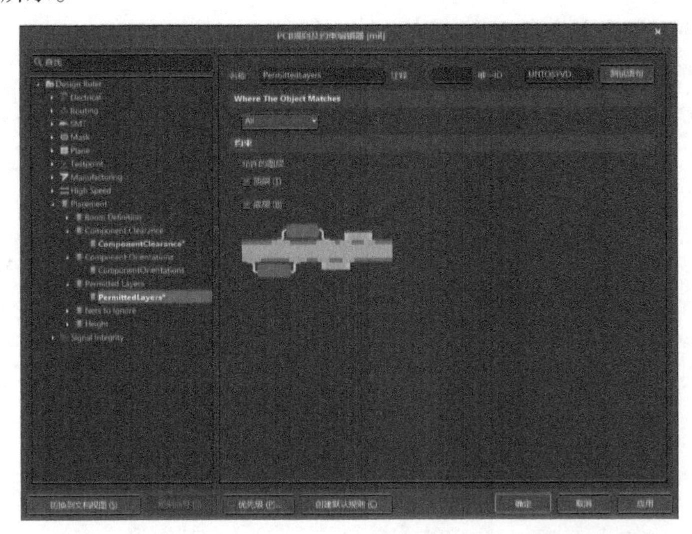

图 7-11　Permitted Layers 子规则设置对话框

该规则的【约束】区域内，提供了两个工作层选项允许放置元器件封装，即【顶层】和【底层】。一般过孔式元器件封装都放置在 PCB 的顶层，而贴片式元器件封装即可以放置在顶层也可以放置在底层。若要求某一面不能放置元器件封装，则可以通过该设置实现这一要求。

5. Nets to Ignore（忽略网络）子规则

Nets to Ignore 子规则用于设置在采用【成群的放置项】方式执行元器件自动布局时可以忽略的一些网络，在一定程度上提高了自动布局的质量和效率。执行菜单命令【新规则】，新建一个 Nets to Ignore 子规则选项，单击新建的规则选项，打开设置对话框，如图 7-12 所示。

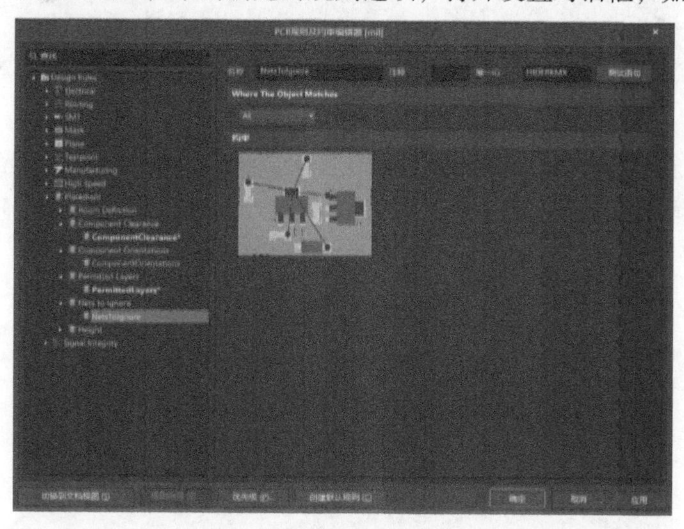

图 7-12　Nets to Ignore 子规则设置对话框

该规则的约束条件是通过对上面的规则匹配对象适用范围的设置来完成的，选出要忽略的网络名称即可。

6. Height（高度）子规则

Height 子规则用于设置元器件封装的高度范围。单击 Height 子规则前面的加号，则会展开一个 Height 子规则，单击该规则可在【PCB 规则及约束编辑器】对话框的右边打开如图 7-13 所示的对话框。

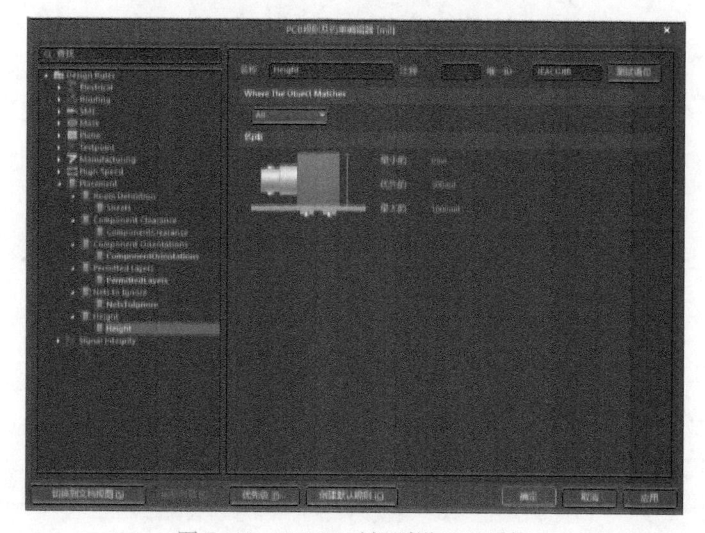

图 7-13　Height 子规则设置对话框

在【约束】区域内可以对元器件封装的最小、最大及优选高度进行设置。

7.1.2 元器件自动布局

【例 7-1】以 LED 点阵驱动电路为例进行自动布局。

第 1 步：首先对自动布局规则进行设置，自动布局规则设置如图 7-14 所示。

名称	优...	使...	类型	分类	范围	属性
ComponentClearanc	1	✓	Component Clearance	Placement	All - All	Horizontal Clearance =
ComponentOrientat	1	✓	Component Orientatio	Placement	All	Allowed Rotations - 0,
example	1	✓	Room Definition	Placement	InComponentClass('LE(	Region (BR) = (999.803
Height	1	✓	Height	Placement	All	Pref Height = 500mil
NetsToIgnore	1	✓	Nets to Ignore	Placement	All	(No Attributes)
PermittedLayers	1	✓	Permitted Layers	Placement	All	Permitted Layers - Top,

图 7-14　自动布局规则设置

打开已导入网络和元器件封装的 PCB 文件，选中 Room 空间“LED 点阵驱动电路”，拖动光标移动到 PCB 内部，如图 7-15 所示。

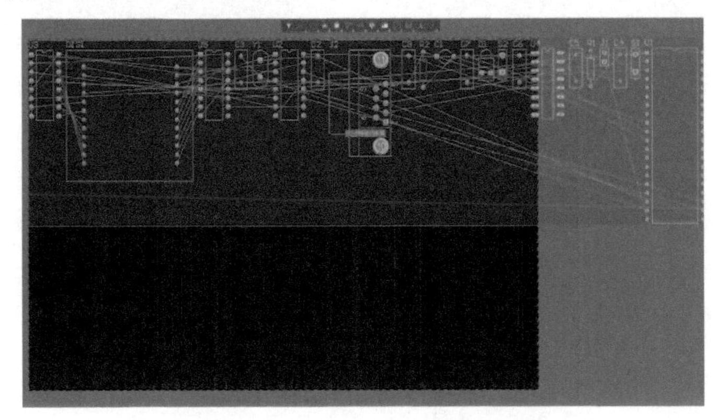

图 7-15　移动 Room 空间到 PCB

第 2 步：选中所有元器件，执行【工具】→【器件摆放】→【在矩形区域排列】命令，如图 7-16 所示。

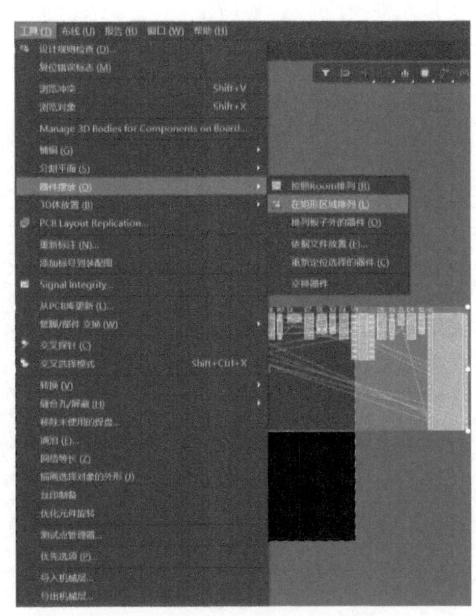

图 7-16　选中后的元器件

在 PCB 中的目标位置画出矩形，本次是以整个设计区域为例，如图 7-17 所示。

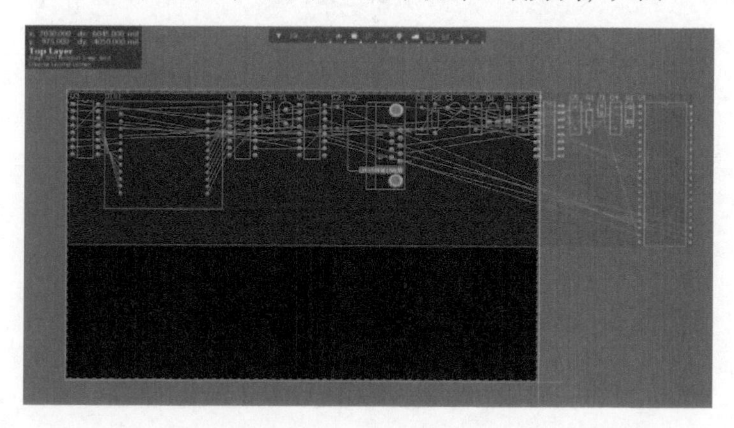

图 7-17　框选出矩形区域

此时元器件自动布局，如图 7-18 所示。

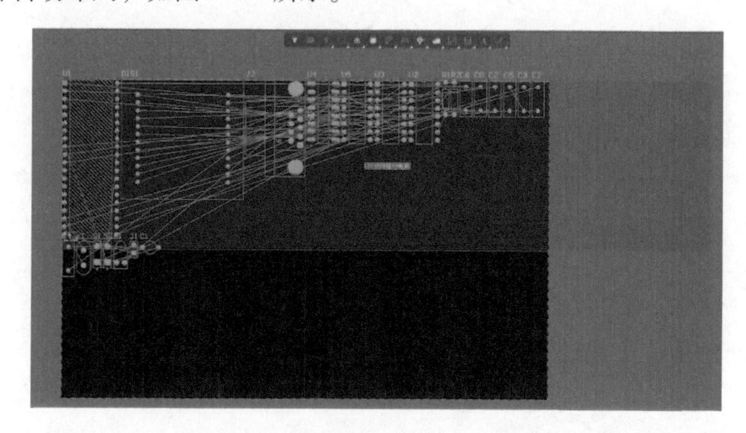

图 7-18　元器件自动布局

或按照 Room 区域也可实现元器件的自动布局，首先调节 Room 区域设成需求的区域，如图 7-19 所示。

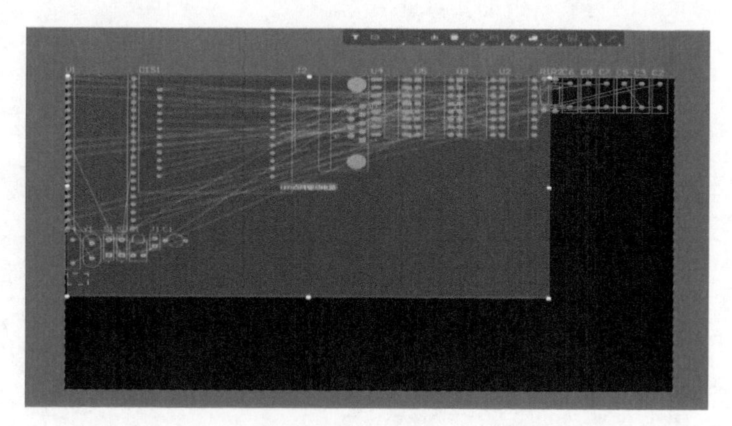

图 7-19　调节 Room 区域设成需求的区域

然后选中所有元器件，再执行【工具】→【器件摆放】→【按照 Room 排列】命令，然后单击想要排列在内的 Room 区域。执行后的结果，如图 7-20 所示。

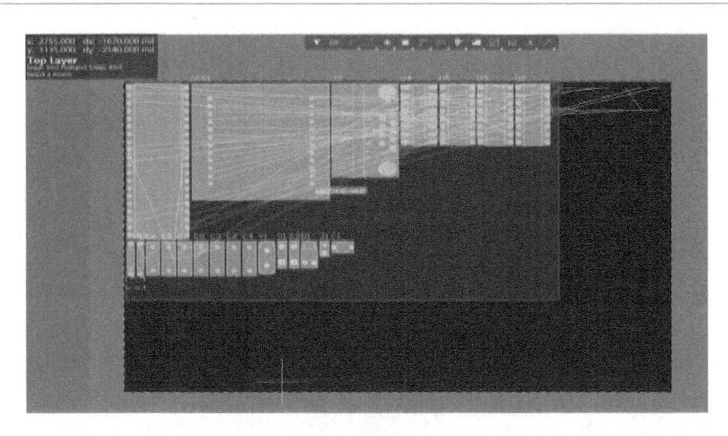

图 7-20　按照 Room 排列

从元器件布局结果来看，自动布局只是将元器件放入到板框中，并未考虑电路信号流向及特殊元器件的布局要求，因此自动布局一般不能满足用户的需求，用户还需采用手动方式布局进行调整。

7.2　手动布局

虽然自动布局简单方便，但是大多难以实现设计目的，因此需要手动布局使设计能达到要求。手动布局时应严格遵循原理图的绘制结构。首先将全图最核心的元器件放置到合适的位置，然后将其外围元器件，按照原理图的结构放置到核心元器件的周围。通常使具有电气连接的元器件引脚比较接近，这样走线距离短，从而使整个电路板的导线能够易于连通。

【例 7-2】 以 LED 点阵驱动电路为例进行手动布局。

第 1 步：执行【编辑】→【对齐】命令，系统会弹出【对齐】命令菜单，如图 7-21 所示。

各图标的意义如下：

- ⊫：将选取的元器件向最左边的元器件对齐。
- ⊣：将选取的元器件向最右边的元器件对齐。
- ⊹：将选取的元器件水平中心对齐。
- ⊶：将选取的元器件水平平铺。
- ⊷：将选取放置的元器件的水平间距扩大。
- ⊸：将选取放置的元器件的水平间距缩小。
- ⊤：将选取的元器件与最上边的元器件对齐。
- ⊥：将选取的元器件与最下边的元器件对齐。
- ⊕：将选取的元器件按元器件的垂直中心对齐。
- ⋮：将选取的元器件垂直平铺。
- ⋮：将选取放置的元器件的垂直间距扩大。
- ⋮：将选取放置的元器件的垂直间距缩小。
- ⌗：将元器件对齐到栅格上。
- ▦：移动所有器件原点到栅格上。

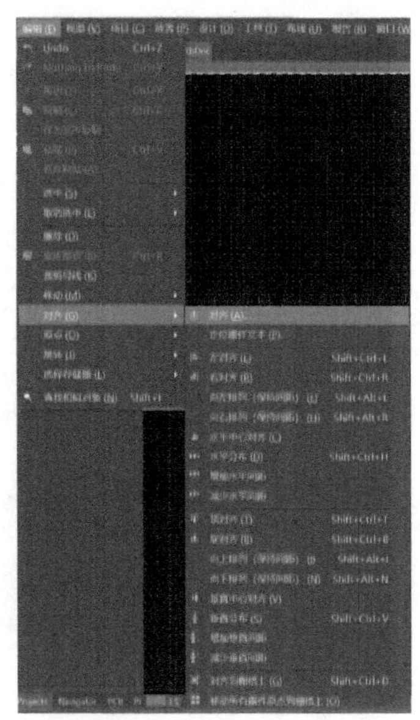

图 7-21　【对齐】命令菜单

执行【编辑】→【对齐】→【定位器件文本】，系统则打开如图 7-22 所示的【元器件文本位置】对话框。

在该对话框中，用户可以对元器件文本（位号和注释）的位置进行设置，也可以直接手动调整文本位置。

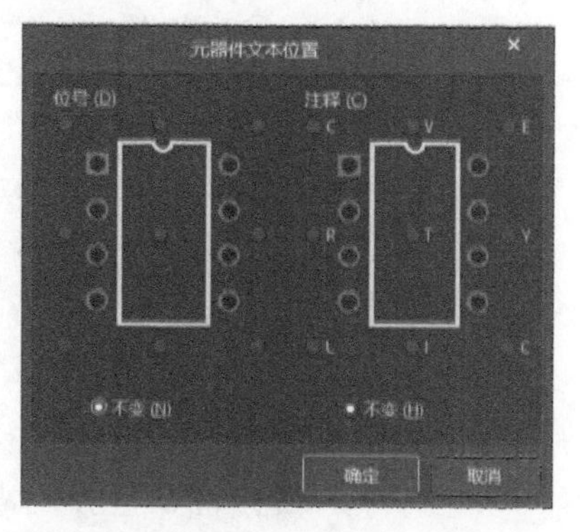

图 7-22 【元器件文本位置】对话框

使用上述菜单命令，可以实现元器件的排列、提高效率，并使 PCB 的布局更加整齐和美观。

已经完成了网络和元器件封装的装入，接下来就可以开始在 PCB 上放置元器件了，如图 7-23 所示。

第 2 步：打开 Properties 界面，单击选中整个面板，切换至 Properties-Board 界面，设置合适的栅格参数，如图 7-24 所示。

按下快捷键〈V〉（视图菜单栏）和〈D〉（设计菜单栏），使整个 PCB 和所有元器件显示在编辑对话框中。

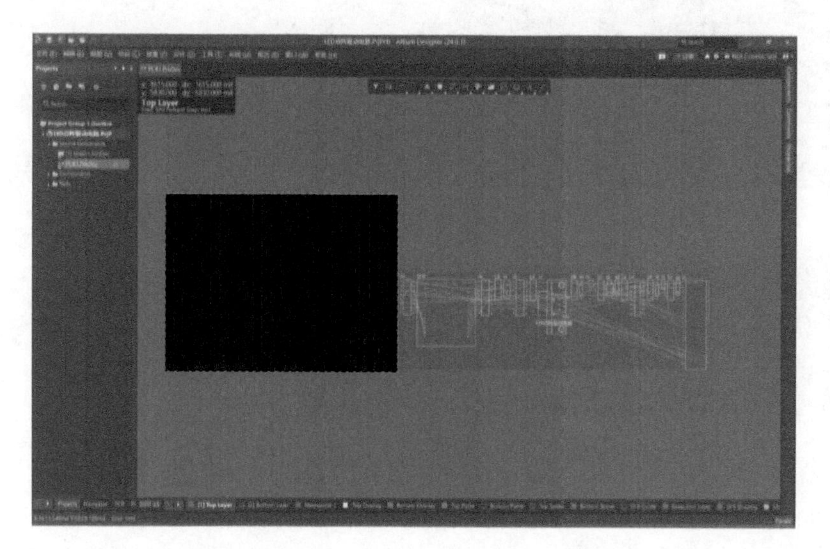

图 7-23　导入的元器件

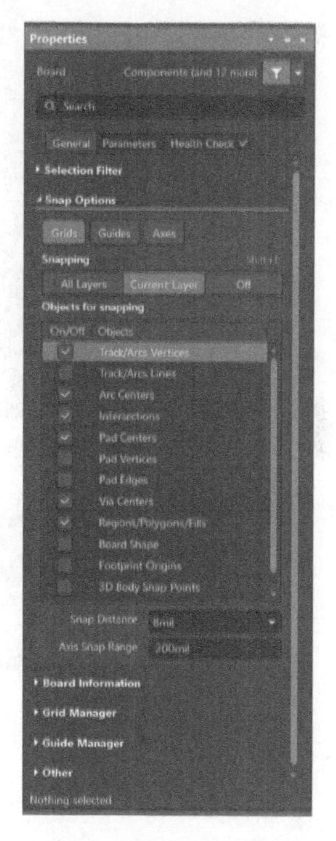

图 7-24　设置合适的栅格参数

参照电路原理图，首先将核心元器件 U1 移动到 PCB 上。将光标放在 U1 封装的轮廓上单击，光标变成一个大“十字”形状，移动光标，拖动元器件，将其移动到合适的位置，松开鼠标将元器件放下，如图 7-25 所示。

第 3 步：用同样的操作方法，将其余元器件封装一一放置到 PCB 中，完成所有元器件的放置后，如图 7-26 所示。

第 4 步：调整元器件封装的位置，尽量对齐，并对元器件的标注文字进行重新定位、调整。无论是自动布局，还是手动布局，根据电路的特性要求在 PCB 上放置了元器件封装后，一般都需要进行一些排列对齐操作，如图 7-27 所示是一组待排列的电容。

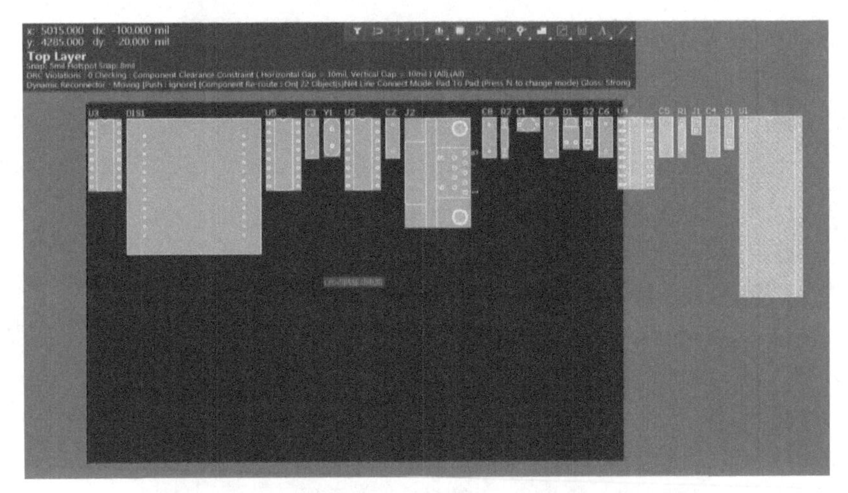

图 7-25　放置元器件 U1 到 PCB 上

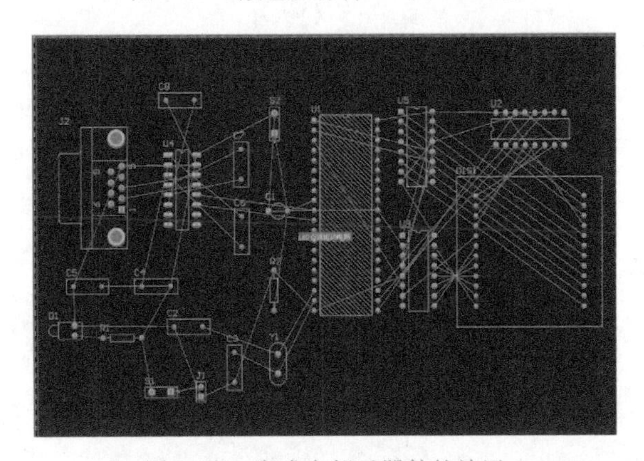

图 7-26　完成全部元器件的放置

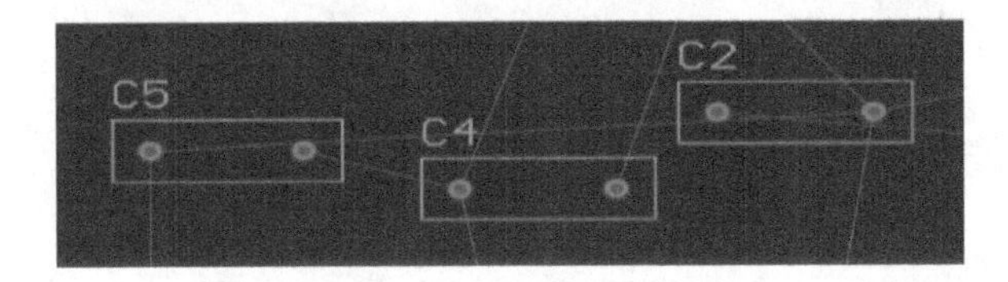

图 7-27　一组待排列的电容

执行【顶对齐】命令后，使电容排向顶端对齐，结果如图 7-28 所示。

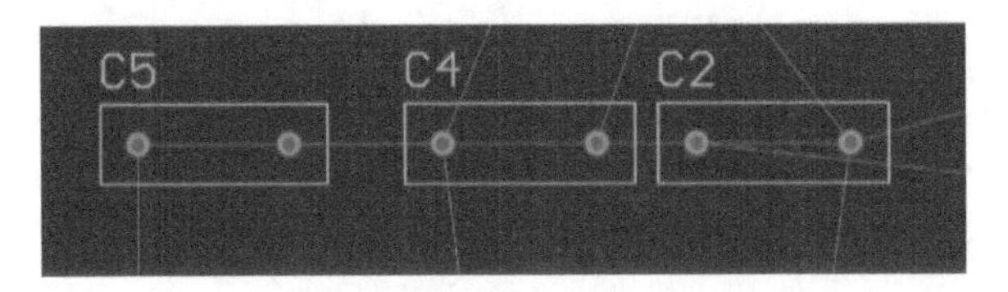

图 7-28　使电容排向顶端对齐

执行【水平分布】命令，水平分布后的电容，结果如图 7-29 所示。

Altium Designer 24 系统提供的对齐菜单命令，并不是只是针对元器件与元器件之间的对齐，还包括焊盘与焊盘之间的对齐。如图 7-30 所示，电阻 R9 和滑动变阻器 RV1 相对的两焊盘，为了使布线时遵从最短走线原则，应使两焊盘对齐。

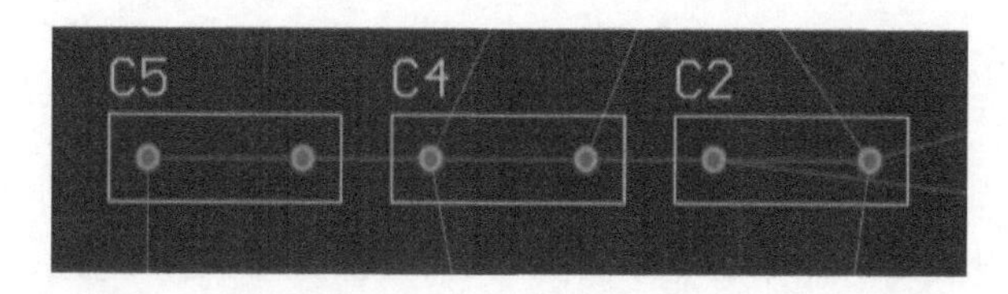

图 7-29　水平分布后的电容

选中其中一个焊盘，单击〈Tab〉键，执行【底对齐】命令，使两个焊盘对齐到一条直线上，结果如图 7-31 所示。

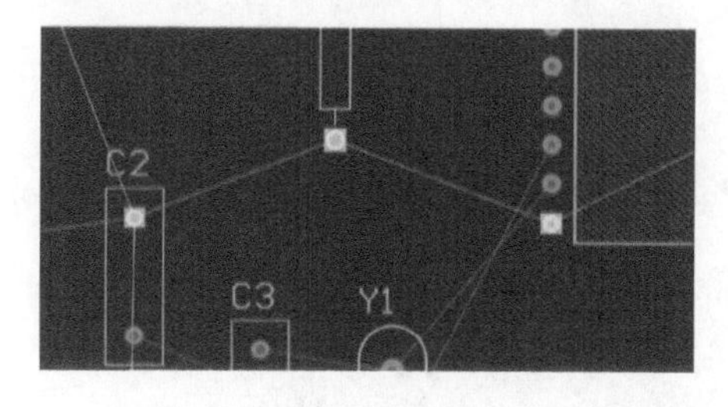

图 7-30　待对齐的两个焊盘

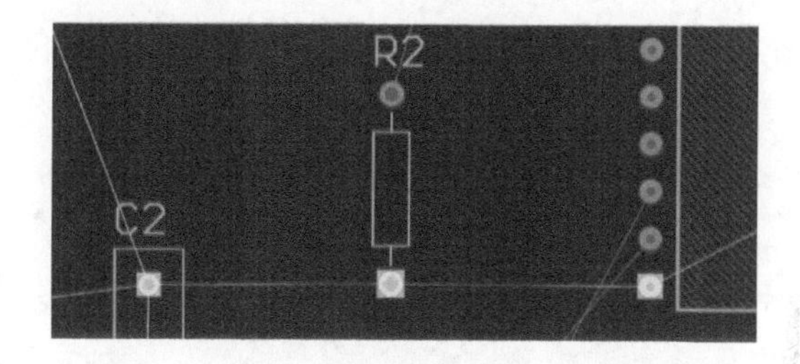

图 7-31　两个焊盘对齐到一条直线上

在上述初步布局的基础上，为了使电路更加美观、经济，用户需进一步优化电路布局。在已布局电路中，元器件 C8 存在交叉线，如图 7-32 所示。

因此用户需按〈Space〉键，调整 C8 元器件的方位以消除交叉线。调整后的结果如图 7-33 所示。

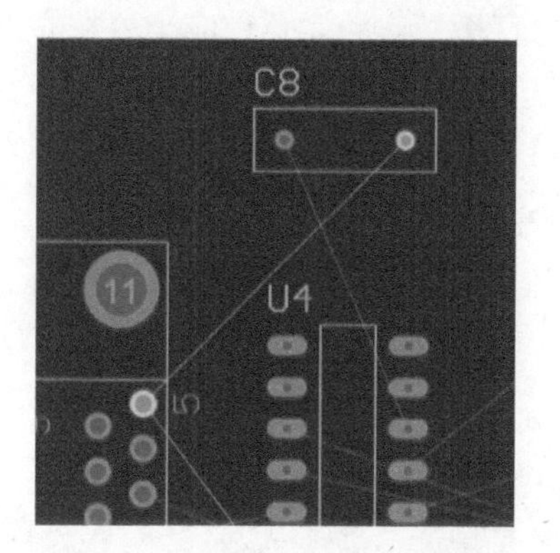

图 7-32　存在交叉线的元器件 C8

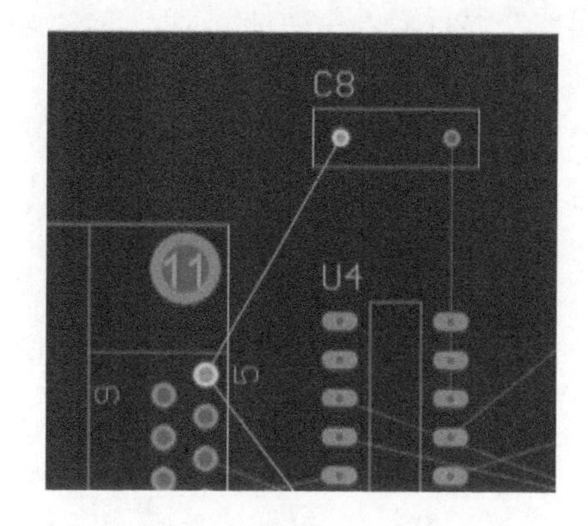

图 7-33　调整后的电路布局图

同样地，元器件的标注也是可以调整，调整的方式与调整元器件的方式相同。以调整图 7-33 中元器件 C8 的标注为例，将鼠标放置到元器件 C8 的标注上单击鼠标，同时按下〈Space〉键，此时元器件标注将发生旋转，如图 7-34 所示。

调整后的结果如图 7-35 所示。

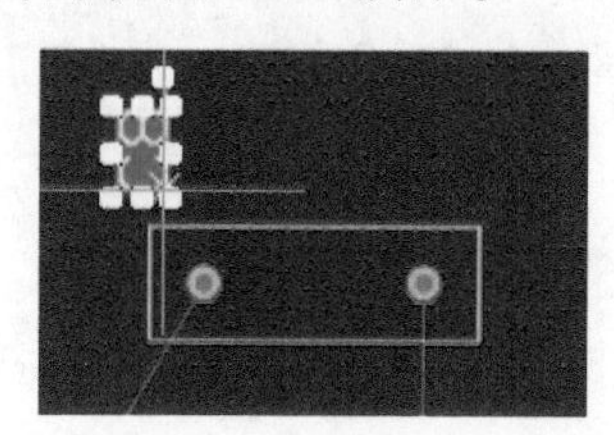

图 7-34　调整元器件 C8 标注

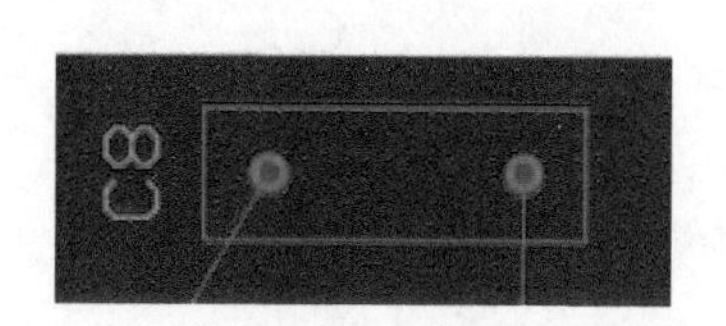

图 7-35　调整后的元器件标注

7.3　PCB 布局注意事项

元器件布局依据以下原则：保证电路功能和性能指标；满足工艺性、检测和维修等方面的要求；元器件排列整齐、疏密得当，兼顾美观性。而对于初学者，合理的布局是确保 PCB 正常工作的前提，因此 PCB 布局需要用户特别注意。

1. 按照信号流向布局

PCB 布局时应遵循信号从左到右或从上到下的原则，即在布局时输入信号放在电路板的左侧或上方，而将输出放置到电路板的右侧或下方，如图 7-36 所示。

a) 电源电路板

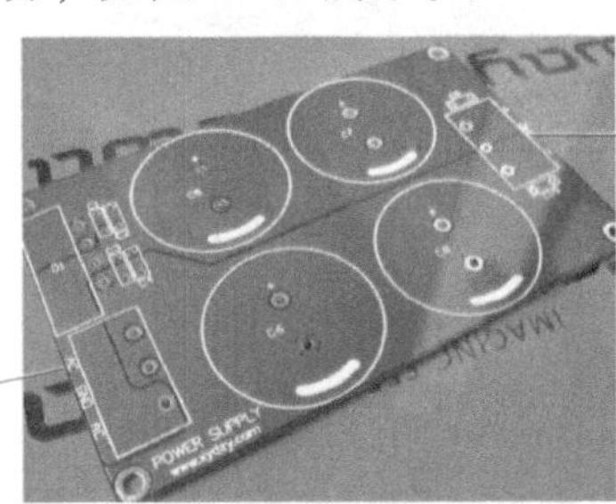

b) 电源电路PCB

图 7-36　按照信号流向布局

将电路按照信号的流向逐一排布元器件，便于信号的流通。此外，与输入端直接相连的元器件应当放在靠近输入接插件的地方，同理，与输出端直接相连的元器件应当放在靠近输出接插件的地方。

当布局受到连线优化或空间的约束而需放置到电路板同侧时，输入端与输出端不宜靠得太近，以避免产生寄生电容而引起电路振荡，甚至导致系统工作不稳定。

2. 优先确定核心元器件的位置

以电路功能判别电路的核心元器件，然后以核心元器件为中心，围绕核心元器件布局，如图 7-37 所示。

优先确定核心元器件的位置有利于其余元器件的布局。

图 7-37　围绕核心元器件布局

3. 考虑电路的电磁特性

在电路布局时，应充分考虑电路的电磁特性。通常强电部分（220 V 交流电）与弱电部分要远离，电路的输入级与输出级的元器件应尽量分开。同时，当直流电源引线较长时，要增加滤波元器件，以防止产生 50 Hz 工频干扰。

当元器件间可能有较高的电位差时，应加大它们之间的距离，以避免因放电、击穿引起的意外。此外，金属壳的元器件应避免相互接触。

4. 考虑电路的热干扰

对于发热元器件应尽量放置在靠近外壳或通风较好的位置，以便利用机壳上开凿的散热孔散热。当元器件需要安装散热装置时，应将元器件放置到电路板的边缘，以便于按散热器或小风扇以确保元器件的温度在允许范围内。安装散热装置的电路如图 7-38 所示。

对于温度敏感的元器件，如晶体管、集成电路、热敏电路等，不宜放在热源附近。

5. 可调节元器件的布局

对于可调元器件，如可调电位器、可调电容器、可调电感线圈等，在电路板布局时，须考虑其机械结构。可调元器件的外观如图 7-39 所示。

在放置可调元器件时，应尽量布置在操作者手方便操作的位置，以便可调元器件方便使用。

而对于一些带高电压的元器件则应尽量布置在操作者手不易触及的地方，以确保调试、维修的安全。

图 7-38　安装散热装置的电路

图 7-39　可调元器件的外观

6. 其他注意事项

- 按电路模块布局，实现同一功能的相关电路称为一个模块，电路模块中的元器件应用就近原则，同时数字电路和模拟电路分开；
- 定位孔、标准孔等非安装孔周围 1.27 mm（50 mil）内不得贴装元器件，螺钉等安装孔周围 3.5 mm（138 mil）（对于 M2.5）及 4 mm（157 mil）内不得贴装元器件；
- 贴装元器件焊盘的外侧与相邻插装元器件的外侧距离大于 2 mm（79 mil）；
- 金属壳体元器件和金属体（屏蔽盒等）不能与其他元器件相碰，不能紧贴印制线、焊盘，其间距应大于 2 mm（79 mil）；定位孔、紧固件安装孔、椭圆孔及板中其他方孔外侧距板边的尺寸大于 3 mm（118 mil）；
- 高热元器件要均衡分布；
- 电源插座要尽量布置在印制电路板的四周，电源插座与其相连的汇流条接线端布置在同侧，且电源插座及焊接连接器的布置间距应考虑方便电源插头的插拔；
- 所有 IC 元器件单边对齐，有极性元器件极性标示明确，同一印制电路板上极性标示不得多于两个方向，当出现两个方向时，两个方向应互相垂直；
- 贴片单边对齐，字符方向一致，封装方向一致。

习题

1. 简述设置布局的规则。
2. 在前文中用到的实例中，对 PCB 进行布局。
3. PCB 布局时应考虑哪些问题？

第8章　PCB布线

在整个PCB设计中，以布线的设计过程要求最高、技巧最细、工作量最大。PCB布线分为单面布线、双面布线及多层布线3种。PCB布线可使用系统提供的自动布线和手动布线两种方式。虽然系统给设计者提供了一个操作方便的自动布线功能，但在实际设计中，仍然会有不合理的地方，这时就需要设计者手动调整PCB上的布线，以获得最佳的设计效果。

在Altium Designer 24中早已优化了推挤布线和对于已布线的元器件拖拽时的自动跟进布线，避免了在推挤时产生不符合规则的布线等。同时支持跟进外形进行弧形布线，避免了布线时产生锐角和回路等。

目的： PCB布线是整个设计中十分重要的步骤，在布通所有导线的基础上，还要尽可能地满足减少干扰、减少使用过孔等要求。本章首先对布线前的规则设置进行详细介绍，再对常用的布线方式进行介绍。

内容提要

- 布线的基本规则
- 布线前规则的设置
- 布线策略的设置
- 自动布线
- 手动布线
- 混合布线
- 差分对布线
- ActiveRoute布线
- 设计规则检查

8.1　布线的基本规则

印制电路板（PCB）设计的好坏对电路板抗干扰能力影响很大。因此，在进行PCB设计时，必须遵守PCB设计的基本原则，并应符合抗干扰设计的要求，使得电路获得最佳的性能。

- 印制导线的布设应尽可能地短；同一元器件的各条地址线或数据线应尽可能保持一样长；当电路为高频电路或布线密集的情况下，印制导线的拐弯应成圆角。当印制导线的拐弯呈直角或锐角时，在高频电路或布线密集的情况下会影响电路的电气特性。
- 当双面布线时，两面的导线应互相垂直、斜交或弯曲走线，避免相互平行，以减少寄生耦合。
- PCB尽量使用45°折线，而不用90°折线布线，以减少高频信号对外的发射与耦合。
- 作为电路的输入及输出用的印制导线应尽量避免相邻平行，以免发生回流，在这些导线之间最好加接地线。
- 当板面布线疏密差别大时，应以网状铜箔填充，网格大于0.2 mm（8 mil）。
- 贴片焊盘上不能有通孔，以免焊膏流失造成元器件虚焊。
- 重要信号线不准从插座间穿过。
- 卧装电阻、电感（插件）、电解电容等元器件的下方避免有过孔，以免波峰焊后孔与元器件壳体短路。
- 手动布线时，先布电源线，再布地线，且电源线应尽量在同一层面。

- 信号线不能出现回环走线，如果不得不出现环路，要尽量让环路小。
- 走线通过两个焊盘之间而不与它们连通的时候，应该与它们保持最大而相等的间距。
- 走线与导线之间的距离也应当均匀、相等并且保持最大。
- 导线与焊盘连接处的过渡要圆滑，避免出现小尖角。
- 当焊盘之间的中心间距小于一个焊盘的外径时，焊盘之间的连接导线宽度可以和焊盘的直径相同；当焊盘之间的中心距大于焊盘的外径时，应减小导线的宽度；当一条导线上有三个以上的焊盘，它们之间的距离应该大于两个直径的宽度。
- 印制导线的公共地线，应尽量布置在印制电路板的边缘部分。在印制电路板上应尽可能多地保留铜箔做地线，这样得到的屏蔽效果比一条长地线要好，传输线特性和屏蔽作用也将得到改善，另外还起到了减小分布电容的作用。印制导线的公共地线最好形成环路或网状，这是因为当在同一块板上有许多集成电路时，由于图形上的限制产生了接地电位差，从而引起噪声容限的降低，做成回路时，接地电位差减小。
- 为了抑制噪声能力，接地和电源的图形应尽可能与数据的流动方向平行。
- 多层印制电路板可采取其中若干层做屏蔽层，电源层、地线层均可视为屏蔽层，要注意的是，一般地线层和电源层设计在多层印制电路板的内层，信号线设计在内层或外层。
- 数字区与模拟区尽可能进行隔离，并且数字地与模拟地要分离，最后接于电源地。

8.2　布线前规则的设置

在布线之前对布线规则进行设置，设置完成后，在整个布线过程中会自动遵守布线规则。布线规则通过【PCB 规则及约束编辑器】对话框来完成设置。在对话框提供的 10 类规则中，与布线有关的主要是 Electrical（电气规则）和 Routing（布线规则）。下面对这两类规则分别进行设置。

8.2.1　电气规则（Electrical）设置

电气规则（Electrical）的设置是针对具有电气特性的对象，用于系统的 DRC 电气校验。当布线过程中违反电气特性规则时，DRC 校验器将自动报警，提示用户修改布线。在 PCB 编辑环境中，执行【设计】→【规则】命令，打开【PCB 规则及约束编辑器】对话框，在该对话框左边的规则列表栏中，单击 Electrical 前面的三角符号，可以看到需要设置的电气子规则有 6 项，如图 8-1 所示。

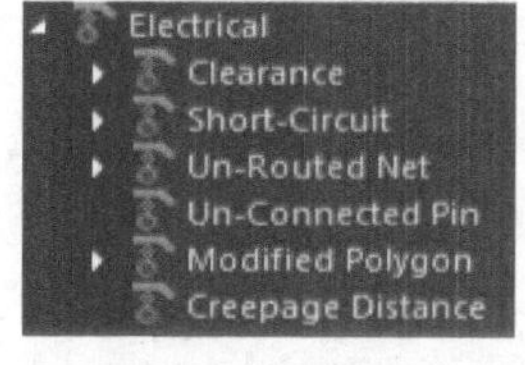

图 8-1　Electrical 子规则

这 6 项子规则分别是，Clearance（安全间距）子规则、Short-Circuit（短路）子规则、Un-Routed Net（非路由网络）子规则、Un-Connected Pin（未连接的引脚）子规则、Modified Polygon（修改多边形）子规则及 Creepage Distance（爬电距离）子规则。下面分别介绍这 6 项子规则的用途及参数设置方法。

1. Clearance 子规则

该项子规则主要用于设置 PCB 设计中导线与导线之间、导线与焊盘之间、焊盘与焊盘之间等导电对象之间的最小安全距离，以避免彼此由于距离过近而产生电气干扰。单击 Clearance 子规则前面的加号，则会展开一个 Clearance 子规则，单击该规则可在【PCB 规则及约束编辑器】对话框的右边打开如图 8-2 所示的对话框。

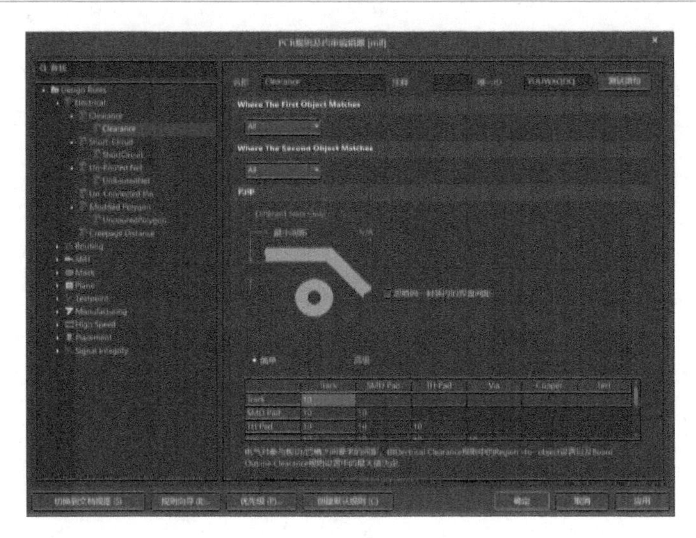

图 8-2 【Clearance】子规则设置对话框

Altium Designer 24 软件中 Clearance 子规则规定了板上不同网络的走线、焊盘和过孔等之间必须保持的距离。

📖 提示：在单面板和双面板的设计中，最小安全距离首选值为 10~12 mil；4 层及以上的 PCB 最小安全距离首选值为 7~8 mil；最大安全间距一般没有限制。

相邻导线间距必须能满足电气安全要求，而且为了便于操作和生产，间距应尽量宽些。最小间距至少要能适合承受的电压。这个电压一般包括工作电压、附加波动电压及其他原因引起的峰值电压。如果相关技术条件允许在线之间存在某种程度的金属残粒，则其间距会减小。因此设计者在考虑电压时应把这种因素考虑进去。在布线密度较低时，信号线的间距可适当加大，对高、低电压悬殊的信号线应尽可能地缩短长度并加大距离。

电气规则的设置对话框与布局规则的设置对话框一致，同样由上下两部分构成。上半部分是用来设置规则的适用对象范围。下半部分为用来设置规则的约束条件，如图 8-2 中【约束】区域，主要用于设置该项规则适用的网络范围，由下拉列表给出。

- Different Nets Only：仅适用于不同的网络之间。
- Same Net Only：仅适用在同一网络中。
- All Net：适用于一切网络。
- Different Differential pair：用来设置不同导电对象之间具体的安全距离值。一般导电对象之间的距离越大，产生干扰或元器件之间的短路的可能性就越小，但电路板就要求很大，成本也会相应提高，所以应根据实际情况加以设定。
- Same Differential pair：用来设置相同导电对象之间具体的安全距离值。

2. Short-Circuit 子规则

Short-Circuit 子规则用于设置短路的导线是否允许出现在 PCB 上，设置对话框如图 8-3 所示。

在对话框的【约束】区域内，有【允许短路】复选框。若选中该复选框，表示在 PCB 布线时允许设置的匹配对象中的导线短路。系统默认为未选中的状态。

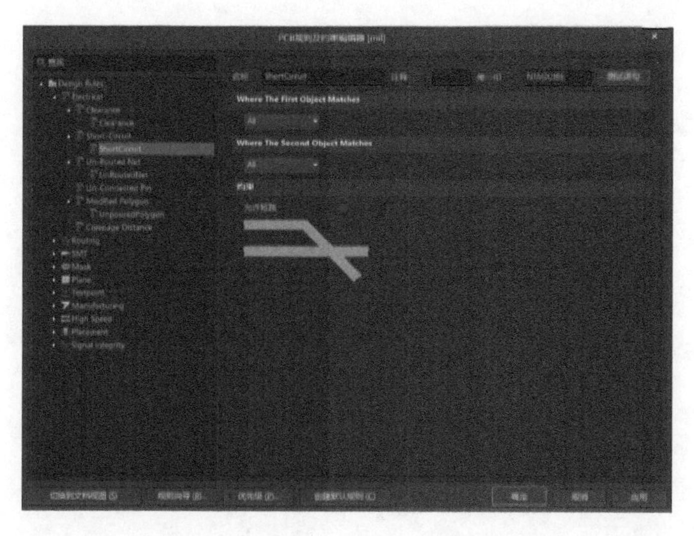

图 8-3　Short-Circuit 子规则设置对话框

3. Un-Routed Net 子规则

Un-Routed Net 子规则用于检查 PCB 中指定范围内的网络是否已完成布线，对于没有布线的网络，仍以飞线形式保持连接。其设置对话框如图 8-4 所示。

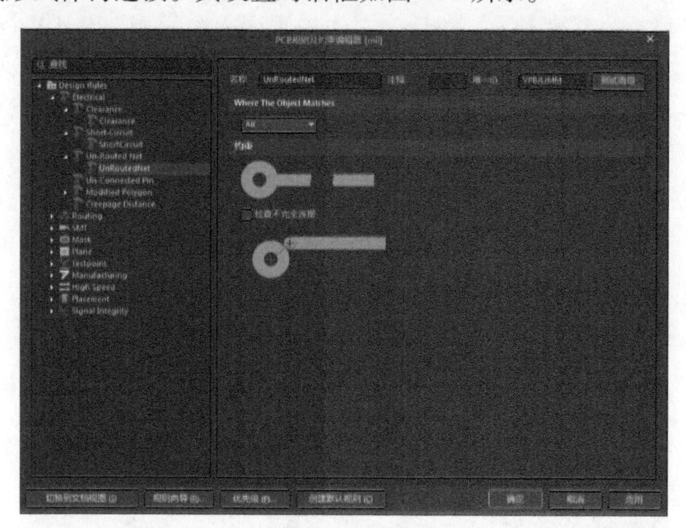

图 8-4　Un-Routed Net 子规则设置对话框

规则的【约束】区域内同样只给出了一个复选框，选中则开启检查不完全连接的设定。系统默认为未选中的状态。

4. Un-Connected Pin 子规则

Un-Connected Pin 子规则用于检查指定范围内的元器件引脚是否已连接到网络，对于没有连接的引脚，给予警告提示，显示为高亮状态。

选中【PCB 规则及约束编辑器】对话框左边规则列表中的 Un-Connected Pin 规则右击鼠标，执行菜单命令【新规则】，或是单击 Un-Connected Pin 子规则，在右侧界面单击【新规则】，在规则列表中会出现一个新的默认名为 Un-Connected Pin 的规则。单击该新建规则，打开设置对话框，其设置对话框如图 8-5 所示。

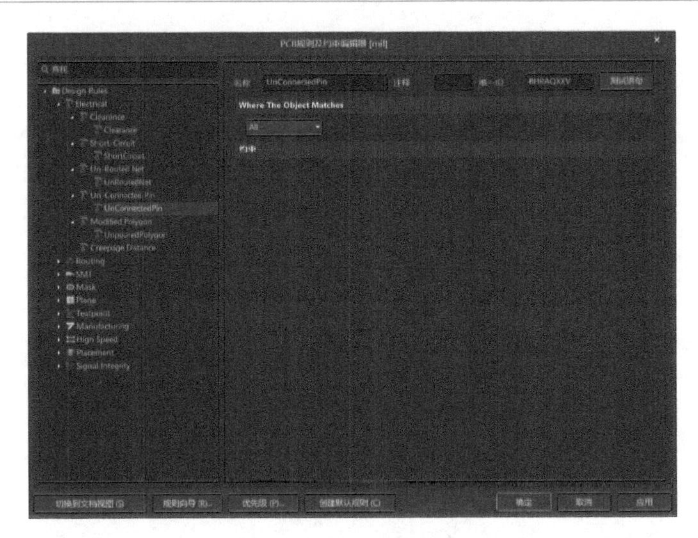

图 8-5　Un-Connected Pin 子规则设置对话框

该规则的【约束】区域内也没有任何约束条件设置，只需要创建规则，为其设定适用范围即可。当完成该项设置后，未连接到网络的引脚会被突出标注。

5. Modified Polygon 子规则

选中【PCB 规则及约束编辑器】对话框左边规则列表中的 Modified Polygon 规则，在规则列表中会出现一个新的默认名为 UnpouredPolygon 的规则。单击该新建规则，打开设置对话框，设置对话框如图 8-6 所示。

图 8-6　【Modified Polygon】子规则设置对话框

6. Creepage Distance 子规则

选中【PCB 规则及约束编辑器】对话框左边规则列表中的 Creepage Distance 规则，在规则列表中会出现一个新的默认名为 Creepage 的规则。单击该新建规则，打开设置对话框，设置对话框如图 8-7 所示。

爬电距离是通过在电路板上的剪切块和未镀铜的焊盘孔周围的距离来计算的。当电路板非导电表面和边缘区域上的目标信号间爬电距离等于或小于规定的爬电距离时，此项设计规则将标记违规。

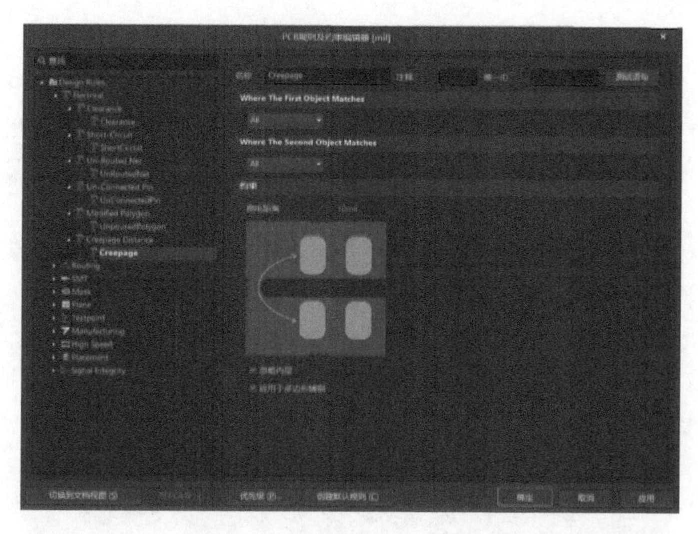

图 8-7 【Creepage Distance】子规则设置对话框

- 设置“第一个/第二个对象匹配”：这是一个二元规则，配置第一个对象匹配，以识别必须与其他网络保持规定爬电距离的网络；配置第二个对象匹配，以识别必须与第一个对象保持爬电距离的网络。
- 爬电距离：当“第一个对象”上的任何点到“第二个对象”上的任何点的距离等于或小于此距离时，将标记违规。

8.2.2　布线规则（Routing）设置

在 PCB 编辑环境中执行【设计】→【规则】命令，打开【PCB 规则及约束编辑器】对话框，在该对话框左边的规则列表栏中，单击 Routing（布线规则）前面的三角符号，可以看到需要设置的电气子规则有 8 项，如图 8-8 所示。

这 8 项子规则分别是 Width（布线宽度）子规则、Routing Topology（布线拓扑逻辑）子规则、Routing Priority（布线优先级）子规则、Routing Layers（布线层）子规则、Routing Corners（布线拐角）子规则、Routing Via Style（布线过孔）子规则、Fanout Control（扇出布线）子规则、Differential Pairs Routing（差分对布线）子规则。下面分别介绍这 8 项子规则的用途及设置方法。

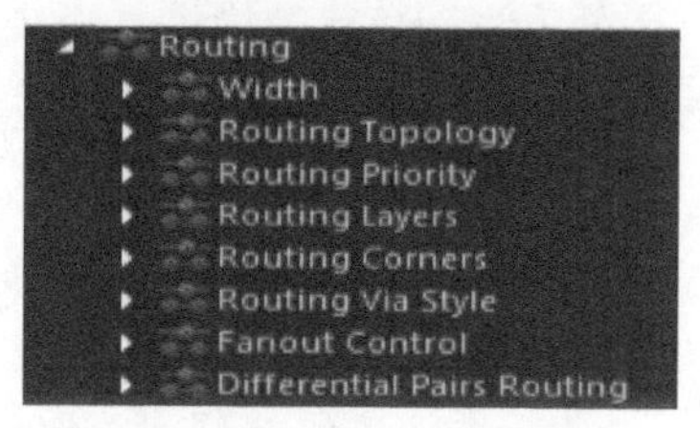

图 8-8　Routing 规则

1. Width 子规则

布线宽度是指 PCB 铜膜导线的实际宽度。在制作 PCB 时，走大电流的地方用粗线（比如 50 mil，甚至以上），小电流的信号可以用细线（比如 10 mil）。通常线框的经验值是 $10\,A/mm^2$，即横截面积为 $1\,mm^2$ 的走线能安全通过的电流值为 10 A。如果线宽太细，在大电流通过时走线就会烧毁。当然电流烧毁走线也要遵循能量公式：Q=I×I×t，如对于一个有 10 A 电流的走线来说，突然出现一个 100 A 的电流毛刺，持续时间为 us 级，那么 30 mil 的导线是肯定能够承受住的，因此在实际中还要综合导线的长度进行考虑。

印制电路板导线的宽度应满足电气性能要求而又便于生产，最小宽度主要由导线与绝缘基板间的黏附强度和流过的电流值所决定，但最小不宜小于 8 mil。在高密度、高精度的印制线路中，导线宽度和间距一般可取 12 mil。导线宽度在大电流情况下还是考虑其温升，单面板实验表明当铜箔厚度为 50 μm、导线宽度 1～1.5 mm、通过电流 2 A 时，温升很小，一般选取用 40～60 mil 宽度导线就可以满足设计要求而不致引起温升。印制导线的公共地线应尽可能地粗，这在带有微处理器的电路中尤为重要，因为地线过细时，由于流过的电流的变化，地电位变动，微处理器定时信号的电压不稳定，会使噪声容限劣化。在 DIP 封装的 IC 引脚间走线，可采用“10-10”与“12-12”的原则，即当两脚间通过两根线时，焊盘直径可设为 50 mil、线宽与线距均为 10 mil；当两脚间只通过 1 根线时，焊盘直径可设为 64 mil、线宽与线距均为 12 mil。

Width 子规则用于设置 PCB 布线时允许采用的导线宽度。单击 Width 子规则前面的三角号，则会展开一个 Width 子规则，单击该规则可在【PCB 规则及约束编辑器】对话框的右侧打开如图 8-9 所示的对话框。

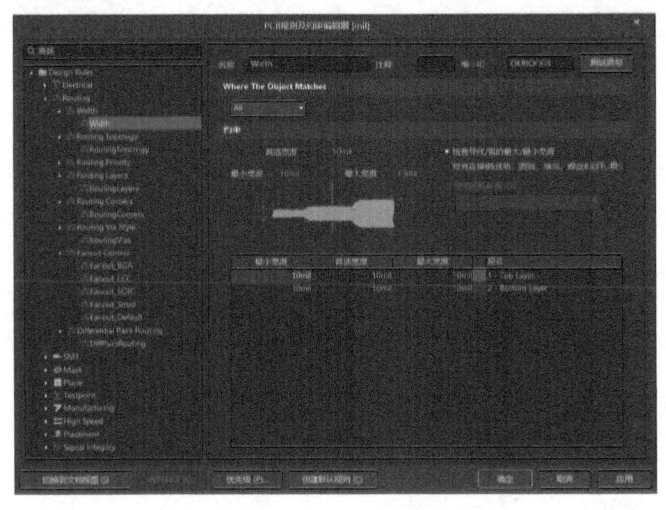

图 8-9 【Width】子规则设置对话框

在【约束】区域内可以设置导线宽度，有最大、最小和首选之分。其中最大宽度和最小宽度确定了导线的宽度范围，而首选宽度则为导线放置时系统默认的导线宽度值。

在【约束】区域内还包含了三个复选框。

- 【检查导线/弧的最大/最小宽度】：选中该单选按钮，可设置检查线轨和圆弧的最大/最小宽度。
- 【检查连接铜（线轨、圆弧、填充、焊盘和过孔）最小/最大物理宽度】：选中该单选按钮，可设置检查线轨、圆弧、填充、焊盘和过孔最小/最大宽度。
- 【使用阻抗配置文件】：为此项规则所针对的网络选择适用的阻抗配置文件。该配置文件指定哪些层为目标信号提供返回路径。该选项默认为不可选中，无法进行修改。

Altium Designer 24 设计规则针对不同的目标对象，可以定义同类型的多个规则。例如，用户可定义一个适用于整个 PCB 的导线宽度约束条件，所有导线都是这个宽度。但由于电源线和地线通过的电流比较大，比起其他信号线要宽一些，所以要对电源线和地线重新定义一个导线宽度约束规则。

下面就以定义两种导线宽度规则为例，给出如何定义同类型的多重规则。

首先定义第一个宽度规则，在打开的 Width 子规则设置对话框中，将【最大宽度】值、【最小宽度】值和【首选宽度】值都设置为 10 mil，在【名称】文本编辑框内输入 All，规则匹配对象（Where The Object Matches）为 All。设置完成后，如图 8-10 所示。

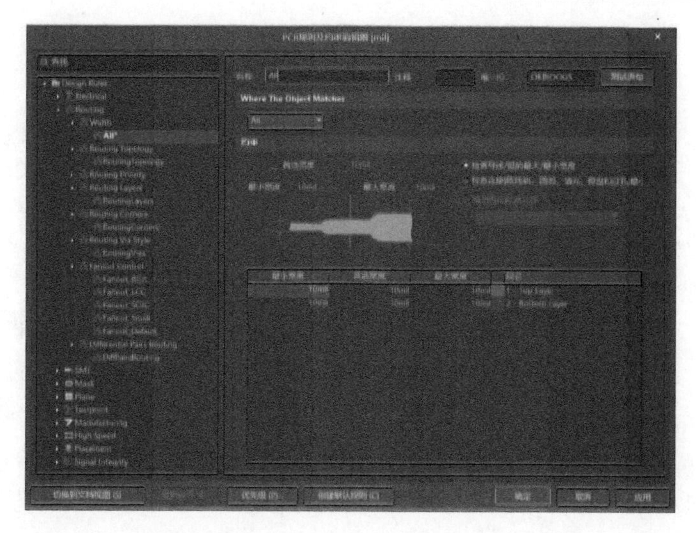

图 8-10　完成第一种导线宽度规则设置

接下来继续添加规则，选中【PCB 规则及约束编辑器】对话框左边规则列表中的 Width 规则右击鼠标，执行菜单命令【新规则】，在规则列表中会出现一个新的默认名为 Width 的导线宽度规则。单击该新建规则，打开设置对话框。

以下操作均需在之前做好的 PCB 上完成。在【约束】区域内，将【最大宽度】值、【最小宽度】值和【首选宽度】值都设置为 20 mil，在【名称】文本编辑框内输入 VCC and GND。接下来设置匹配对象的范围。这里选择对象为 Net，单击右侧下拉列表按钮，在下拉列表中选择+15 V，如图 8-11 所示。

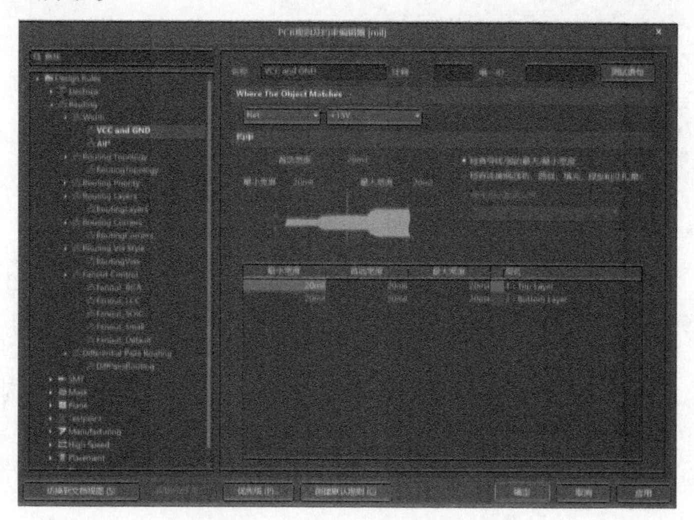

图 8-11　第一种导线宽度规则设置

此时在第一个下拉列表 Net 单击鼠标，选中 Custom Query，Custom Query 区域中更新为 InNet（'+15 V'），如图 8-12 所示。

单击被激活【查询助手】按钮，启动 Query Helper 对话框。此时在 Query 区域中显示的内容为 InNet（'+15 V'）。单击 or 按钮，Query 区域中显示的内容变为 InNet（'+15V'）Or。单击 Or 的右侧使光标停留。单击 PCB Functions 目录中的 Membership Checks，在右边的 Name 栏中找到并双击 InNet，此时 Query 区域中的内容为 InNet（'+15 V'）Or InNet（）。将光标停留在第

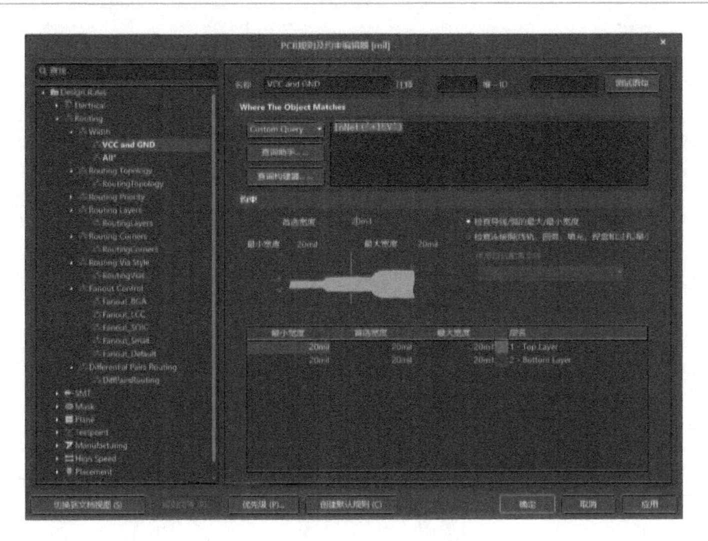

图 8-12　匹配对象范围设置

二个括号中。单击 PCB Objects Lists 目录中的 Nets，在右边的 Name 栏中找到并双击-15 V，此时 Query 区域中的内容为 InNet（'+15 V'） Or InNet（'-15 V'）。按照上述操作，将 VCC 网络和 GND 网络添加为匹配对象。Query 区域中显示的内容最终为 InNet（'+15 V'） Or InNet（'-15 V'） Or InNet（'GND'） Or InNet（'VCC'），如图 8-13 所示。

单击 Check Syntax 按钮，进行语法检查。系统会弹出检查信息提示，如图 8-14 所示。

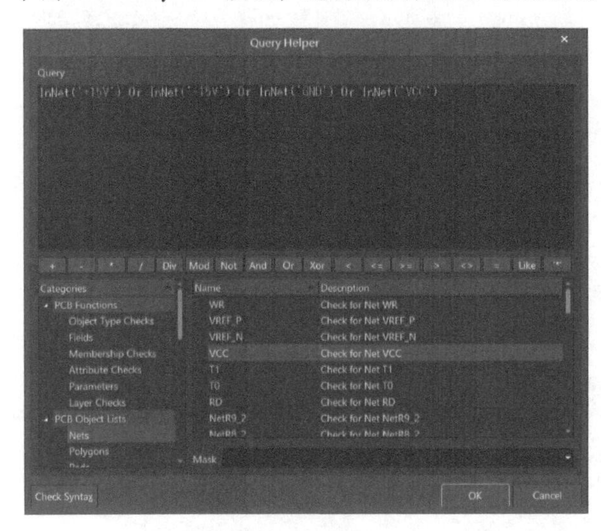

图 8-13　设置规则适用的网络

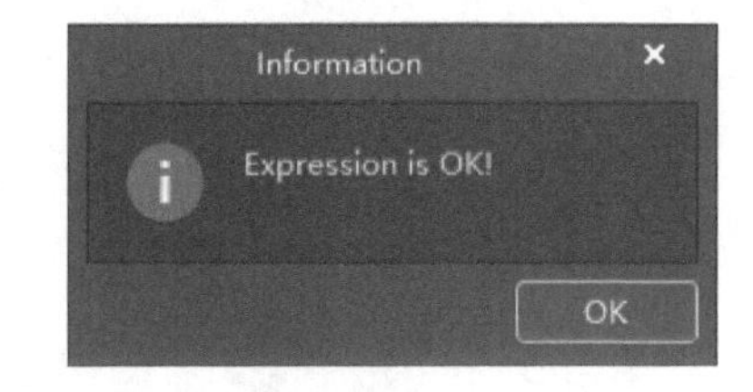

图 8-14　系统检查信息提示

单击 OK 按钮，关闭信息提示框。单击 Query Helper 对话框中的 OK 按钮，关闭该对话框，返回规则设置对话框。

单击规则设置对话框左下方的【优先级】按钮，进入【编辑规则优先级】对话框，如图 8-15 所示。

在对话框中列出了所创建的两个导线宽度规则。其中 VCC and GND 规则的优先级为“1”，All 优先级为“2”。单击对话框下方的【增加优先级】按钮或【降低优先级】按钮，即可调整所列规则的优先级。此处单击【降低优先级】按钮，则可将 VCC and GND 规则的优先级降

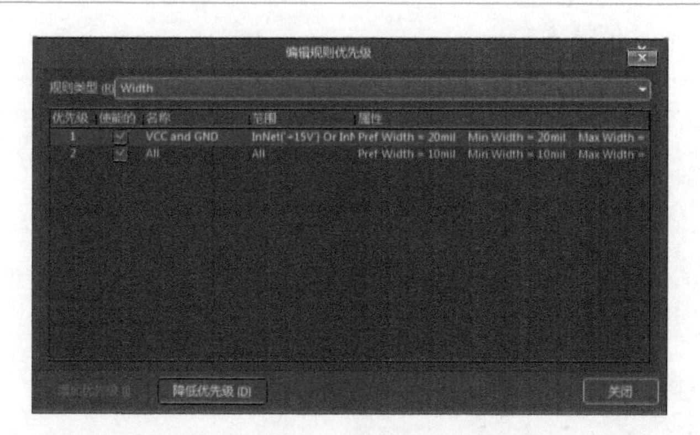

图 8-15 【编辑规则优先级】对话框

为“2”，而 All 优先级提升为“1”，如图 8-16 所示。

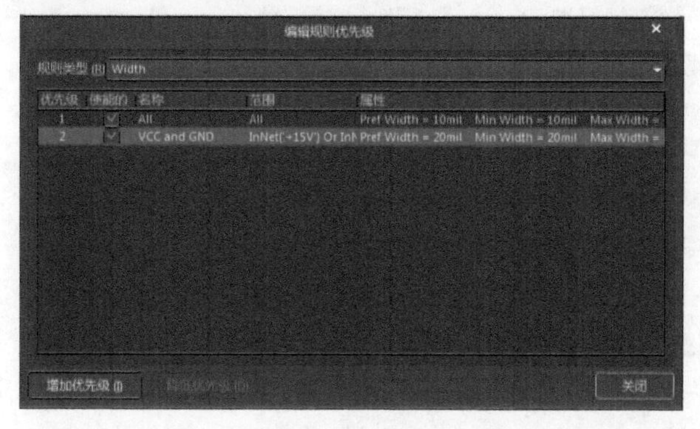

图 8-16 对规则优先级的操作

2. Routing Topology 子规则

Routing Topology 子规则用于设置自动布线时同一网络内各节点间的布线方式。设置对话框如图 8-17 所示。

在【约束】区域内，单击【拓扑】下拉按钮，可选择相应的拓扑结构，如图 8-18 所示。各拓扑结构意义见表 8-1。

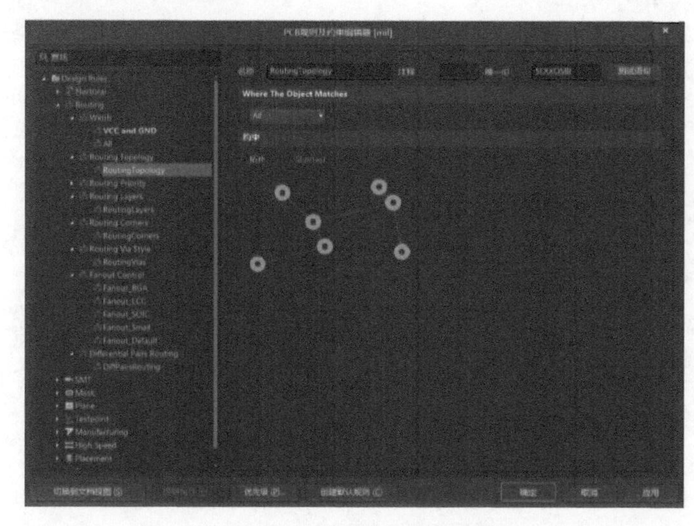

图 8-17 【Routing Topology】子规则设置对话框

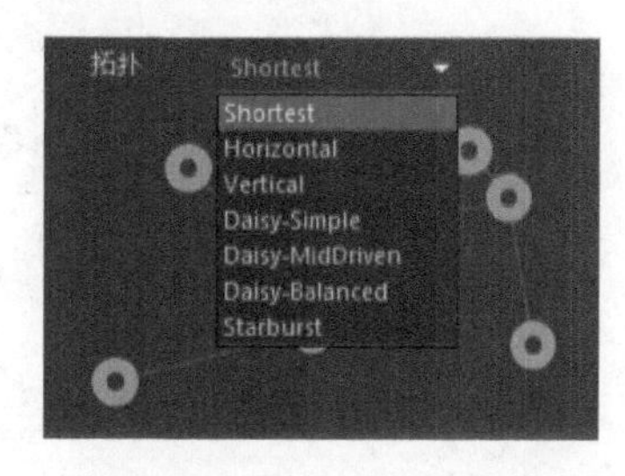

图 8-18 7 种可选的拓扑结构

表 8-1　各拓扑结构意义

名　称	图　解	说　明
Shortest（最短）	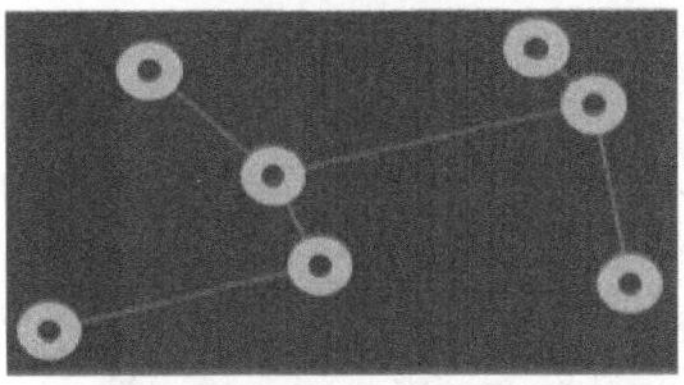	此拓扑连接网络中的所有节点，以提供最短的整体连接长度
Horizontal（水平）	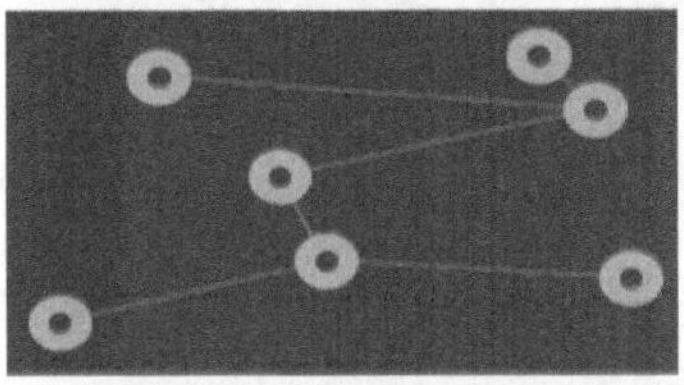	这种拓扑将所有节点连接在一起，将水平短路比垂直短路的比例提高到5∶1。使用此方法可以在水平方向上强制布线
Vertical（垂直）	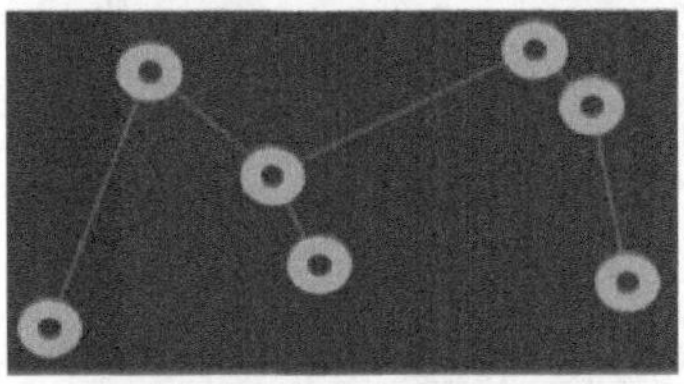	这种拓扑将所有节点连接在一起，其垂直短路比水平短路为5∶1。使用此方法可以在垂直方向上强制布线
Daisy-Simple（简单雏菊）	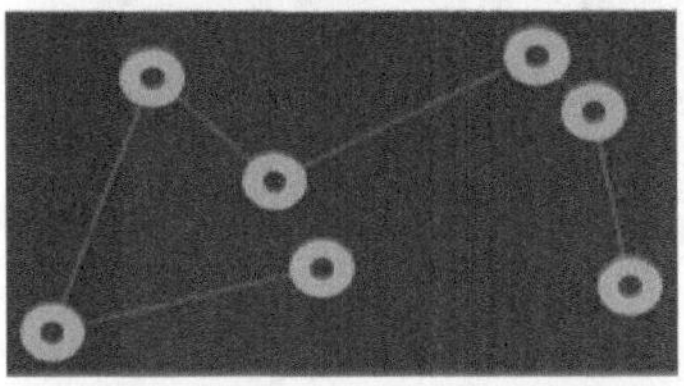	此拓扑将所有节点一个接一个地链接在一起。计算它们的链接顺序以使总长度最短。如果指定了源极焊盘和终极焊盘，则所有其他焊盘都链接在一起，以提供尽可能短的长度。编辑一个焊盘以将其设置为源或终端。如果指定了多个源（或终端），则它们在每一端都链接在一起
Daisy-MidDriven（雏菊中点）	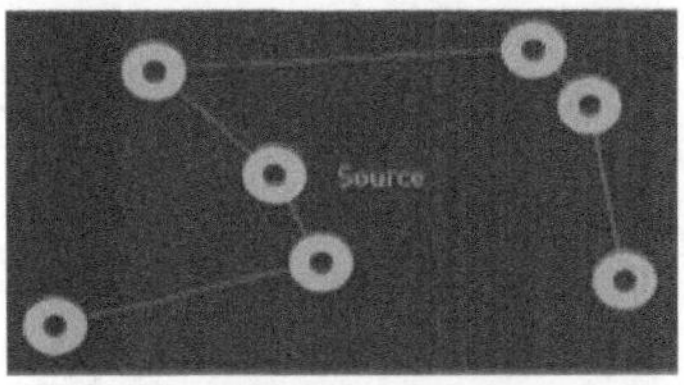	此拓扑将Source（源节点）放置在菊花链的中心，将负载平均分配，并将它们从源的任一侧链接。需要两个终端，每个端一个。多个源节点在中心链接在一起。如果没有确切的两个终端，则使用Daisy-Simple拓扑
Daisy-Balanced（雏菊平衡）	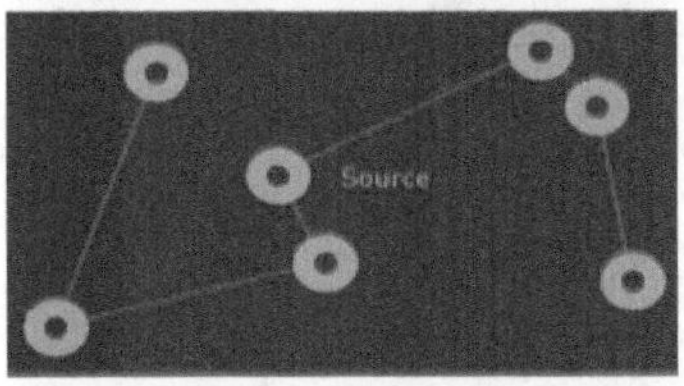	此拓扑选择一个Source（源节点），将所有负载分为相等的链，链的总数等于终端的数目。然后，这些链以星形模式连接到源，多个源节点链接在一起
Starburst（星形）	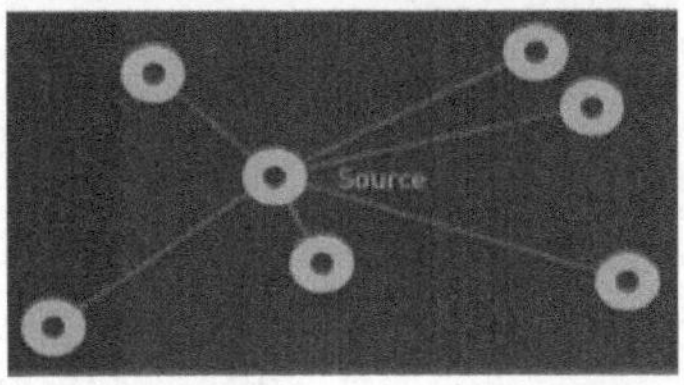	此拓扑将每个节点直接连接到Source（源节点）。如果存在终端，则它们在每个负载节点之后连接。如Daisy-Balanced拓扑中一样，多个源节点链接在一起

用户可根据实际电路选择布线拓扑。通常系统在自动布线时，布线的线长最短为最佳，一般可以使用默认值Shortest。

3. Routing Priority 子规则

Routing Priority 子规则用于设置 PCB 中各网络布线的先后顺序，优先级高的网络先进行布线，设置对话框如图 8-19 所示。

图 8-19　【Routing Priority】子规则设置对话框

【约束】区域内，只有一项数字选择框【布线优先权】，用于设置指定匹配对象的布线优先级，级别的取值范围是“0～100”，数字越大相应的优先级就越高，即 0 表示优先权最低，100 表示优先权最高。

假设想将 GND 网络先进行布线，首先建立一个 Routing Priority 子规则，设置对象范围为 All，并设置其优先级为“0”级，对规则命名为 All P。再单击规则列表中的 Routing Priority 子规则，执行右键菜单命令【新规则】。为新创建的规则命名 GND，设置其对象范围为 InNet（'GND'），并设置其优先级为“1”级，如图 8-20 所示。

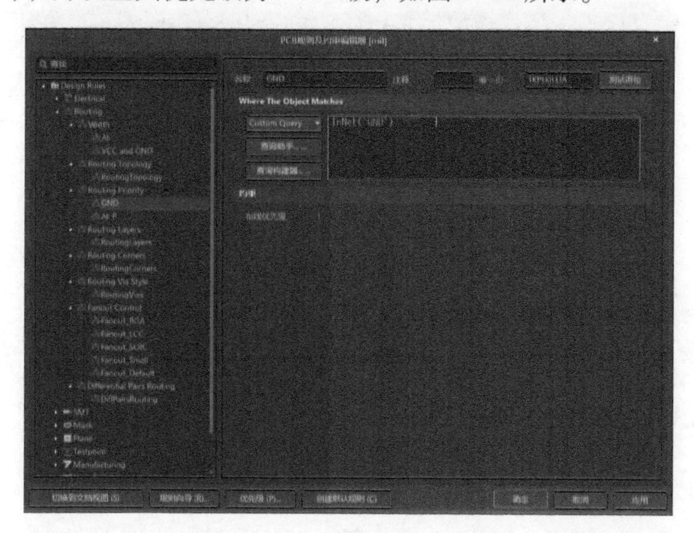

图 8-20　设置 GND 网络优先级

单击【应用】按钮，使系统接受规则设置的更改。这样在布线时就会先对 GND 网络进行布线，再对其他网络进行布线。

4. Routing Layers 子规则

Routing Layers 子规则用于设置在自动布线过程中各网络允许布线的工作层，其设置对话框如图 8-21 所示。

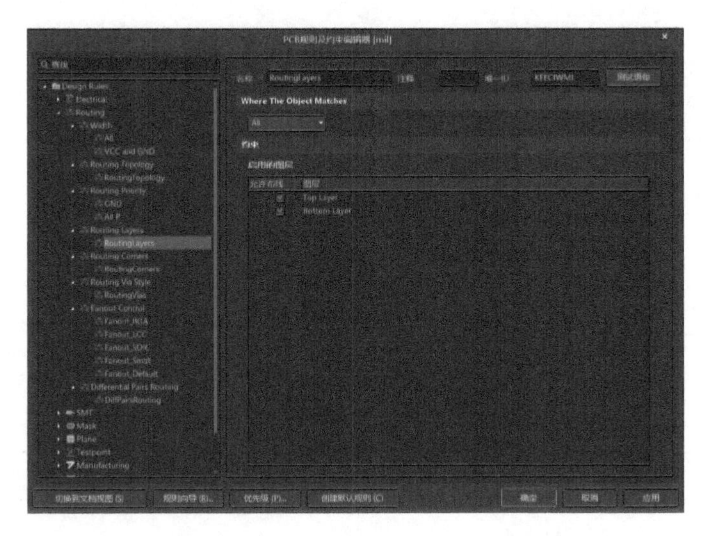

图 8-21 【Routing Layers】子规则设置对话框

【约束】区域内，列出了在【使能的层】中定义的所有层，如果允许布线，选中各层所对应的复选框即可。

在该规则中可以设置 GND 网络布线时只在顶层布线等。系统默认为所有网络允许布线在任何层。

5. Routing Corners 子规则

Routing Corners 子规则用于设置自动布线时导线拐角的模式，设置对话框如图 8-22 所示。

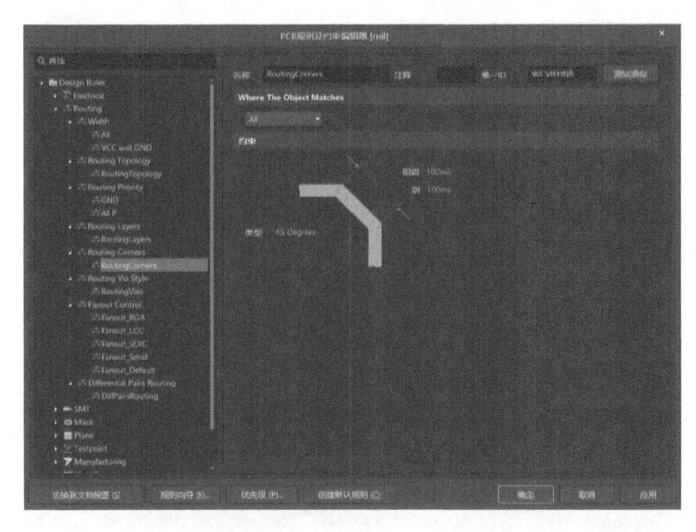

图 8-22 【Routing Corners】子规则设置对话框

【约束】区域内，系统提供了 3 种可选的拐角模式，分别为 90°、45°和圆弧形，见表 8-2。系统默认为 45°角模式。

表 8-2 系统提供的 3 种布线拐角模式

拐角模式	图示	说明
90 Degrees		布线比较简单，但因为有尖角，容易积累电荷，从而会接收或发射电磁波，因此该种布线的电磁兼容性能比较差
45 Degrees		45°角布线将 90°角的尖角分成两部分，因此电路的积累电荷效应降低，从而改善了电路的抗干扰能力
Rounded		圆角布线方式不存在尖端放电，因此该种布线方式具有较好的电磁兼容性能，比较适合高电压、大电流电路布线

对于 45°和圆弧形这两种拐角模式需要设置拐角尺寸的范围，在【阻碍】栏中输入拐角的最小值，在【到】栏中输入拐角的最大值。

6. Routing Via Style 子规则

Routing Via Style 子规则用于设置自动布线时放置过孔的尺寸，其设置对话框如图 8-23 所示。

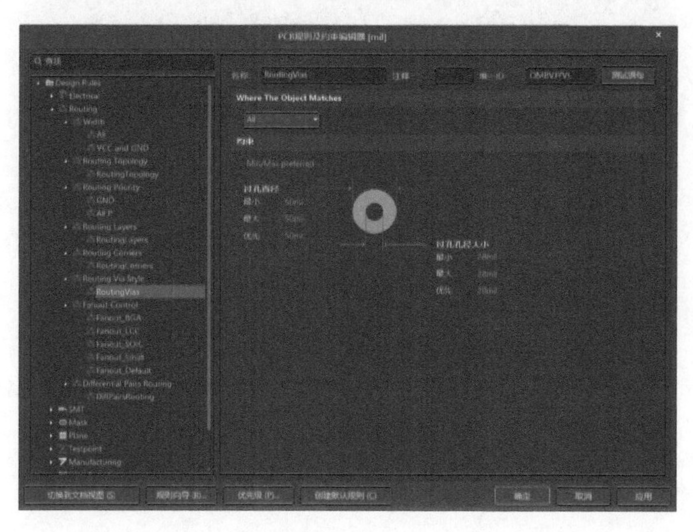

图 8-23 【Routing Via Style】子规则设置对话框

在【约束】区域内，需设定过孔的内、外径的最小的、最大的和首选的值。其中最大的和最小的值是过孔的极限值，首选的值将作为系统放置过孔时默认尺寸。需要强调单面板和双面板过孔外径应设置在 40~60 mil；内径应设置在 20~30 mil。四层及以上的 PCB 外径最小值为 20 mil，最大值为 40 mil；内径最小值为 10 mil，最大值为 20 mil。

7. Fanout Control 子规则

Fanout Control 子规则用于对贴片式元器件进行扇出式布线的规则。那什么是扇出呢？扇出其实就是将贴片式元器件的焊盘通过导线引出并在导线末端添加过孔，使其可以在其他层面上继续布线。系统提供了 5 种默认的扇出规则，分别对应于不同封装的元器件，即 Fanout_BGA、Fanout_Default、Fanout_LCC、Fanout_SOIC 和 Fanout_Small，如图 8-24 所示。

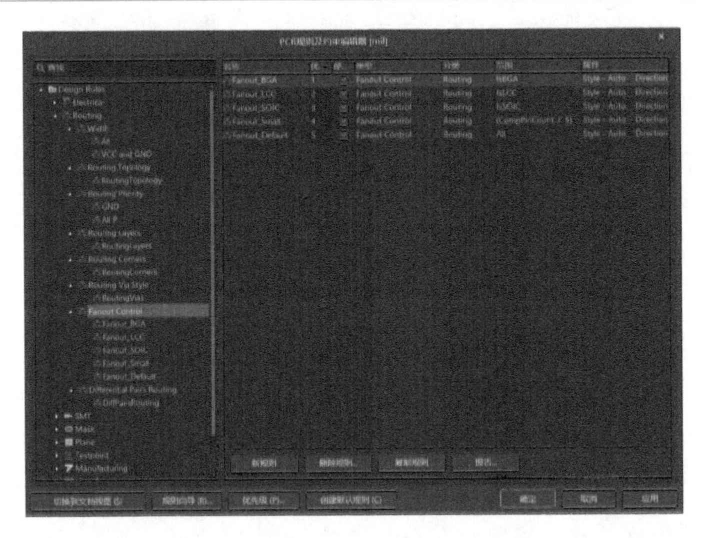

图 8-24　系统提供的 5 种默认扇出规则

这几种扇出规则的设置对话框除了适用范围不同外，其【约束】区域内的设置项是基本相同的。图 8-25 给出了 Fanout_BGA 规则的设置对话框。

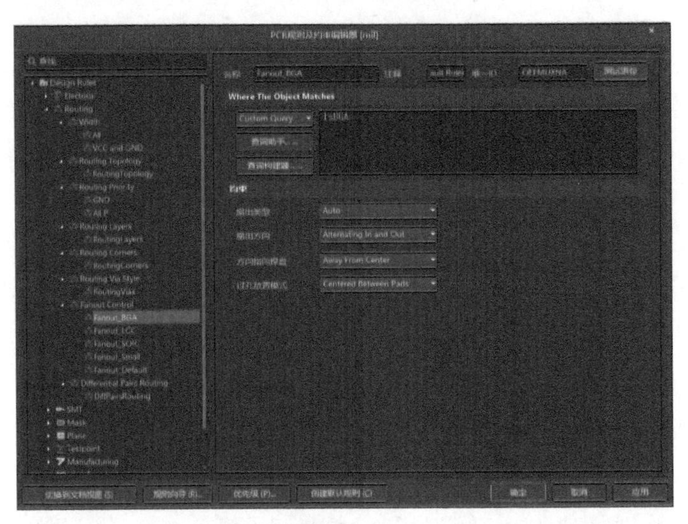

图 8-25　【Fanout_BGA】规则的设置对话框

【约束】区域由 4 项构成，分别是【扇出类型】、【扇出方向】、【方向指向焊盘】和【过孔放置模式】。

【扇出类型】下拉菜单中有 5 个选项。

- Auto：自动扇出。
- Inline Rows：同轴排列。
- Staggered Rows：交错排列。
- BGA：BGA 形式排列。
- Under Pads：从焊盘下方扇出。

【扇出方向】下拉菜单中有 6 个选项。

- Disable：不设定扇出方向。
- In Only：输入方向扇出。
- Out Only：输出方向扇出。
- In Then Out：先进后出方式扇出。
- Out Then In：先出后进方式扇出。
- Alternating In and Out：交互式进出方式扇出。

【方向指向焊盘】下拉菜单中有 6 个选项。

- Away From Center：偏离焊盘中心扇出。
- North-East：焊盘的东北方向扇出。
- South-East：焊盘的东南方向扇出。
- South-West：焊盘的西南方向扇出。
- North-West：焊盘的西北方向扇出。
- Towards Center：正对焊盘中心方向扇出。

【过孔放置模式】下拉菜单中有 2 个选项。

- Close To Pad(Follow Rules)：遵从规则的前提下，过孔靠近焊盘放置。
- Centered Between Pads：过孔放置在焊盘之间。

8. Differential Pairs Routing 子规则

Differential Pairs Routing 子规则主要用于对一组差分对设置相应的参数，其设置对话框如图 8-26 所示。

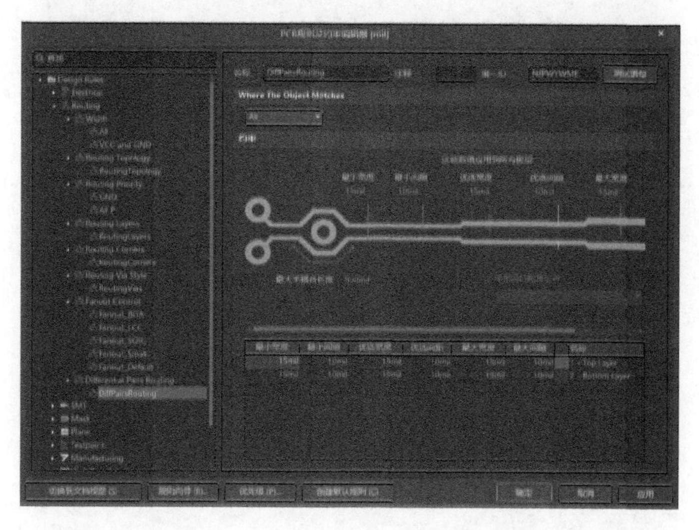

图 8-26 【Differential Pairs Routing】子规则设置对话框

【约束】区域内，需对差分对内部两个网络之间的最小宽度、最小间隙、优选宽度、优选间隙、最大宽度及最大未耦合长度进行设置，以便在交互式差分对布线器中使用，并在 DRC 校验中进行差分对布线的验证。

Altium Designer 24 取消了该界面中的【仅层堆栈里的层】复选框，改为【使用阻抗配置文件】复选框，并默认不可选中及修改。

8.2.3　用规则向导对规则进行设置

在 PCB 编辑环境中执行【设计】→【规则向导】命令，启动规则向导对话框，界面如图 8-27 所示。

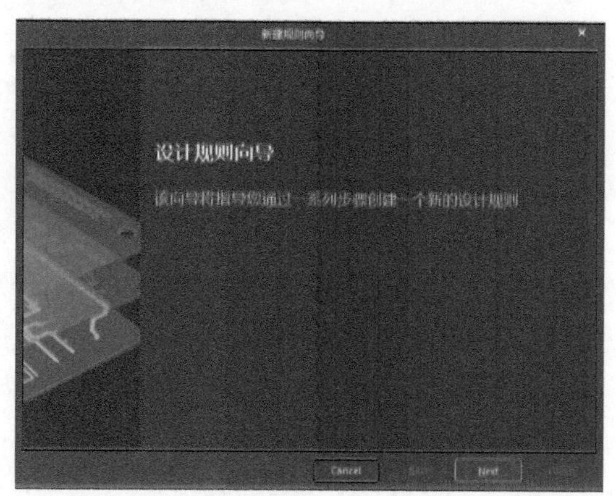

图 8-27　规则向导对话框

以前面介绍的对电源线和地线重新定义一个导线宽度约束规则为例，讲解如何使用规则向导设置规则。

在打开的规则向导对话框中，单击 Next 按钮，进入选择待设置的规则类型对话框。本例中选择 Routing 规则中的 Width Constraint

子规则，并在【名称】文本编辑栏中输入新建规则的名称 V_G，如图 8-28 所示。

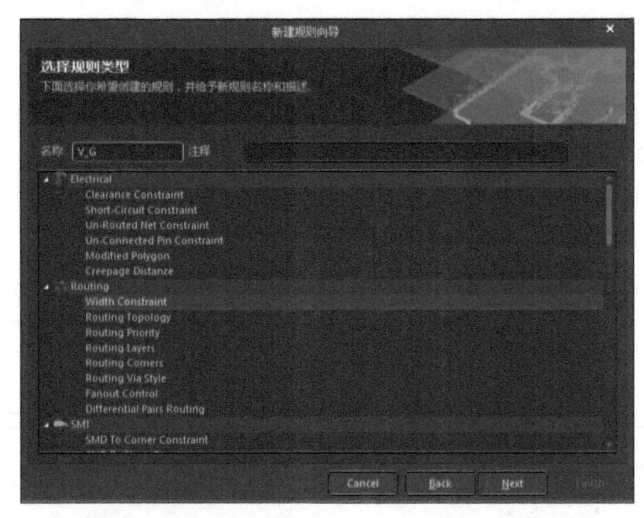

图 8-28　选择要设置的规则类型对话框

单击 Next 按钮，进入选择规则范围对话框，选中【1 个网络】单选按钮，如图 8-29 所示。

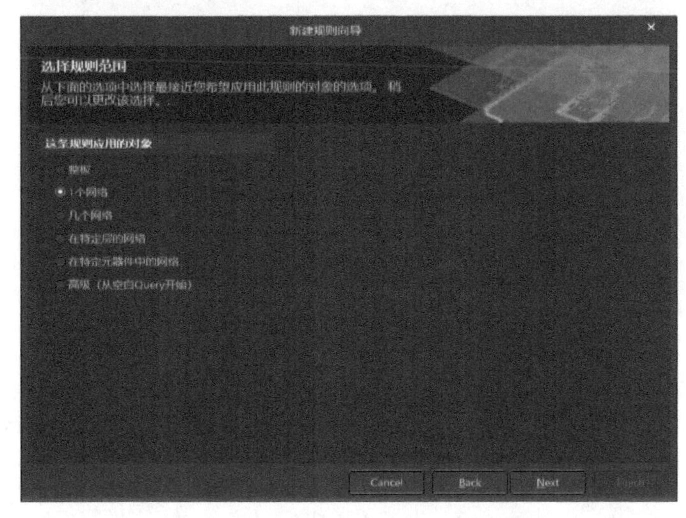

图 8-29　选择规则范围对话框

单击 Next 按钮，进入高级规则范围对话框。选择【条件类型/操作符】下面栏中的内容为 Belongs to Net，在【条件值】栏中单击鼠标，打开下拉列表，选择网络标号-15 V，如图 8-30 所示。

单击【条件类型/操作符】栏下方的蓝体字 Add another condition，在弹出的下拉列表中选择 Belongs to Net，在其对应的【条件值】栏中选择网络标号+15 V，将其上方的关系值改成 OR，如图 8-31 所示。

按照上述操作方法将 VCC 网络和 GND 网络添加到规则中，如图 8-32 所示。

单击 Next 按钮，进入选择规则优先权对话框，在该对话框中列出了所有的 Width 规则，如图 8-33 所示。这里不改变任何设置，保持新建规则为最高级。

单击 Next 按钮，进入新规则完成对话框，如图 8-34 所示。

单击【Finish】按钮，即打开【PCB 规则及约束编辑器】对话框。在这里对新建规则完成约束条件的设置，如图 8-35 所示。

图 8-30　确定匹配对象细节 1

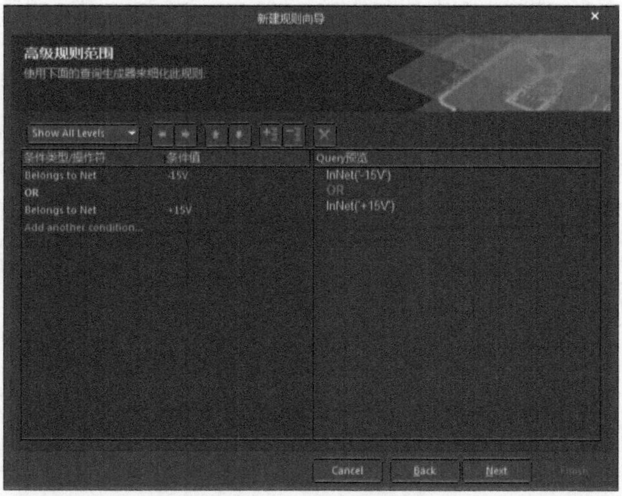

图 8-31　确定匹配对象细节 2

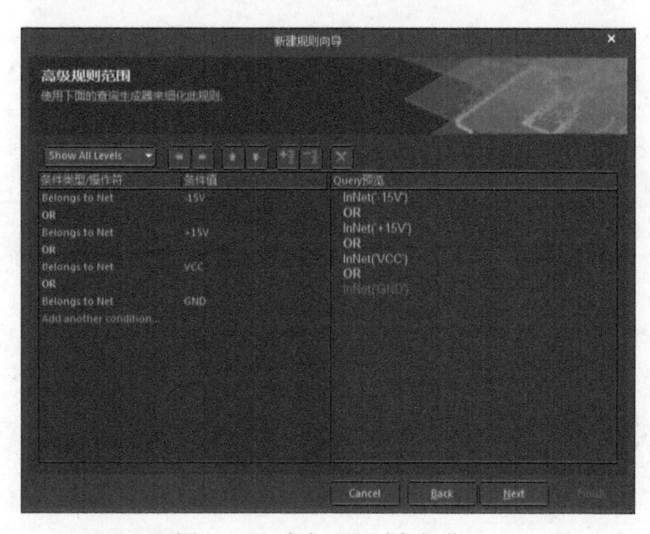

图 8-32　确定匹配对象细节 3

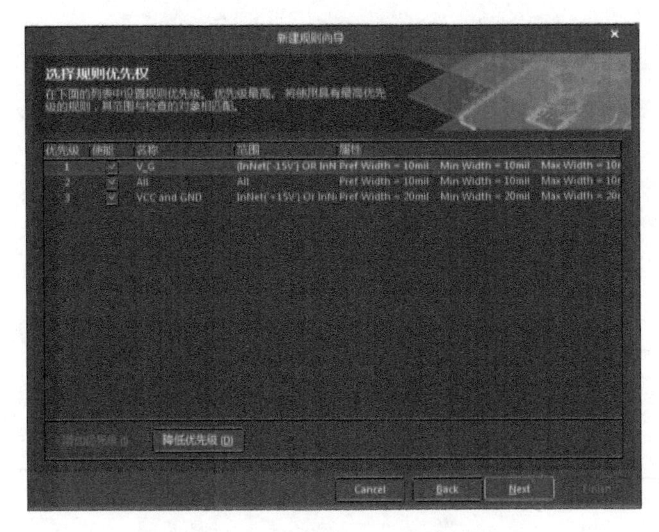

图 8-33 【选择规则优先权】对话框

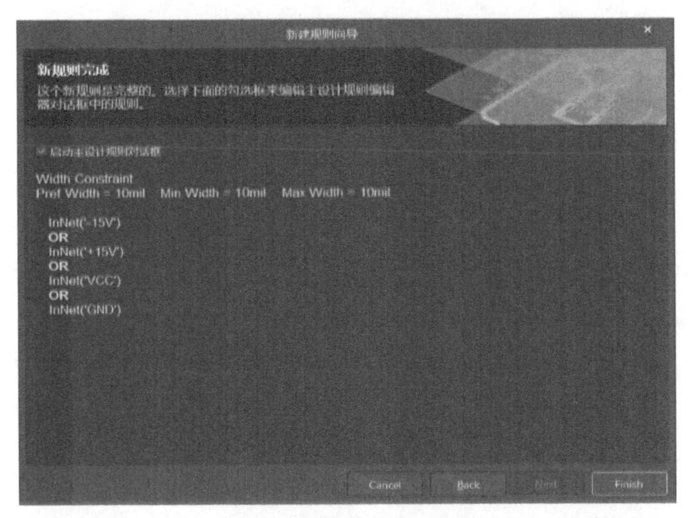

图 8-34 完成新规则创建

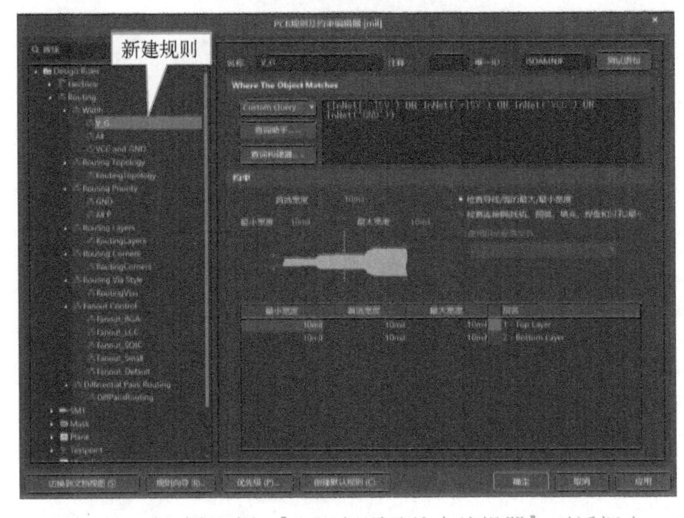

图 8-35 新建规则在【PCB 规则及约束编辑器】对话框中

由上述过程可以看出，使用规则向导进行规则设置只是设置了规则的应用范围和优先级，而约束条件还是要在【PCB 规则及约束编辑器】对话框中进行设置。

8.3　布线策略的设置

布线策略是指自动布线时所采取的策略。在 PCB 编辑环境中执行【布线】→【自动布线】→【设置】命令，此时系统弹出【Situs 布线策略】对话框，如图 8-36 所示。

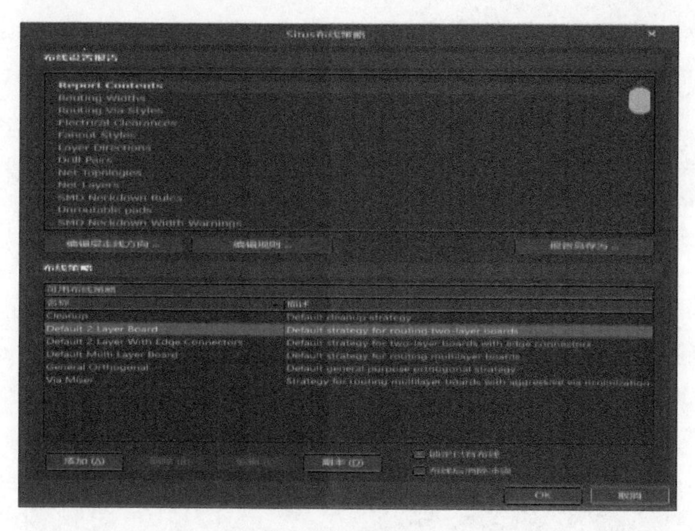

图 8-36　【Situs 布线策略】对话框

该对话框分为上下两个区域，分别是【布线设置报告】区域和【布线策略】区域。

【布线设置报告】区域用于对布线规则的设置及受影响的对象进行汇总报告。该区域还包含了 3 个控制按钮。

1）【编辑层走线方向】：用于设置各信号层的布线方向，单击该按钮打开【层方向】对话框，如图 8-37 所示。

2）【编辑规则】：单击该按钮，可以打开【PCB 规则及约束编辑器】对话框，对各项规则继续进行修改或设置。

3）【报告另存为】按钮：单击该按钮，可将规则报告导出，并以扩展名为 .htm 的文件保存。如图 8-38 所示。

【布线策略】区域用于选择可用的布线策略或编辑新的布线策略。系统提供了 6 种默认的布线策略。

- Cleanup：默认优化的布线策略。
- Default 2 Layer Board：默认的双面板布线策略。
- Default 2 Layer With Edge Connectors：默认具有边缘连接器的双面板布线策略。
- Default Multi Layer Board：默认的多层板布线策略。
- General Orthogonal：默认的常规正交布线策略。
- Via Miser：默认尽量减少过孔使用的多层板布线策略。

【Situs 布线策略】对话框的下方还包括两个复选框。

1）【锁定已有布线】：选中该复选框，表示可将 PCB 上原有的预布线锁定，在开始自动布线过程中自动布线器不会更改原有预布线。

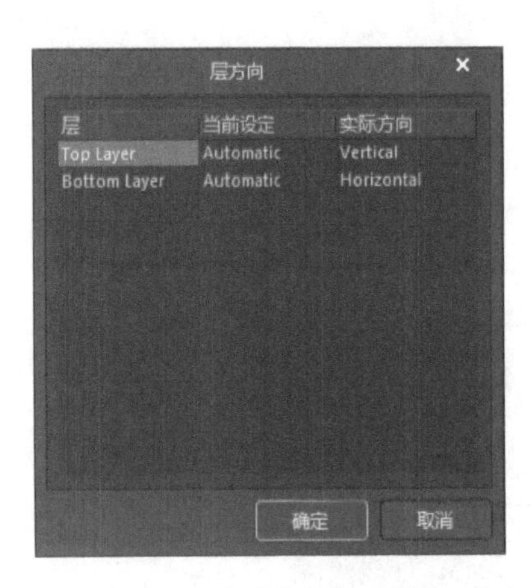

图 8-37 【层方向】对话框

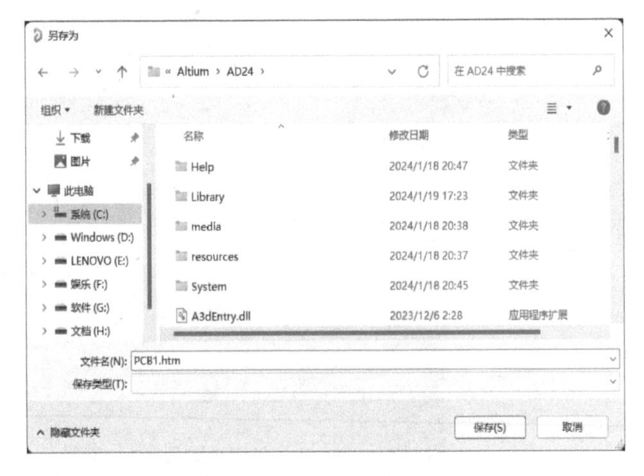

图 8-38 【另存为】对话框

2）【布线后消除冲突】：选中该复选框，表示重新布线后，系统可以自动删除原有的布线。

如果系统提供的默认布线策略不能满足用户的设计要求，可以单击【添加】按钮，打开【Situs 策略编辑器】对话框，如图 8-39 所示。

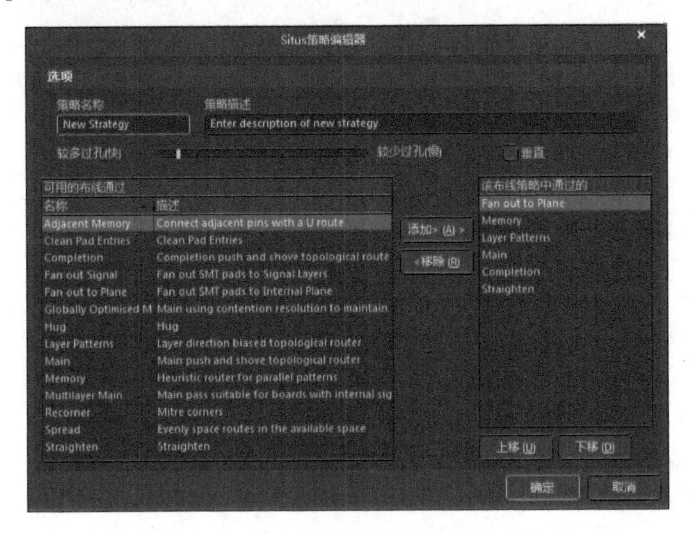

图 8-39 【Situs 策略编辑器】对话框

在该对话框中用户可以编辑新的布线策略或设定布线时的速度。【Situs 策略编辑器】提供了 14 种布线方式，其各项意义如下。

- Adjacent Memory：表示相邻的元器件引脚采用 U 型走线方式。
- Clean Pad Entries：表示清除焊盘上多余的走线，可以优化 PCB。
- Completion：表示推挤式拓扑结构布线方式。
- Fan out Signal：表示 PCB 上焊盘通过扇出形式连接到信号层。
- Fan out to Plane：表示 PCB 上焊盘通过扇出形式连接到电源和地。
- Globally Optimised Main：表示全局优化的拓扑布线方式。
- Hug：表示采取环绕的布线方式。

- Layer Patterns：表示工作层是否采用拓扑结构的布线方式。
- Main：表示采取 PCB 推挤式布线方式。
- Memory：表示启发式并行模式布线。
- Multilayer Main：表示多层板拓扑驱动布线方式。
- Recorner：表示斜接转角。
- Spread：表示两个焊盘之间的走线正处于中间位置。
- Straighten：表示走线以直线形式进行布线。

8.4　自动布线

布线参数设置好后，可以利用 Altium Designer 24 提供的自动布线器进行自动布线了。本章全部以上一章用到的“LED 点阵驱动电路”为例进行举例演示。

1. 【全部】方式

在 PCB 编辑环境中执行【布线】→【自动布线】→【全部】菜单命令，如图 8-40 所示。

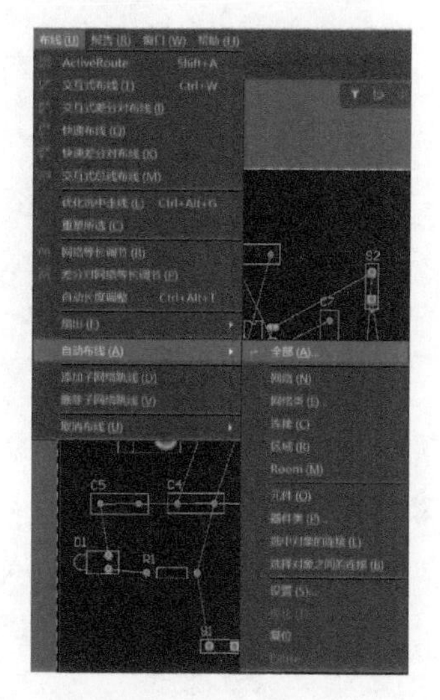

图 8-40　执行【布线】→【自动布线】→【全部】菜单命令

系统将弹出【Situs 布线策略】对话框，在设定好所有的布线策略后，单击 Route All 按钮，开始对 PCB 全局进行自动布线。

布线的同时系统的 Messages 面板会同步给出布线的状态信息，如图 8-41 所示。

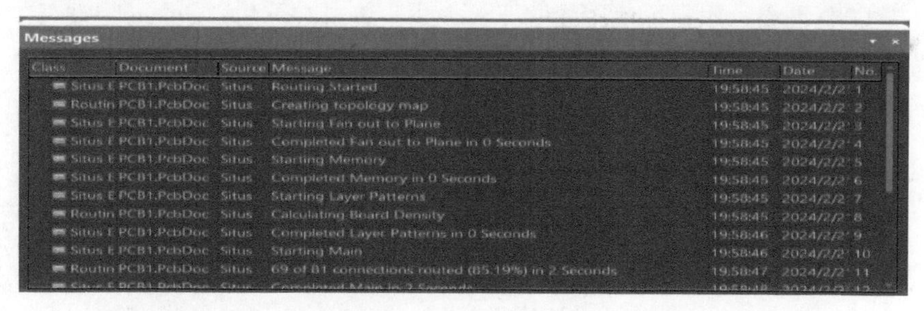

图 8-41　布线的状态信息

关闭信息对话框，可以看到布线的结果如图 8-42 所示。

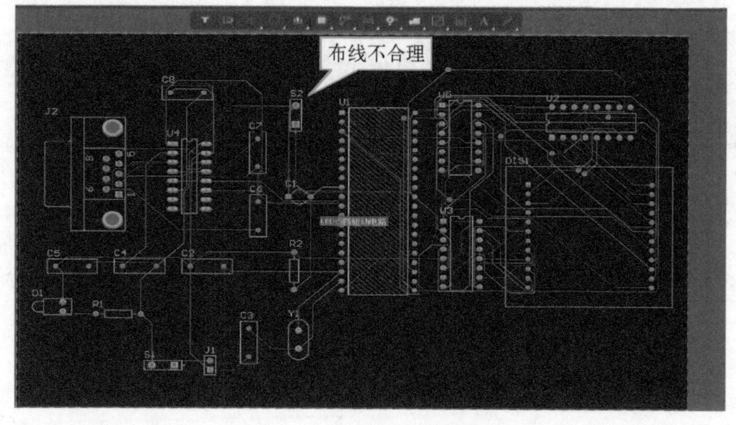

图 8-42　布线的结果

仔细观察有几根布线不合理，可以通过调整布局或手工布线来进一步改善布线结果。首先删除刚布线的结果，执行【布线】→【取消布线】→【全部】菜单命令，如图 8-43 所示。

此时自动布线将被删除，用户可对不满意的布线先进行手动布线，如图 8-44 所示。

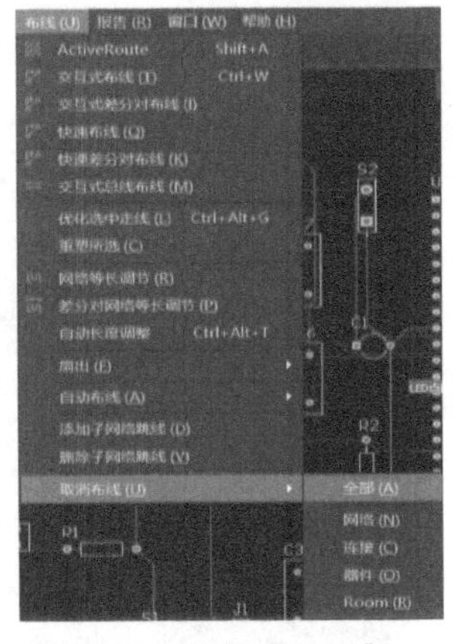

图 8-43 执行【布线】→【取消布线】→【全部】菜单命令

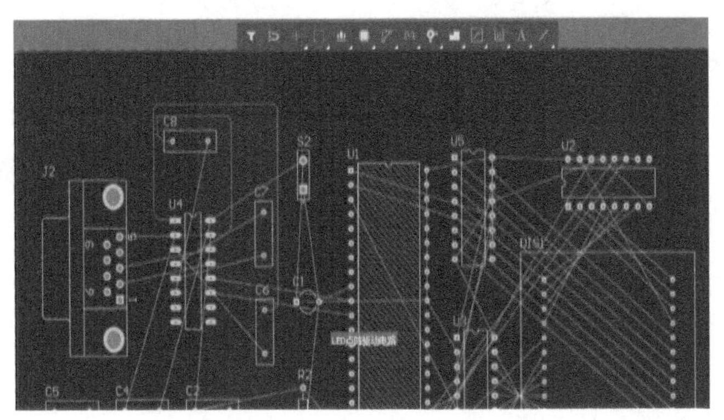

图 8-44 对不满意的布线进行手动布线

再次进行自动布线，结果如图 8-45 所示。

2. 【网络】方式

【网络】方式布线，即用户可以以网络为单元，对电路进行布线。首先对 GND 网络进行布线，然后对剩余的网络进行全电路自动布线。

首先查找 GND 网络，用户可使用导航面板查找，单击右下角“Panels”选择“PCB”，打开导航查找窗口，单击“All Nets”，如图 8-46 所示。

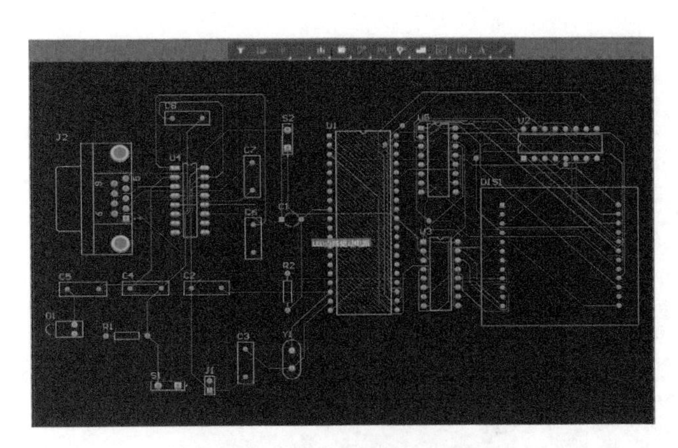

图 8-45 调整后的布线结果

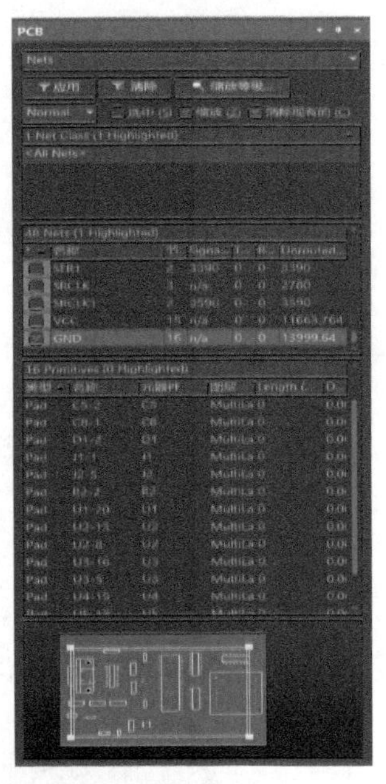

图 8-46 使用导航面板查找网络

在 PCB 编辑环境中，所有的 GND 网络，都将以高亮状态显示（用蓝色箭头标出部分），如图 8-47 所示。

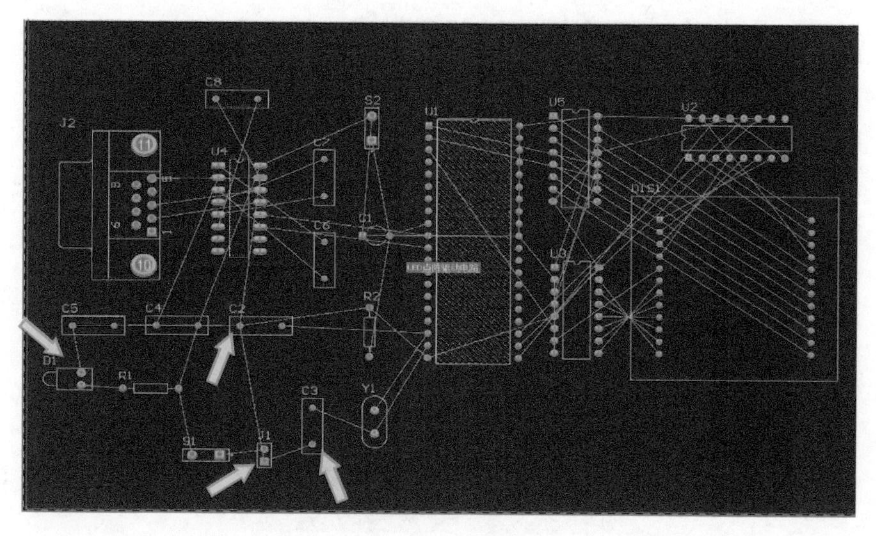

图 8-47　显示 GND 网络

📖 提示：在 PCB 板界面中按下 Ctrl+单击鼠标，可以从单击某一焊盘或是导线的方式选中一个网络。

在 PCB 编辑环境中执行【布线】→【自动布线】→【网络】菜单命令，如图 8-48 所示。

此时鼠标以“十字”光标形式出现，在 GND 网络的飞线上单击鼠标，此时系统即会对 GND 网络进行单一网络自动布线操作，GND 网络被黄色实线连接起来，结果如图 8-49 所示。

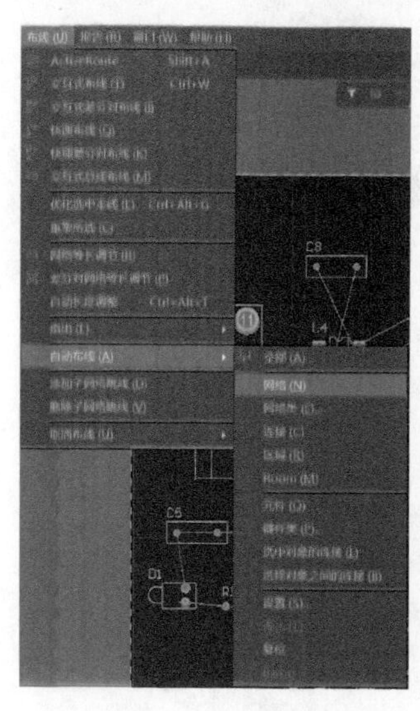

图 8-48　执行【布线】→【自动布线】→【网络】菜单命令

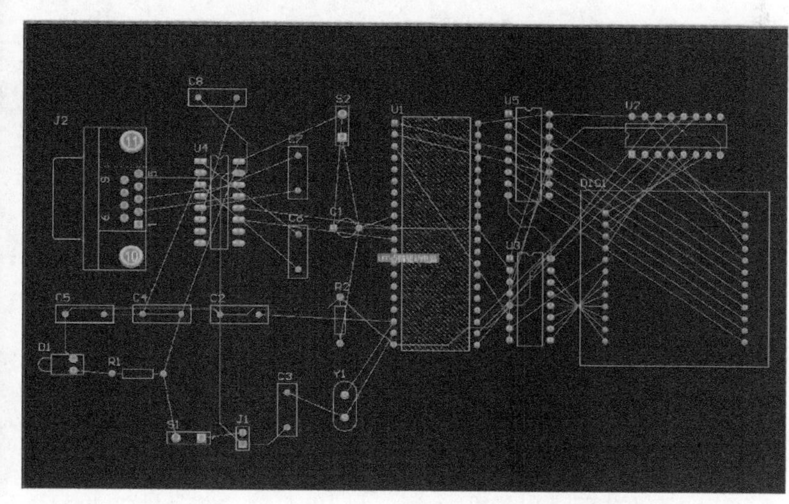

图 8-49　对 GND 网络进行单一网络自动布线操作

右击释放鼠标。接着对剩余电路进行布线，选择【布线】→【自动布线】→【全部】命令，在弹出的【Situs 布线策略】对话框中选中【锁定已有布线】复选框，如图 8-50 所示。

然后单击 Route All 按钮对剩余网络进行布线，布线结果如图 8-51 所示。

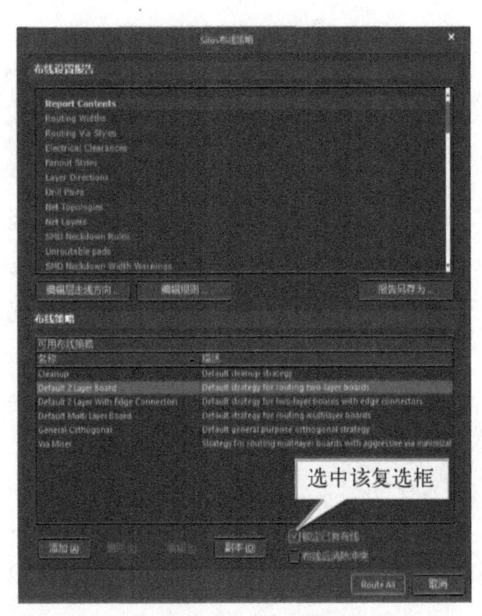

图 8-50　锁定已有布线

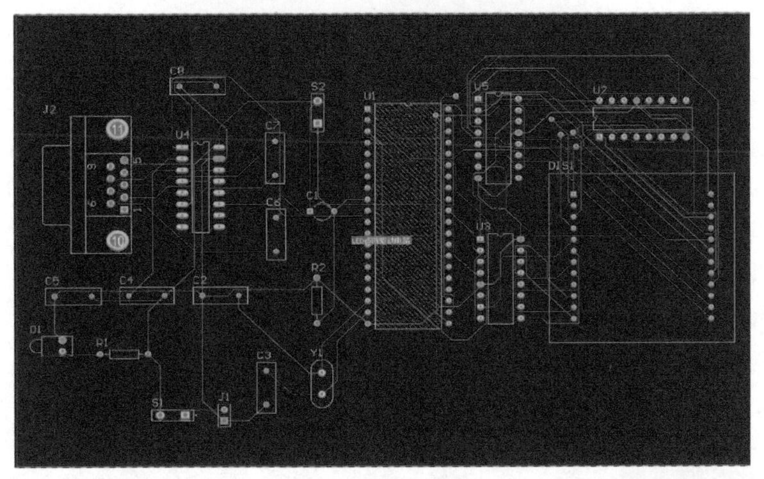

图 8-51　分步布线结果

3. 【连接】方式

【连接】方式即用户可以对指定的飞线进行布线。在 PCB 编辑环境中执行【布线】→【自动布线】→【连接】菜单命令，如图 8-52 所示。

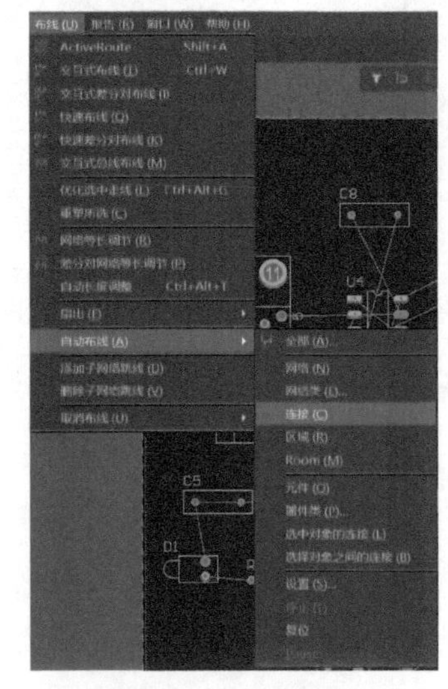

图 8-52　执行【布线】→【自动布线】→【连接】菜单命令

此时鼠标以“十字”光标形式出现，在期望布线的飞线上单击鼠标，即可对这一飞线进行单一连线自动布线操作，如图 8-53 所示。

将期望布线的飞线布置完成后，即可对剩余网络进行布线。

4. 【区域】方式

【区域】方式即用户可以对指定的区域进行布线。在 PCB 编辑环境中执行【布线】→【自动布线】→【区域】命令，如图 8-54 所示。

此时鼠标以“十字”光标形式出现，在期望布线的区域上拖动，即可对选中的区域进行连线自动布线操作，如图 8-55 所示。

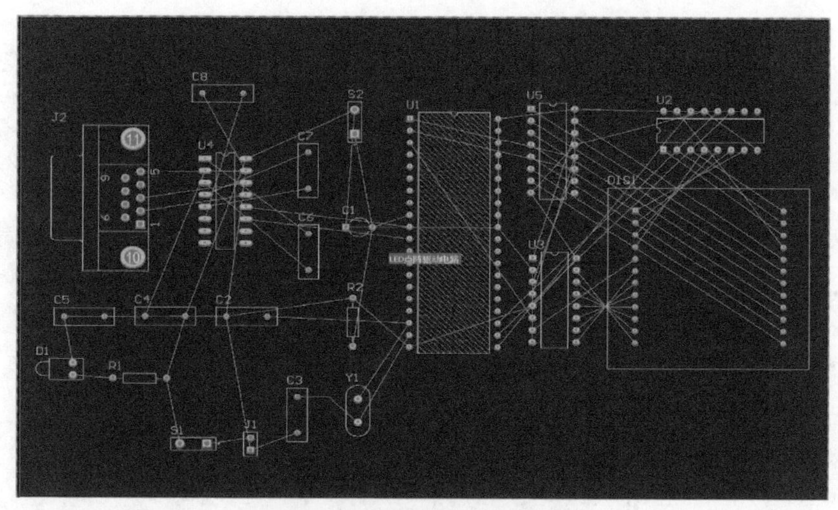

图 8-53　对这一飞线进行单一连线自动布线操作

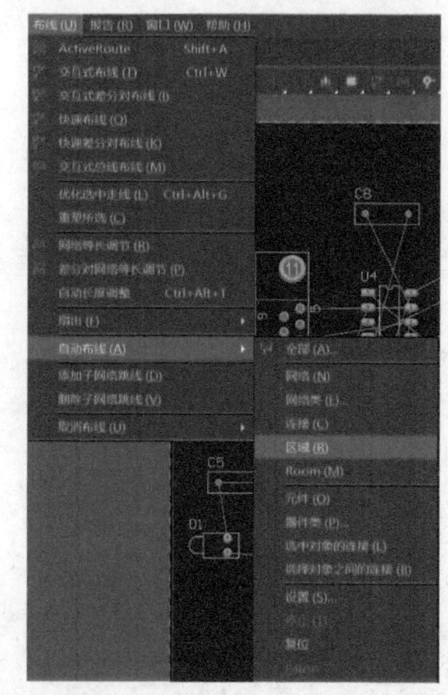

图 8-54　执行【布线】→【自动布线】→【区域】菜单命令

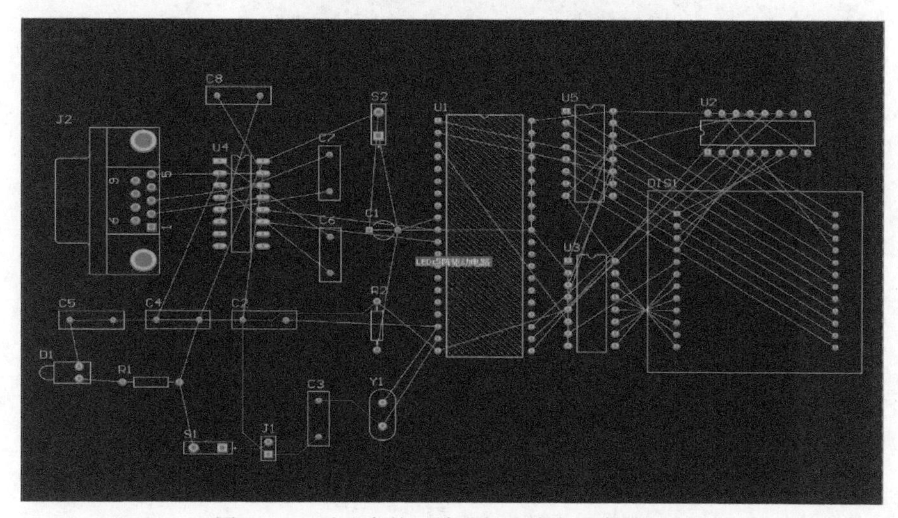

图 8-55　对选中的区域进行连线自动布线操作

将期望布线的区域布置完成后，即可对剩余网络进行布线。

5.【元件】方式

【元件】方式即用户可以对指定的元器件进行布线。在 PCB 编辑环境中执行【布线】→【自动布线】→【元件】菜单命令，如图 8-56 所示。

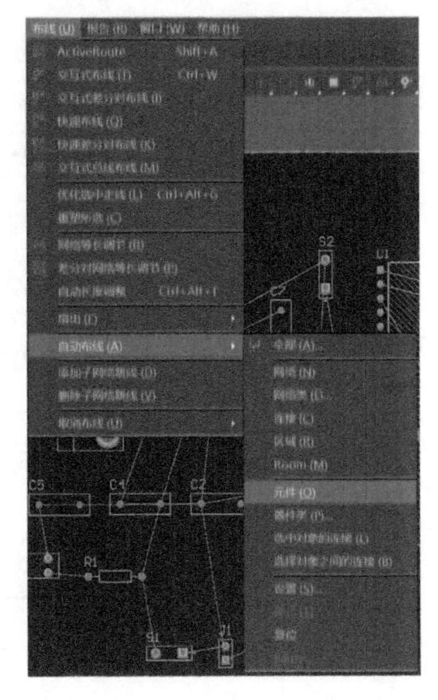

图 8-56 执行【布线】→【自动布线】→【元件】菜单命令

此时鼠标以“十字”光标形式出现，在期望布线的元器件上单击鼠标，即可对这一元器件的网络进行自动布线操作，以 Y1 为例，如图 8-57 所示。

将期望布线的元器件布置完成后，即可对剩余的网络进行布线。

6.【选中对象的连接】方式

这一方式与【元件】方式的性质是一样的，不同之处只是该方式可以一次对多个元器件的布线进行操作。在 PCB 编辑环境中执行【布线】→【自动布线】→【选中对象的连接】菜单命令，如图 8-58 所示。

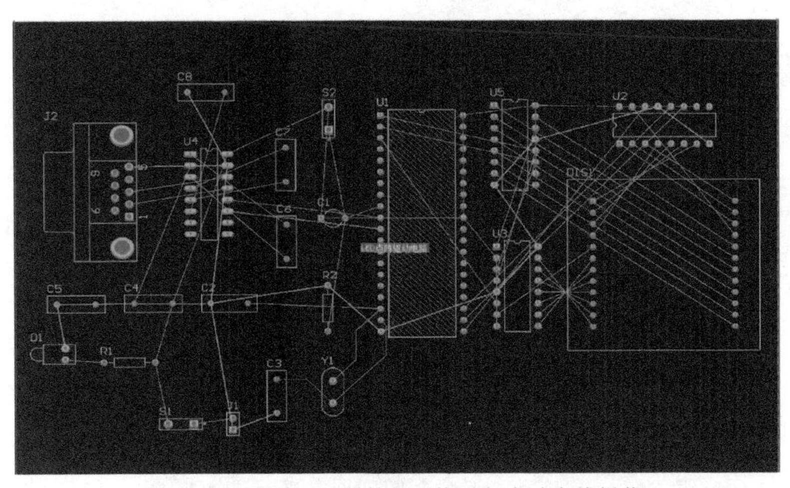

图 8-57 对单一元器件的网络进行自动布线操作

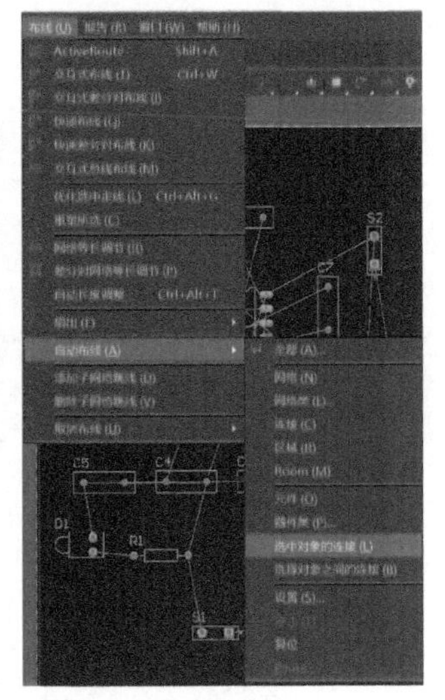

图 8-58 执行【布线】→【自动布线】→【选中对象的连接】菜单命令

首先选中需要进行布线的多个元器件，以 C2 和 Y1 为例，如图 8-59 所示。

执行如图 8-58 所示的菜单命令，即可对选中的多个元器件进行自动布线操作，如图 8-60 所示。

将期望布线的元器件布置完成后，即可对剩余的网络进行布线。

7.【选择对象之间的连接】方式

该方式可以在选中两元器件之间进行自动布线操作。首先选中待布线的两元器件，以 U1 和 U4 为例，如图 8-61 所示。

执行【布线】→【自动布线】→【选择对象之间的连接】菜单命令，如图 8-62 所示。

执行该命令后，布线结果如图 8-63 所示。

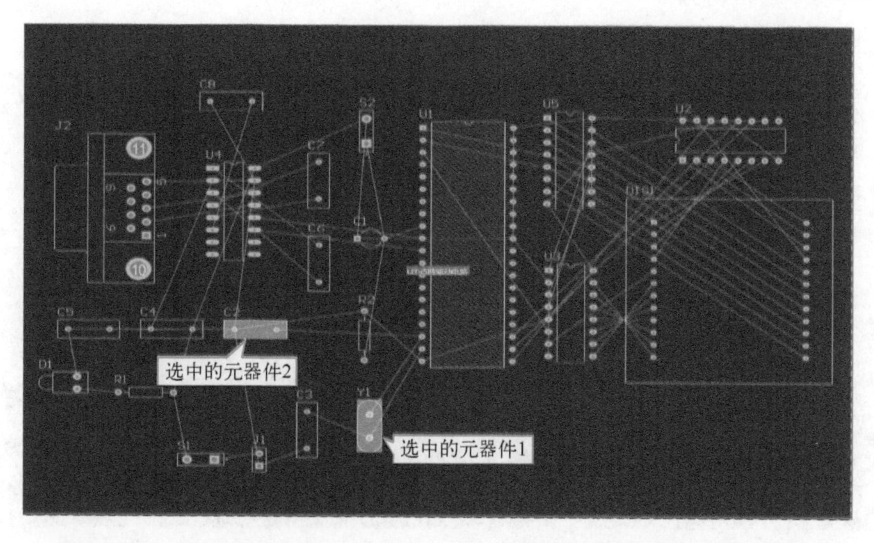

图 8-59　选中要进行布线的多个元器件

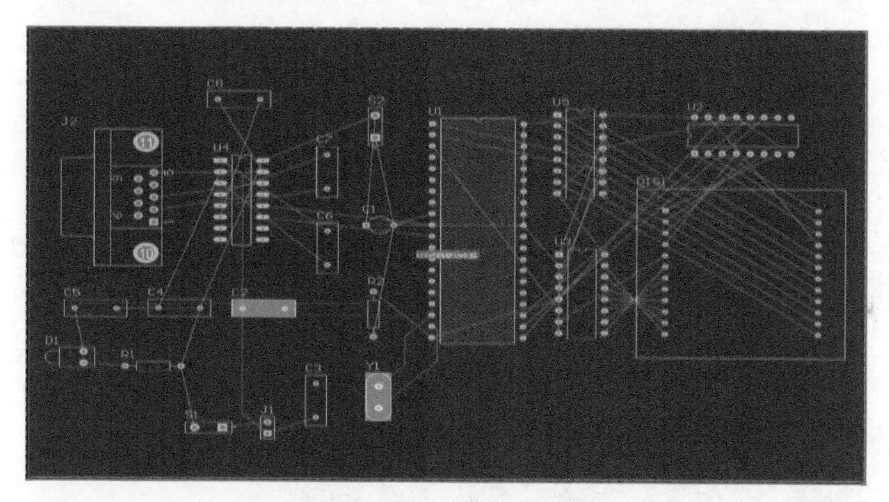

图 8-60　对选中的多个元器件进行自动布线操作

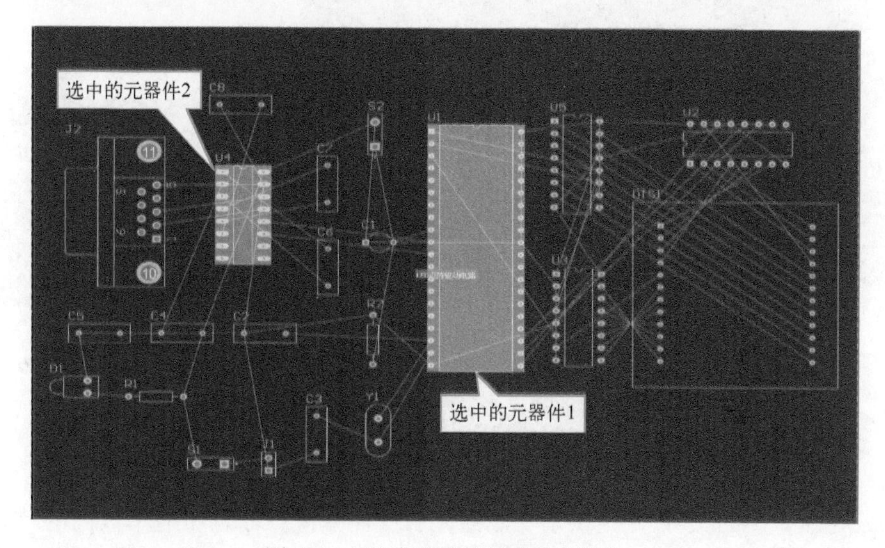

图 8-61　选中要进行布线的元器件

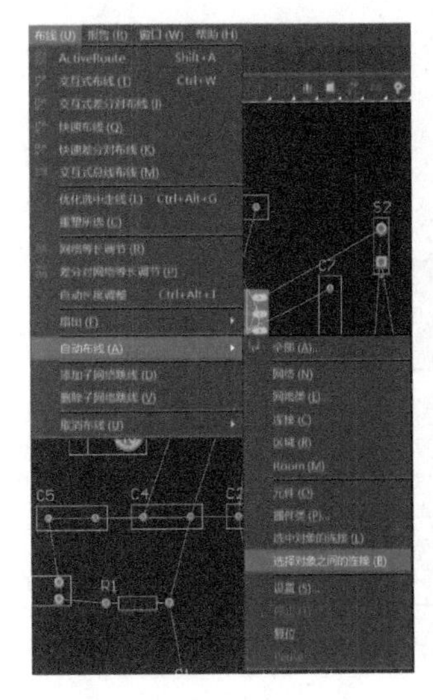

图 8-62　执行【布线】→【自动布线】→【选择对象之间的连接】菜单命令

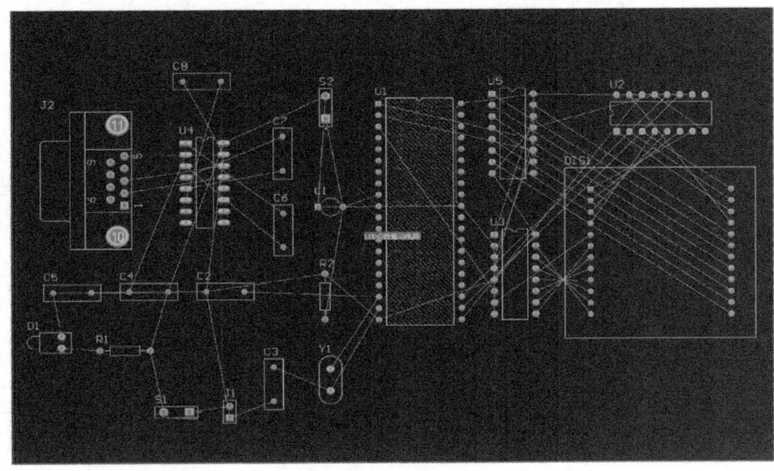

图 8-63　布线结果

8. 其他布线方式

【网络类】：该方式为指定的网络类进行自动布线。执行【设计】→【Classes】菜单命令，弹出【对象类浏览器】对话框，如图 8-64 所示。

在该对话框中可以添加网络类，以便于【网络类】的布线方式。若当前的 PCB 不存在自定义的网络类，执行【网络类】的布线方式后，系统弹出不存在网络类的对话框，如图 8-65 所示。

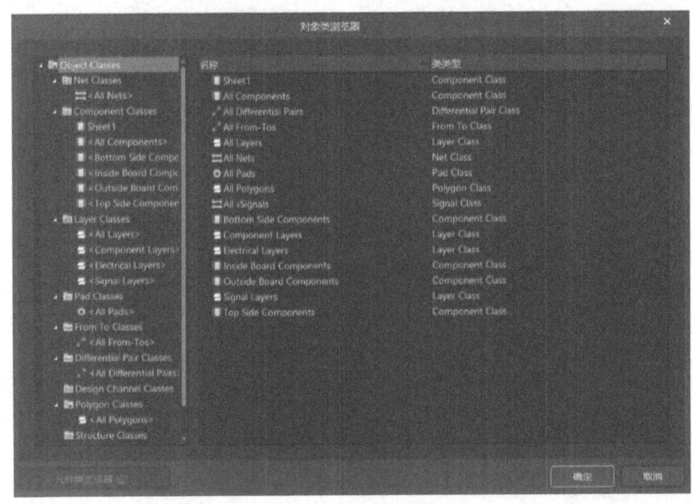

图 8-64　【对象类浏览器】对话框

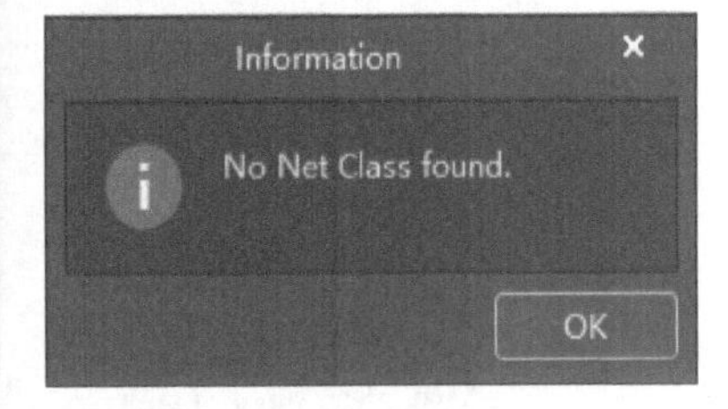

图 8-65　提示信息对话框

8.5　手动布线

Altium Designer 24 为设计者提供了功能强大、操作方便，而且布通率极高的自动布线器，但在实际设计中，仍然会有不尽如人意的地方，需要设计者去手工放置或调整 PCB 上的布线，以便获得更为完善的设计效果。还有一些设计者出于个人喜好，习惯于对整个 PCB 进行全部的手工布线，因此，Altium Designer 24 提供了很方便的手工交互式布线工具，当电路原理图生成 PCB 后，各焊点间都已用飞线连接网络，此时用户可使用系统提供的交互式布线模式进行手动布线。

执行【放置】→【走线】菜单命令或者单击布线工具栏中的【交互式布线连接】工具，如图 8-66 所示。

图 8-66　选择交互式布线连接工具

📖 提示：因为在布线完成后，如果需要小范围的移动器件时，每移动一次都要重新进行连线会导致工作量增大，所以在进行交互式布线之前需要在【工具】→【优先选项】→【PCB Editor】→【Interactive Routing】中选中【元器件重新布线】。

此时光标变成“十字”形状，表明已进入导线放置状态，在导线放置状态，将光标放在元器件的一个焊盘上，当出现带有圆圈的十字符号时，表明已经捕捉到焊盘的中心，可以开始放置，如图 8-67 所示。圆圈符号表示在此处单击就会形成有效的电气连接。

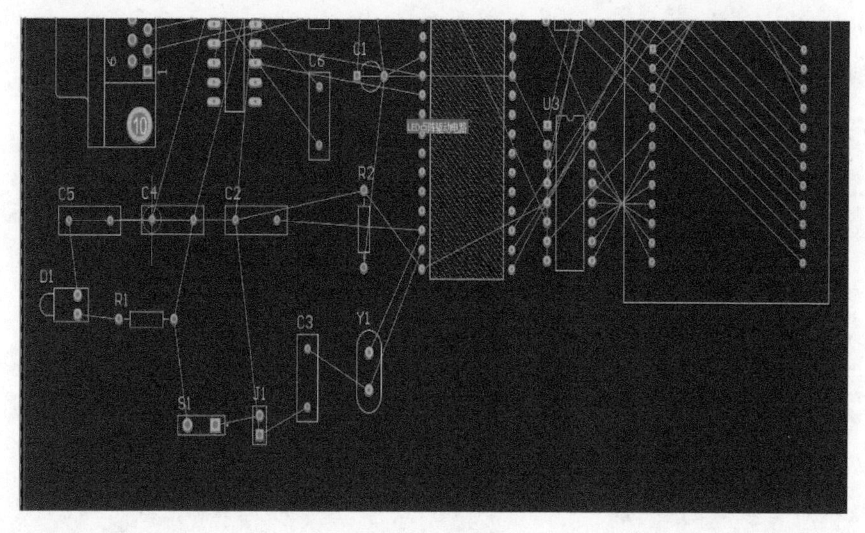

图 8-67　鼠标中心的圆圈十字符号

除完全手动布线外，还可以配合 Altium Designer 24 提供的交互式布线自动完成模式，在该模式下，系统会自动完成整个路径的连接。在导线放置状态下，只需按〈Ctrl〉键的同时单击焊盘，即可完成整个路径的布线。当一个焊盘，有多个不同方向的连接点时，在自动完成模式下系统将只显示一个方向上的布线路径，这时按下数字〈7〉键可以切换显示其他方向上的布线路径。

单击开始布线，如图 8-68 所示。此时按下〈Space〉键可以切换起点模式：垂直、水平和 45 度。

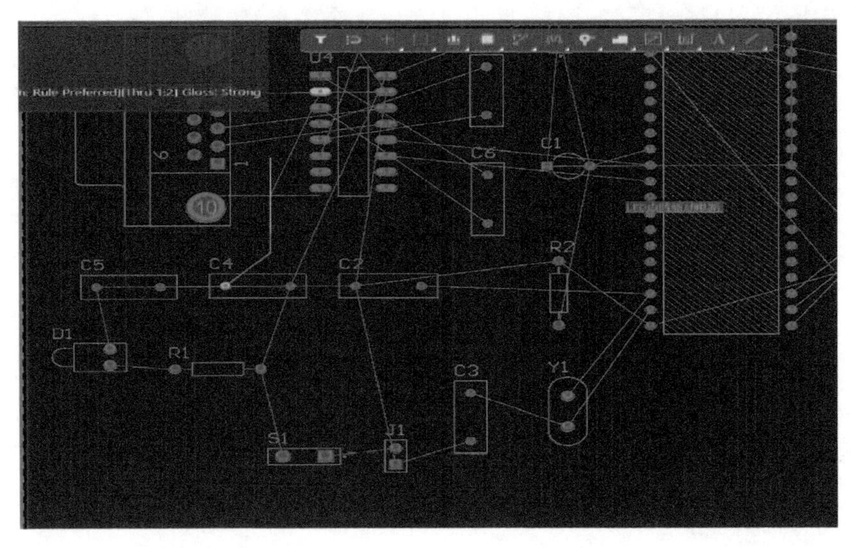

图 8-68　手动交互式布线

在布线过程中按下〈Tab〉键，即弹出 Properties-Interactive Routing 界面，如图 8-69 所示。

这个时候就可以调整如：线宽、过孔大小、布线层、手工布线的模式、布线角度、编辑线宽及过孔规则，常用线宽及过孔值编辑，以及线宽及过孔大小选择方法。在界面下方可以对交互式布线冲突解决方案、交互式布线选项等进行设置。

在 Rules 栏中，单击 Width Constraint 按钮可以进入导线宽度规则的设置对话框，对之前设定的导线宽度进行修改等操作，如图 8-70 所示。

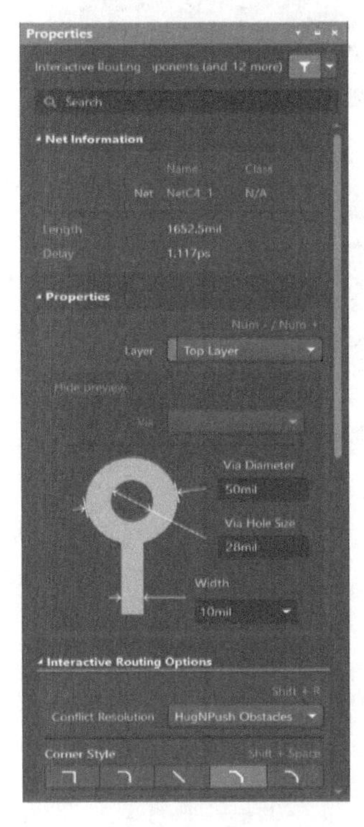

图 8-69　Properties-Interactive Routing 界面

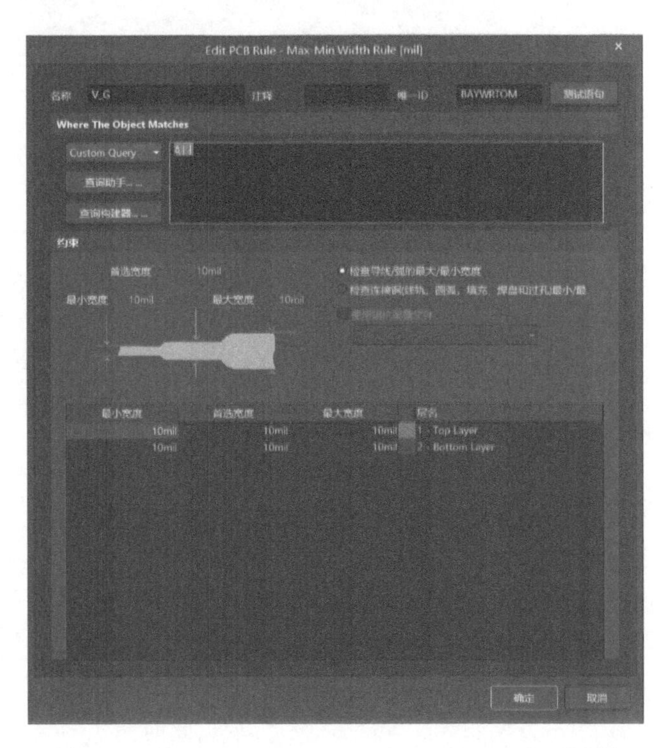

图 8-70　【Edit PCB Rule-Max-Min Width Rule】对话框

单击【确定】按钮返回上一个界面，在 Rules 栏，单击【via Constraint】按钮，可以进入过孔规则的设置对话框，对过孔规则进行具体设置，如图 8-71 所示。

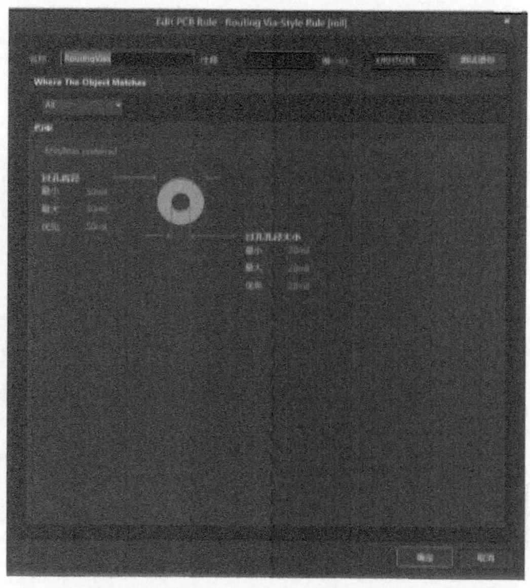

图 8-71　【Edit PCB Rule-Routing Via-Style Rule】对话框

Properties 栏是 Properties-Interactive Routing 界面的一个重要部分，在该界面可以设置过孔的直径尺寸及线宽。其中右上角 Num-/Num+为该操作的快捷键，作用是切换到下/上一层并自动放置过孔，如图 8-72 所示。

另一个重要部分则是 Interactive Routing Options 栏，在这部分可以进行布线方式，拐角种类以及布线优化强度的设置，如图 8-73 所示。其中 Conflict Resolution 下拉菜单给出了七种方式，分别是：Ignore Obstacles（无视障碍）、Walkaround Obstacles（绕过障碍）、Push Obstacles（挤开障碍）、HugNPush Obstacles（在紧贴下挤开障碍）、Stop At First Obstacles（遇到障碍即停）、AutoRoute Current Layer（自动布线当前层）和 AutoRoute MultiLayer（自动布线多层）。

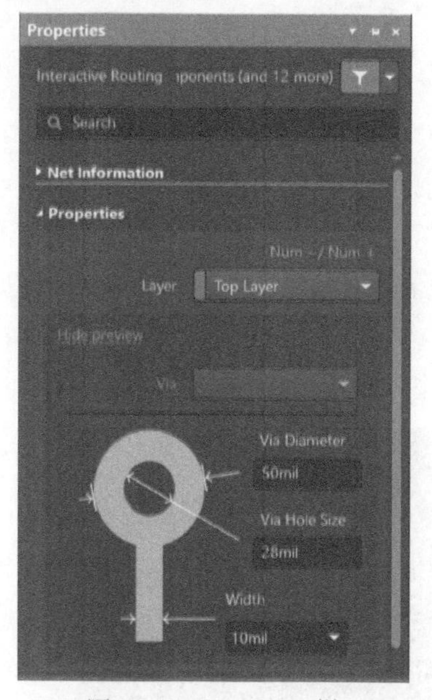

图 8-72　Properties 栏

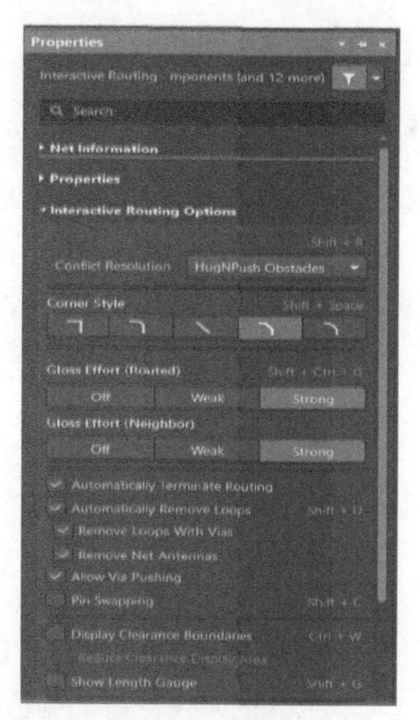

图 8-73　Interactive Routing Options 栏

📖 提示：在布线时可按下〈Shift+R〉键可以对遇到障碍时布线模式进行循环改变。

进行完以上设置后，将鼠标移动到另一点待连接的焊盘处单击，完成一次布线操作，如图 8-74 所示。

绘制好铜膜布线后，如希望再次调整铜膜布线的属性，用户可双击绘制好的铜膜布线，此时系统将弹出铜膜布线编辑对话框，如图 8-75 所示。

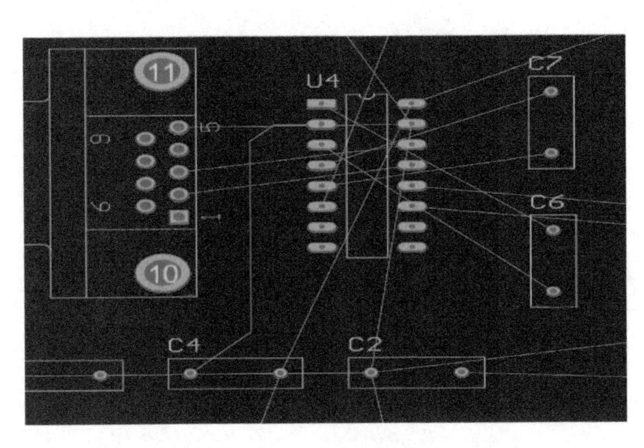

图 8-74　完成布线操作

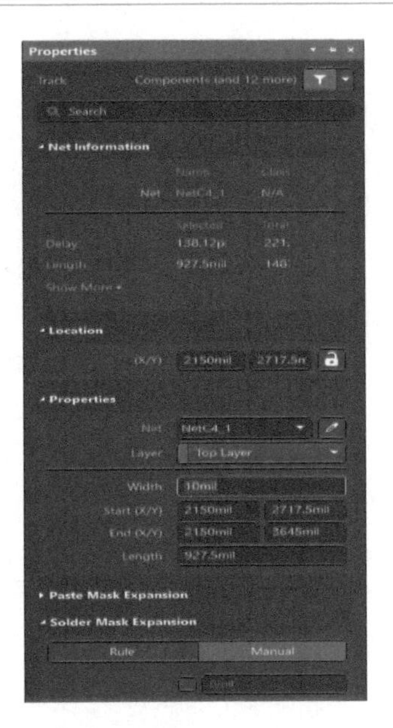

图 8-75　铜膜布线编辑对话框

在对话框中，用户可编辑铜膜布线的宽度、所在层、所在网络及其位置等参数。按照上述方式布线，即可完成 PCB 的布线。另外，手动布线时要注意不同层之间的切换。

8.6　混合布线

Altium Designer 24 的自动布线功能虽然非常强大，但是自动布线时多少也会存在一些令人不满意的地方，而一个设计美观的印制电路板往往都在自动布线的基础上进行多次手动修改，才能将其设计得尽善尽美。因此在许多情况下会选择先用自动布线的方式进行大部分的布线内容，再用手动布线的方式进行调整。下面以 LED 点阵驱动电路为例进行介绍。

【例 8-1】 以一个 LED 点阵驱动电路进行混合布线。

第 1 步：采用自动布线中的【网络】方式布通电路中的 GND 网络，结果如图 8-76 所示。

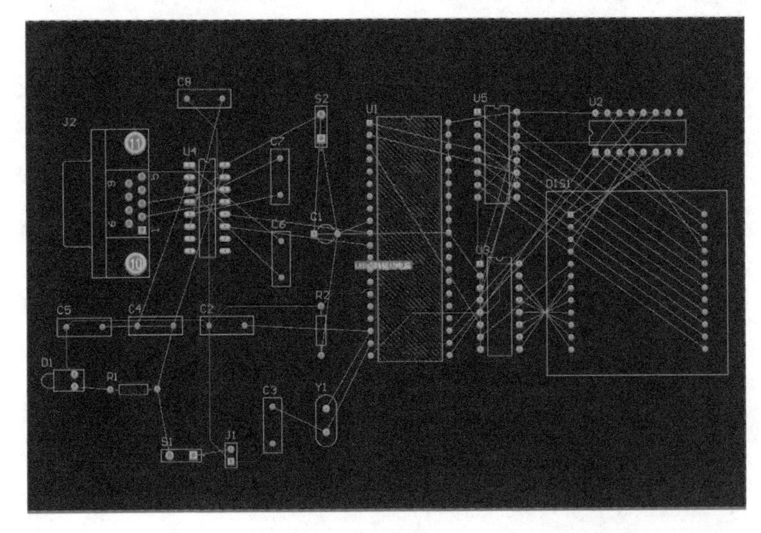

图 8-76　【网络】方式布通电路中的 GND 网络

接着对 GND 网络中的部分线路进行调整。执行【工具】→【优先选项】菜单命令，在弹出的【优选项】对话框中，选择【PCB Editor】→【General】参数选择设置对话框下方的【器件拖曳】下拉式列表中的 Connected Tracks 选项，单击【确定】按钮完成设置，如图 8-77 所示。

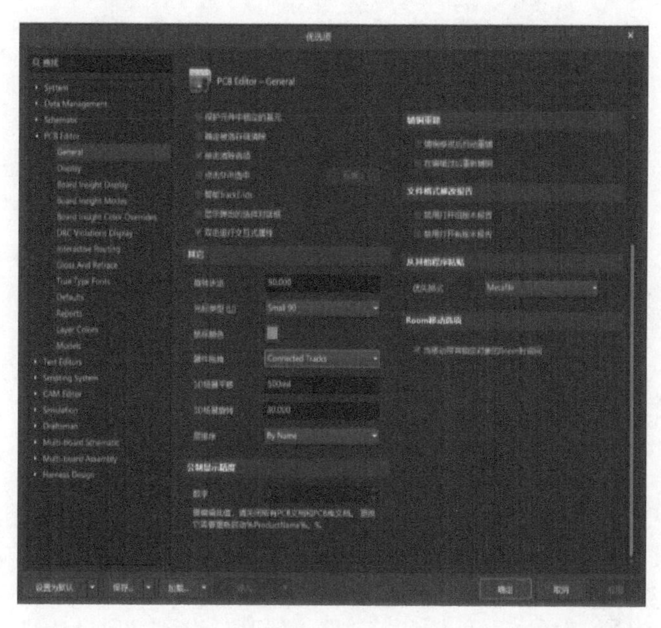

图 8-77　启动不断线拖动功能

然后执行【编辑】→【移动】→【器件】菜单命令，此时鼠标以“十字”光标形式出现，单击元器件，则元器件及其焊点上的铜膜走线都随着鼠标的移动而移动。在期望放置元器件的位置单击即可放置元器件，不断调整元器件位置后，与元器件相连的铜膜走线发生变形，因此，在调整完元器件后，需要重新布线。执行【工具】→【取消布线】→【全部】菜单命令，清除所有布线，然后再次采用自动布线中的【网络】方式布通电路中的 GND 网络，结果如图 8-78 所示。

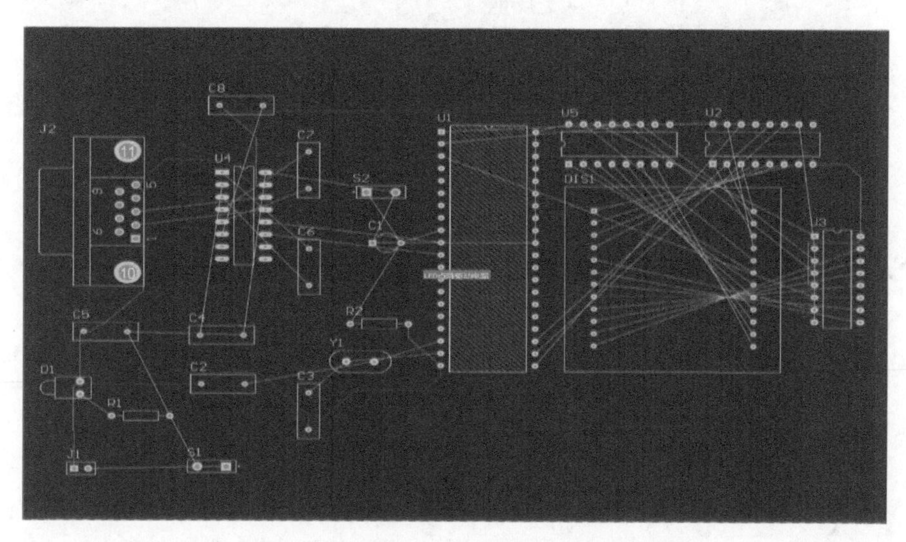

图 8-78　再次布通电路中的 GND 网络

第 2 步：对剩余电路进行布线，执行【自动布线】→【全部】菜单命令，在弹出的对话框中锁定所有预布线，如图 8-79 所示。

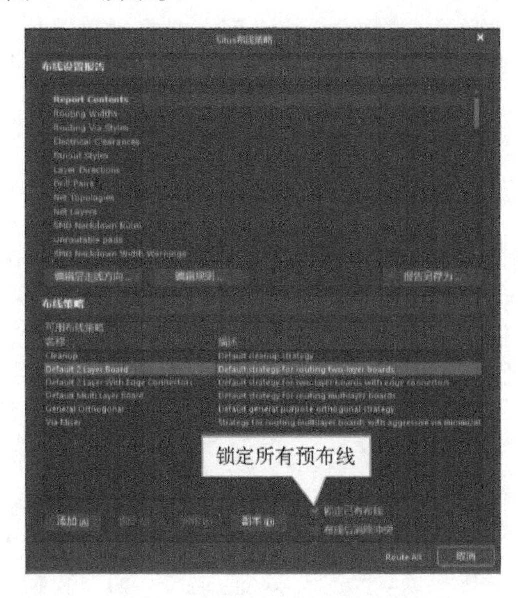

图 8-79　锁定所有预布线

单击 Route All 按钮对剩余网络进行布线，自动布线时，Altium Designer 24 会自动添加过孔并完成布线，相较于前些版本，布局更为合理，但有时也会出现过孔数量太多的情况，布线结果如图 8-80 所示。

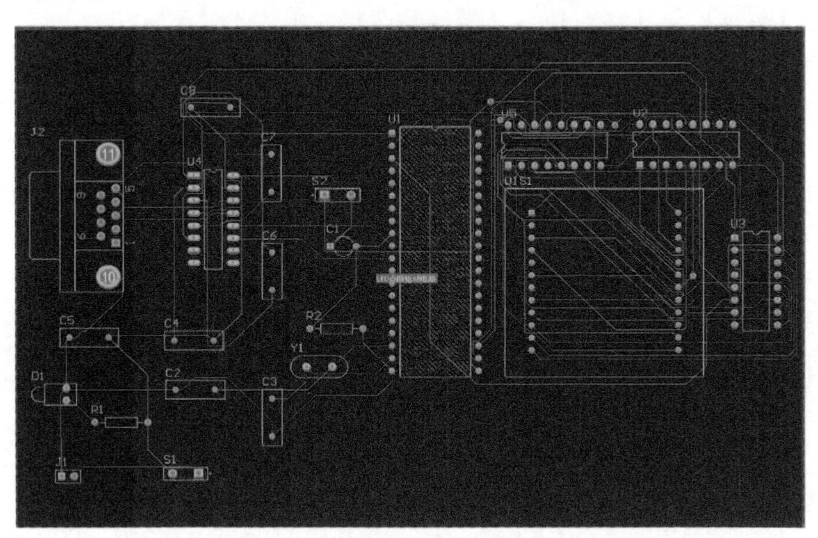

图 8-80　剩余网络布线结果

第 3 步：自动布线后，可能会出现不合理的连线。例如以下这种情况，图 8-81 所示的布线中走线不够合理，没有满足最短走线原理。

调整该走线步骤如下：

首先删除该不合理走线，如图 8-82 所示。

单击布线工具，设置布线层面为底层。重新对该点走线，如图 8-83 所示。

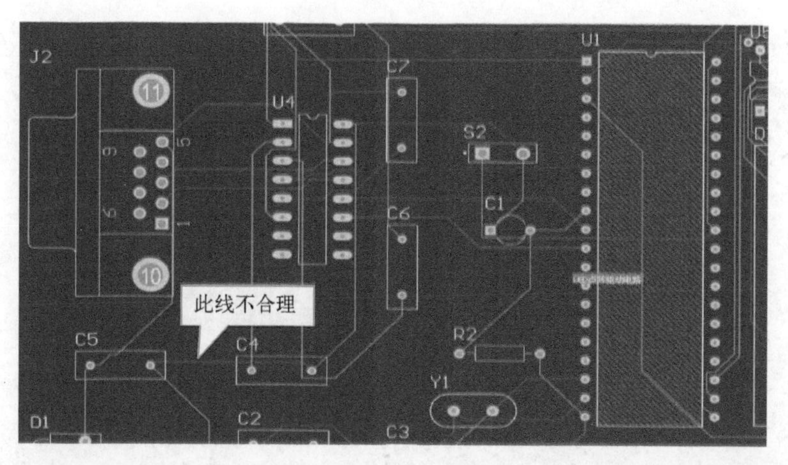

图 8-81　不合理走线

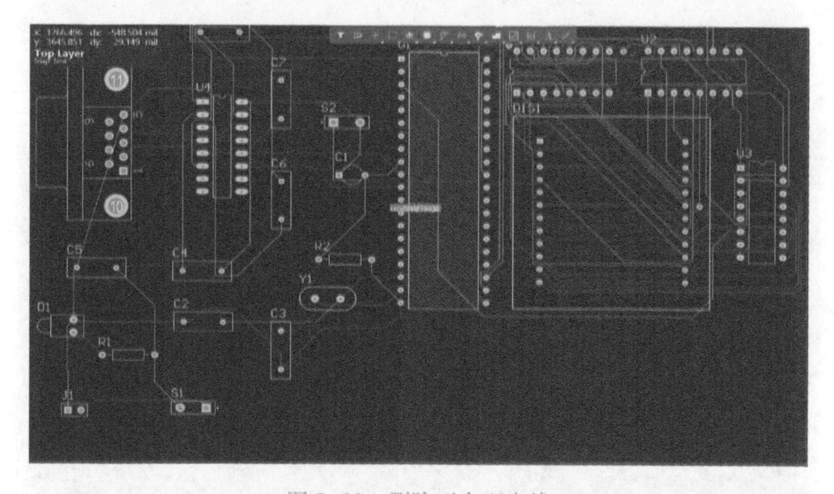

图 8-82　删除不合理走线

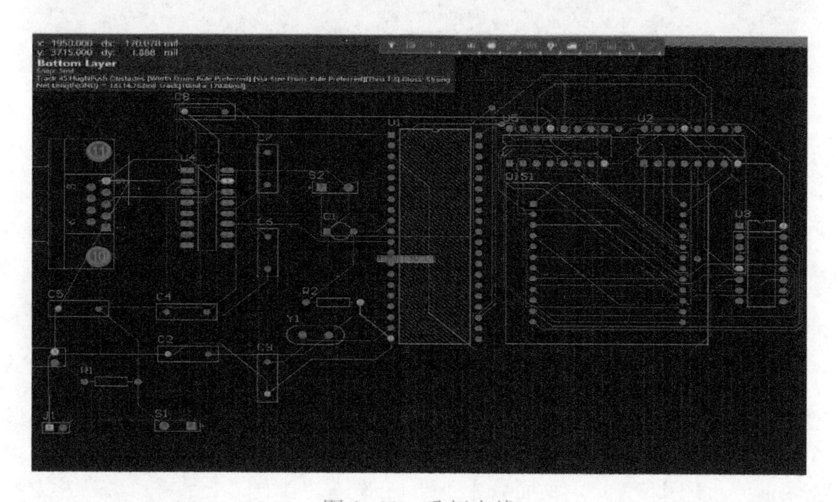

图 8-83　重新走线

当遇到转折点时，可在按下〈Shift+Ctrl〉组合键的同时，用鼠标滑轮切换布线层面（也可按数字小键盘上的〈 * 〉键在布线时切换到下一层），同时加一过孔，如图 8-84 所示。

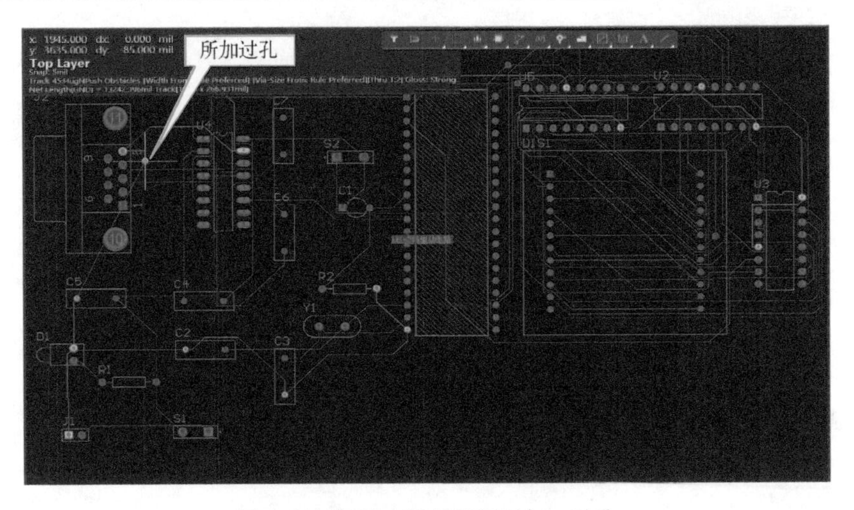

图 8-84　切换布线层面同时加一过孔

完成修改布线，如图 8-85 所示。

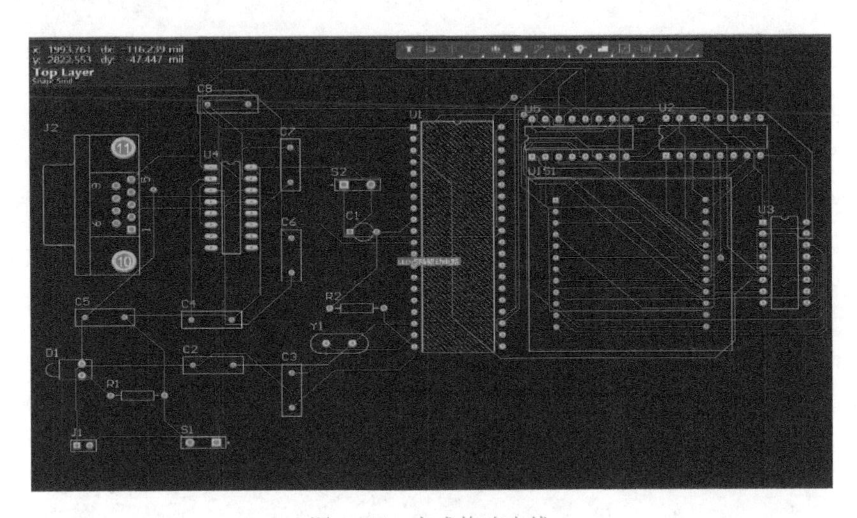

图 8-85　完成修改走线

第 4 步：按照上述方法调整其他连线，在调整的过程中，用户可采用单层显示方式。

如何在 Altium Designer 24 中显示单层呢？将鼠标移动到编辑窗口下方中的【板层标签】右击，系统将会弹出菜单命令，执行【隐藏层】→【Bottom Layer】菜单命令，即可隐藏 Bottom Layer，只显示 Top Layer；执行【隐藏层】→【Top Layer】菜单命令，即可隐藏 Top Layer，只显示 Bottom Layer，如图 8-86、图 8-87 和图 8-88 所示。

执行【视图】→【切换到 3 维模式】，即可查看 3D 图形，如图 8-89 所示。

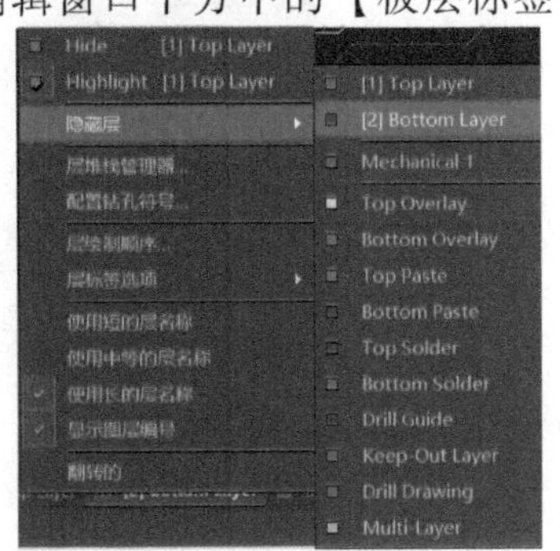

图 8-86　板层设置菜单

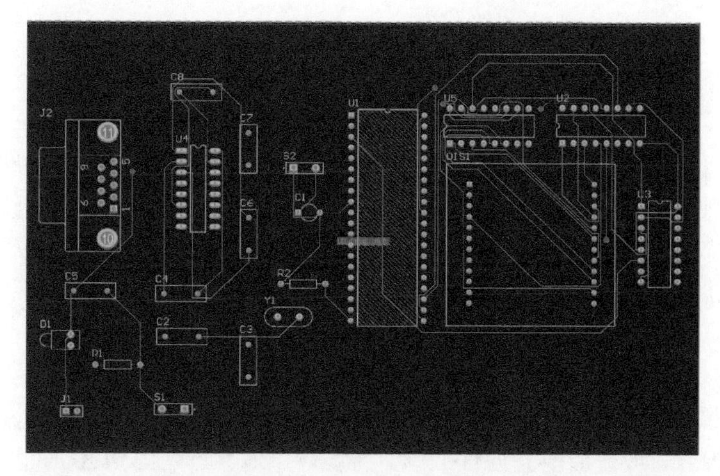

图 8-87　只显示顶层（Top Layer）

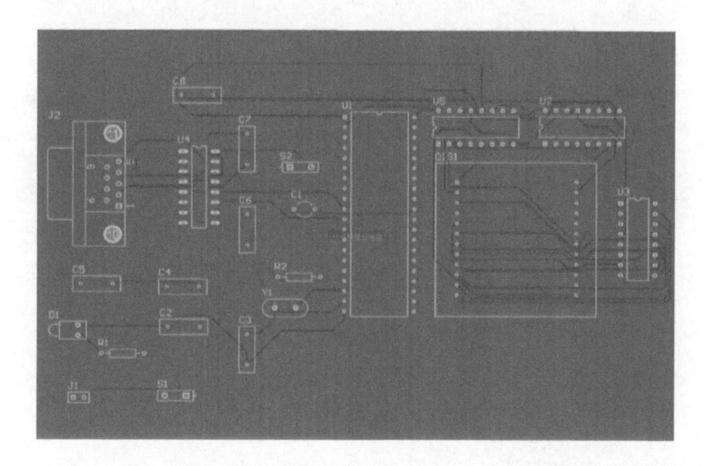

图 8-88　只显示底层（Bottom Layer）

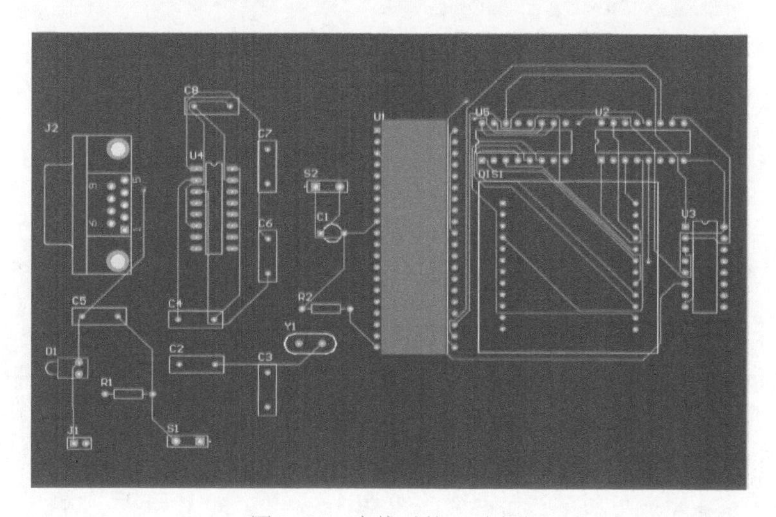

图 8-89　布线后的 3D 图形

8.7 差分对布线

差分信号也称为差动信号，它用两根完全一样，极性相反的信号传输一路数据，依靠两根信号电平差进行判决。为了保证两根信号完全一致，在布线时要保持并行，线宽、线间距保持不变。要用差分对布线一定要信号源和接收端都是差分信号才有意义。接收端差分线对间通常会加匹配电阻，其值等于差分阻抗的值，这样信号品质会好一些。

差分对的布线有两点需要注意：

1）两条线的长度要尽量一样长。

2）两线的间距（此间距由差分阻抗决定）要保持不变。

差分对的布线方式应适当地靠近且平行。所谓适当地靠近是因为这个间距会影响到差分阻抗的值，此值是设计差分对的重要参数；而需要平行也是因为要保持差分阻抗的一致性。若两线忽远忽近，差分阻抗就会不一致，从而影响信号完整性及时间延迟。

下面以一个流程图说明，如何在 Altium Designer 24 系统中实现差分对布线，如图 8-90 所示。

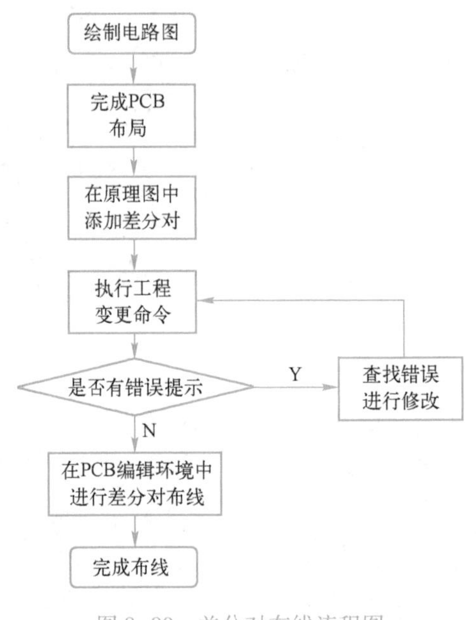

图 8-90　差分对布线流程图

【例 8-2】 以一个实例进行差分对布线。

第 1 步：新建 PCB 工程项目命名为 diff Pair. PrjPCB，导入已绘制好的原理图（如图 8-91 所示）和已完成布局的 PCB 文件（如图 8-92 所示）。

第 2 步：将界面切换到原理图编辑环境，让一对网络名称的前缀名相同，扩展名分别为_N 和_P。找到要设置成差分对的一对网络，如 DB4、DB6，如图 8-93 所示。

双击这两个网络标签，将 DB4 重新命名为 DB_N，将 DB6 重新命名为 DB_P，如图 8-94 所示。

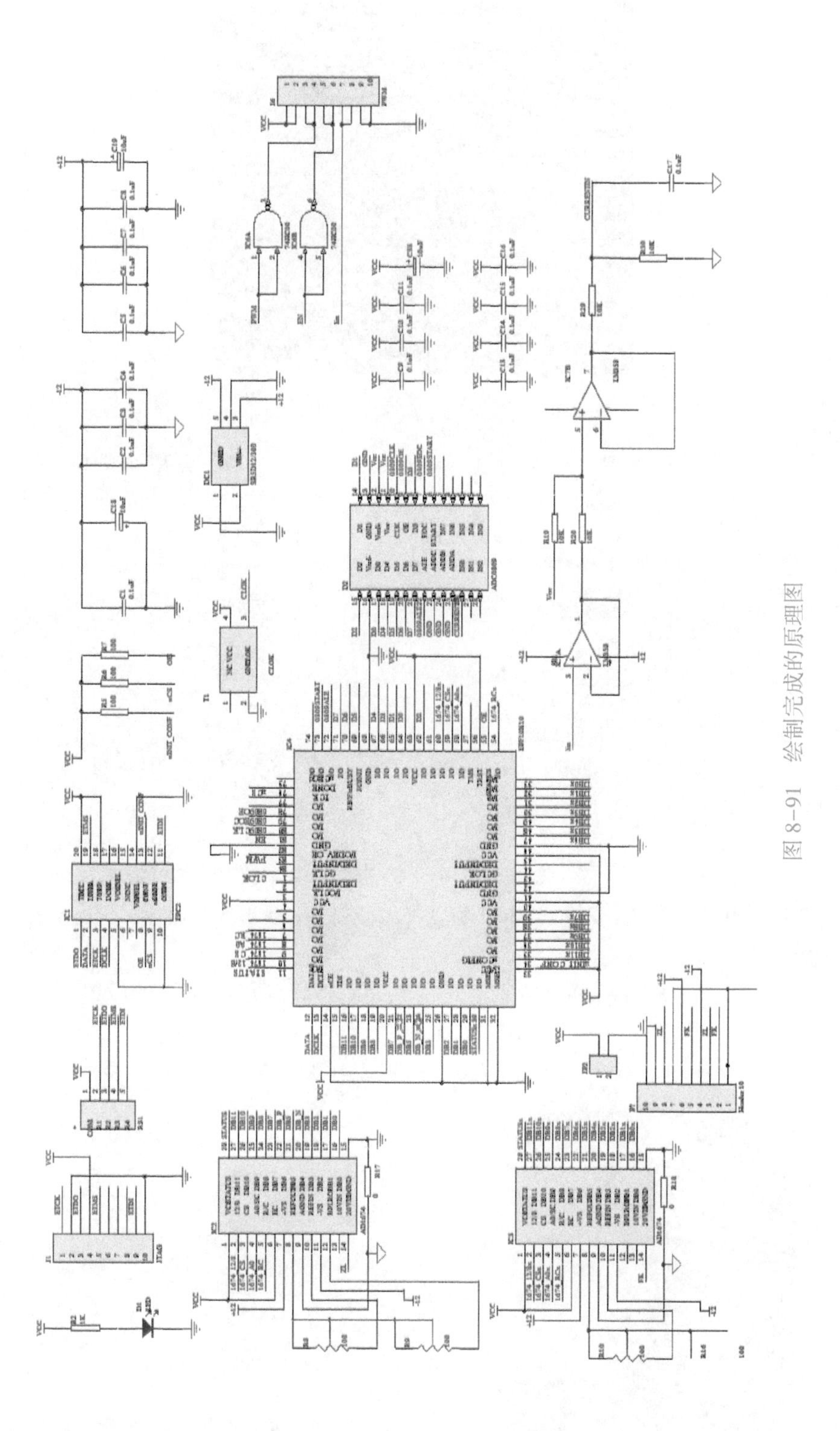

图 8-91　绘制完成的原理图

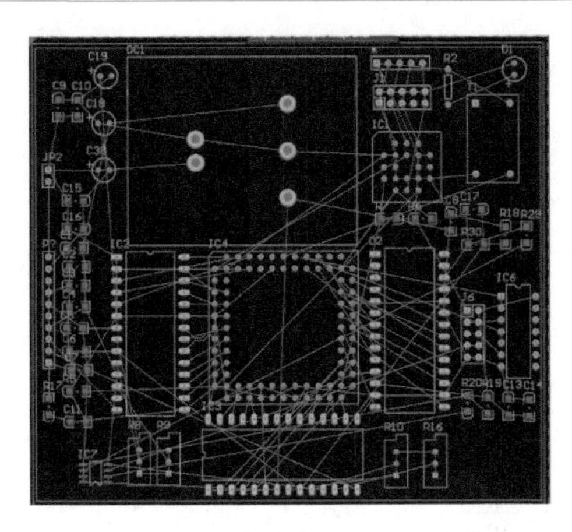

图 8-92　已完成布局的 PCB 文件

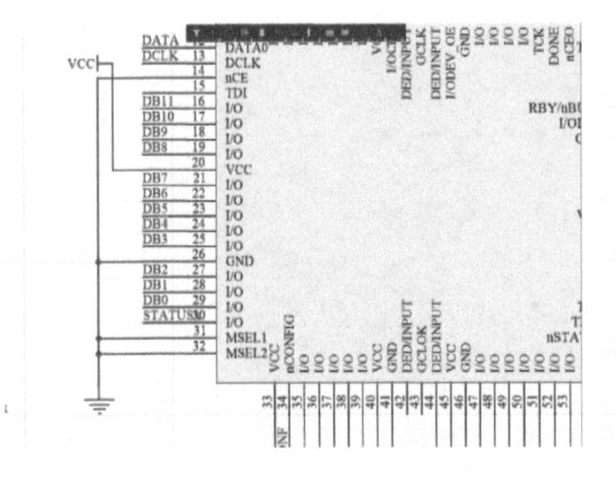

图 8-93　选 DB4、DB6 为待设置差分对

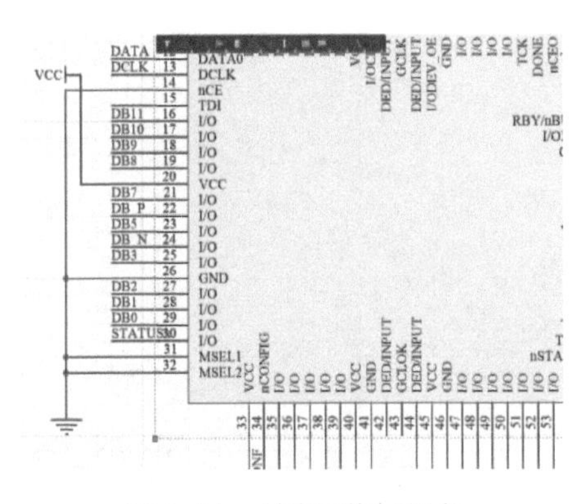

图 8-94　更改网络标签名

由于该原理图是采用网络标签来实现电气连接的，所以该处更改网络标签名，相应的另一端连接处也要同时更改，可以按住〈Alt〉键不放，鼠标左键单击一个网络标签名，即可看到另一端网络标签名。

修改完成后，就应该放置差分对标志了。在原理图编辑环境中执行【放置】→【指示】→【差分对】菜单命令，如图 8-95 所示。

此时光标变成“十字”形状，并附有差分对标志，如图 8-96 所示。

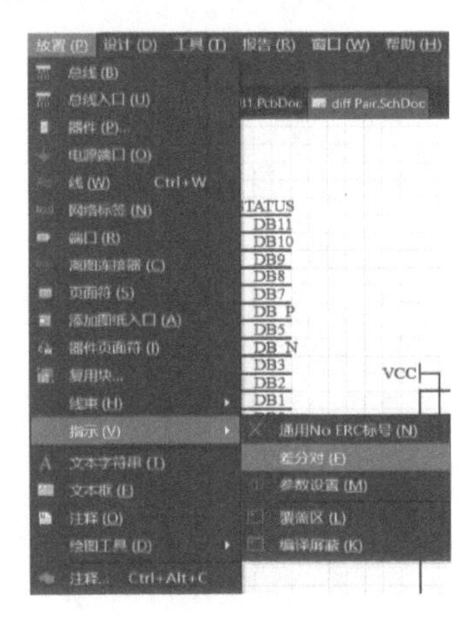

图 8-95　执行【放置】→【指示】→【差分对】菜单命令

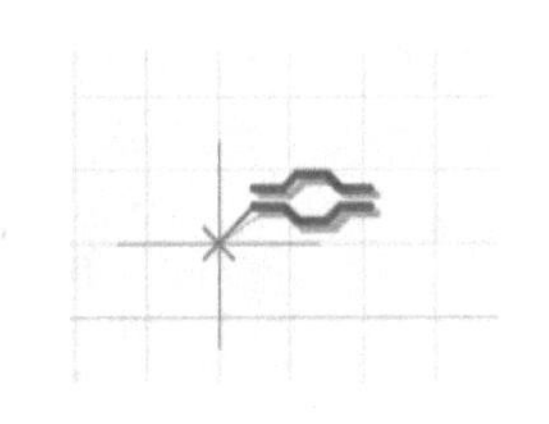

图 8-96　待放置的差分对标志

在引脚 DB_N 和 DB_P 处，单击放下差分对标志，如图 8-97 所示。

第 3 步：在原理图编辑环境中【设计】→Update PCB Document diff Pair. PcbDoc 菜单命令，如图 8-98 所示。

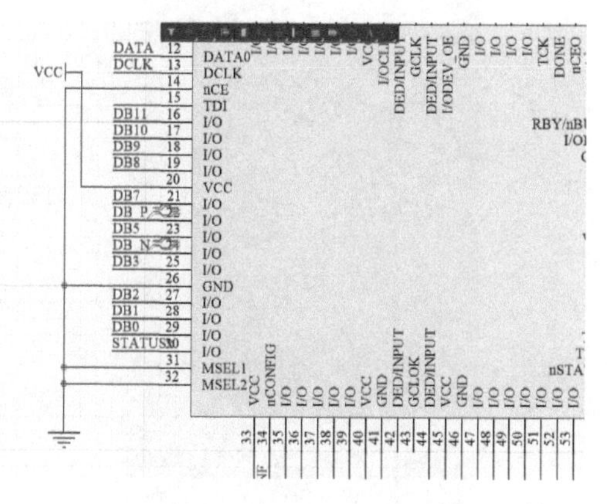

图 8-97　完成差分对的放置

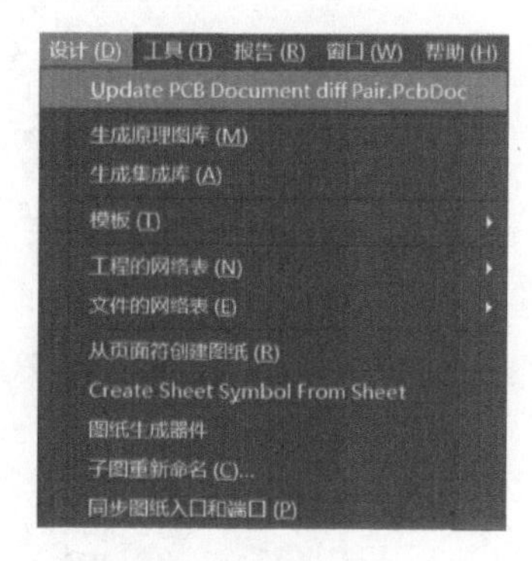

图 8-98　Update PCB Document diff Pair. PcbDoc 菜单命令

启动【工程变更指令】对话框，单击【验证更改】按钮和【执行更改】按钮，把有关的差分对信息添加到 PCB 文件中。此时【工程变更指令】对话框，如图 8-99 所示。

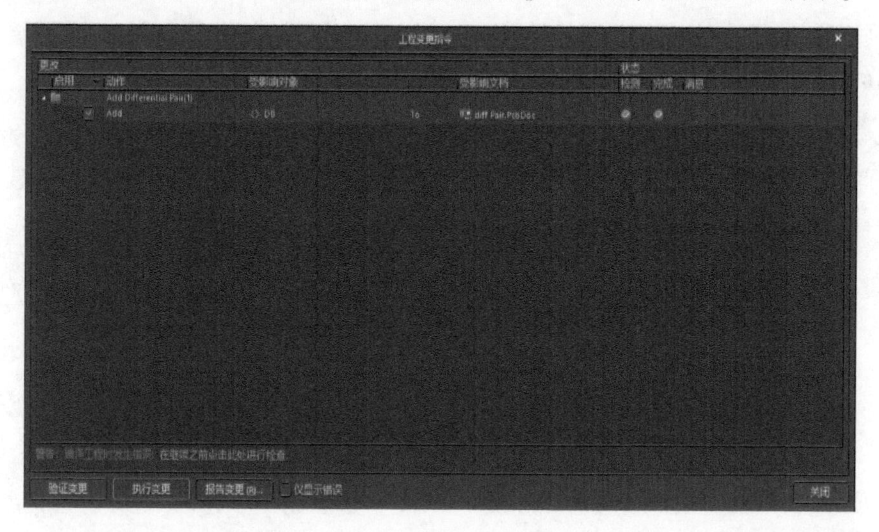

图 8-99　将差分对信息添加到 PCB 文件

第 4 步：在 PCB 编辑环境中，打开 PCB 面板，如图 8-100 所示。

单击该面板最上方的下拉菜单，选择 Differential Pairs Editor 项，PCB 面板如图 8-101 所示。

第 5 步：选择定义的差分对 DB，单击【规则向导】按钮，弹出【差分对规则向导】对话框，如图 8-102 所示。

单击 Next 按钮，进入设置子规则名称对话框。在对话框的 3 个文本编辑框中，可以为各个差分对子规则进行重新定义名称，这里采用系统默认设置，如图 8-103 所示。

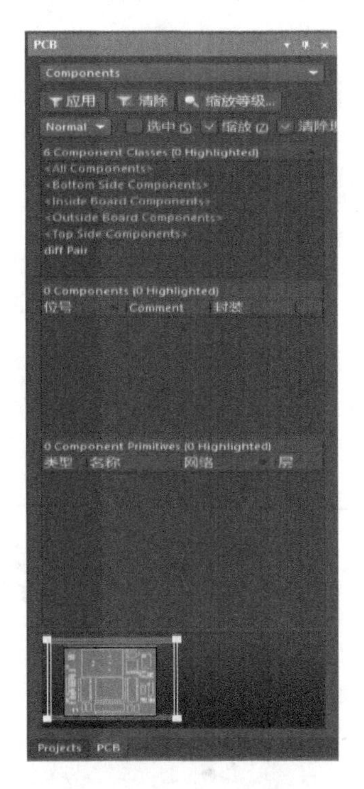

图 8-100　PCB 面板

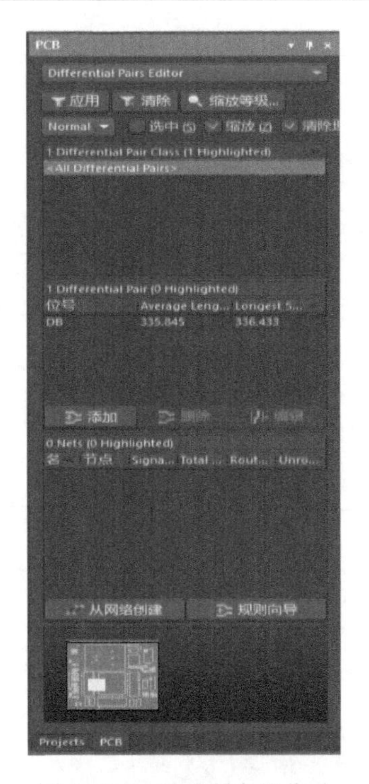

图 8-101　显示所有差分对

图 8-102　【差分对规则向导】对话框

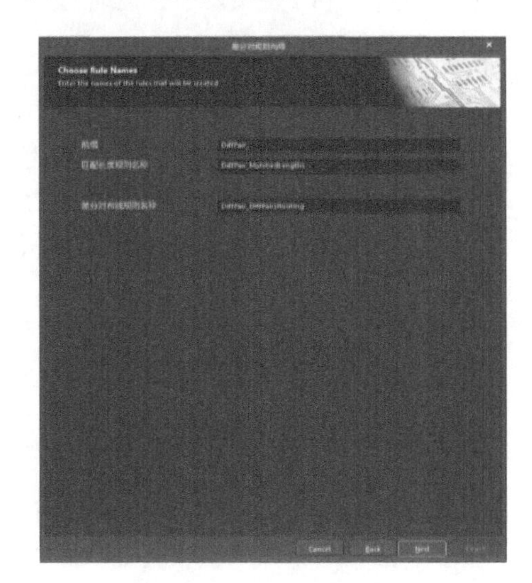

图 8-103　设置子规则名称对话框

单击 Next 按钮，进入强制长度对话框。该对话框用于设置差分对布线的模式，以及导线之间的距离等。这里采用系统默认设置，如图 8-104 所示。

单击 Next 按钮，进入差分对子规则对话框，如图 8-105 所示。该对话框中的各项设置在前面已做过介绍，这里不再重复。

单击 Next 按钮，进入规则创建完成对话框。在该对话框中，列出了差分对各项规则的设置情况，如图 8-106 所示。

单击 Finish 按钮，退出设置界面。可以看到，选中差分对 DB 完成了布线。全局处于高亮状态，如图 8-107 所示。

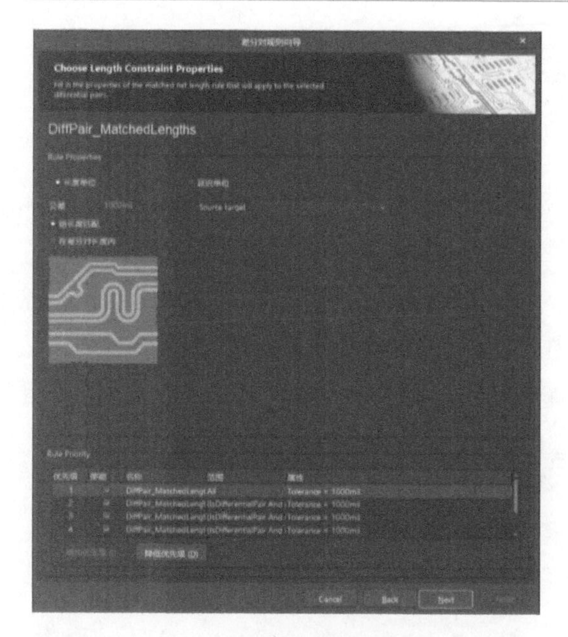

图 8-104　强制长度对话框

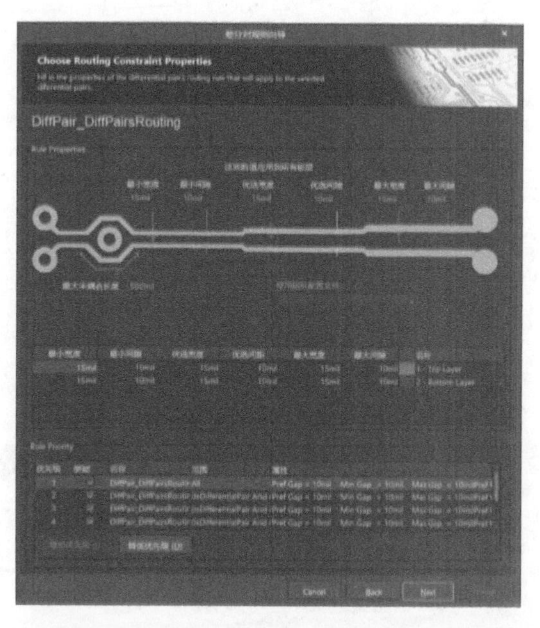

图 8-105　差分对子规则对话框

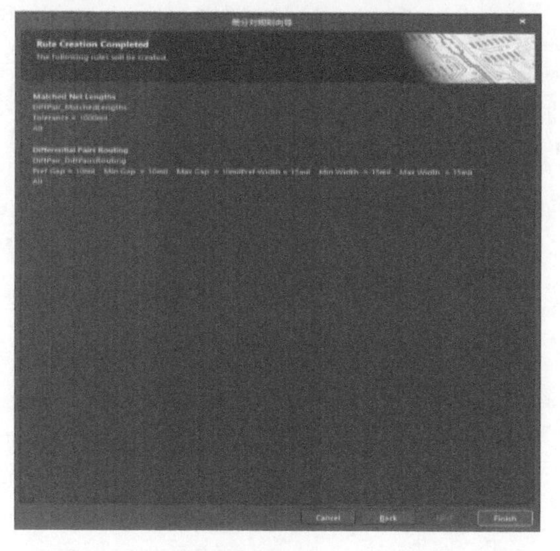

图 8-106　规则创建完成对话框

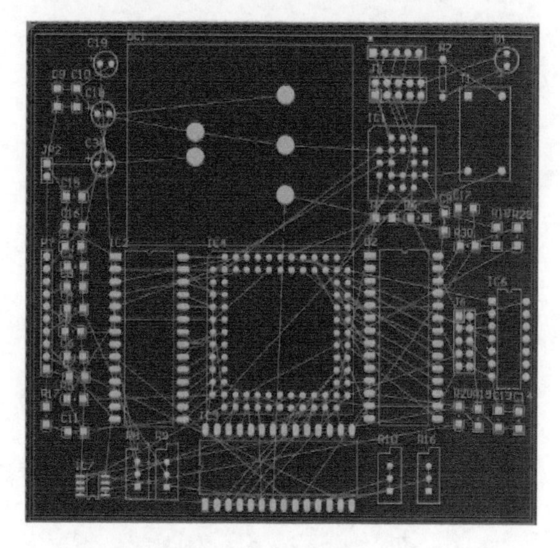

图 8-107　完成差分对 DB 布线

8.8　ActiveRoute 布线

ActiveRoute 功能是一种自动的交互式布线技术，是作为交互式布线的一种补充。它在 Altium Designer 24 中也称为【对选中的对象自动布线】，如图 8-108 所示。它是一种引导式的交互布线，它可以对选中的网络进行快速高质量的在多层同时布线。它实用于多引脚的 BGA 元器件，能够优化逃逸布线，并能够进行高质量的 River Routing。同时也可以进行差分对布线、自动引脚交换和生成蛇形线以达到等长匹配。值得注意的是，ActiveRoute 可以对已经补好的线进行修改，如优化、改做差分对等。

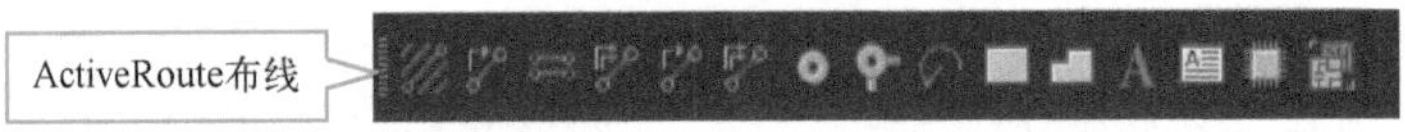

ActiveRoute布线

图 8-108　ActiveRoute 布线

ActiveRoute 布线相对于手动布线、交互式布线和自动布线，它具有相对较快的布线速度以及较高的布线质量和较高的自动化程度，并且控制难度也不算很难，如图 8-109 所示。

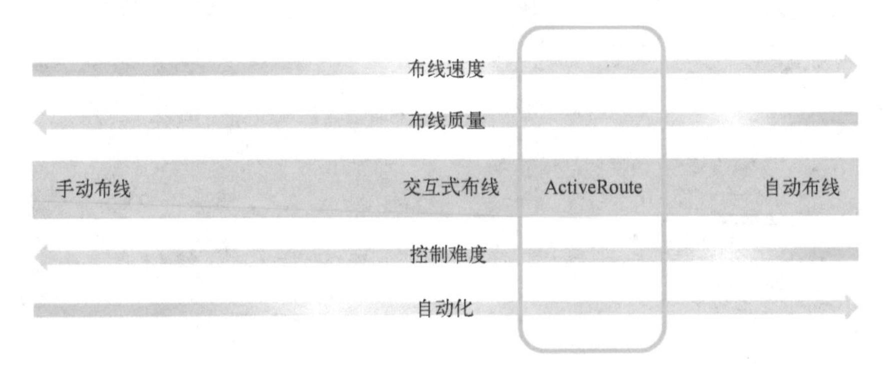

图 8-109　ActiveRoute 比较图

首先需要知道的是 Altium Designer 24 不再默认提供 ActiveRoute 功能，需要用户自行注册并登录 DigPCBA 账号安装此扩展功能，账号注册问题这里不做过多讲解，读者可自行网上查找。登录 DigPCBA 账号后，需要在【优选项】对话框【System-Installation】中选择【全球安装服务】，然后通过界面右上角 选择【Extensions and Updates】，在【购买的】界面中下载安装 ActiveRoute 扩展，如图 8-110、图 8-111 和图 8-112 所示。

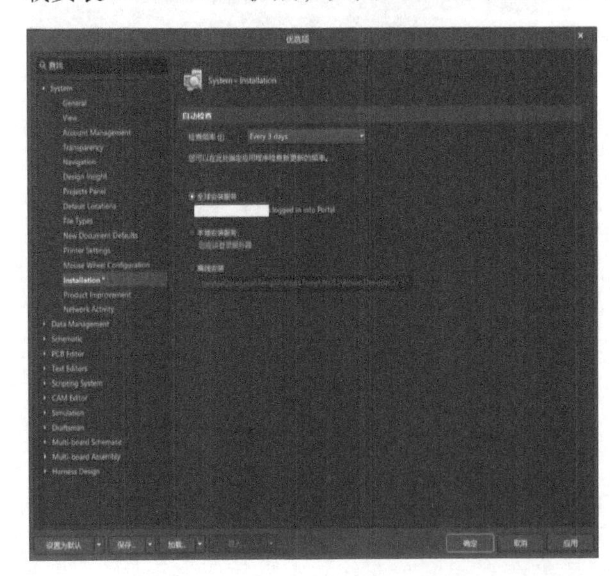

图 8-110　【全球安装服务】

图 8-111　选择【Extensions and Updates】

安装完成后重启 Altium Designer 24，即可在 Panels 面板中找到 PCB ActiveRoute 选项，如图 8-113 所示。

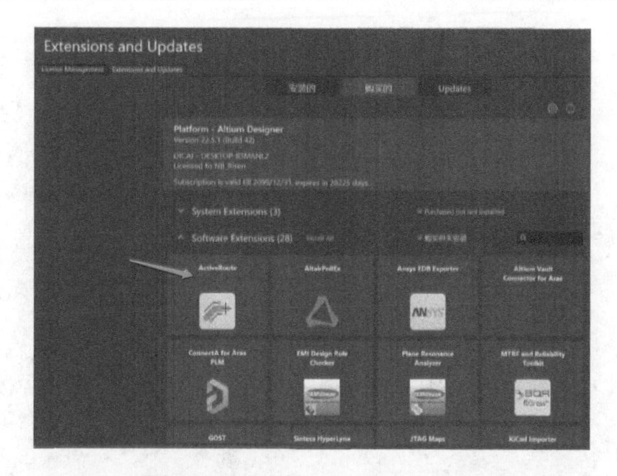

图 8-112　安装 ActiveRoute 扩展

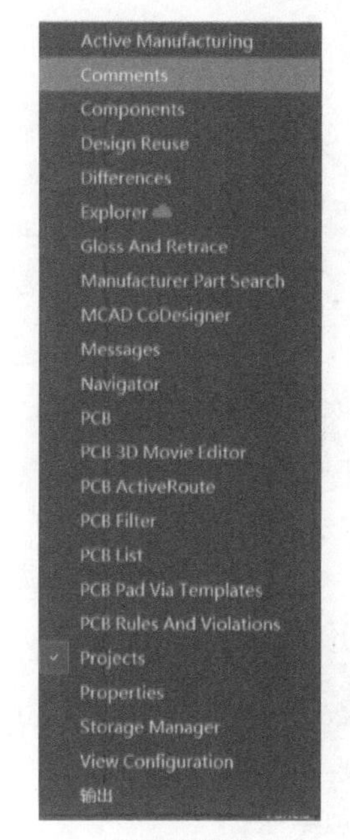

a) Panels面板

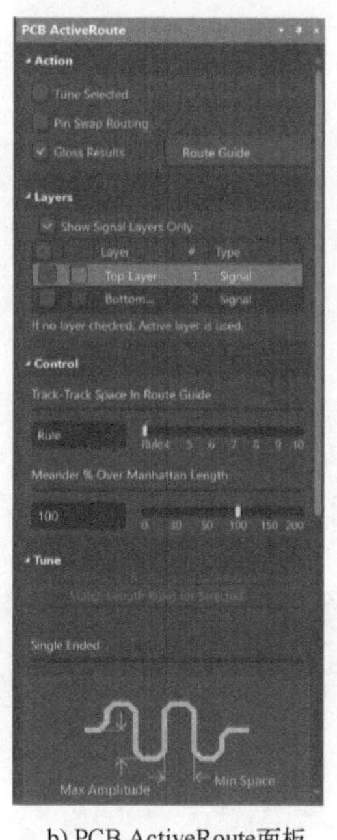

b) PCB ActiveRoute面板

图 8-113　查找 PCB ActiveRoute 功能

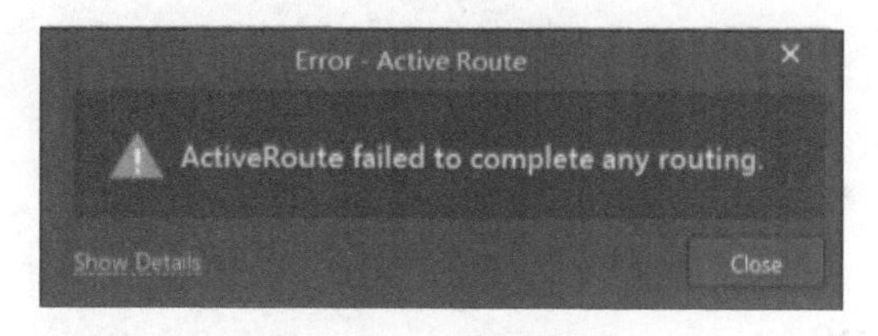

图 8-114　自动布线失败

值得注意的是，Altium Designer 24 的中文兼容性不好，可能会出现自动布线失败的情况，如图 8-114 所示，所以自动布线前要把 PCB 文件重命名为英文，这样才会布线成功。

接下来用一个简单的例子来讲解 ActiveRoute 功能。首先打开 PCB 文件，在 PCB 编辑环境中按住键盘〈Alt+鼠标左键〉，从右往左选择飞线，选中后飞线会变粗，这时候在编辑窗单击快捷键〈K〉或者单击 Panels 按钮，选择 PCB ActiveRoute 打开 PCB ActiveRoute 界面，单击 ActiveRoute 或是使用快捷键〈Shift+A〉开始布线，布线结果如图 8-115 所示。

从布线结果可以看出 ActiveRoute 与手动布线的结果十分相似，虽然它是以一种最优化的方式去布线，但也可能会出现一些不太合理的走线路径，这时可以手动去修改。ActiveRoute 的优势是每次以最优化的方式去接近焊盘，不会考虑焊盘入口。

下面对 PCB ActiveRoute 面板上的其他功能进行一些简单介绍。例如 Pin Swap Routing、

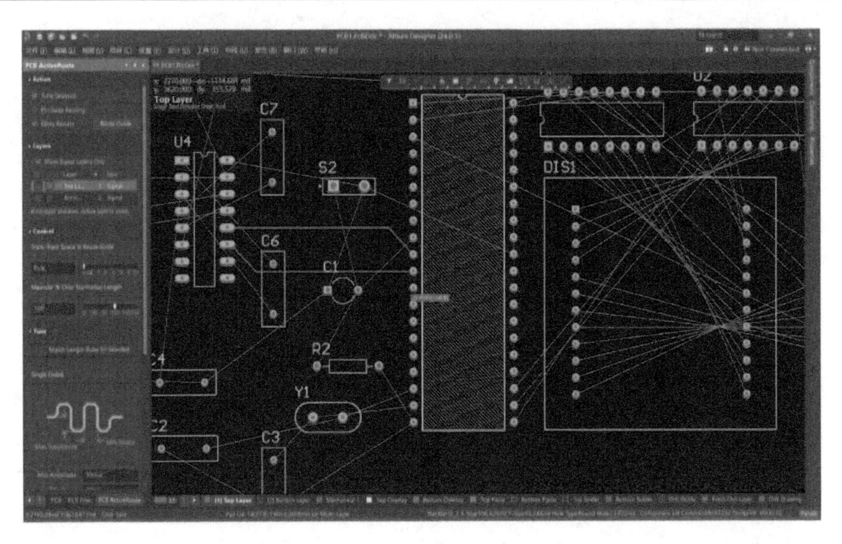

图 8-115　布线结果

Route Guide 和 Track-Track Space In Route Guide。其中 Gloss Result 为优化结果，默认处于选中状态，一般建议用户选中该选项。

Pin Swap Routing 为引脚交换布线，可以实现自动交换引脚。下面以一个例子来展示一下它的效果。

【例 8-3】 引脚交换布线举例。

第 1 步：在 Altium Designer 24 主界面新建工程、原理图和 PCB 文件，在上面放置两个 Header 7 并连好线，导入 PCB 中，在 PCB 编辑环境中执行【工具】→【引脚/部件交换】→【配置】，弹出【在元件中配置引脚交换信息】对话框如图 8-116 所示。

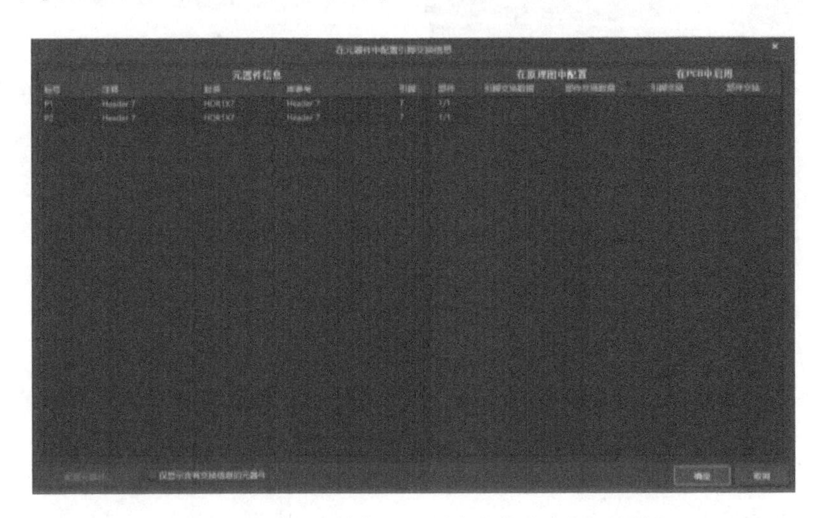

图 8-116 【在元件中配置引脚交换信息】对话框

第 2 步：双击【引脚交换数据】栏，弹出【Configure Pin Swapping For】对话框如图 8-117 所示，将 P1 的引脚全部设置到一个群组，同理将 P2 的引脚全部设置到另一个群组。设置完成单击【确定】按钮退出。

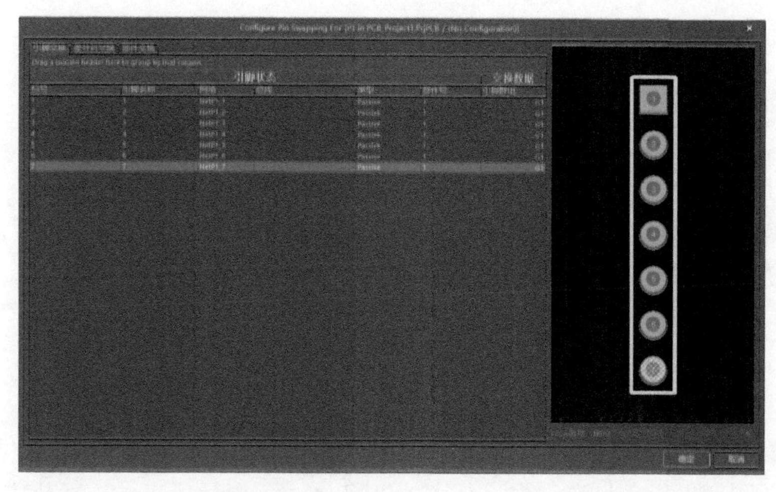

图 8-117　【Configure Pin Swapping For】对话框

第 3 步：切换到 PCB 界面，如图 8-118 所示。可以看到飞线纠缠到了一个点上。虽然这个例子可以简单地通过放置的方式解决，但是实际中遇到的可能会十分复杂难以解决，这就需要用到 Pin Swap Routing 功能。

第 4 步：选中其中一个元器件，双击进入它的 Properties 界面，如图 8-119 所示。在 Swapping Options 界面选中 Enable Pin Swapping 复选框。

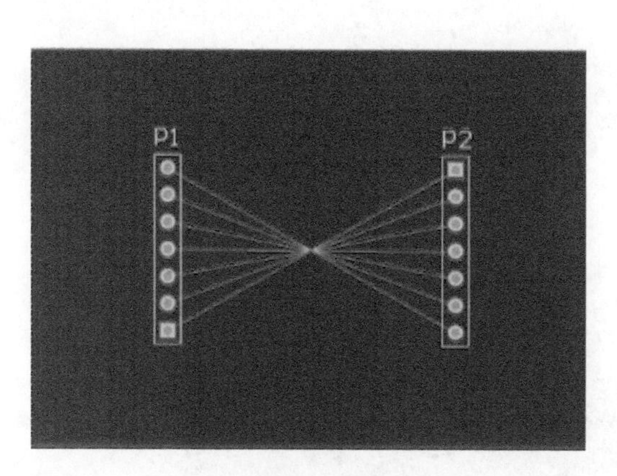

图 8-118　飞线纠结无法布线

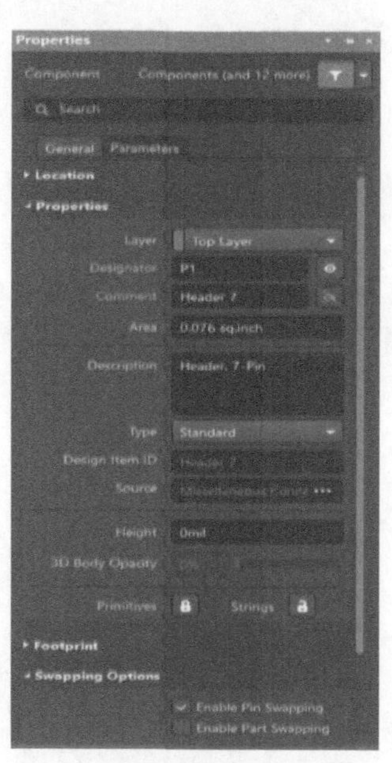

图 8-119　设置 Swapping Options

第 5 步：设置完成后，单击【项目】→【Validate PCB Project PCB Project. PrjPcb】完成编译，再回到 PCB ActiveRoute 界面。如图 8-120 所示，选中 Pin Swap Routing 复选框后，在 Pin Swap 栏中，选中 P1-Header 7，使能元器件 P1 引脚交换。

第 6 步：进行同之前一样的操作，选中网络，单击 ActiveRoute 按钮。完成结果如图 8-121 所示，会弹出对话框提示“Update Schematic with Pin Swap Changes?”（是否更新原理图中的引脚交换?）

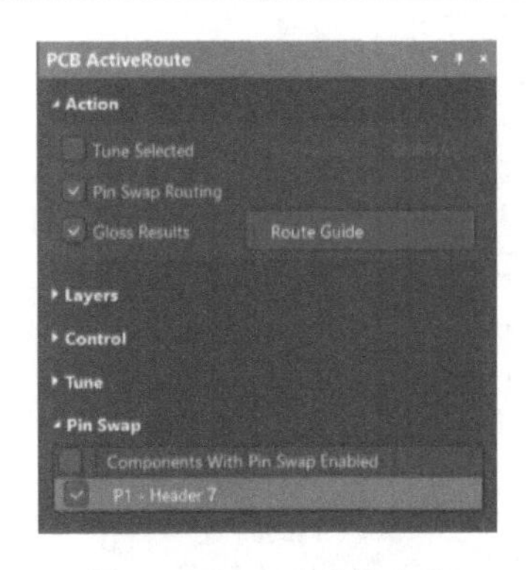

图 8-120　完成引脚交换

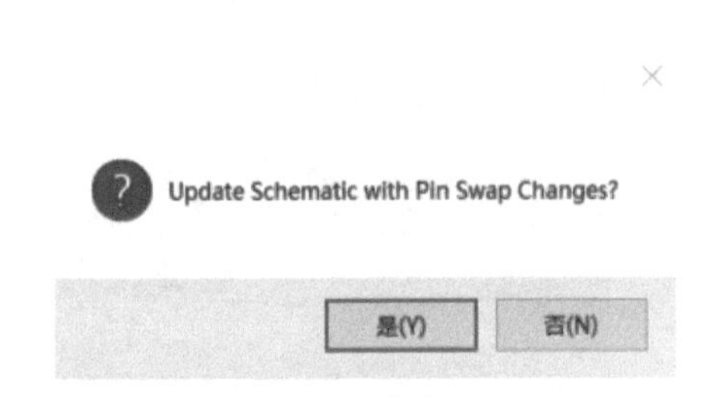

图 8-121　提示对话框

单击【是】按钮，弹出【Comparator Results（13 Differences）】对话框，继续单击【Yes】按钮，弹出【工程变更指令】对话框，如图 8-122 所示。执行变更后，PCB 中的布线不再缠绕，原理图布局也随之发生改变，如图 8-123 所示。

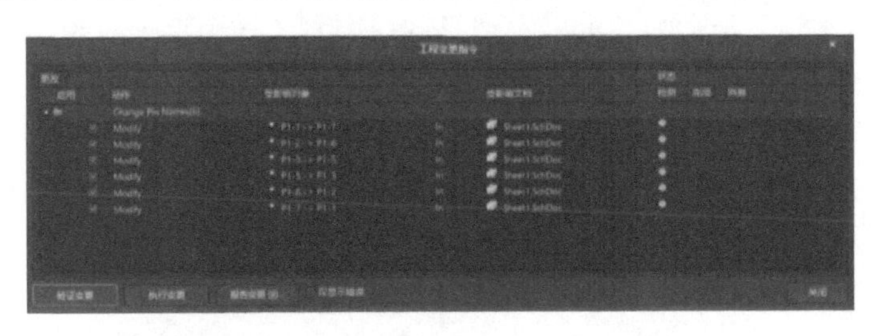

图 8-122　【工程变更指令】对话框

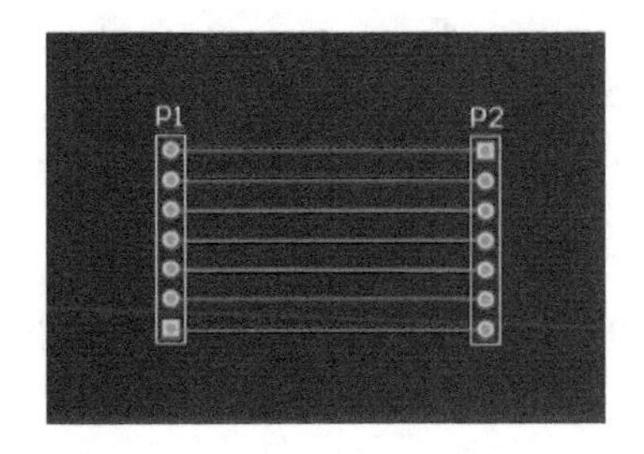

图 8-123　引脚交换后的 PCB 图

Route Guide 是按照工程师引导的布线方向进行布线的，接下来通过一个实例对此功能进行讲解。

【例 8-4】以 LED 点阵驱动电路为例进行引导布线。

首先，在 PCB 编辑环境中按住键盘〈Alt+鼠标左键〉选中需要布线的飞线，单击 PCB ActiveRoute 栏中的【Route Guide】可以在电路板上定义连线的走向（并且按键盘的上下键，可以定义走向所占用的范围宽度），这时鼠标变成带有圆圈的十字状，所有被选中的飞线集中于十字中心，操作界面如图 8-124 所示。

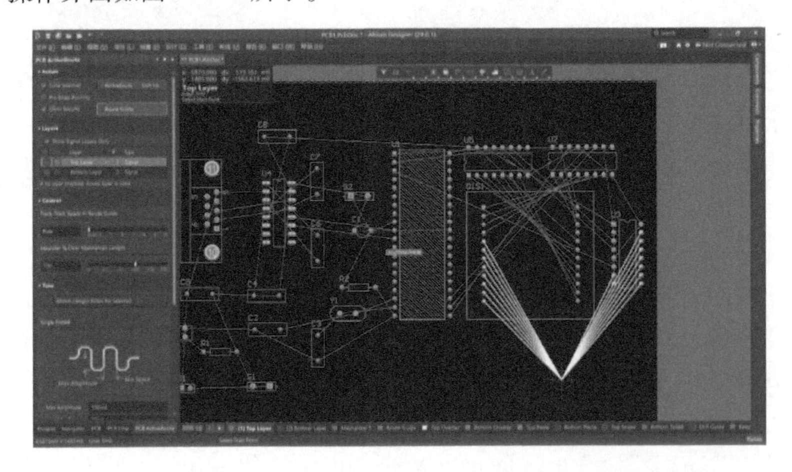

图 8-124　Route Guide 操作界面

在预计进行布线的地方单击出现红色轨迹，红色线就是 Route Guide 定义的走向，移动鼠标可以显示预计进行布线的线路，在需要放置的位置再次单击鼠标，在终放置点右击鼠标退出布线，如图 8-125 所示。

完成后单击 ActiveRoute 按钮开始自动布线。完成结果图如图 8-126 所示。

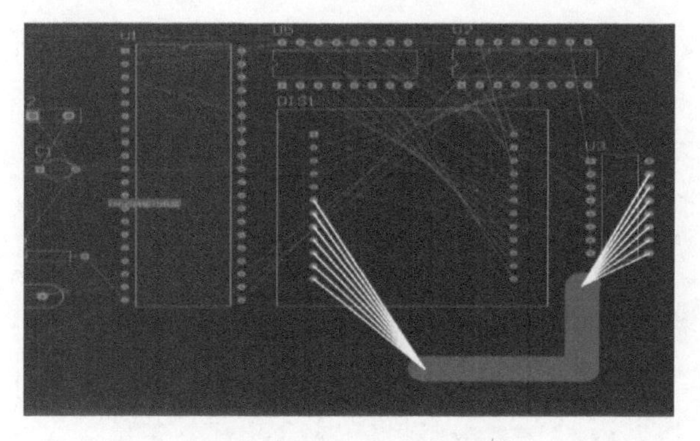

图 8-125　布线效果图

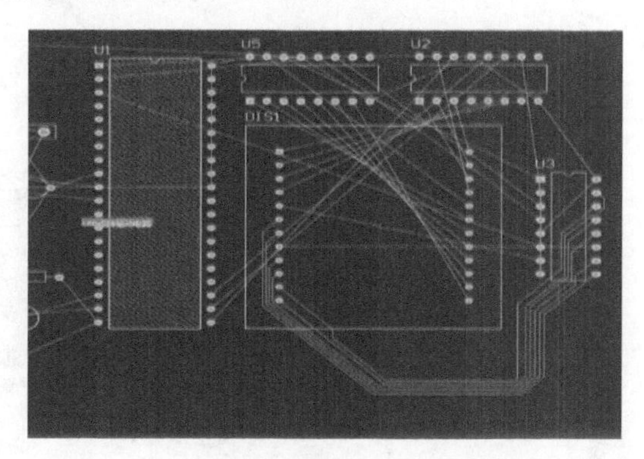

图 8-126　布线结果图

继续介绍 PCB ActiveRoute 面板内容。其中 Control 栏中的 Track-Track Space In Route Guide 是表示在 Route Guide 界面中的布线间距，Meander % Over Manhattan Length 是曼哈顿长度上的弯曲率。因为 Active Route 在自动布线时会把弯曲的部分尽量优化的平直，可能会导致布线空间不够，那么就需要把这个弯曲率调高，来提高布线的成功率。

在使用 ActiveRoute 过程中，有一个非常重要的功能不得不提，那就是【等长布线】功能，接下来进行简单的讲解。

第 1 步：为它设置一个规则。执行【设计】→【规则】→【High Speed】→【Matched Lengths】命令，然后建立新规则，设置等长线的公差为 50 mil，接着在对象范围中选中 Net Class，然后选中之前设定好的 New Class，如图 8-127 所示。读者可以在【设计】→【规则】→【类】→【对象浏览器】→【Net Classes】中自行添加新的类别。

图 8-127　【PCB 规则及约束编辑器】对话框

完成后单击【确定】按钮退出，重新编译工程，返回 PCB ActiveRoute 界面。

第 2 步：选中 Tune Selected 复选框，在 Tune 栏选中刚才设定的规则，如图 8-128 所示。下面 Single Ended 和 Differential Pair 分别对应单个线路和差分对的情况，可在下面设定该蛇形线的最大幅值和最小步长。布线结果如图 8-129 所示。

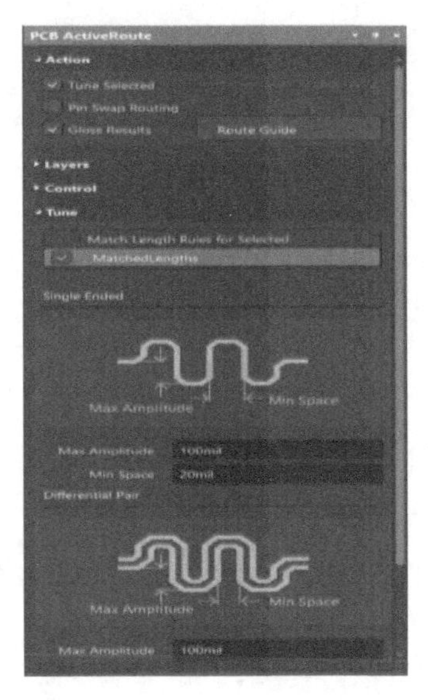

图 8-128 【PCB ActiveRoute】界面

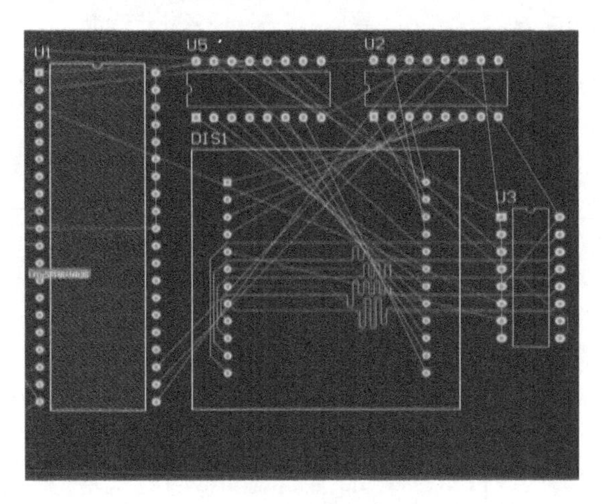

图 8-129 布线完成图

8.9 设计规则检查

布线完成后，用户可利用 Altium Designer 24 提供的检测功能进行规则检查，查看布线后的结果是否符合所设置的要求，如对所有铜元素的铜厚度/宽度检查、锐角布线检查、断点检查及显示等设置。在 PCB 编辑环境中，执行【工具】→【设计规则检查】菜单命令，如图 8-130 所示。

此时，系统将弹出检测选项对话框，如图 8-131 所示。

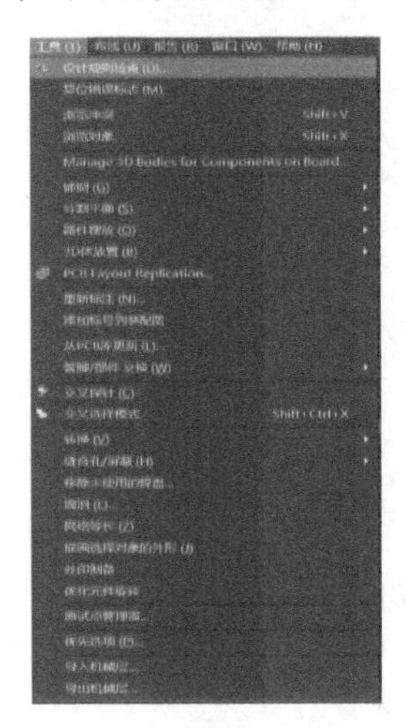

图 8-130 执行【工具】→【设计规则检查】菜单命令

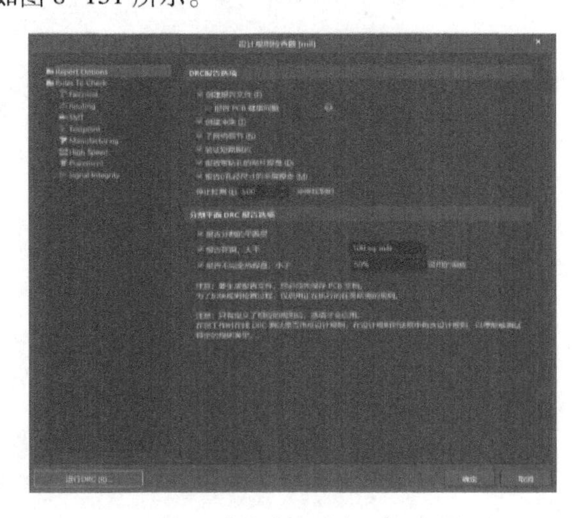

图 8-131 【设计规则检查】对话框

在该对话框中包含两部分设置内容，即 Report Options（DRC 报告选项设置）和 Rules To Check（检查规则设置）。

Report Options：设置生成的 DRC 报告中所包含的内容。

Rules To Check：设置需要进行检验的设计规则及进行检验时所采用的方式（在线还是批量），设置界面如图 8-132 所示。

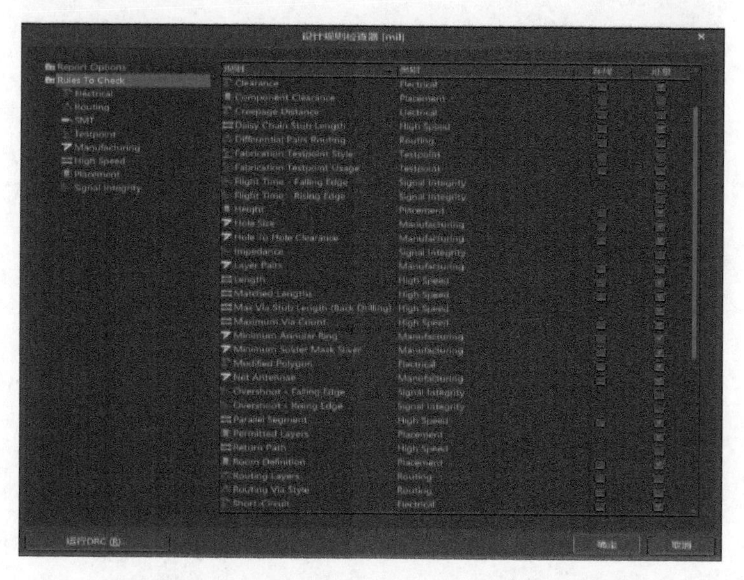

图 8-132　Rules To Check 设置界面

设置完成后，单击【运行 DRC】按钮，弹出 Messages（信息）对话框，如图 8-133 所示。如果检测有错误，Messages 对话框会提供所有的错误信息；如果检测没有错误，Messages 对话框将会是空白的。

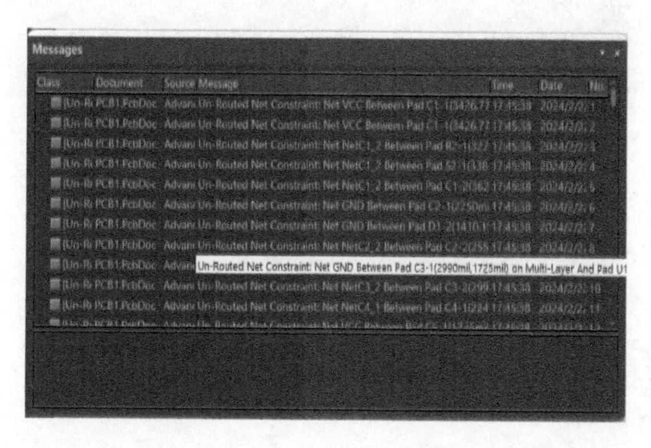

图 8-133　Messages 对话框

由图中可以看到，所有的错误都是 PCB 中存在未连接的引脚。由于本例中器件引脚并不都是连接的，为了不出现该种错误提示，在【设计规则检查器】对话框中，设置忽略 Un-Routed Net 检查，如图 8-134 所示。

再次单击【运行 DRC】按钮，Messages 对话框如图 8-135 所示。

在 Messages 对话框中没有了错误信息提示，同时其输出报表如图 8-136 所示。

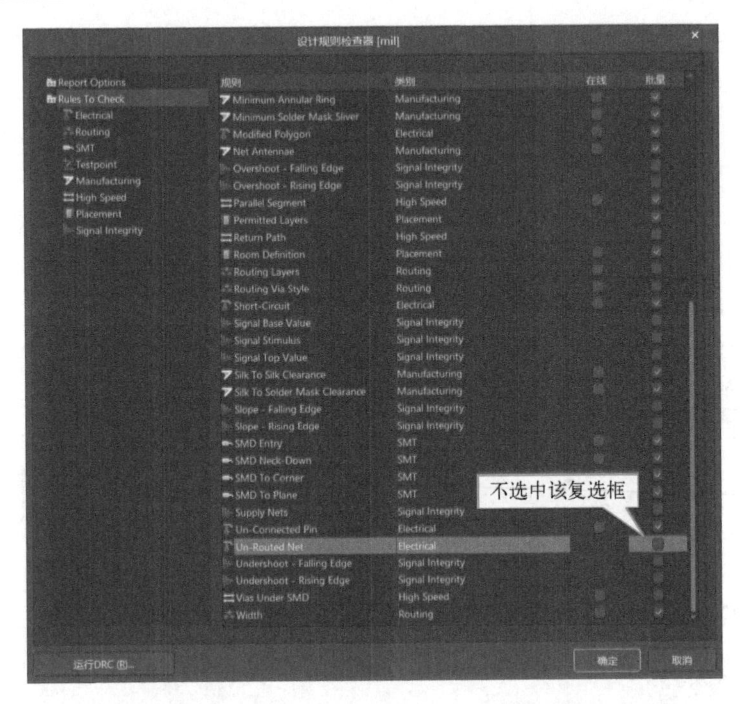

图 8-134　忽略 Un-Routed Net 检查

图 8-135　Messages 对话框

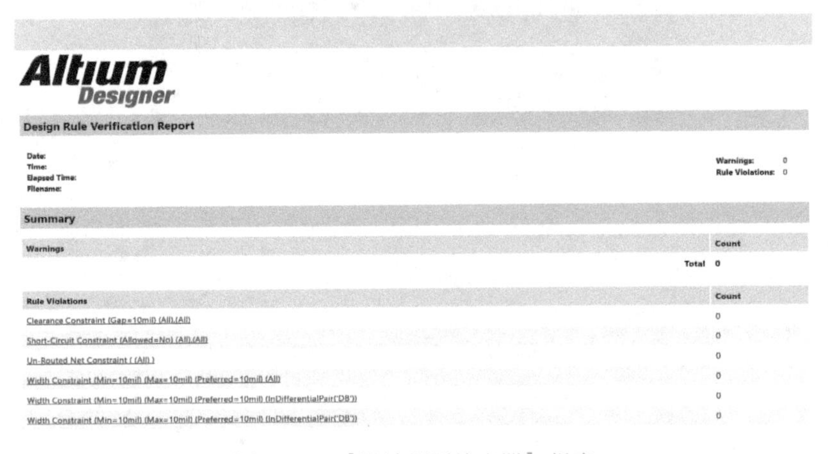

图 8-136　【设计规则检查器】报表

该报表由两部分组成，上半部分给出了报表的创建信息。下半部分则列出了错误信息和违反各项设计规则的数目。本设计没有违反任何一条设计规则的要求，顺利通过 DRC 检测。

习题

1. 设置布线的规则。
2. 在本章中用到的实例中，对 PCB 进行混合布线。
3. 在本章中用到的实例中，尝试实现单线和差分线的网络等长。
4. 对完成布线的 PCB 进行设计规则检查。
5. 设置规则，在线检测出“走线宽度小于 4 mil”的错误。

第 9 章　PCB 后续操作

完成上一章的 PCB 布线之后，仍不算是完成了整个 PCB 的设计工作，还需要对之前设计进行更改、补充和验证。

目的：本章将对完成 PCB 布线后的其他操作进行介绍。

内容提要

- 添加测试点
- 补泪滴
- 包地
- 铺铜
- 添加过孔
- PCB 设计的其他功能
- 3D 环境下精确测量

9.1　添加测试点

9.1.1　设置测试点设计规则

为了便于仪器测试电路板，用户可在电路中设置测试点。在 PCB 编辑环境中执行【设计】→【规则】菜单命令，打开【PCB 规则及约束编辑器】对话框，在左边的规则列表中，单击 Testpoint 前面的三角号，可以看到需要设置的测试点子规则有 4 项，如图 9-1 所示。

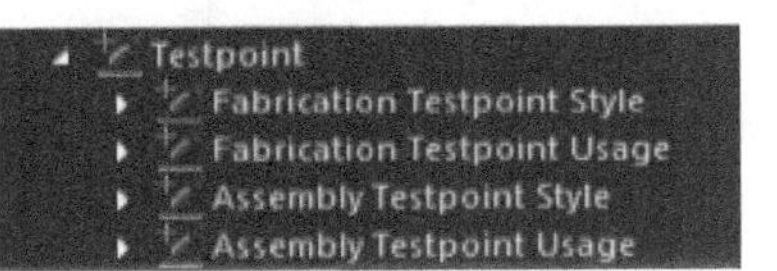

图 9-1　测试点子规则

1. Testpoint Style（测试点样式）子规则

Testpoint Style 包括 Fabrication Testpoint Style（制造测试点样式）子规则和 Assembly Testpoint Style（装配测试点）样式子规则，用于设置 PCB 中测试点的样式，如测试点的大小、测试点的形式、测试点允许所在层面和次序等。设置对话框如图 9-2 和图 9-3 所示。

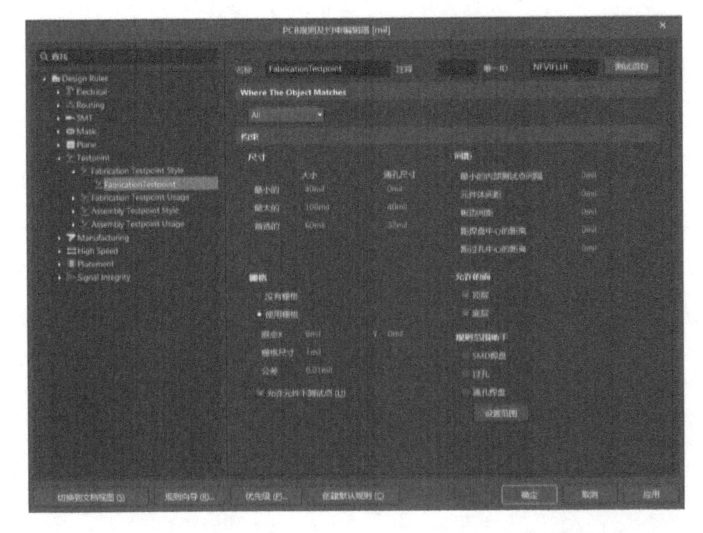

图 9-2　Fabrication Testpoint Style 子规则设置对话框

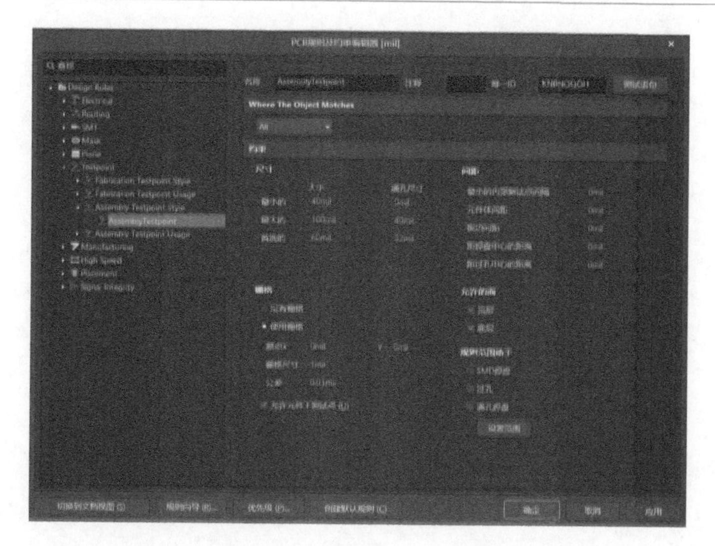

图 9-3　Assembly Testpoint Style 子规则设置对话框

在上述两个规则的【约束】区域内，可以对大小和通孔尺寸的最大尺寸、最小尺寸、首选尺寸进行设置，可以对元器件体间距及板边间距进行设置，同时还可以设置是否使用栅格。

2. Testpoint Usage（测试点使用）子规则

Testpoint Usage 包括 Fabrication Testpoint Usage（制造测试点使用）子规则和 Assembly Testpoint Usage（装配测试点使用）子规则，用于设置测试点的有效性，它的设置对话框如图 9-4 和 9-5 所示。

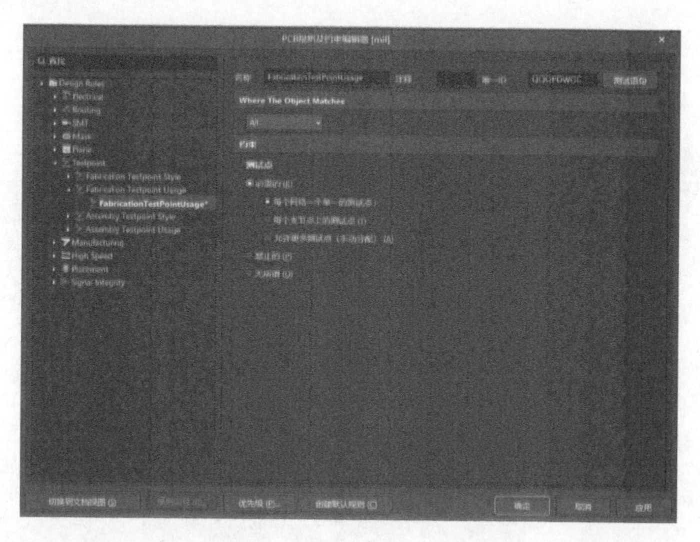

图 9-4　Fabrication Testpoint Usage 子规则设置对话框

在约束区域内包含三个选项，其意义如下所述。

当用户选中【必需的】选项，表示适用范围内必须生成测试点，如果选中此选项，则可进一步选择测试点的范围，若接着选中【允许更多测试点（手动分配）】，表示可以在同一网络上放置多个测试点；当用户选择【禁止的】选项，表示适用范围内的每一条网络走线都不可以生成测试点；而当用户选择【无所谓】选项时，表示适用范围内的网络走线可以生成测试点，也可以不生成测试点。

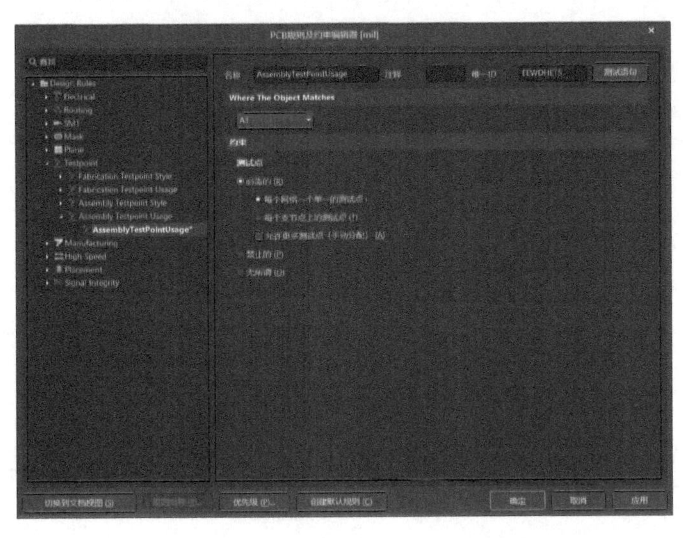

图 9-5　Assembly Testpoint Usage 子规则设置对话框

以上一章完成的 PCB 为例进行介绍，本例中均采用系统的默认设置进行演示。

9.1.2　自动搜索并创建合适的测试点

【例 9-1】 以 LED 点阵驱动电路为例进行自动搜索、创建测试点操作。

第 1 步：在 PCB 编辑环境中执行【工具】→【测试点管理器】菜单命令，如图 9-6 所示。

此时系统将弹出【测试点管理器】对话框，如图 9-7 所示。

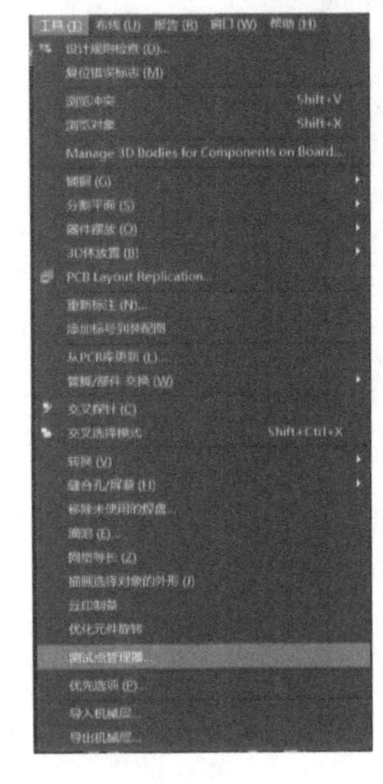

图 9-6　执行【工具】→【测试点管理器】菜单命令

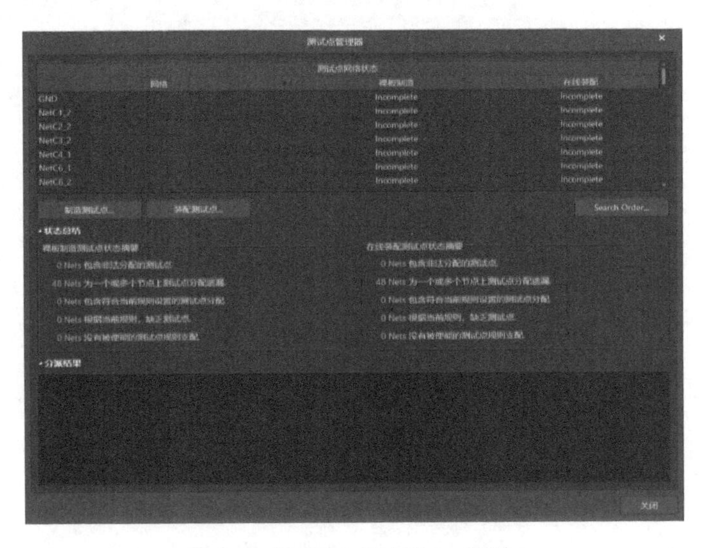

图 9-7　【测试点管理器】对话框

第 2 步：在管理器中包含【制造测试点】和【装配测试点】共 2 项设置内容。单击【制造测试点】按钮，弹出设置的对话框如图 9-8 所示。

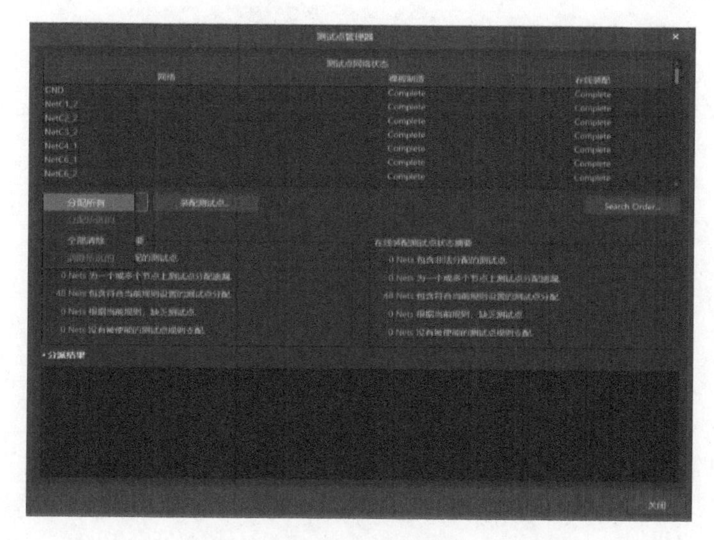

图 9-8　打开【制造测试点】对话框

单击【分配所有】按钮，在【分配结果】中可以看到已制造 48 个测试点，无测试点遗漏，如图 9-9 所示。

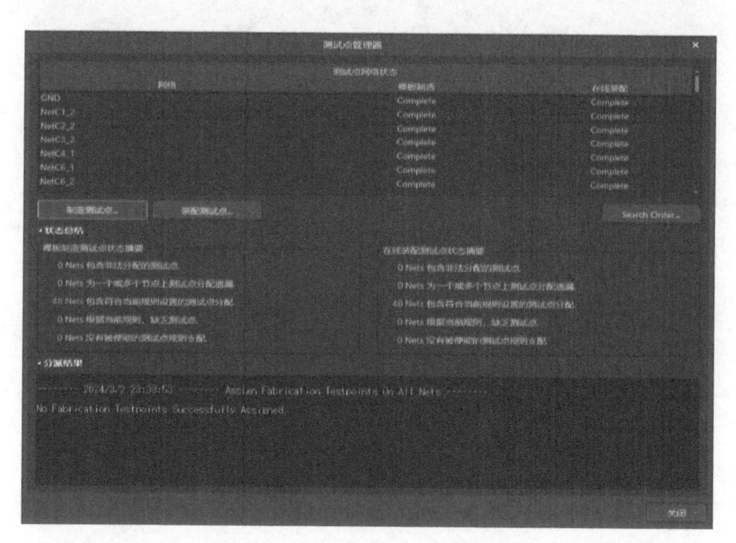

图 9-9　成功制造测试点对话框

第 3 步：单击【装配测试点】按钮，得到其设置的对话框，如图 9-10 所示。

第 4 步：单击【分配所有】按钮，在【分配结果】中可以看到成功装配 48 个测试点，如图 9-11 所示。

单击【关闭】按钮，即可保存系统自动生成的测试点。

此外，执行【工具】→【测试点管理器】→【制造测试点】→【全部清除】和【工具】→【测试点管理器】→【装配测试点】→【全部清除】菜单命令，即可清除所有测试点，并在【分配结果】中看到清除结果。

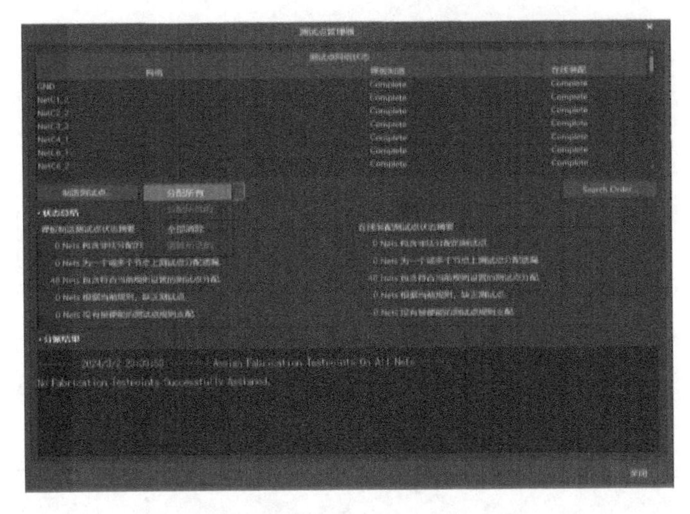

图 9-10　打开【装配测试点】对话框

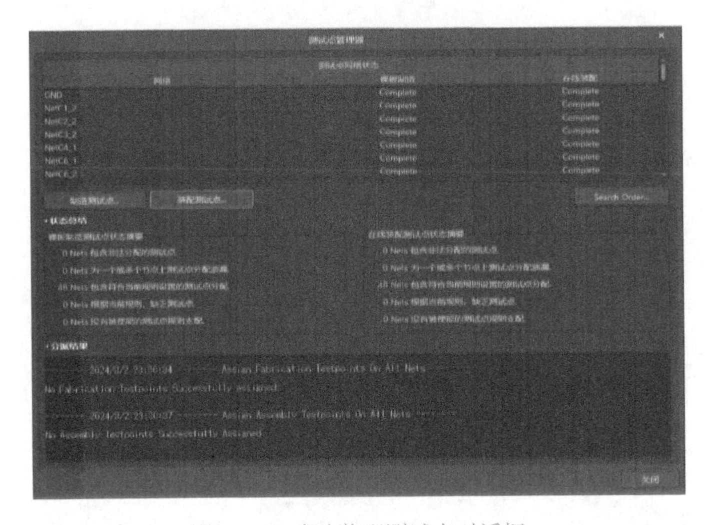

图 9-11　成功装配测试点对话框

9.1.3　手动创建测试点

首先设置测试点规则。在 PCB 编辑环境中执行【设计】→【规则】菜单命令，在弹出的对话框单击 Testpoint 规则选项，选择 Fabrication Testpoint Usage 子规则，进入测试点设置对话框，修改测试点的有效性为【无所谓】，如图 9-12 所示。

同理，选择 Assembly Testpoint Usage 子规则，进入测试点设置对话框，修改测试点的有效性为【无所谓】。

由于自动创建测试点用户不可直接参与，缺少用户自主性，因此在 Altium Designer 24 中提供了用户手动创建测试点的功能，假如用户期望在图 9-13 中标注的位置放置测试点。

其中测试点 TP1、TP2 即为将电路中的 U2-IOUT、U3-OUT 的两个焊盘设置为测试点。双击要作为测试点的焊盘，在弹出的属性对话框中，在最下方的【Testpoint】栏选取 Top 或 Bottom 或两个都选取，如图 9-14 所示。

此时【锁】按钮处于被激活状态，说明此焊盘或过孔被锁定（在设置手动测试点之前为未被锁定状态），完成操作后如图 9-15 所示。

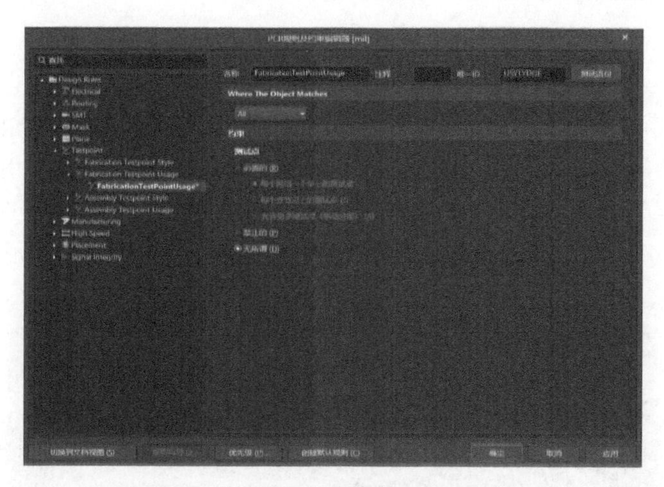

图 9-12　修改测试点的有效性为【无所谓】

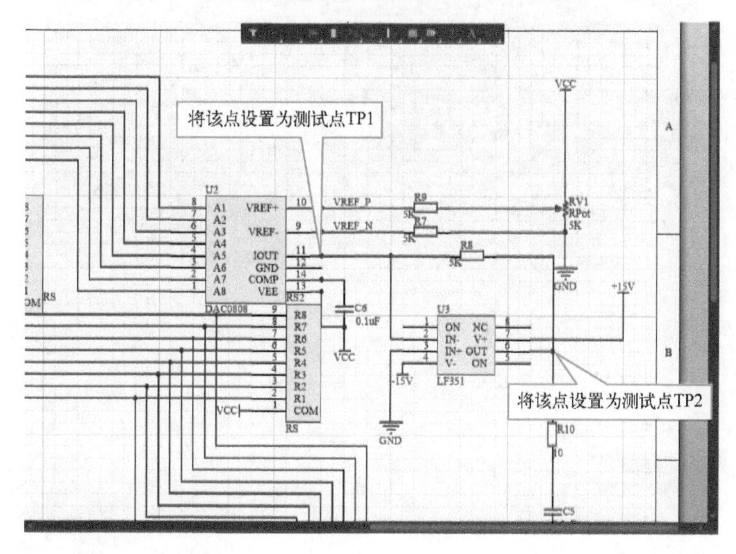

图 9-13　用户期望放置测试点位置图

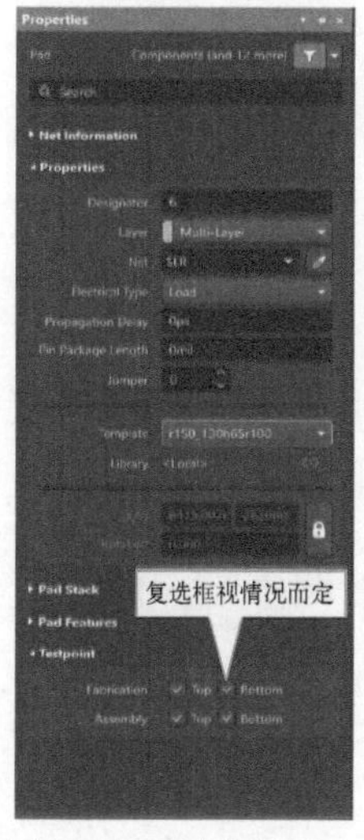

图 9-14　创建测试点

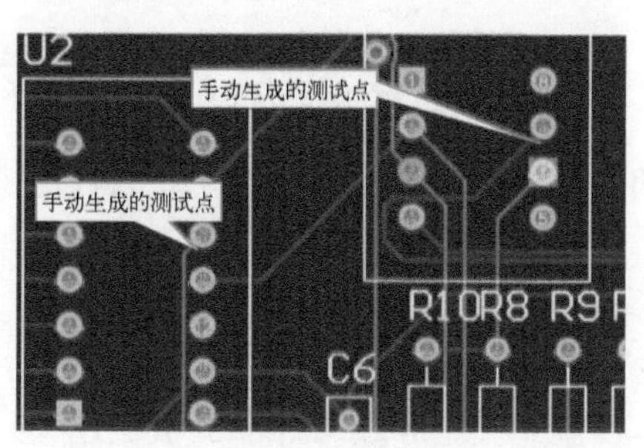

图 9-15　手动生成测试点

9.1.4 放置测试点后的规则检查

在放置测试点之前，用户设置了相应的设计规则，因此用户可使用系统提供的检测功能进行规则检测，查看放置测试点后的结果是否符合所设置要求。在 PCB 编辑环境中执行【工具】→【设计规则检查】菜单命令，在弹出检测选项对话框的左侧，单击 Testpoint 选项，选中相应的复选框，如图 9-16 中选中了 Assembly Testpoint Style 与 Assembly Testpoint Usage。

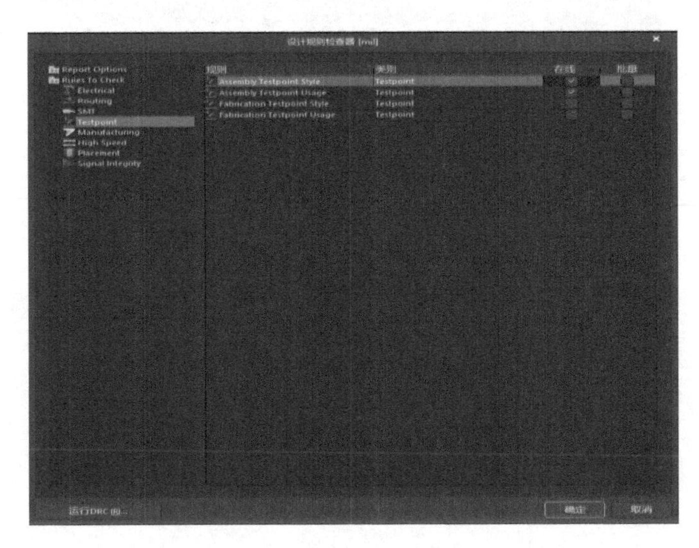

图 9-16 点选检测测试点选项

设置完成后，单击【运行 DRC】按钮进行规则检测。结果如图 9-17 所示。

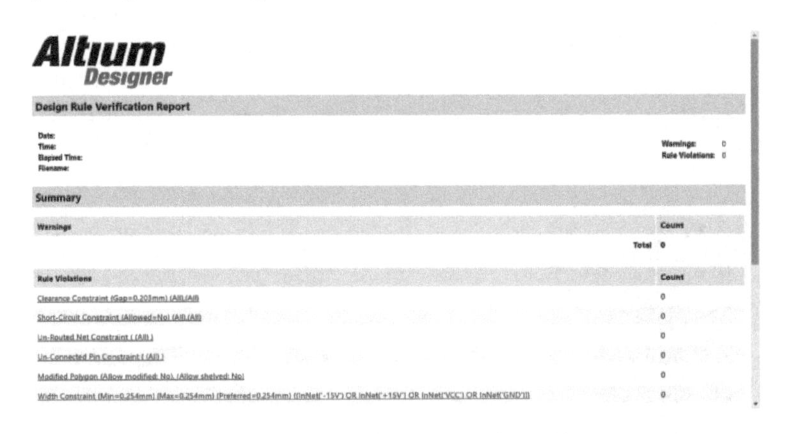

图 9-17 放置测试点后的规则检测结果

由上图可知，本设计没有违反任何一条设计规则的要求，顺利通过 DRC 检测。

9.2 补泪滴

简单来说，泪滴是固定导线与焊盘的机械结构，能使其更加稳固，因形状像泪滴，故常称作补泪滴（Teardrops）。在 PCB 设计时，一般对电路稳定性要求高就会添加，要求不高便不加。实际上，泪滴的作用不止于此：

- 泪滴的存在，是为了避免电路板受到巨大外力的冲撞时，导线与焊盘或者导线与导孔的接触点断开。
- 泪滴可使 PCB 显得更加美观。
- 焊接上，可以保护焊盘，避免多次焊接式焊盘的脱落。
- 生产时可以避免蚀刻不均，过孔偏位出现的裂缝等。
- 信号传输时平滑阻抗，减少阻抗的急剧跳变，避免高频信号传输时由于线宽突然变小而造成反射。
- 使走线与元器件焊盘之间的连接趋于平稳过渡化。

在 PCB 编辑环境中执行【工具】→【滴泪】菜单命令，如图 9-18 所示。弹出如图 9-19 所示的【泪滴】对话框。

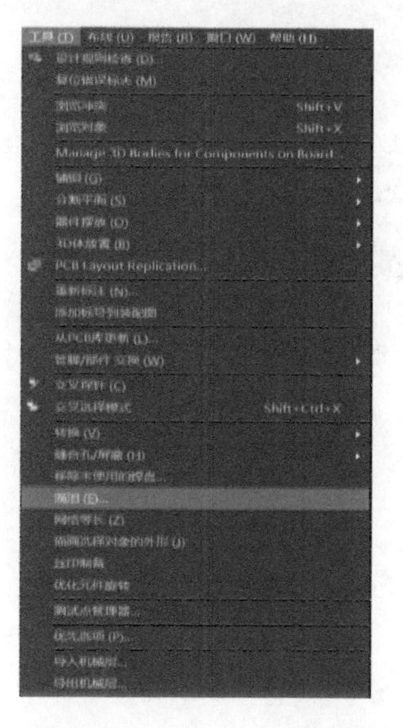

图 9-18 执行【工具】→【滴泪】菜单命令

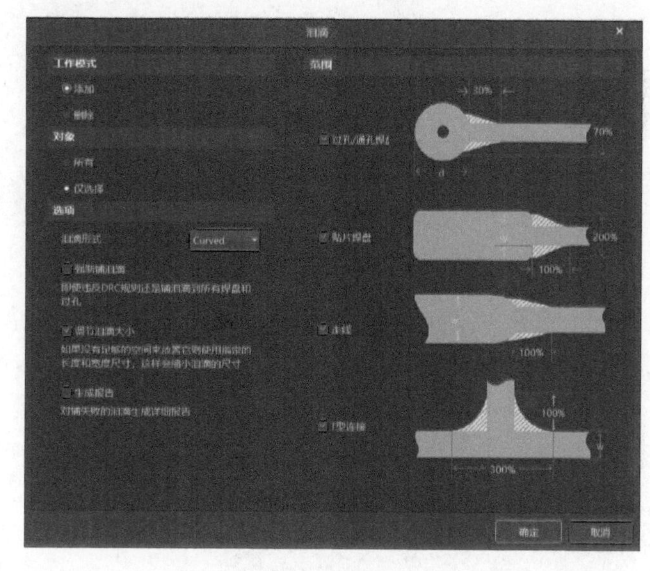

图 9-19 【泪滴】对话框

该对话框内有 4 个设置区域，分别是【工作模式】区域、【对象】区域、【选项】区域和【范围】区域。

(1)【工作模式】区域

- 【添加】单选按钮：选中该单选按钮，表示进行的是泪滴的添加操作。
- 【删除】单选按钮：选中该单选按钮，表示进行的是泪滴的删除操作。

(2)【对象】区域

- 【所有】复选框：用于设置是否对所有的焊盘过孔都进行补泪滴操作。
- 【仅选择】复选框：用于设置是否只对所选中的元器件进行补泪滴。

(3)【选项】区域

- 【泪滴形式】：选中 Curved 单选按钮，表示选择圆弧形补泪滴。选中 Line 单选按钮，表示选择线形补泪滴。
- 【强制铺泪滴】复选框：用于设置是否忽略规则约束，强制进行补泪滴，此项操作可能导致 DRC 违规。
- 【生成报告】：用于设置补泪滴操作结束后是否生成补泪滴的报告文件。

- 【调节泪滴大小】：自适应空间去调节泪滴的大小。

（4）【范围】区域

用于对补泪滴范围的设置，采用默认即可。本例中的设置方式如图 9-20 所示。

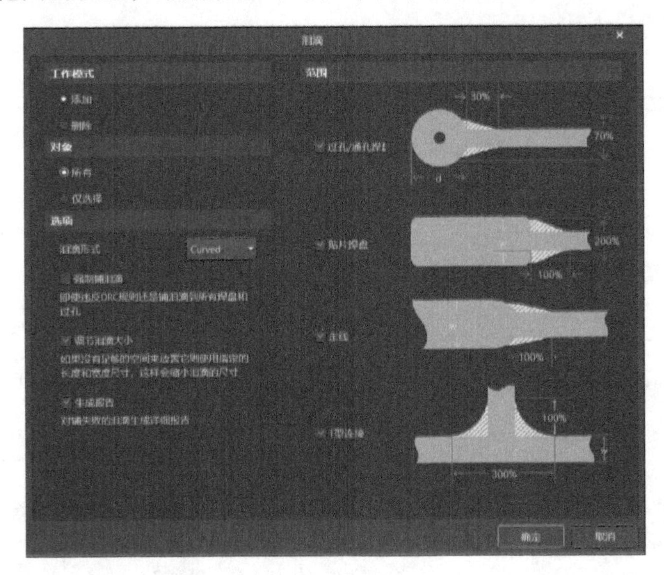

图 9-20　补泪滴设置

完成设置后，单击【确定】按钮即可进行补泪滴操作。使用圆弧形补泪滴的方法操作的结果如图 9-21 所示。

单击【保存】按钮保存文件。

根据此方法，可以对单个的焊盘和过孔或某一网络的所有元器件的焊盘和过孔进行滴泪操作。滴泪焊盘和过孔形状可以为弧形或线形。

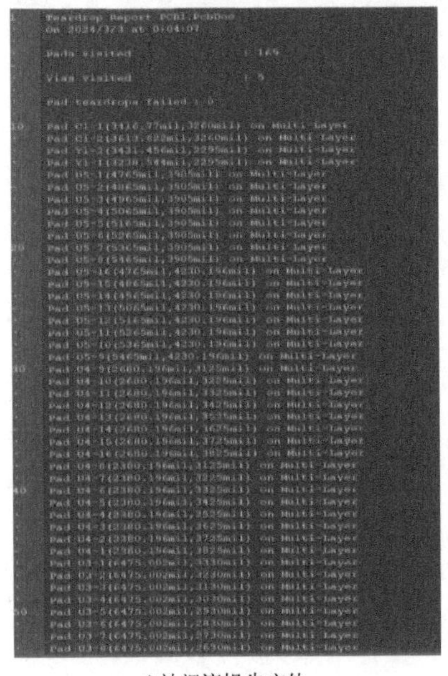

a) 补泪滴报告文件

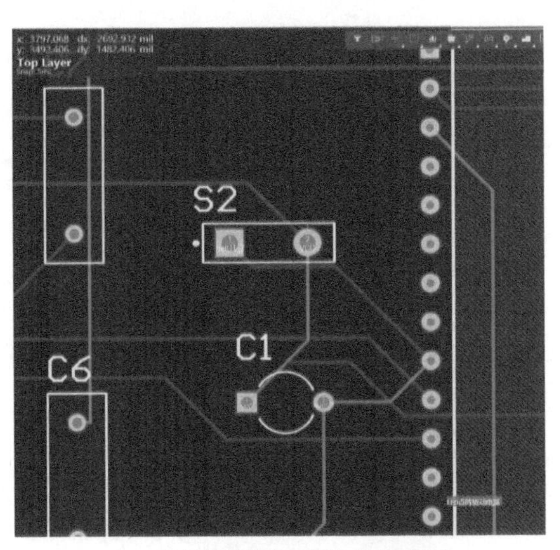

b) 补泪滴前的电路图（局部电路）

图 9-21　补泪滴结果

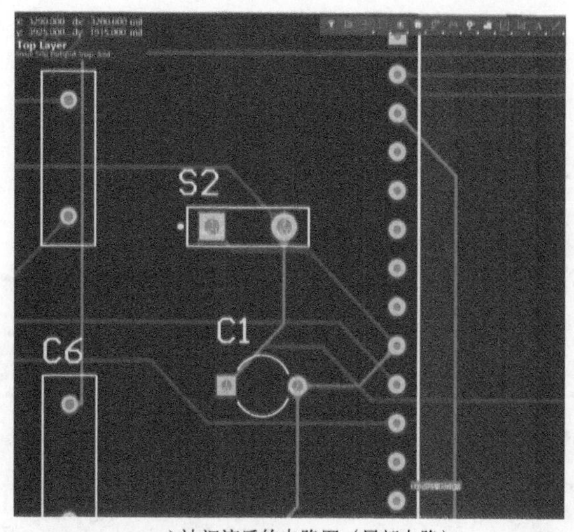

c) 补泪滴后的电路图（局部电路）

图 9-21　补泪滴结果（续）

9.3　包地

所谓包地就是为了保护某些网络布线，不受噪声信号的干扰，在这些选定网络的布线周围，特别围绕一圈接地布线。

【例 9-2】 以 LED 点阵驱动电路为例进行包地操作。

第 1 步：在 PCB 编辑环境中，执行【编辑】→【选中】→【网络】菜单命令，如图 9-22 所示。

此时鼠标变成十字形，到 PCB 编辑环境中，将要包络的网络选中，如图 9-23 所示。可以看见被选中的网络都有一个浅灰色的方框包裹。

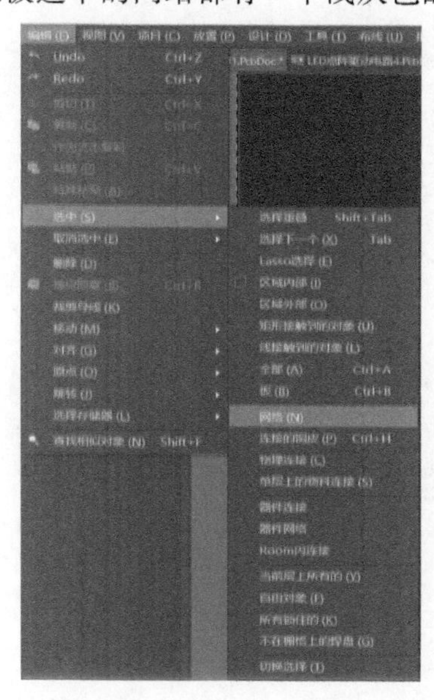

图 9-22　执行【编辑】→【选中】→【网络】菜单命令

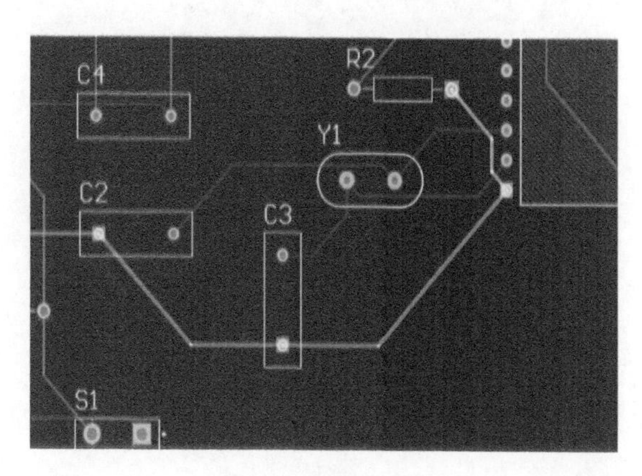

图 9-23　选取网络

第 2 步：执行【工具】→【描画选择对象的外形】菜单命令，如图 9-24 所示。

执行这一命令后，即可在选中网络周围生成包络线，将该网络中的导线、焊盘及过孔包围起来，如图 9-25 所示。

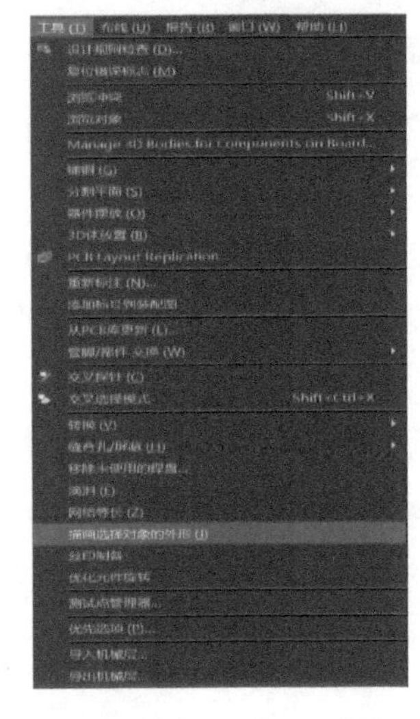

图 9-24　执行【工具】→【描画选择对象的外形】菜单命令

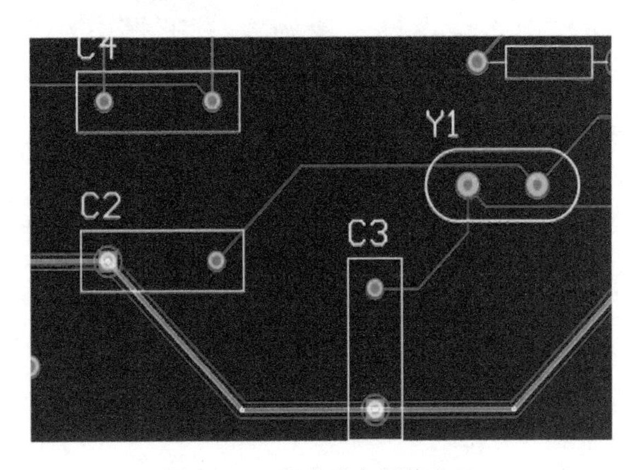

图 9-25　完成选定网络包地

第 3 步：双击打开每段包地布线的属性设置界面，将其【网络】设置成 GND，如图 9-26 所示，然后执行自动布线或采用手动布线来完成包地的接地操作。

🕮 提示：包地线的线宽应与 GND 网络的线宽相匹配。

如果需要删除包地，在 PCB 编辑环境中执行【编辑】→【选中】→【连接的铜皮】菜单命令，如图 9-27 所示。

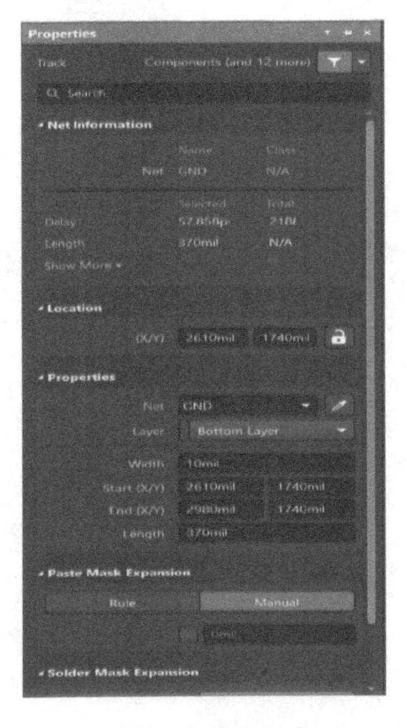

图 9-26　设置其【网络】为 GND

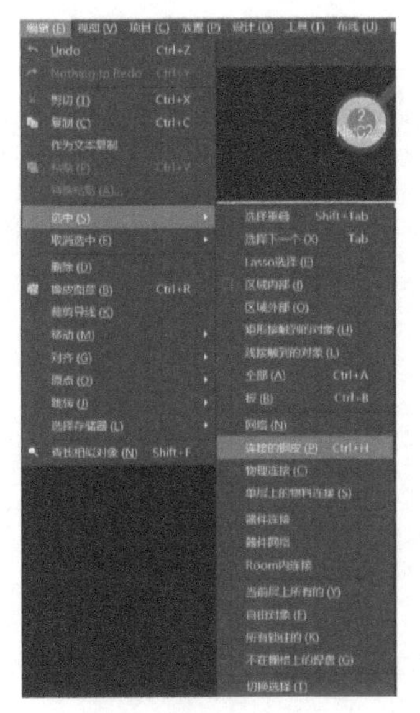

图 9-27　执行【编辑】→【选中】→【连接的铜皮】菜单命令

此时光标变为“十字”形状，单击要除去的包地线整体，按〈Delete〉键即可删除。

9.4　铺铜

所谓铺铜，就是将 PCB 上闲置的空间作为基准面，然后用固体铜填充，这些铜区又称为灌铜。铺铜的意义有以下几点。

- 对大面积的接地区域或电源铺铜，会起到屏蔽作用，对某些特殊地，如 PGND，可起到防护作用。
- 铺铜是 PCB 工艺要求。一般为了保证电镀效果，或者层压不变形，对于布线较少的 PCB 板层铺铜。
- 铺铜是信号完整性要求。它可给高频数字信号一个完整的回流路径，并减少直流网络的布线。
- 散热及特殊元器件安装也要求铺铜。

9.4.1　规则铺铜

【例 9-3】以 LED 点阵驱动电路为例进行铺铜操作。

第 1 步：单击【布线】工具栏中的【放置多边形平面】工具，如图 9-28 所示。

图 9-28　单击【放置多边形平面】工具

单击该按钮见鼠标变成“十字”状，此时按〈Tab〉键，系统将弹出 Properties-Polygon Pour 界面，如图 9-29 所示。

该对话框中包含 Outline Vertices、Properties 和 Net Information 3 个区域的设置内容。

Net Information 区域：在该区域可以进行与铺铜有关的网络设置。

Outline Vertices 区域：列出了多边形的各个顶点位置以及角度大小。

Properties 区域：用于设定敷铜所在工作层面、铺铜区域的命名、是否自动命名，是否移除死铜等设置。所谓死铜，就是指没有连接到指定网络图元上的封闭区域内的铺铜。该区域提供了 3 种敷铜的填充模式。

- Solid（Copper Regions）：选中该单选按钮，表示铺铜区域内为全铜铺设。
- Hatched（Tracks/Arcs）：选中该单选按钮，表示铺铜区域内填入网格状的敷铜。
- None（Outlines Only）：选中该单选按钮，表示只

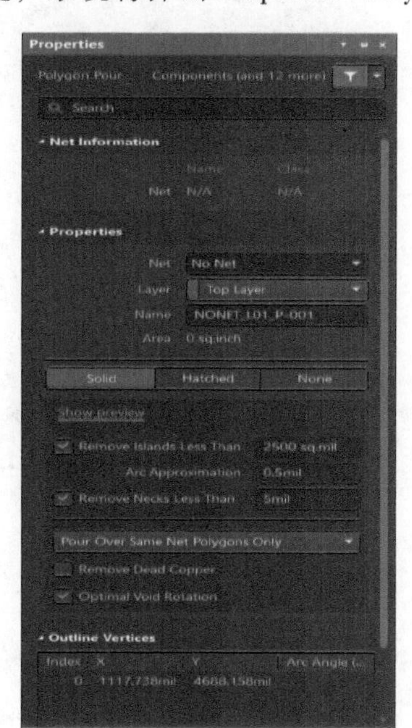

图 9-29　Properties-Polygon Pour 界面

保留铺铜的边界，内部无填充。该区域中还包含一个下拉菜单，下拉菜单中的各项命令意义如下。

- 【Don't Pour Over Same Net Objects】：选中该选项时，铺铜的内部填充不会覆盖具有相同网络名称的导线，并且只与同网络的焊盘相连。
- 【Pour Over All Same Net Objects】：选中该选项，表示铺铜将只覆盖具有相同网络名称的多边形填充，不会覆盖具有相同网络名称的导线。
- 【Pour Over Same Net Polygons Only】：选中该选项，表示铺铜的内部填充将覆盖具有相同网络名称的导线，并与同网络的所有图元相连，如焊盘、过孔等。
- 【Net】：用于设定铺铜所要连接的网络，可以在下拉菜单中进行选择。并在下方给出该网络的信息。

在本例中设置铺铜的网络为 GND 网络，其他选项的设置如图 9-30 所示。

其中 Gird Size 栏设置栅格大小，为了使多边形连线的放置位置最理想，建议避免使用元器件引脚间距的整数倍数值设置网格尺寸。Track Width 设置轨迹宽度，如果连线宽度比网格尺寸小，多边形铺铜区域是网格状的；如果连线宽度比网格尺寸大或相等，多边形铺铜区域是实心的。Surround Pads With 用来设置包裹焊盘的方式，Arcs 表示采用弧形包围，Octagons 表示采用八角形包围。Hatch Mode 用于设置多边形铺铜区域的网格式样，其 4 个选项如图 9-31 所示。Min Prim Length 用于设置多边形铺铜区域的精度，该值设置得越小多边形填充区域就越光滑，但铺铜、屏幕重画和输出产生的时间会增多。

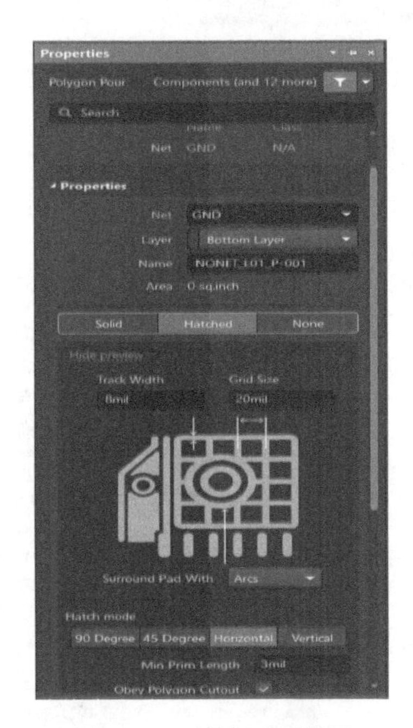

图 9-30 对铺铜选项设置

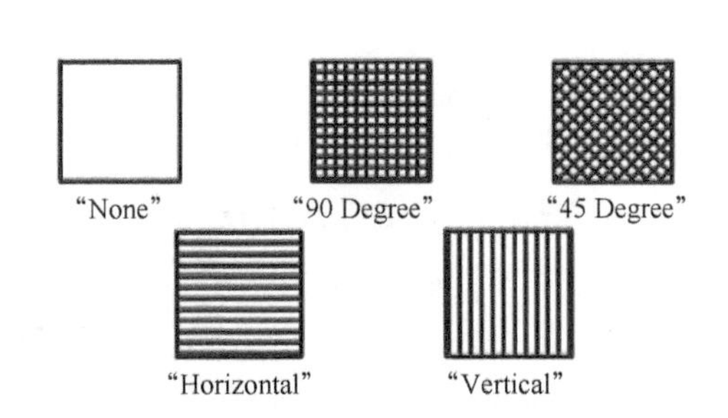

图 9-31 各种填充样式的多边形区域

第 2 步：设置完成后，回到操作界面。此时鼠标以“十字”形显示，拖动鼠标即可画线，如图 9-32 所示。

右击鼠标退出画线状态，此时系统自动进行铺铜，如图 9-33 所示。

和预期的结果一致，铺铜是以圆角的形式出现的，如图 9-34 所示。

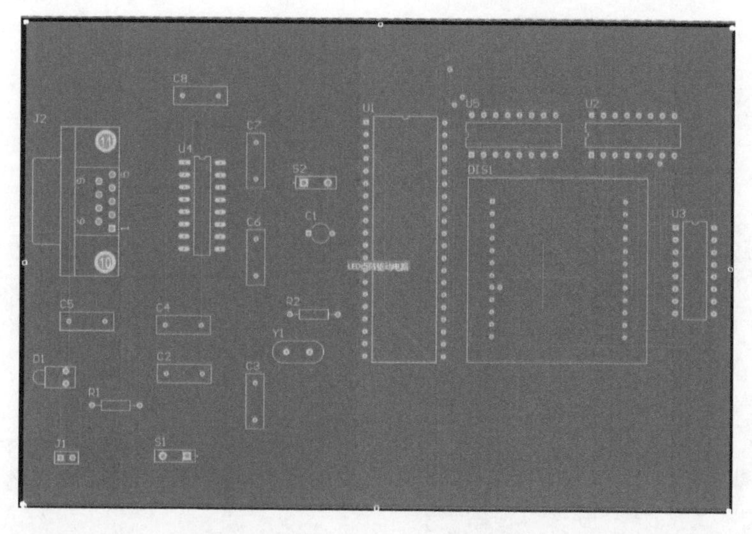

图 9-32　用鼠标画线确定铺铜范围

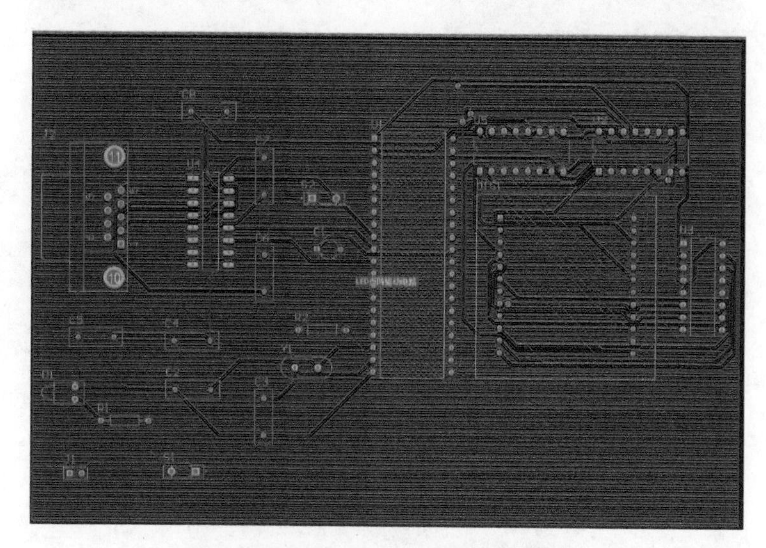

图 9-33　系统自动进行铺铜

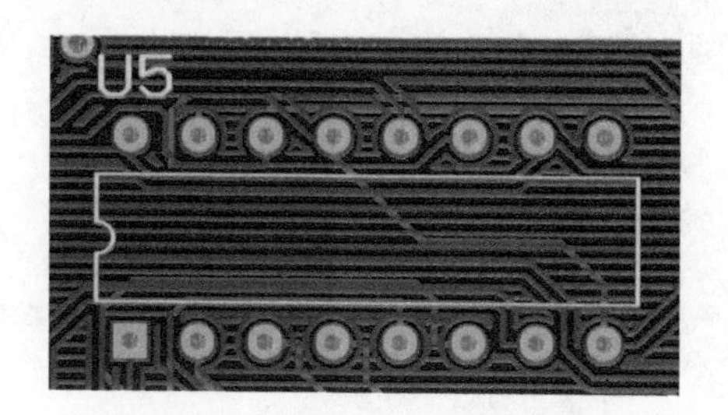

图 9-34　电路以圆角形式铺铜

第 3 步：尝试更改填充边角的样式。双击电路中的铺铜部分，系统将弹出铺铜设置对话框，在对话框中选择八角形铺铜，如图 9-35 所示。

设置完成后，单击铺铜设置对话框右上角的【Repour】按钮确认设置，此时系统开始重新铺铜，八角形铺铜如图 9-36 所示。

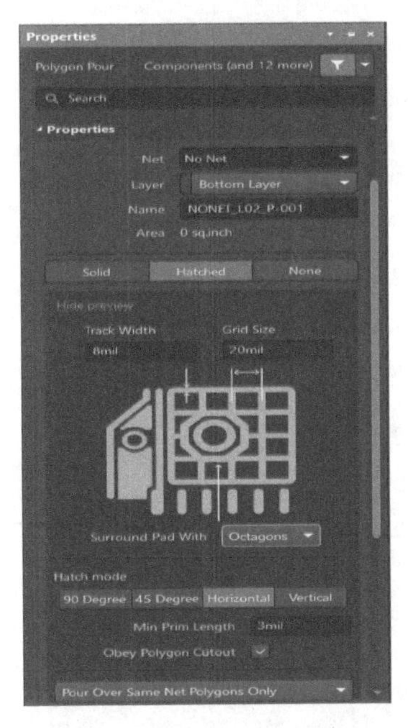

图 9-35 设置采用八角形铺铜

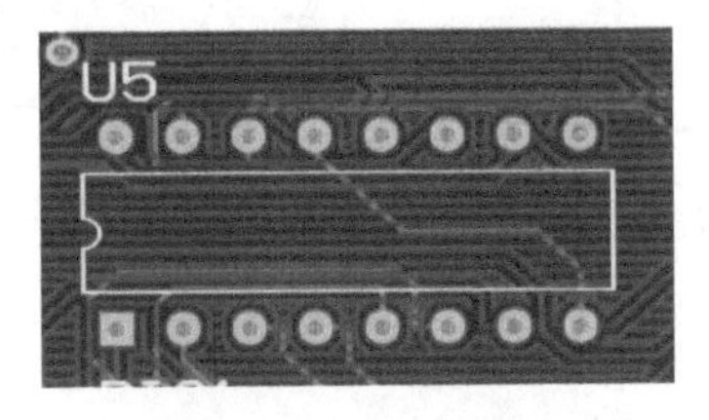

图 9-36 八角形铺铜

八角形和圆形各有优点，但通常采用圆角形式。

第 4 步：局部调整。用户可能会注意到电路中有些位置非均地，如图 9-37 所示。

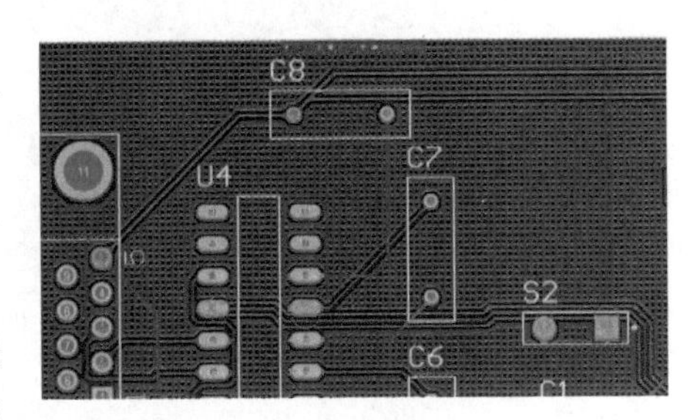

图 9-37 电路中非均地部分

上图中与 GND 相连的线路宽度不同，此时用户再次设置规则。执行【设计】→【规则】菜单命令，在弹出的【PCB 规则及约束编辑器】对话框中选择 Plane 规则中的 Polygon Connect Style 子规则，如图 9-38 所示。

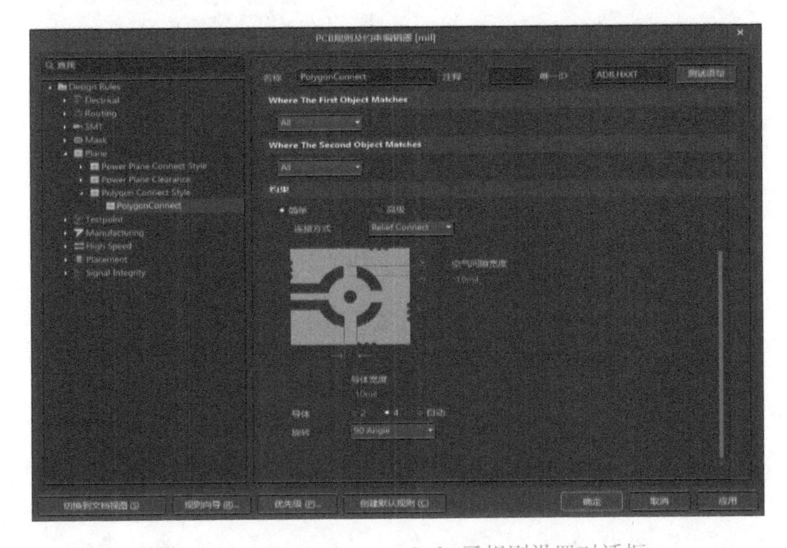

图 9-38 Polygon Connect Style 子规则设置对话框

在【约束】栏下，导体宽度为 10 mil 而用户设置的 GND 导体宽度为 20 mil，因此用户需修改导体宽度值为 20 mil，如图 9-39 所示。

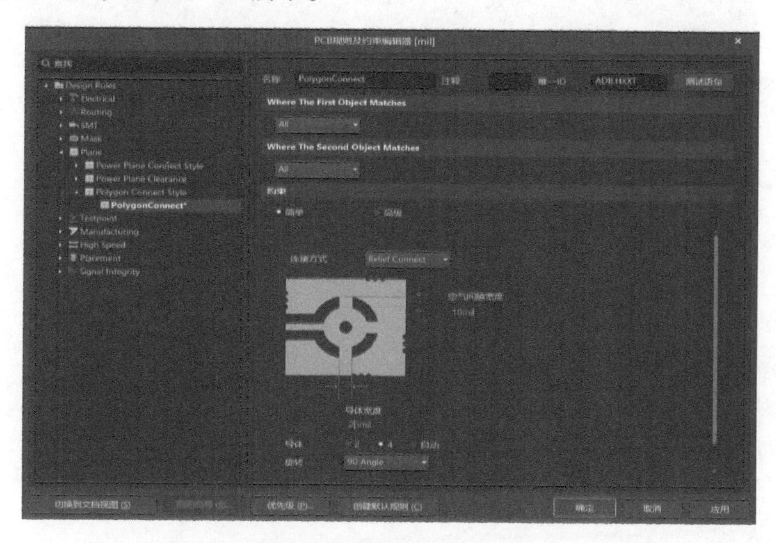

图 9-39　设置导体宽度

设置完成后，单击【确定】按钮，确认设置，然后重新铺铜，结果如图 9-40 所示。

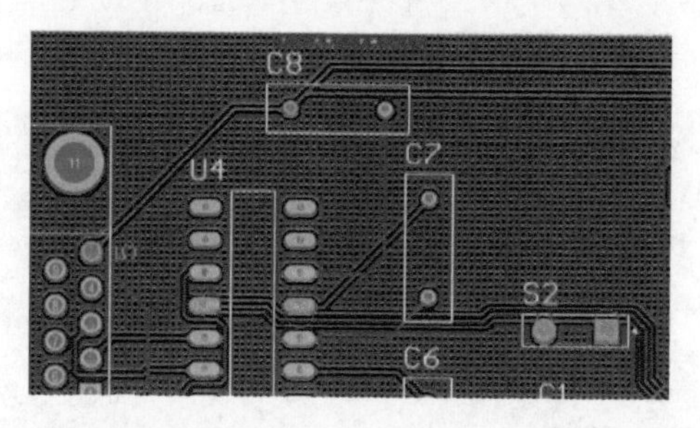

图 9-40　设置铺铜导线宽度后重新铺铜的结果

第 5 步：按照上述方法为顶层铺铜，结果如图 9-41 所示。

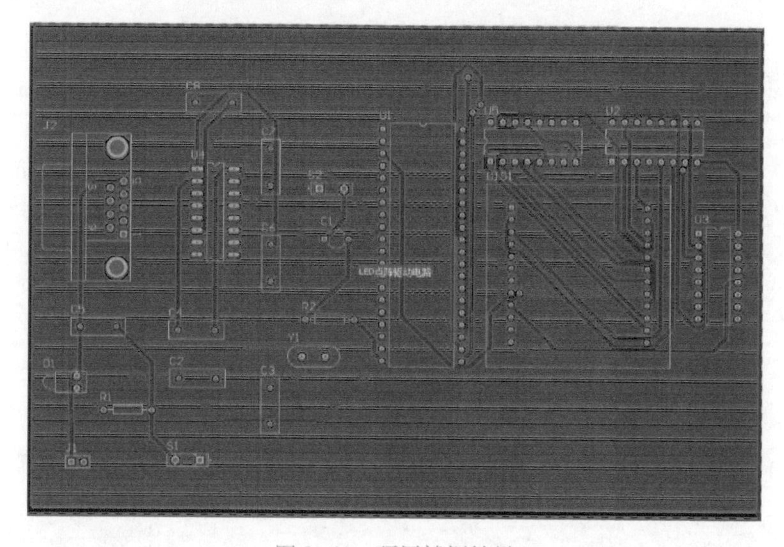

图 9-41　顶层铺铜结果

铺铜后的 3D 图如图 9-42 所示。

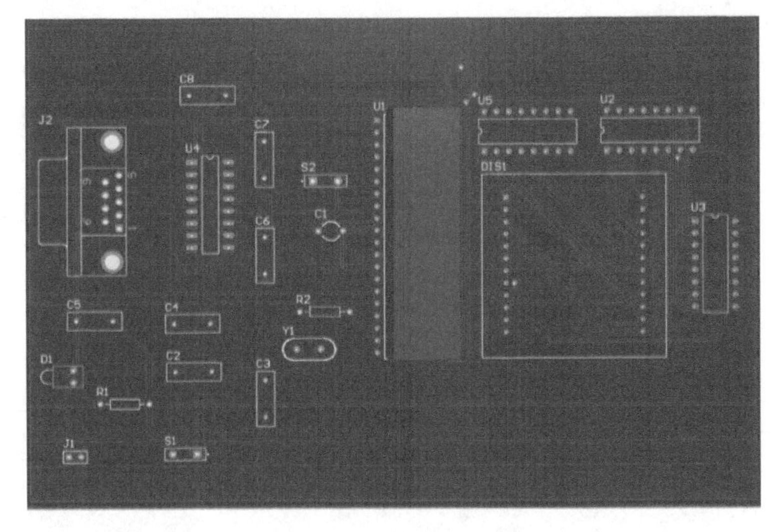

图 9-42　铺铜后的 3D 图

9.4.2　删除铺铜

在 PCB 编辑界面中的板层标签栏中，选择层面为 Top Layer，在铺铜区域单击鼠标，选中铺在顶层敷铜。然后拖动鼠标，将顶层铺铜拖到电路之外，如图 9-43 所示。

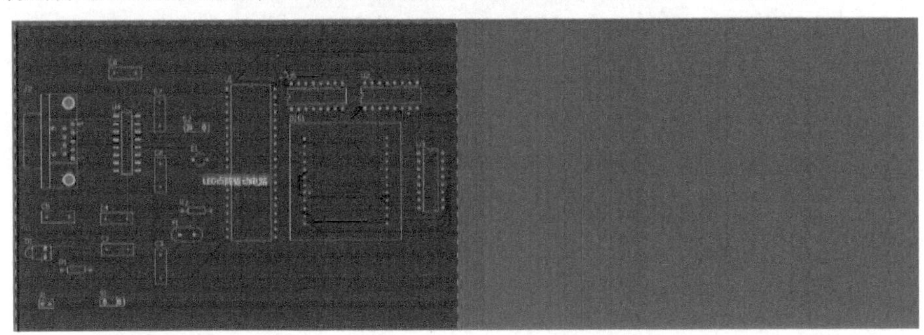

图 9-43　将顶层铺铜拖到电路之外

然后单击【剪切】工具或按下〈Delete〉键将顶层铺铜删除。同理，按照上述操作也可删除底层铺铜。

铺铜的一大好处是降低地线阻抗（所谓抗干扰也有很大一部分是地线阻抗降低带来的）。数字电路中存在大量尖峰脉冲电流，因此降低地线阻抗显得更有必要一些。普遍认为对于全由数字元器件组成的电路，应该大面积铺铜；而对于模拟电路，铺铜所形成的地线环路反而会引起电磁耦合干扰，得不偿失。因此，并不是每个电路都要铺铜。

9.5　添加过孔

过孔（via）是多层 PCB 的重要组成部分之一，PCB 上的每一个孔都可以称之为过孔。过孔的作用：

1）用作各层间的电气连接。

2）用作元器件的固定或定位。

单击【布线】工具栏中的【放置过孔】按钮，如图 9-44 所示。

图 9-44　单击【放置过孔】按钮

此时光标变为十字状，并带有一个过孔图形。在放置过孔时按〈Tab〉键，弹出如图 9-45 所示的过孔属性对话框，对话框中各项设置意义如下。

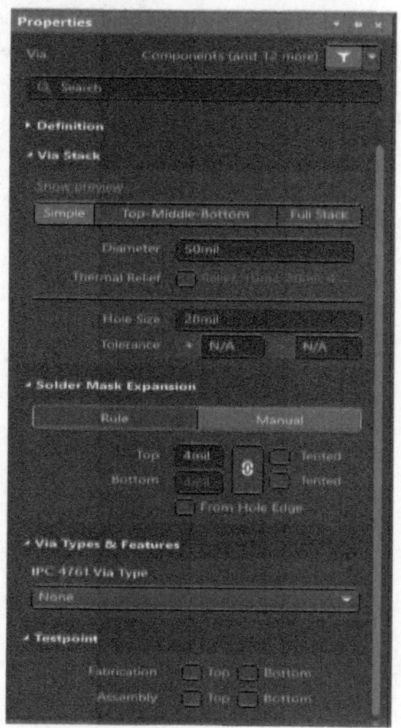

图 9-45　过孔属性对话框

其中 Net Information、Definition、Testpoint 中的内容不做过多赘述。简单介绍一下其他的部分。Via Stack 中有三种选项分别如下：

- Simple：用于设置过孔的孔尺寸、孔的直径以及 X/Y 位置。
- Top-Middle-Bottom：用于设置分别在顶层、中间层和底层的过孔直径大小。
- Full Stack：可以用于编辑全部层栈的过孔尺寸。

Via Types & Features 用来设置通孔类型和特征。

Solder Mask Expansion 是用来设置过孔盖油（塞油）和过孔开窗的。过孔盖油：过孔表面有绿油覆盖，表面绝缘。过孔开窗：过孔表面裸露，铜皮或者喷锡，表面导电。如果哪一层需要过孔盖油，只需要将该层的 Tented 打钩即可，如果需要过孔开窗的，只需要将 Tented 前的钩去掉即可。两者在 PCB 中的表现如下图 9-46 所示。

a) 过孔盖油

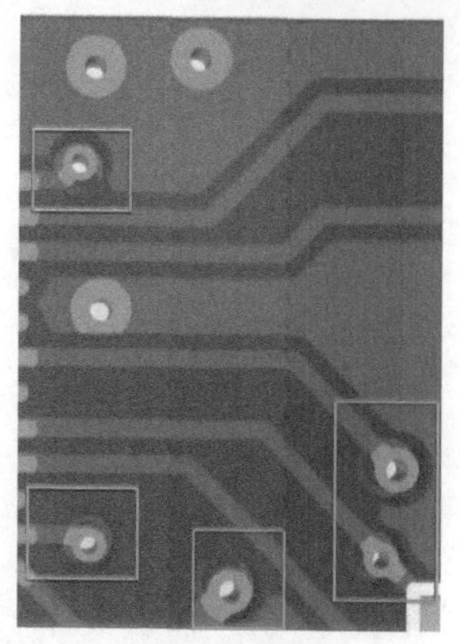

b) 过孔开窗

图 9-46　过孔盖油和过孔开窗的区别

将光标移到所需的位置单击，即可放置一个过孔。将光标移到新的位置，按照上述步骤，再放置其他过孔，双击鼠标右键，光标变为箭头状，即可退出该命令状态。图 9-47 为过孔作为安装孔的图形。

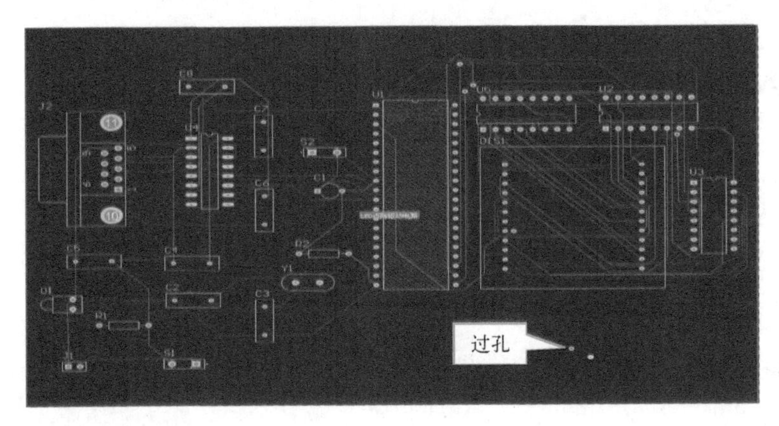

图 9-47　添加过孔作为安装孔的电路

9.6　PCB 设计的其他功能

在 PCB 设计中，鉴于用户的不同需求，Altium Designer 24 还提供了其他功能。

9.6.1　在完成布线的 PCB 板中添加新元器件

有时需要在布好线的 PCB 中不经过原理图而直接引入其他元器件，那应该如何操作呢?下面以 LED 点阵驱动电路为例进行操作演示。

【例 9-4】 以 LED 点阵驱动电路为例进行添加焊盘操作。

第 1 步：单击【布线】工具栏中的【放置焊盘】工具，此时鼠标以“十字”光标形式出现，并在鼠标下跟随焊盘，如图 9-48 所示。

第 2 步：此时按下〈Tab〉键，打开 Properties-Pad 界面，在【Properties-Net Information】下拉列表中选择焊盘所在的网络，如接地焊盘，选中属于 GND 网络如图 9-49 所示。

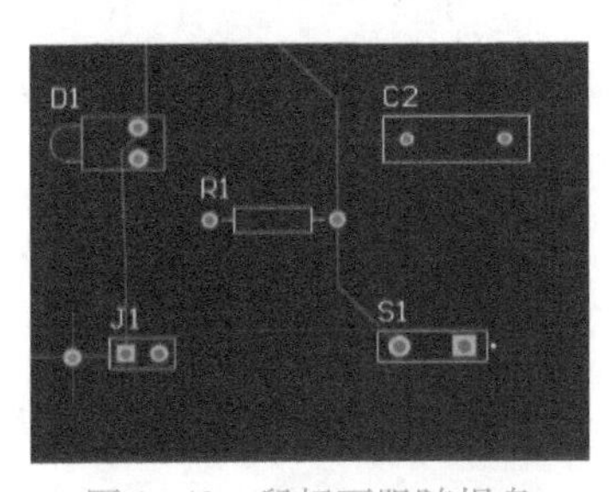

图 9-48　鼠标下跟随焊盘

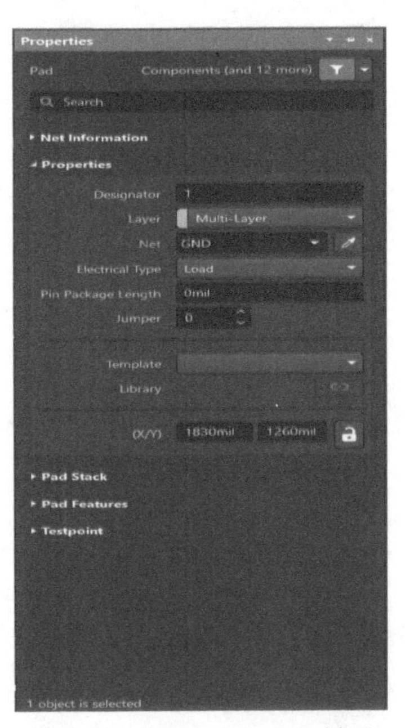

图 9-49　Properties-Pads 界面

设置完成后，在期望放置焊盘的位置单击放置焊盘，此时用户可看到放置的焊盘通过飞线与 GND 网络相连，如图 9-50 所示。

第 3 步：参照上述方式放置与 VCC 网络相连的焊盘，即将放置的焊盘属性设置为属于 VCC 网络。结果如图 9-51 所示。

第 4 步：先按下〈Ctrl+W〉开始进行交互式布线，再按下〈Ctrl〉键的同时单击焊盘，即可完成整个路径的布线，如图 9-52 所示。

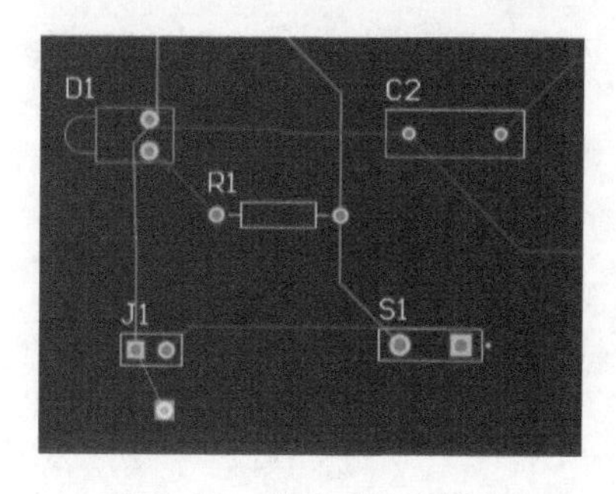

图 9-50　焊盘通过飞线与 GND 网络相连

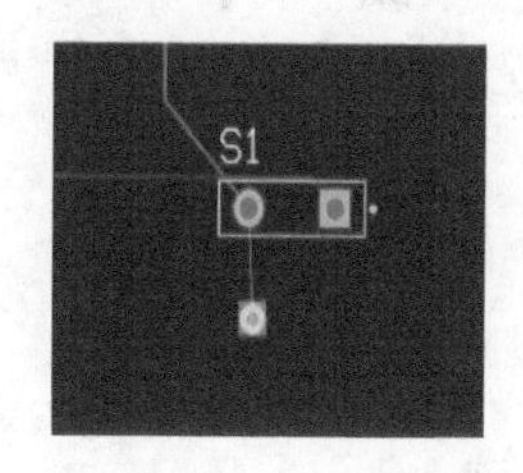

图 9-51　放置与 VCC 网络相连的焊盘

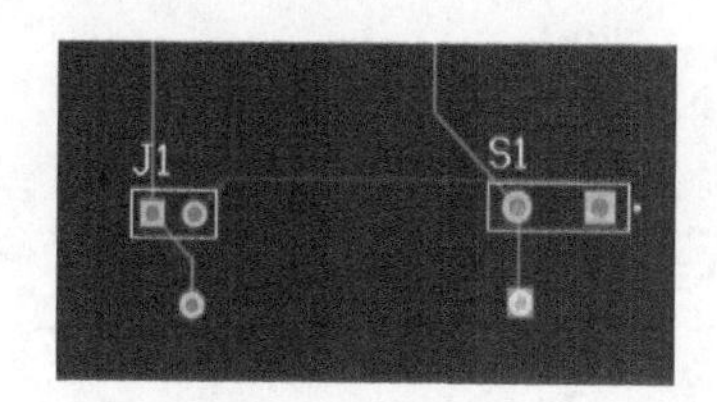

图 9-52　焊盘布线结果

【例 9-5】添加连接端子

第 1 步：在 PCB 编辑环境中执行【放置】→【器件】菜单命令，如图 9-53 所示。系统会自动弹出 Components 界面，如图 9-54 所示。

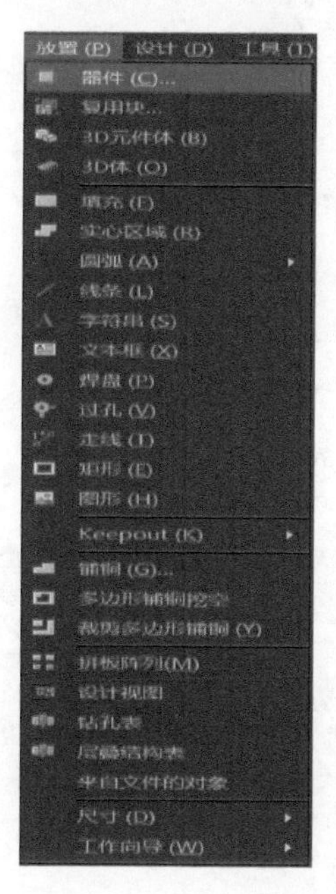

图 9-53　执行【放置】→【器件】菜单命令

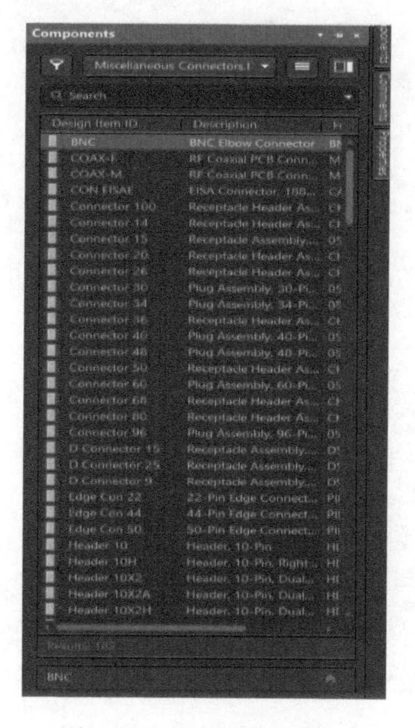

图 9-54　Components 界面

第 2 步：在该界面中，单击按钮在下拉列表中选中 File-based Libraries Search，弹出【基于文件的库搜索】对话框如图 9-55 所示。

在【基于文件的库搜索】对话框中，可以查找所有添加库中的封装形式，也可以对未知库中的封装形式进行查找操作。对该对话框的操作与绘制原理图时对库的操作基本相同，就不再做过多的介绍。

浏览元器件列表中的元器件，查找期望的接插件。在本例中期望放置 PIN2 接插件，如图 9-56 所示。

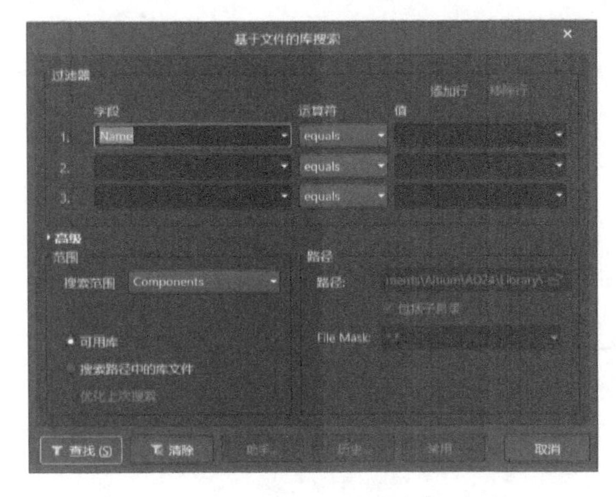

图 9-55 【基于文件的库搜索】对话框

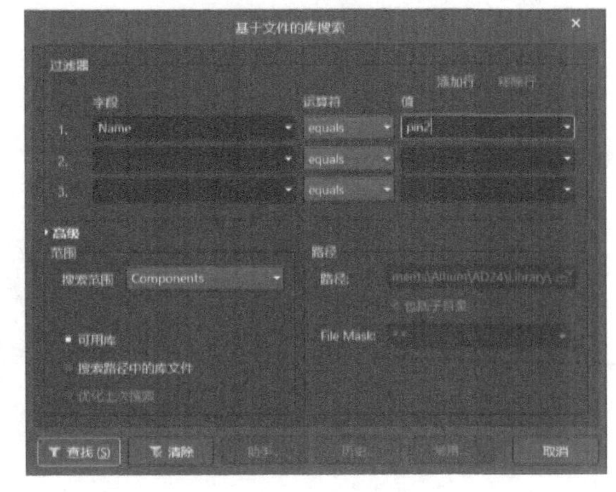

图 9-56 查找 PIN2 接插件

第 3 步：单击【查找】按钮，返回到 Components 界面，如图 9-57 所示。

第 4 步：单击 Place PIN2 按钮，此时鼠标以“十字”形光标形式出现，并在鼠标下跟随 PIN2 接插件，如图 9-58 所示。

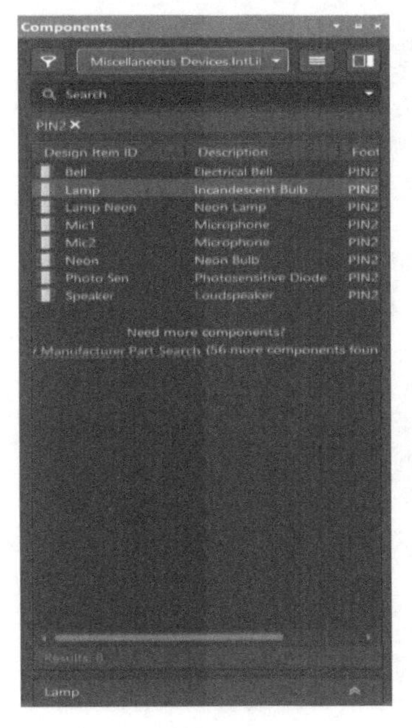

图 9-57 选择好封装形式

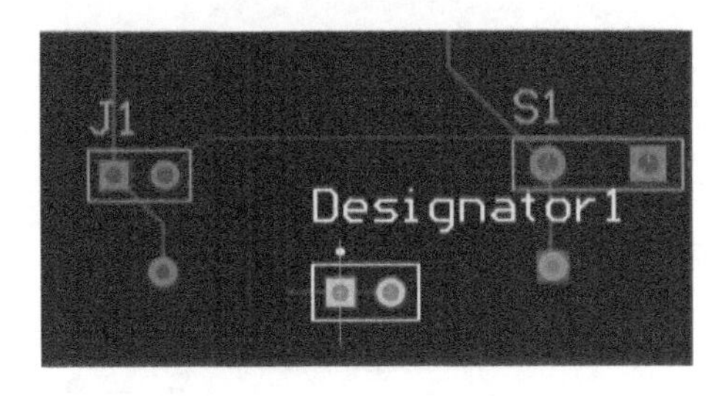

图 9-58 鼠标下跟随 PIN2 接插件

按〈Space〉键调整元器件方向后，在期望放置接插件的位置单击即可放置 PIN2 接插件，结果如图 9-59 所示。

第 5 步：双击元器件，即可打开 Properties-Component 界面，设置元器件标号为 U4，如图 9-60 所示。

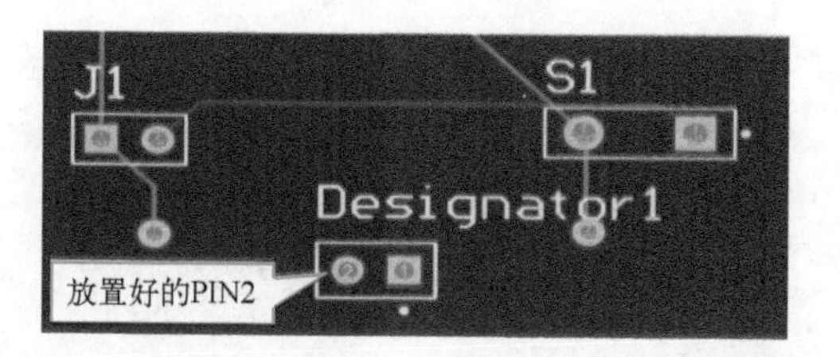

图 9-59　在电路中放置 PIN2 接插件

设置完成后，执行【设计】→【网络表】→【编辑网络】菜单命令，如图 9-61 所示。

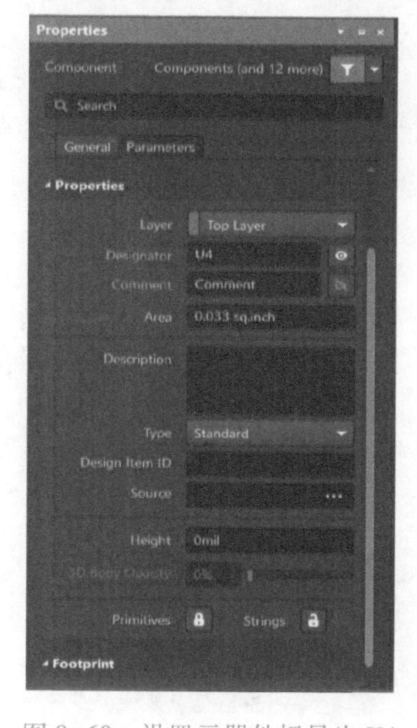

图 9-60　设置元器件标号为 U4

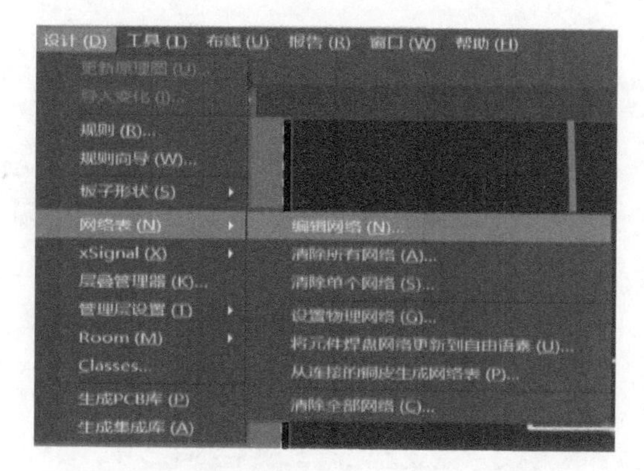

图 9-61　执行【设计】→【网络表】→【编辑网络】菜单命令

此时系统将弹出如图 9-62 所示的【网表管理器】对话框。

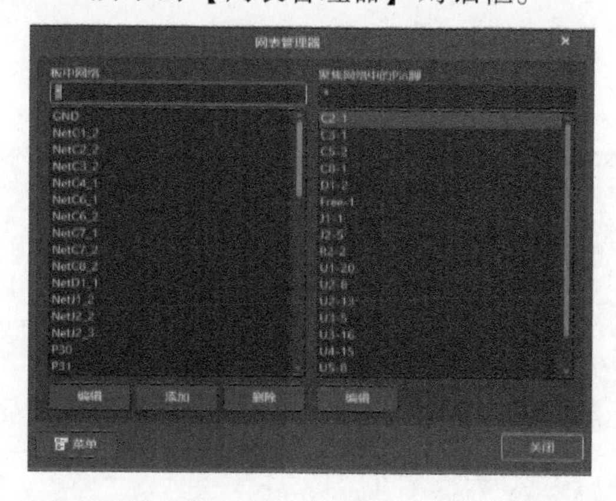

图 9-62　【网表管理器】对话框

第 6 步：在【网表管理器】对话框的【板中网络】中，选取 GND 网络，接下来单击【板中网络】列表框中的【编辑】按钮，此时将弹出如图 9-63 所示【编辑网络】对话框。

第 7 步：在【其他网络的引脚】中选择 U4-2 引脚，然后单击【>】按钮，将 U4-2 引脚添加到【该网络的引脚】列表中，如图 9-64 所示。

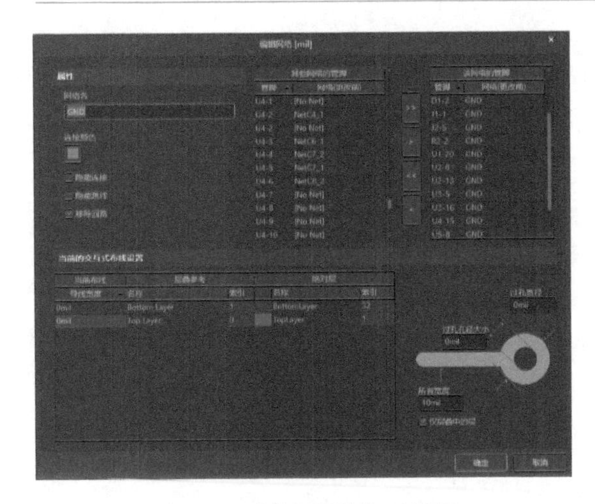
图 9-63 【编辑网络】对话框

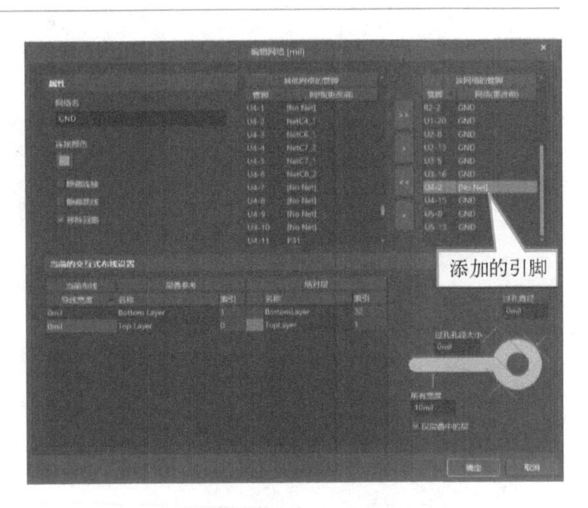

图 9-64 将 U4-2 引脚添加到【该网络的引脚】列表中

第 8 步：设置完成后，单击【确定】按钮即可将 U4-2 引脚添加到 GND 网络。参照上述方式，将 U4-1 引脚添加到 VCC 网络，添加完成后，单击【关闭】按钮退出【网表管理器】。此时用户可看到元器件 PIN2 通过飞线与电路连接，如图 9-65 所示。

第 9 步：执行布线工具栏的【交互式布线连接】或按快捷键〈Ctrl+W〉开始进行交互式布线，结果如图 9-66 所示。

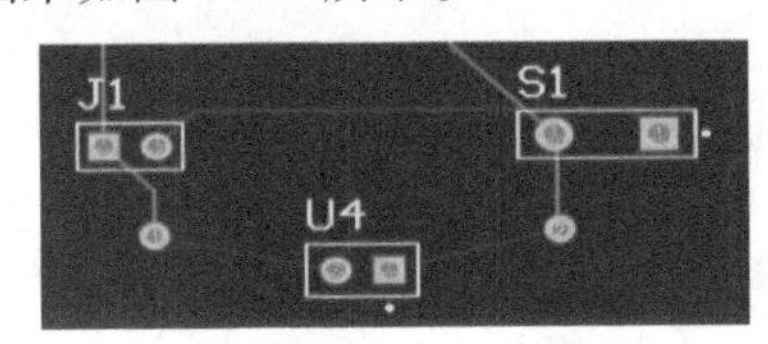

图 9-65 元器件 PIN2 通过飞线与电路连接

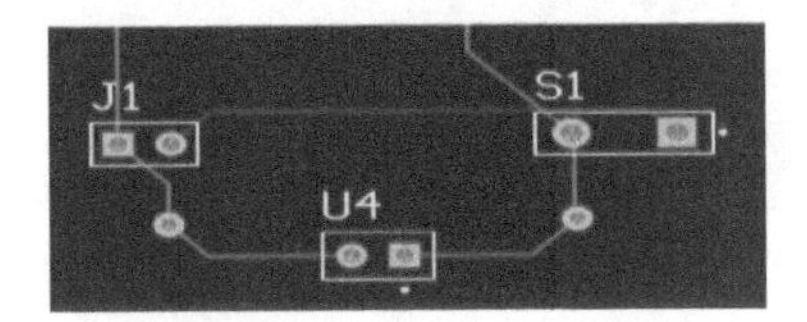

图 9-66 对 PIN2 布线的结果

9.6.2 重编元器件标号

当将电路原理图导入 PCB 布局后，元器件标号顺序不再有规律，如图 9-67 所示。

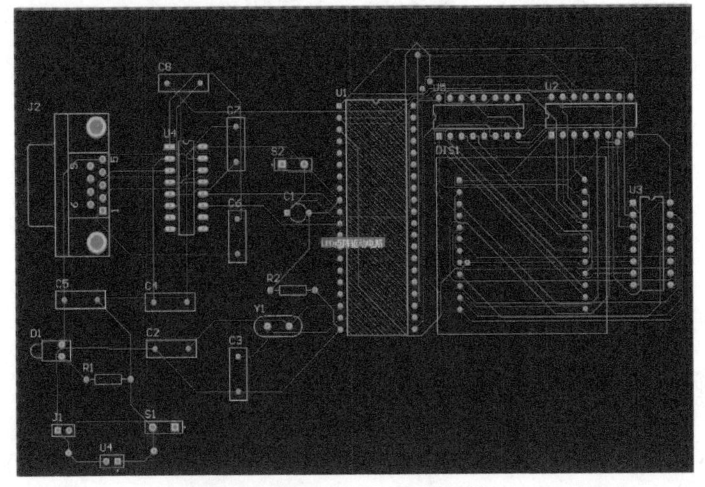
图 9-67 元器件标号顺序无规律

为了便于快速在电路板中查找元器件，通常需要重编元器件标号。在 PCB 编辑环境中，执行【工具】→【重新标注】菜单命令，如图 9-68 所示。

此时系统将弹出如图 9-69 所示的【根据位置重新标注】对话框。

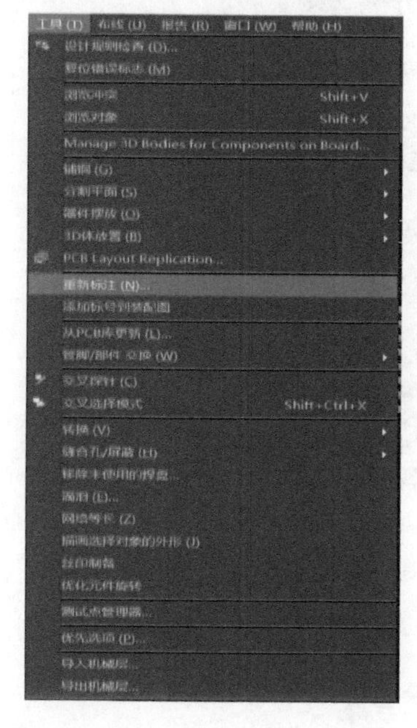

图 9-68　执行【工具】→【重新标注】菜单命令

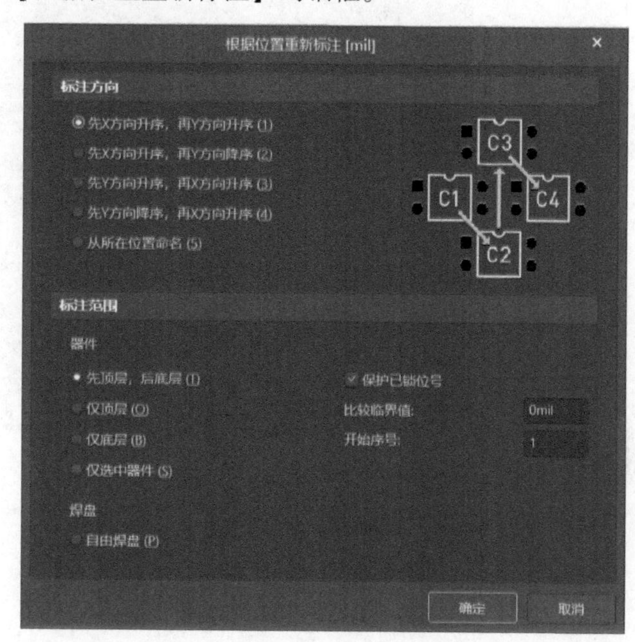

图 9-69　【根据位置重新标注】对话框

系统提供了 5 种排序方式，各方式意义见表 9-1。

表 9-1　系统提供 5 种排序方式的意义

名　　称	图　　解	说　　明
升序 X 然后升序 Y		由左至右，并且从下到上
升序 X 然后降序 Y		由左至右，并且从上到下
升序 Y 然后升序 X		由下而上，并且由左至右
升序 Y 然后降序 X		由上而下，并且由左至右
位置的名		以坐标值排序（如 R1 的坐标值为 X = 50、Y = 80，则 R1 新的标号为 R050 - 080）。

本例采用系统的默认设置。单击【确定】按钮对电路重排元器件标号，如图 9-70 所示。

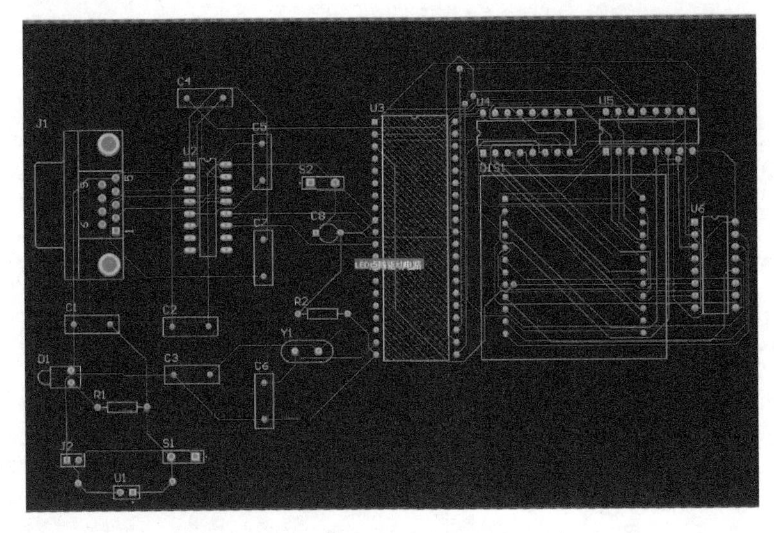

图 9-70 重排元器件标号后的电路

9.6.3 放置文字标注

当 PCB 编辑完成后，用户可在电路板上标注电路板制板人及制板时间等信息。

将当前工作层切换为 Top Overlay，如图 9-71 所示。

图 9-71 将当前工作层切换到 Top Overlay

在 PCB 编辑环境中执行【放置】→【字符串】菜单命令，如图 9-72 所示。

此时鼠标以“十字”形光标形式出现，并在鼠标下跟随 String 字符串，如图 9-73 所示。

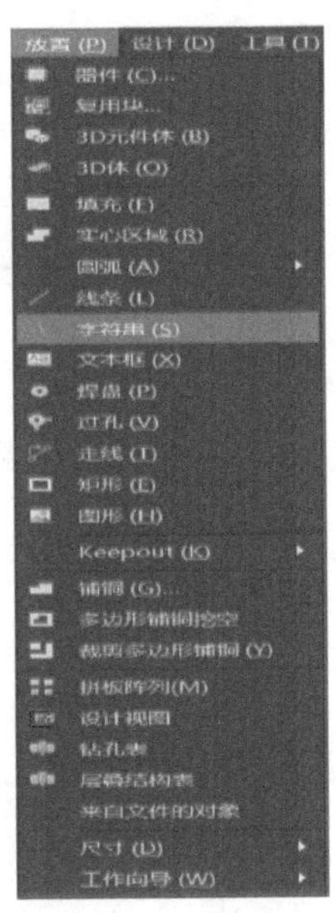

图 9-72 执行【放置】→【字符串】菜单命令

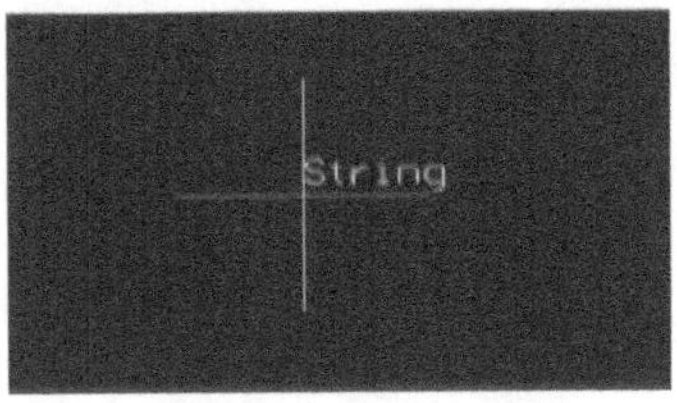

图 9-73 鼠标下跟随 String 字符串

按下〈Tab〉键，此时将弹出字符串属性设置界面（Properties-Text 界面），在【文本】文本框中键入 2024/03/03 字样，如图 9-74 所示。

其他设置，如大小、字体、位置等参数，均保持默认设置，设置完成后，移动光标到期望的位置，单击即可放置文字标注，如图 9-75 所示。

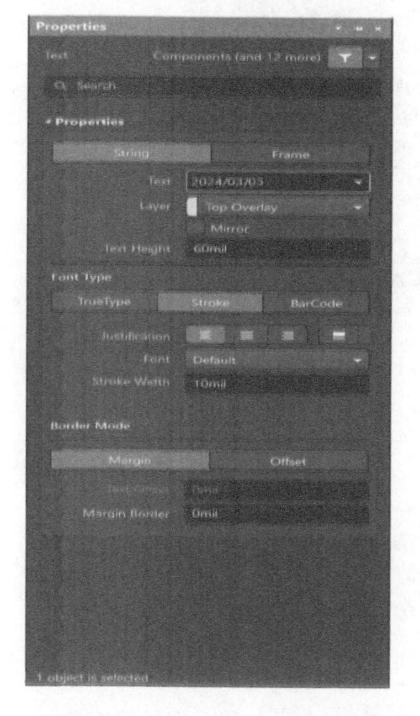

图 9-74　Properties-Text 界面

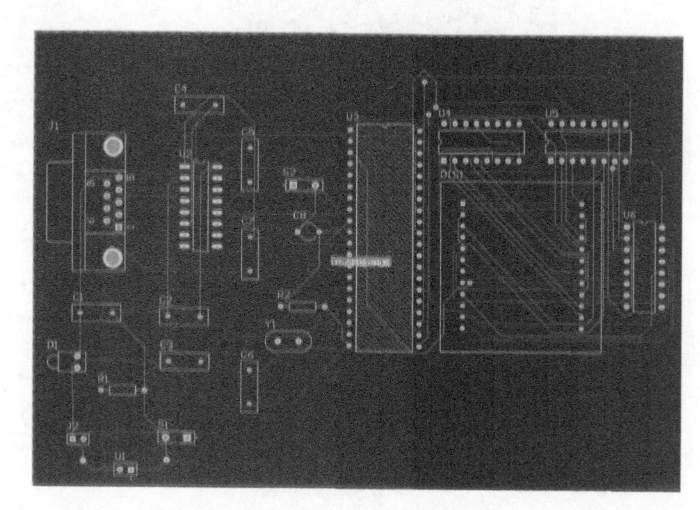

图 9-75　放置文字标注

右击鼠标，结束命令状态。

9.6.4　项目元器件封装库

当制作 PCB 时，找不到期望的元器件封装时，用户可使用 Altium Designer 24 元器件封装编辑功能创建新的元器件封装，并将新建的元器件封装放入特定的元器件封装库。

1. 创建项目元器件封装库

项目元器件封装库就是将设计的 PCB 中所使用的元器件封装建成一个专门的元器件封装库。打开所要生成项目元器件封装库的 PCB 文件，如之前完成的“LED 点阵驱动电路.PcbDoc”，在 PCB 编辑环境中执行【设计】→【生成 PCB 库】菜单命令，如图 9-76 所示。

系统会自动切换到元器件封装库编辑环境，生成相应的元器件封装库，并把文件名称命名为“LED 点阵驱动电路.PcbLib”。

图 9-76　执行【设计】→【生成 PCB 库】菜单命令

2. 创建元器件封装——LED 点阵

以创建 LED 点阵元器件封装为例，在【PCB Library】面板中的元器件列表中，单击鼠标右键，在弹出的菜单命令选项中选择【New Blank Footprint】命令，此时在元器件封装列表中添加新的元器件封装，如图 9-77 所示。

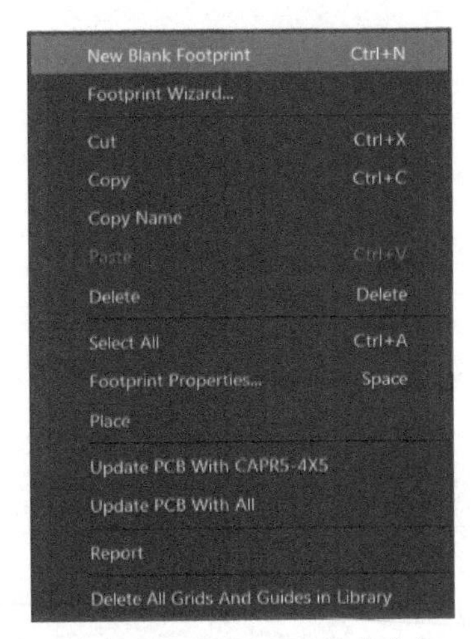

a) 执行【New Blank Footprint】命令

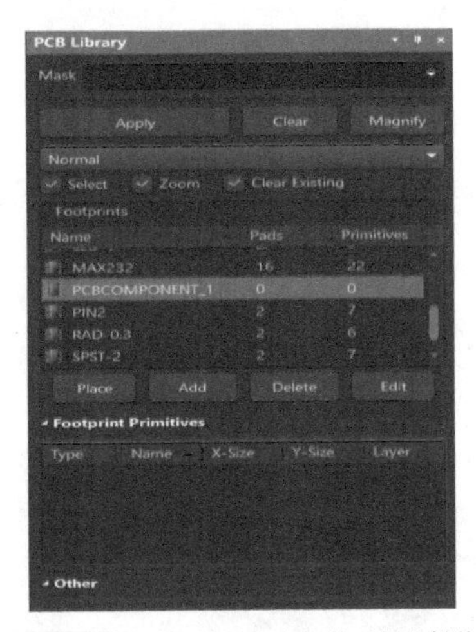

b) 在元器件封装列表中添加新的元器件封装

图 9-77 创建元器件封装

在元器件封装编辑窗口编辑双色 LED 点阵元器件的封装，如图 9-78、图 9-79、图 9-80 和图 9-81 所示。

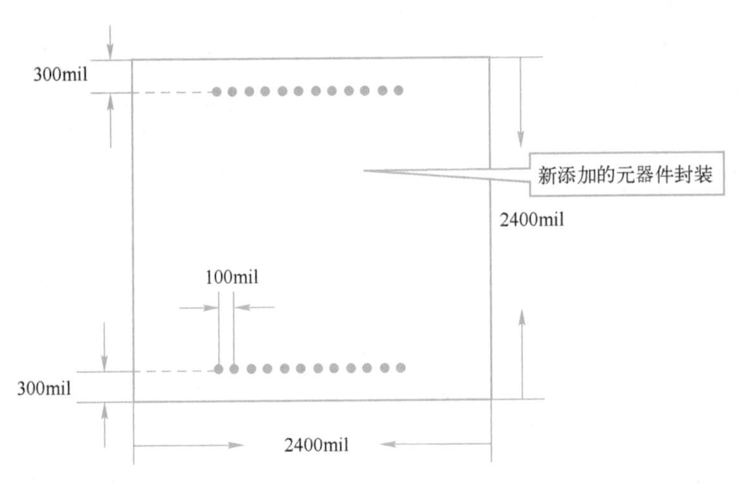

图 9-78 双色 LED 点阵元器件尺寸

图 9-79 绘制双色 LED 点阵元器件外形框

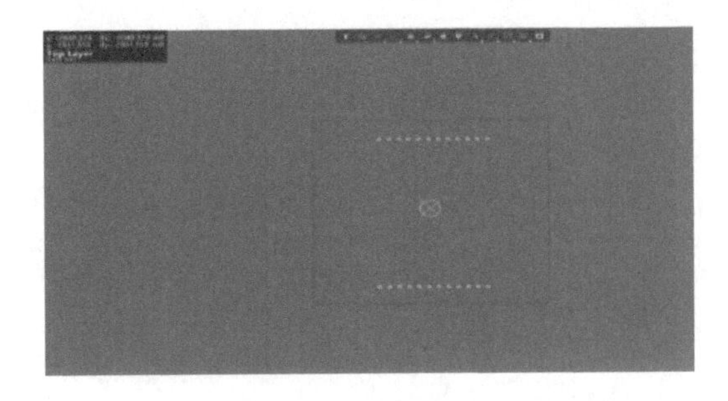

图 9-80 放置双色 LED 点阵元器件的焊盘

在【PCB Library】面板，用鼠标左键双击新建的元器件封装，系统会弹出 PCB 库封装对话框，如图 9-82 所示。

在对话框中可以对新建元器件封装进行重新命名，将元器件命名为 LED Array，如图 9-83 所示。

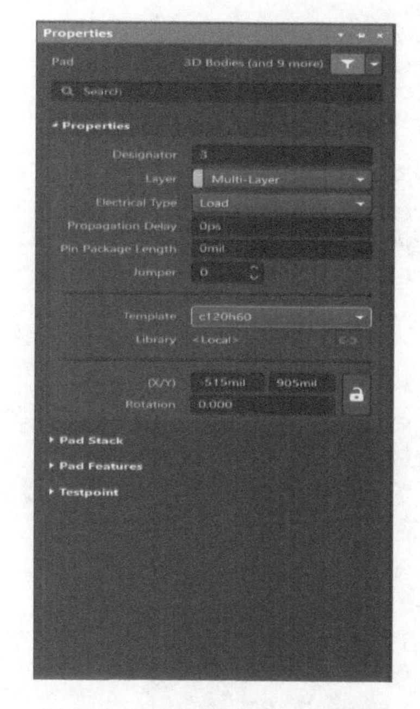

图 9-81　编辑双色 LED 点阵元器件的封装

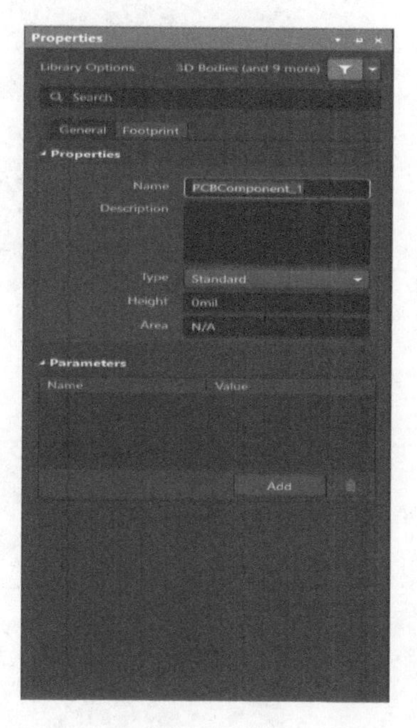

图 9-82　PCB 库封装对话框

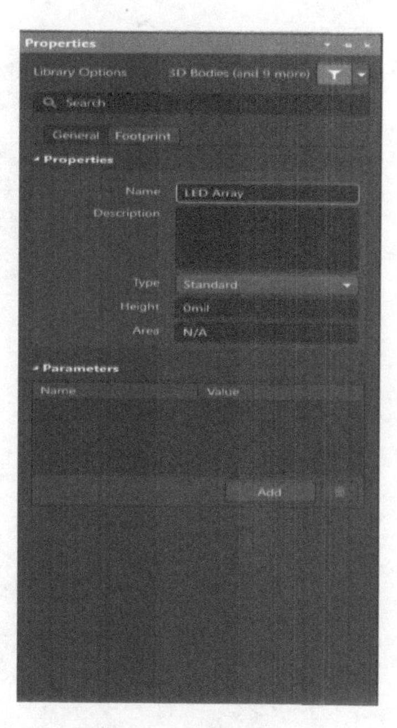

图 9-83　重新命名元器件封装

至此，双色 LED 点阵元器件封装制作完成。

3. 元器件报表

在 PCB Library 编辑环境中执行【报告】→【器件】菜单命令，如图 9-84 所示。

此时弹出如图 9-85 所示的扩展名为 . CMP 的元器件封装信息。

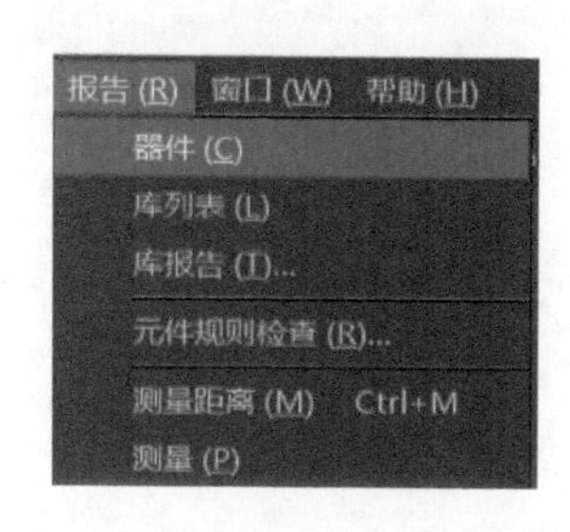

图 9-84　执行【报告】→【器件】菜单命令

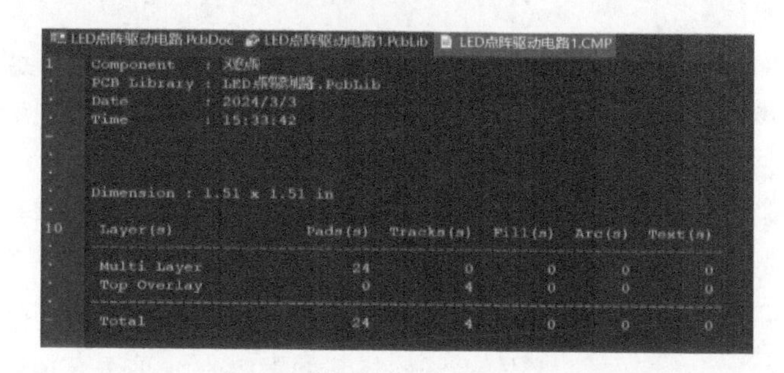

图 9-85　元器件封装信息

4. 库列表报表

在 PCB Library 编辑环境中执行【报告】→【库列表】菜单命令，如图 9-86 所示。弹出如图 9-87 所示的扩展名为 . REP 的库列表文件，列出了该库所包含的所有封装的名称。

5. 元器件规则检查报表

在 PCB Library 编辑环境中执行【报告】→【元件规则检查】菜单命令，如图 9-88 所示。弹出如图 9-89 所示的【元件规则检查】对话框。

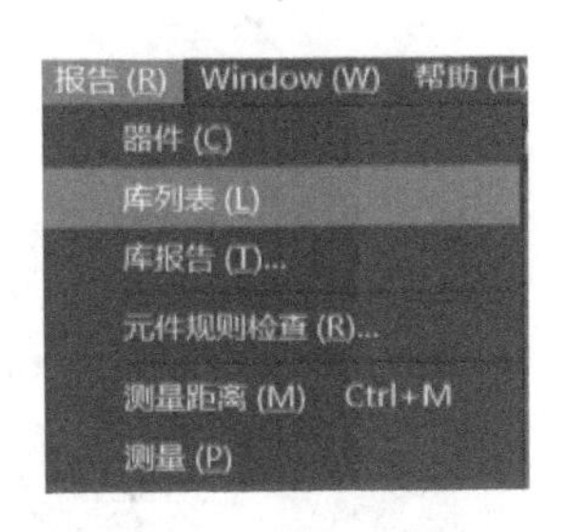

图 9-86　执行【报告】→【库列表】菜单命令

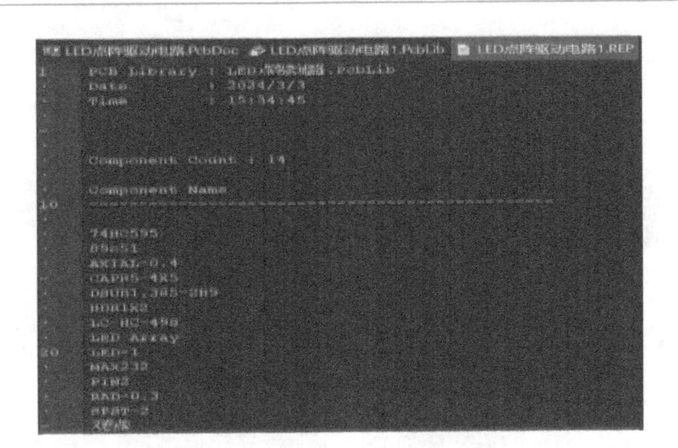

图 9-87　库列表文件

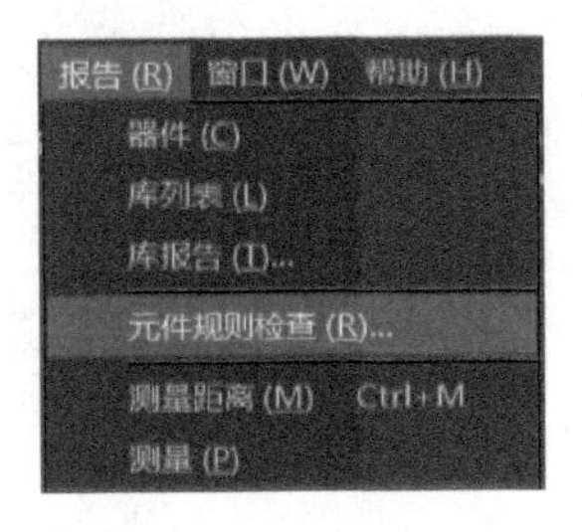

图 9-88　执行【报告】→【元件规则检查】菜单命令

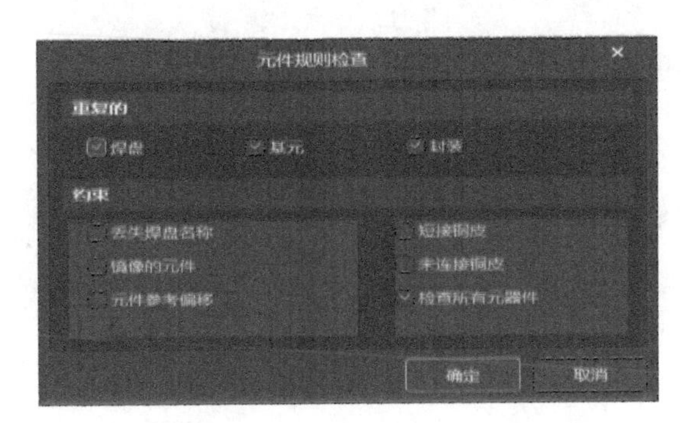

图 9-89　【元件规则检查】对话框

对话框各选项意义如下：

(1)【重复的】选项区

- 【焊盘】：检测元器件封装中是否有重复的焊点序号；
- 【基元】：检测元器件封装中是否有图形对象重叠现象；
- 【封装】：检测元器件封装库中是否有不同元器件封装具有相同元器件封装名。

(2)【约束】选项区

- 【丢失焊盘名称】：检测元器件封装库内是否有元器件封装遗漏焊点序号；
- 【镜像的元器件】：检测元器件封装是否发生翻转；
- 【元器件参考偏移】：检测元器件封装是否调整过元器件的参考原点坐标；
- 【短接铜皮】：检测元器件封装的铜膜走线是否有短路现象；
- 【未连接铜皮】：检测元器件封装内是否有未连接的铜膜走线；
- 【检查所有元器件】：对元器件封装库中所有的元器件封装进行检测。

本例采用系统的默认设置。单击【确定】按钮，系统自动生成扩展名为 .ERR 的检查报表，如图 9-90 所示。

6. 测量距离

测量距离可用于精确测量两个端点之间的距离。在 PCB Library 编辑环境中执行【报告】→【测量距离】菜单命令，如图 9-91 所示。

此时鼠标变成“十字”形，单击选择待测距离的两端点，在单击第二端点的同时系统弹

图 9-90　元器件封装规则检查

出测量距离信息提示框，如图 9-92 所示。

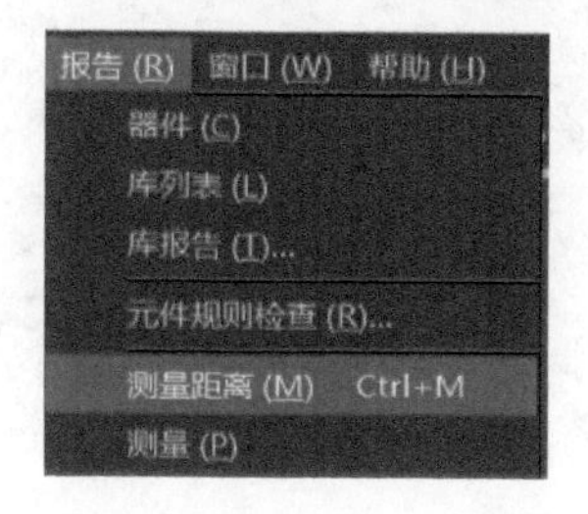

图 9-91　执行【报告】→【测量距离】菜单命令

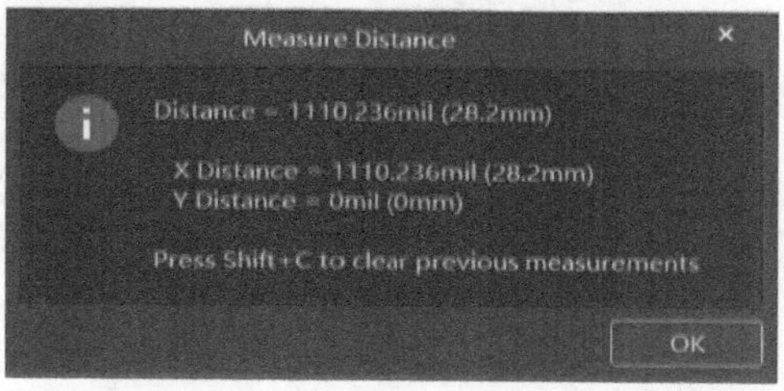

图 9-92　测量距离信息提示框

7. 对象距离测量报表

对象距离测量报表可用于精确测量两个对象之间的距离。在 PCB Library 编辑环境中执行【报告】→【测量】菜单命令，如图 9-93 所示。

鼠标变成“十字”形，单击选择待测距离的两对象，在单击第二对象的同时系统弹出测量距离信息提示框，如图 9-94 所示。

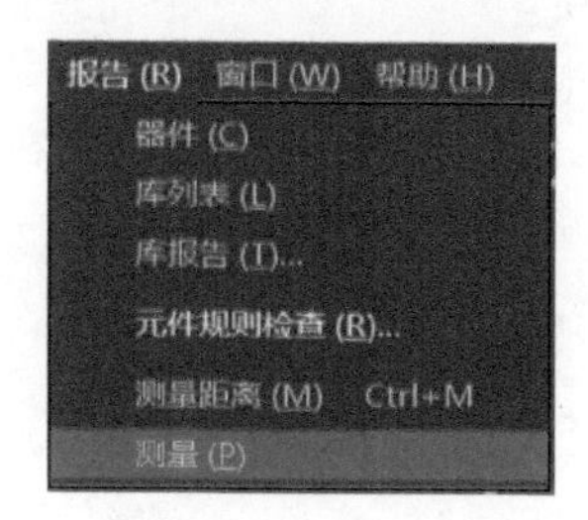

图 9-93　执行【报告】→【测量】菜单命令

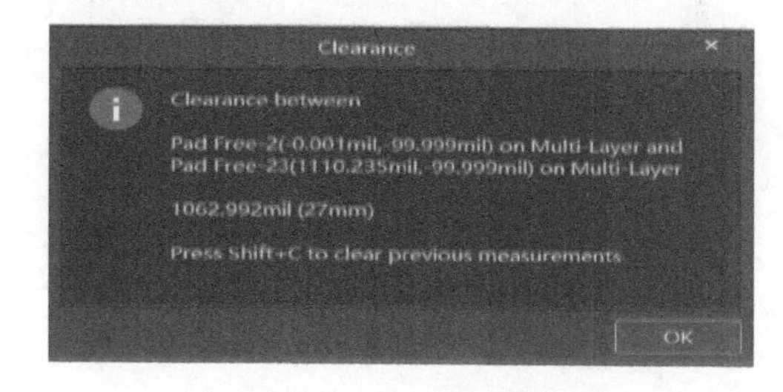

图 9-94　测量距离信息提示框

9.6.5　原理图中直接更换元器件

【例 9-6】 以发光二极管为例进行更换元器件操作。

如图 9-95 所示，用户期望将图中的 LED 发光二极管替换为 LAMP。

第 1 步：双击 LED0 元器件，此时将弹出 LED0 元器件的 Properties 的 Component 界面，如图 9-96 所示。

第 2 步：单击后面的 ··· 按钮，弹出浏览库对话框，如图 9-97 所示。

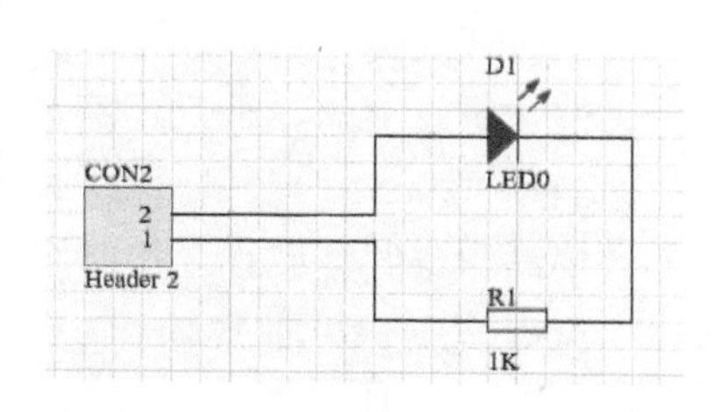

图 9-95　更换的原理图元器件

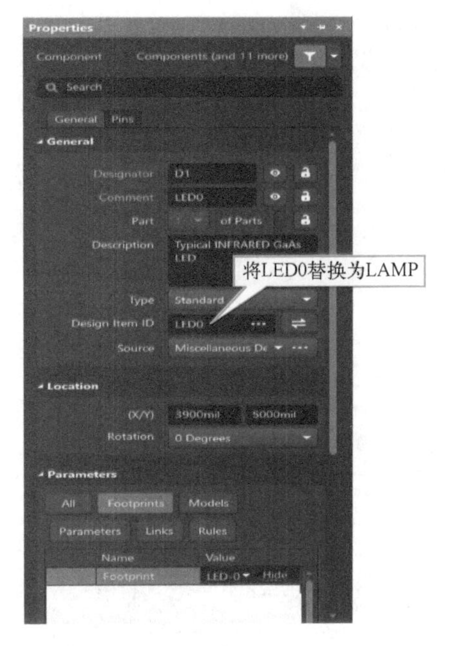

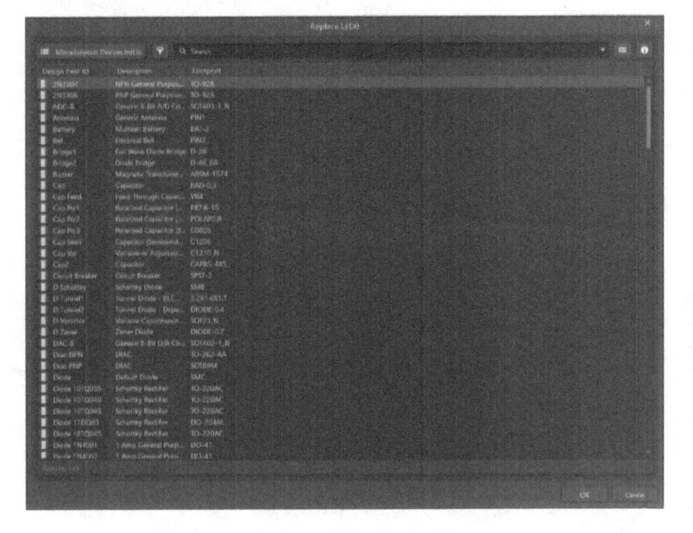

图 9-96　LED0 元器件的

Properties-Component 界面

图 9-97　浏览库对话框

第 3 步：在元器件名称栏选择 LAMP，单击确定完成 LAMP 对 LED0 的替换，如图 9-98 所示。注意修改后需重新连线。

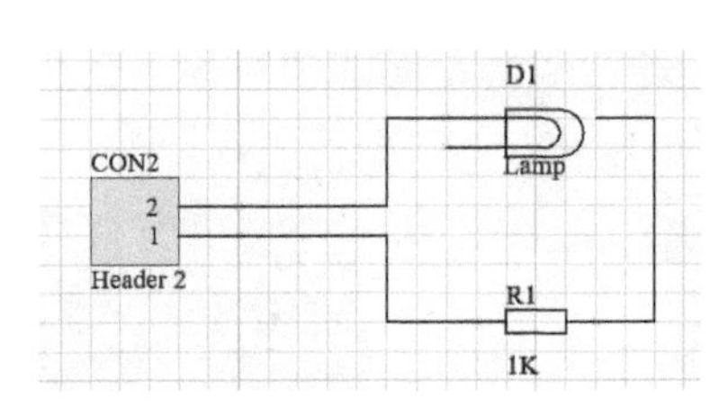

图 9-98　将 LED0 元器件替换为 LAMP

9.7　3D 环境下精确测量

Altium Designer 24 提供了在 3D 环境下的距离测量，这种测量方式得到的数据更直观也更精确。避免了因为元器件外壳尺寸不符合要求等原因造成返工。

首先说明的是 PCB 在 3D 状态下的一些快捷操作：

- 执行快捷键〈VB〉，可以实现翻转板子。
- 按住键盘上的〈Shift〉键再用鼠标右键可以翻动板子。
- 当用〈Shift〉键加鼠标右键翻动板子的后，想要把 PCB 调回正视的状态，会发现右键拖动很难调整回来，这时候可以按下键盘上的数字键〈0〉（英文字母上面的数字键）可以实现 PCB 的快速调整。
- 按下数字键〈9〉可以实现 PCB 的 90°垂直翻转。

【例 9-7】 以稳压电路为例进行 3D 测量。

第 1 步：在 Altium Designer 24 主界面执行【文件】→【新的】→【项目】命令，并向此项目中添加原理图文件和 PCB 文件。绘制如图 9-99 所示原理图，并命名为“稳压电路”。

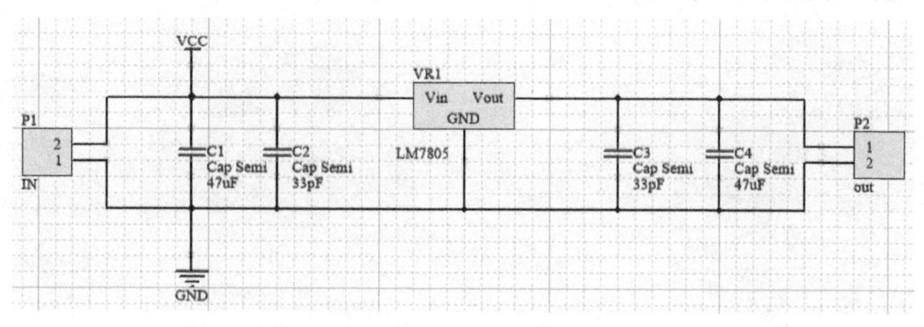

图 9-99　稳压电路原理图

第 2 步：将稳压电路的原理图绘制完毕后，在原理图编辑环境中，执行【设计】→Update PCB document 稳压电路 . PcbDoc 命令，弹出【工程变更指令】对话框。接下来的操作之前已做过介绍，这里不再赘述。经元器件布局、自动布线和定义版形状几步操作后，稳压电路 PCB 如图 9-100 所示。

在 PCB 编辑界面中执行【视图】→【切换到 3 维模式】命令或按数字〈3〉键，稳压电路 PCB 三维显示如图 9-101 所示。

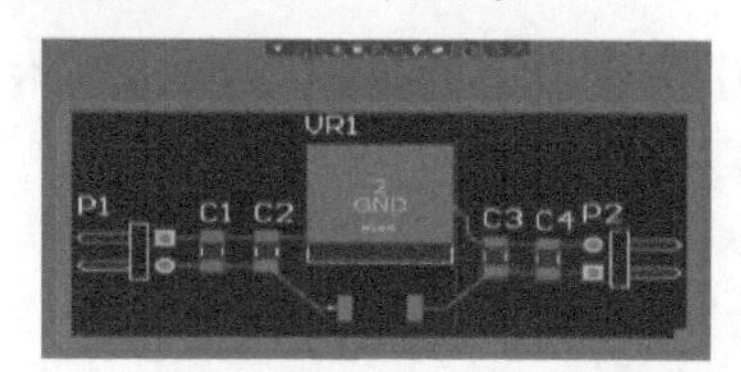

图 9-100　稳压电路 PCB

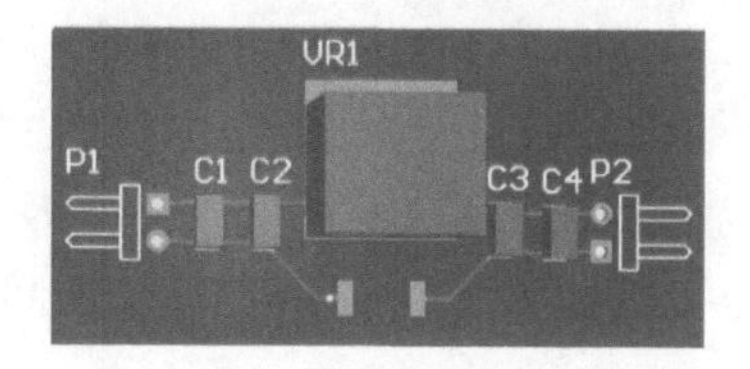

图 9-101　稳压电路 PCB 三维显示

第 3 步：在 3D 显示环境下对元器件进行测量，首先在 PCB 编辑界面中执行【工具】→【3D 体放置】→【测试距离】菜单命令，如图 9-102 所示。

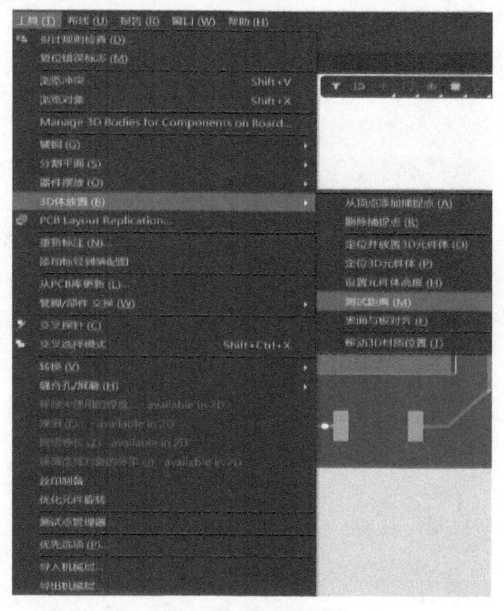

图 9-102　执行【测试距离】菜单命令

第 4 步：单击【测量距离】命令后，鼠标原光柱变成蓝色。单击，鼠标光标变成“十字”形状，即可选择起始点和终止点，起始点选择如图 9-103 所示，终止点选择如图 9-104 所示，测试结果如图 9-105 所示。如果想要清除测量点相关信息，执行快捷键“Shift+C”可实现。

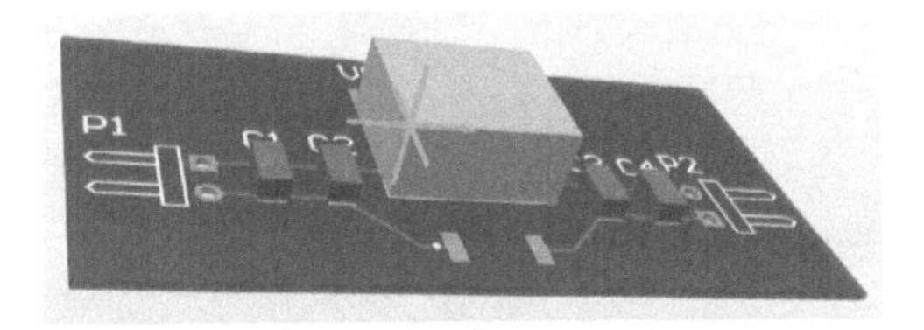

图 9-103　起始点选择

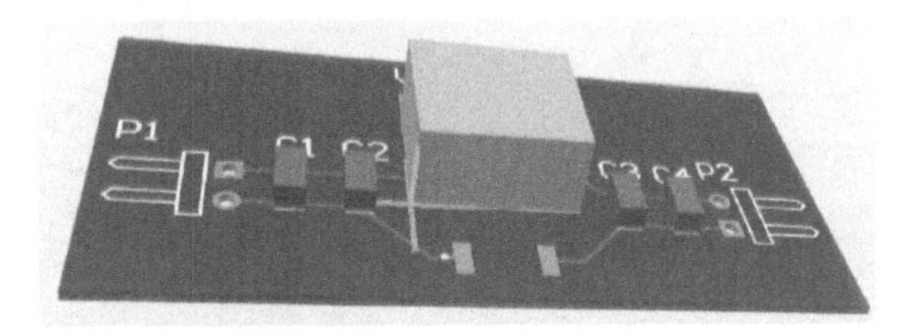

图 9-104　终止点选择

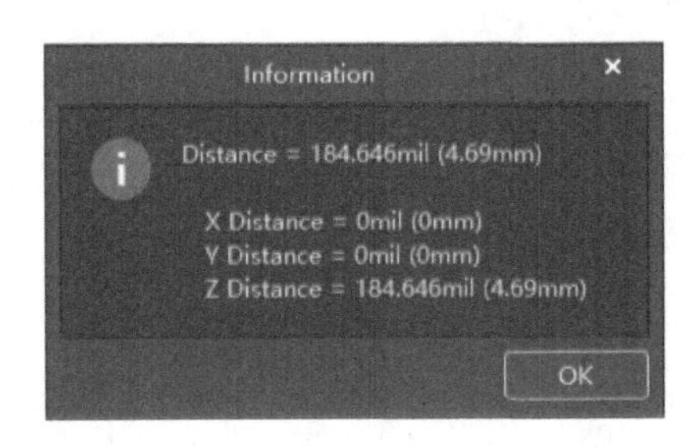

图 9-105　测量结果

本例以稳压模块上下两点作为起止点，可根据此方法测量视图内任意不同两点间距离。任何电子设计产品都要安装在机械物理实体之中。通过 Altium Designer 24 的原生 3D 可视化与间距检查功能，确保电路板在第一次安装时即可与外壳完美匹配，不再需要昂贵的设计返工。在 3D 编辑状态下，电路板与外壳的匹配情况可以实时展现，可以在几秒钟内解决电路板与外壳之间的碰撞冲突。

习题

1. 说说电路中包地和铺铜的意义。
2. 设计出 STM32F103 单片机最小系统，并在 3D 环境下测量元器件间距离。

第 10 章　PCB 的输出

在完成整个 PCB 的设计之后，还可以通过输出报表来确认设计的正确性，并对于 PCB 后续的生产制作提供依据。

目的：本章将会对 PCB 的输出报表及生成方式进行介绍。

内容提要

🕮 PCB 报表输出　　　　　　🕮 创建钻孔文件

10.1　PCB 报表输出

PCB 绘制完成后可以生成一系列的报表文件，这些报表文件有着不同的功能和用途，可以为 PCB 的后期制作、元器件采购、信息交流提供便利。

10.1.1　电路板信息报表

电路板信息报表用于为用户提供电路板的完整信息，包括电路板尺寸、焊盘、导孔的数量以及零件标号等。打开任意一个 PCB 文件，执行【视图】→【面板】→【Properties】菜单命令，或执行快捷方式，单击右下角 Panels，选择 Properties，在弹出的对话框【Board Information】中可以看到系统所有相关信息，如图 10-1 所示的界面。

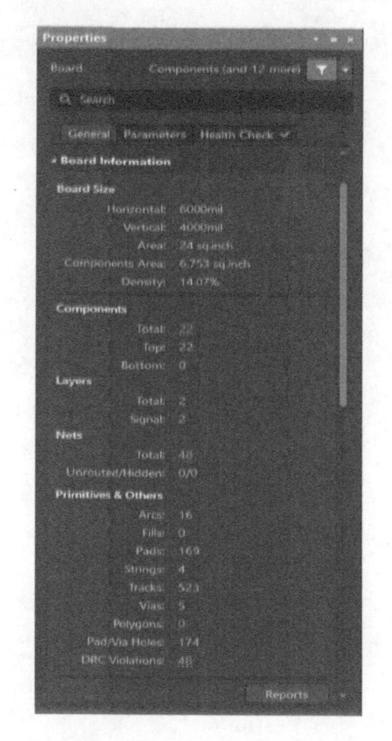

图 10-1　Properties-Board 界面

单击 Board Information-Components 栏中 Total 后面的数字 22，左侧 Project 界面会切换到 PCB 界面，将下拉列表切换至 Component，结果如图 10-2 所示。

单击 Board Information-Nets 栏 Total 后的数字会使 PCB 界面切换至 Nets 的内容。单击 Layers 栏中的数字则会弹出 Layer Stack Manager（层叠堆栈管理器）对话框，单击 Polygons 后面的数字则会弹出 Polygon Pour Manager 对话框。这两部分前面章节都已经介绍过，不再重复。单击 DRC Violation 后面的蓝色数字则会弹出 PCB Rules And Violations 对话框，如图 10-3 所示。在这个对话框可以查看和修改之前设置的规则和与规则违背的提示。

在 Board Information 栏中，单击右下角 Reports 按钮，弹出【板级报告】对话框，如图 10-4 所示。

单击【全部开启】按钮，可选中所有项目；单击【全部关闭】按钮，则不选择任何项目。另外用户可以选择【仅选择对象】复选框，只产生所选中对象的板信息报表。单击【全部开启】按钮，选中所有的项目，单击【报告】按钮，系统会生成 Board Information Report（电路板信息报表），如图 10-5 所示。

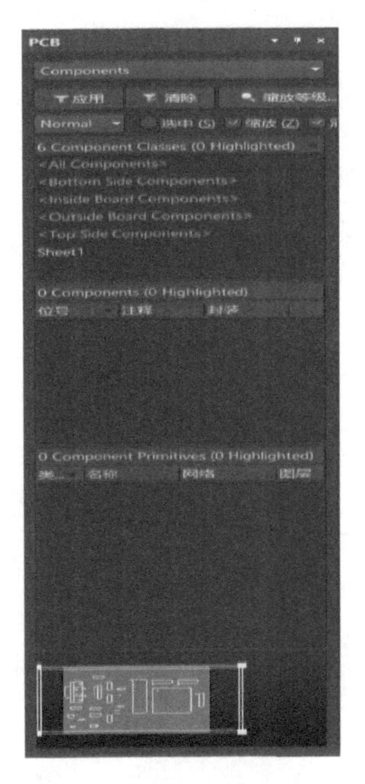

图 10-2　PCB 界面

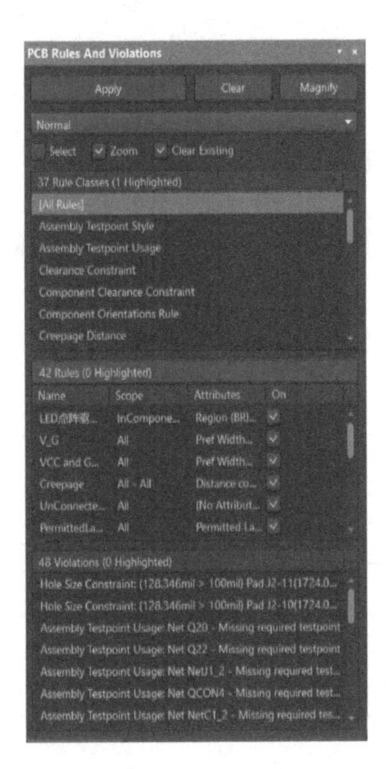

图 10-3　PCB Rules And Violations 对话框

图 10-4　【板级报告】对话框

图 10-5　电路板信息报表

在 PCB 编辑环境中，执行【工具】→【优先选项】菜单命令，打开【优选项】对话框。选中 PCB Editor→Reports 标签页，在 Board Information 中，勾选 TXT 和 HTML 后的 Show 和 Generate 复选框，如图 10-6 所示。

再次生成报告，系统会同时生成文本格式的电路板信息报告，如图 10-7 所示。

10.1.2　元器件报表

元器件报表功能用来整理电路或项目的零件，生成元器件列表，以便用户查询。

在 PCB 编辑环境中，执行菜单【报告】→【Bill of Materials】菜单命令，如图 10-8 所示。

弹出【Bill of Materials For PCB Document】对话框，如图 10-9 所示。

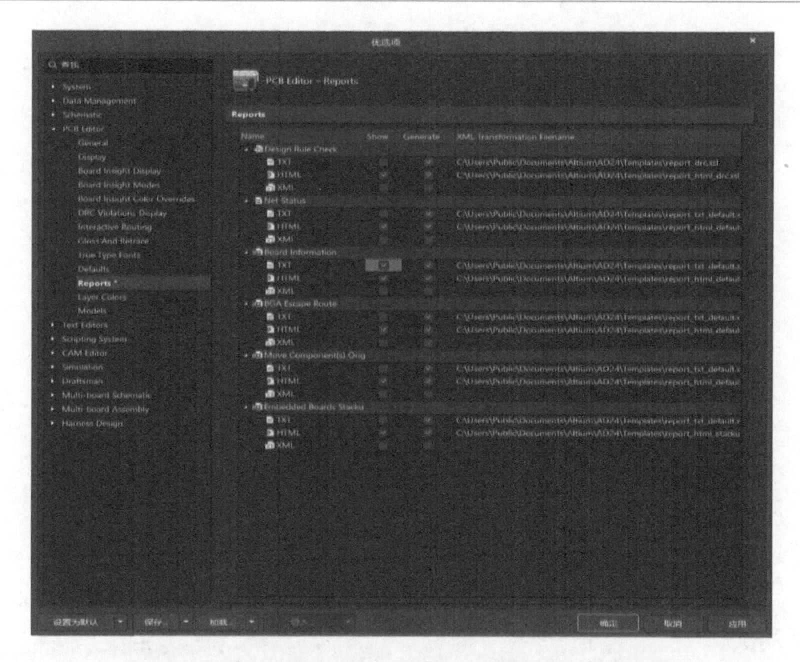

图 10-6　设置 Board Information

```
Board Information Report
Filename      : C:\Users\Administrator\Desktop\...\LED点阵驱动电路(2024).PcbDoc
Date          : 2024/3/3
Time          : 14:59:58
Time Elapsed  : 00:00:01

General
    Board Size, 6000milsx4000mils
    Components on board, 22
count : 2

Routing Information
    Routing completion, 100.00%
    Connections, 81
    Connections routed, 81
    Connections remaining, 0
count : 4

Layer, Arcs, Pads, Vias, Tracks, Texts, Fills, Regions, ComponentBodies
    Top Layer, 0, 0, 0, 153, 0, 0, 0, 0
    Bottom Layer, 0, 0, 0, 3889, 0, 0, 0, 0
    Mechanical 1, 0, 0, 0, 0, 0, 0, 0, 1
    Multi-Layer, 0, 169, 5, 0, 0, 0, 1, 0
    Top Paste, 0, 0, 0, 0, 0, 0, 0, 0
    Top Overlay, 16, 0, 0, 95, 40, 0, 0, 0
    Top Solder, 0, 0, 0, 0, 0, 0, 0, 0
    Bottom Solder, 0, 0, 0, 0, 0, 0, 0, 0
    Bottom Overlay, 0, 0, 0, 0, 0, 0, 0, 0
    Bottom Paste, 0, 0, 0, 0, 0, 0, 0, 0
    Drill Guide, 0, 0, 0, 0, 0, 0, 0, 0
    Keep-Out Layer, 0, 0, 0, 0, 0, 0, 0, 0
    Drill Drawing, 0, 0, 0, 0, 0, 0, 0, 0
count : 13

Drill Pairs, Vias
    Top Layer - Bottom Layer, 5
count : 1

Layer, Sq.In., Sq.MM., Percent of layer
    Top Layer, 0.941, 606.85, 4%
    Bottom Layer, 10.9, 7032.240, 45%
count : 2

Non-Plated Hole Size, Pads, Vias
count : 0

Plated Hole Size, Pads, Vias
    22mils, 40, 0
    23.622mils, 40, 0
    25.591mils, 48, 0
    27.559mils, 16, 0
    28mils, 0, 5
    31.496mils, 4, 0
```

图 10-7　文本格式的电路板信息报告

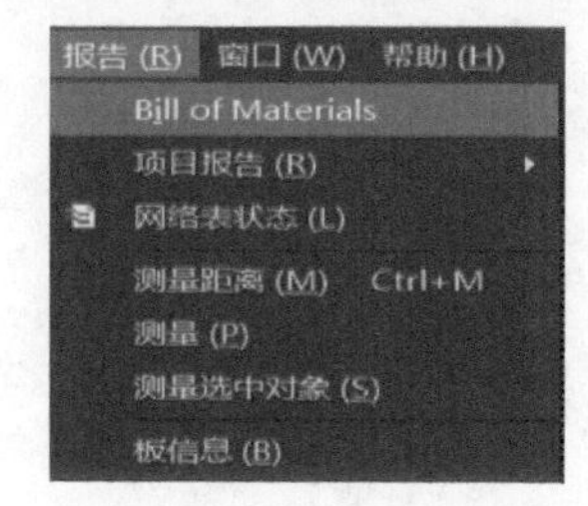

图 10-8　执行【报告】→【Bill of Materials】菜单命令

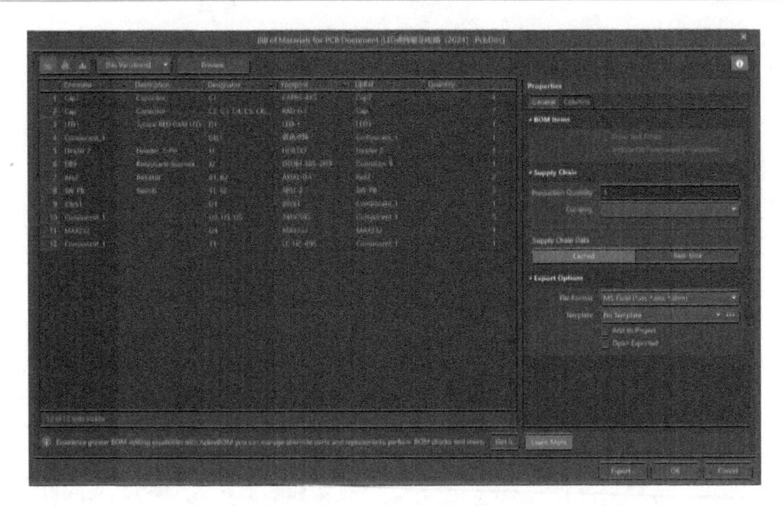

图 10-9 【Bill of Materials For PCB Document】对话框

在【Bill of Materials For PCB Document】对话框中，右侧 Export Option 栏中文件格式的下拉列表中选择 CSV（Comma Delimited），这是一种是在程序之间转移表格数据的常用格式，系统会生成一个元器件简单报表“LED 点阵驱动电路 . CSV”，如图 10-10 所示。

	A	B	C	D	E	F
1	Comment	Descriptic	Designator	Footprint	LibRef	Quantity
2						
3	Cap2	Capacitor	C1	CAPR5-4X5	Cap2	1
4	Cap	Capacitor	C2, C3, C4	RAD-0.3	Cap	7
5	LED1	Typical RE	D1	LED-1	LED1	1
6	Component_1		DIS1	双色点阵	Component_	1
7	Header 2	Header, 2-	J1	HDR1X2	Header 2	1
8	DB9	Receptacle	J2	DSUB1.385-	Connector	1
9	Res2	Resistor	R1, R2	AXIAL-0.4	Res2	2
10	SW-PB	Switch	S1, S2	SPST-2	SW-PB	2
11	89c51		U1	89c51	Component_	1
12	Component_1		U2, U3, U5	74HC595	Component_	3
13	MAX232		U4	MAX232	MAX232	1
14	Component_1		Y1	LC-HC-49S	Component_	1

图 10-10 元器件简单报表“LED 点阵驱动电路 . CSV”

这个文件简单直观地列出了所有元器件的序号、描述、封装等。

10.1.3 元器件交叉参考报表

元器件交叉参考报表主要用于将整个项目中的所有元器件按照所属的元器件封装进行分组，同样相当于一份元器件清单。

执行【报告】→【项目报告】→【Component Cross Reference】菜单命令，如图 10-11 所示。

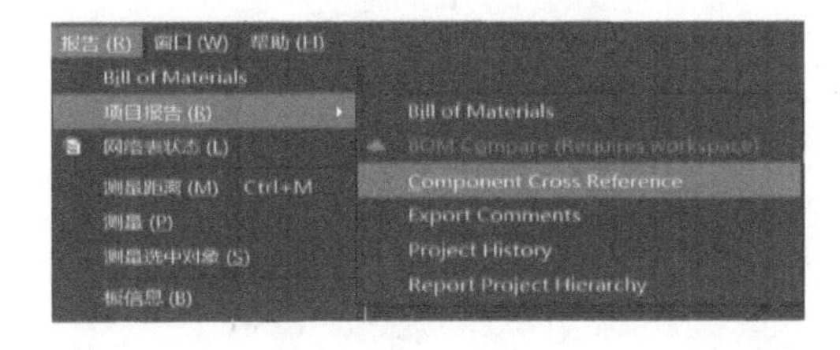

图 10-11 执行【报告】→【项目报告】→【Component Cross Reference】菜单命令

弹出【Component Cross Reference Report For Project】对话框，如图 10-12 所示。

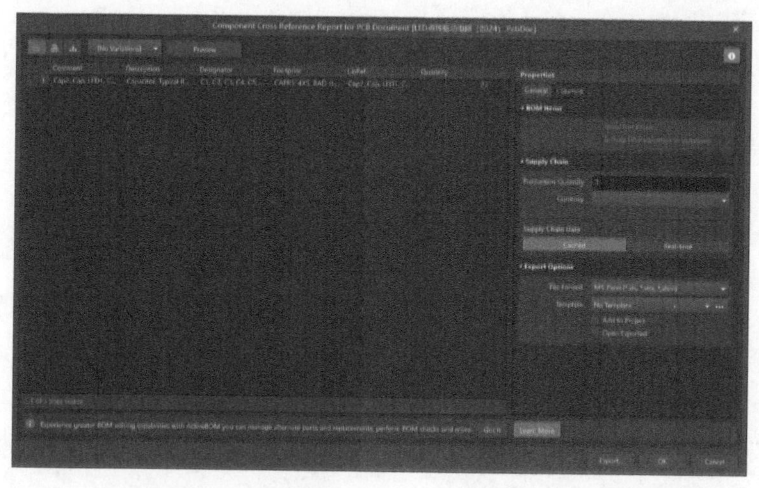

图 10-12　【Component Cross Reference Report For Project】对话框

单击 Preview 按钮，即可打开元器件报表的预览对话框，如图 10-13 所示。

Comment	Description	Designator	Footprint	LibRef	Quantity
Cap2, Cap, LED1, Component_1, Header 2, DB9, Res2, SW-PB, 89c51, MAX232	Capacitor, Typical RED GaAs LED, [NoValue], Header, 2-Pin, Receptacle Assembly, 9 Position, Right Angle, Resistor, Switch	C1, C2, C3, C4, C5, C6, C7, C8, D1, DIS1, J1, J2, R1, R2, S1, S2, U1, U2, U3, U4, U5, Y1	CAPR5-4X5, RAD-0.3, LED-1, 双色点阵, HDR1X2, DSUB1.385-2H9, AXIAL-0.4, SPST-2, 89c51, 74HC595, MAX232, LC-HC-49S	Cap2, Cap, LED1, Component_1, Header 2, Connector 9, Res2, SW-PB, MAX232	22

图 10-13　元器件报表的预览对话框

单击该对话框中的【输出】按钮，可以将该报表进行保存。

10.1.4　网络状态表

该报表用于给出 PCB 中各网络所在的工作层面及每一网络中的导线总长度。执行【报告】→【网络表状态】菜单命令，如图 10-14 所示。

系统自动生成了网页形式的网络状态表“Net Status Report. html”，并显示在工作窗口中，如图 10-15 所示。

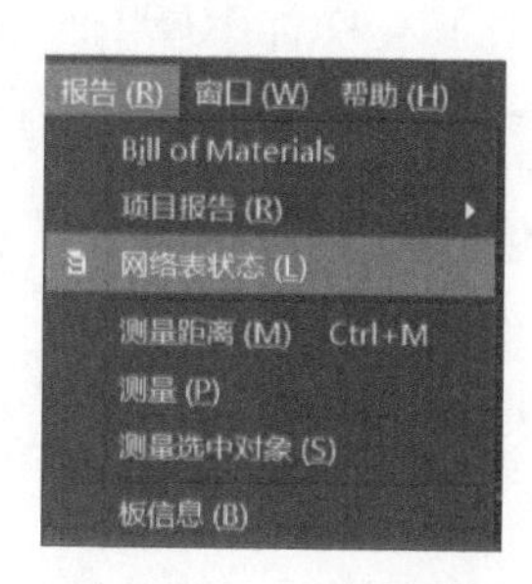

图 10-14　执行【网络表状态】菜单命令

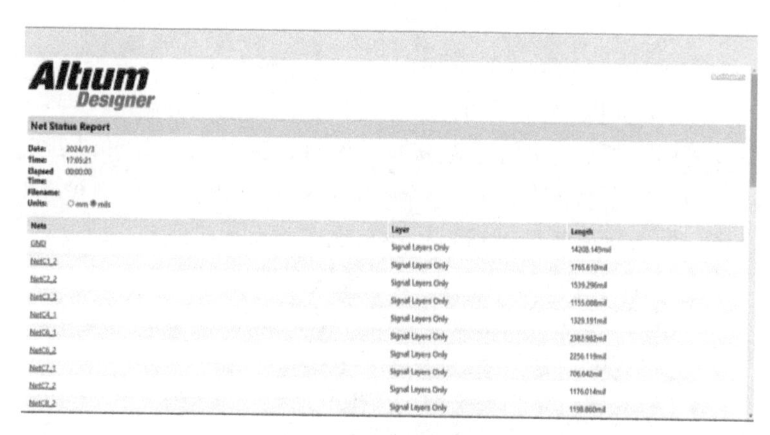

图 10-15　网络状态表

单击网络状态表中所列的任意网络，都可对照到 PCB 编辑窗口中，用于进行详细的检查。与 Board Information 报表一样，在【优选项】对话框中的 PCB Editor→Reports 标签页中进行相应的设置后，也可以生成文本格式的网络状态表。

10.2 创建钻孔文件

钻孔文件用于记录钻孔的尺寸和钻孔的位置。当用户的 PCB 数据要送入 NC 钻孔机进行自动钻孔操作时，用户需创建钻孔文件。

打开设计文件 LED 点阵驱动电路 . PcbDoc，执行【文件】→【制造输出】→【NC Drill Files】菜单命令，如图 10-16 所示。

此时，系统将弹出【NC Drill 设置】对话框，如图 10-17 所示。

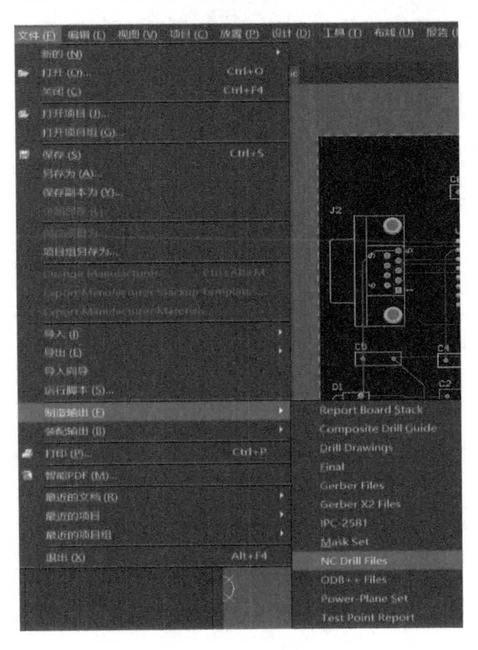

图 10-16 【NC Drill Files】菜单命令

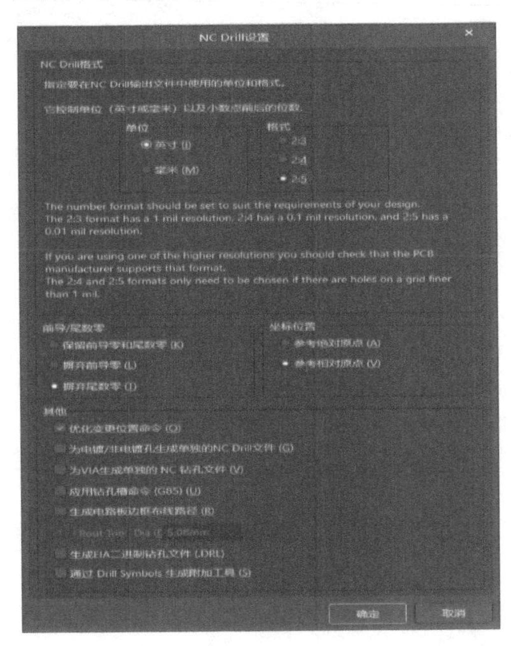

图 10-17 【NC Drill 设置】对话框

在【NC 钻孔格式】区域中包含【单位】和【格式】两个设置栏，其意义如下：

- 【单位】：提供了两种单位选择，即英制和公制。
- 【格式】：提供了 3 项选择，即【2:3】、【2:4】和【2:5】，表示 Gerber 文件中使用的不同数据精度。【2:3】就表示数据中含 2 位整数，3 位小数。同理，【2:4】表示数据中含有 4 位小数，【2:5】表示数据中含有 5 位小数。

在【前导/尾数零】区域中，系统提供了 3 种选项：

- 【保留前导零和尾数零】：保留数据的前导零和后接零；
- 【摒弃前导零】：删除前导零；
- 【摒弃尾数零】：删除后接零。

在【坐标位置】区域中，系统提供了 2 种选项：即【参考绝对原点】和【参考相对原点】。

这里使用系统提供的默认设置。单击【确定】按钮，即生成一个名称为 CAMtastic1. CAM

的图形文件，同时启动了 CAMtastic 编辑器，弹出【导入钻孔数据】对话框，如图 10-18 所示。

单击【确定】按钮，所生成的 CAMtastic1. CAM 图形文件显示在编辑窗口中，如图 10-19 所示。

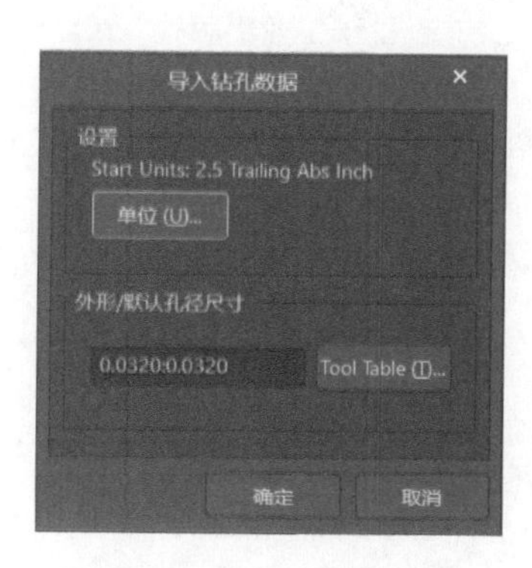

图 10-18 【导入钻孔数据】对话框

图 10-19　CAMtastic1. CAM 图形文件

在该环境下，用户可以进行与钻孔有关的各种校验、修正和编辑等工作。

在 Projects 面板的 Generated 文件夹中的 Text Document 中，双击可以打开生成的 NC 钻孔文件报告“LED 点阵驱动电路 . DRR”，如图 10-20 所示。

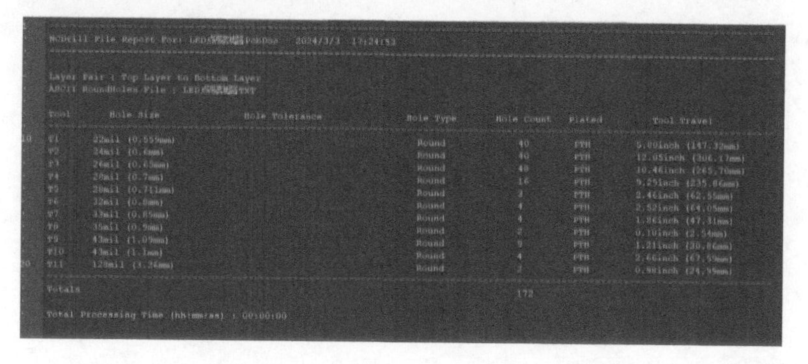

NCDrill File Report For: LED[illegible].PcbDoc　2024/3/3　17:24:53

Layer Pair : Top Layer to Bottom Layer
ASCII RoundHoles File : LED[illegible].TXT

Tool	Hole Size	Hole Tolerance	Hole Type	Hole Count	Plated	Tool Travel
T1	22mil (0.559mm)		Round	40	PTH	5.80inch (147.32mm)
T2	24mil (0.6mm)		Round	40	PTH	12.05inch (306.17mm)
T3	26mil (0.65mm)		Round	48	PTH	10.46inch (265.70mm)
T4	28mil (0.7mm)		Round	16	PTH	9.29inch (235.86mm)
T5	28mil (0.711mm)		Round	3	PTH	2.46inch (62.55mm)
T6	32mil (0.8mm)		Round	4	PTH	2.52inch (64.05mm)
T7	33mil (0.85mm)		Round	4	PTH	1.86inch (47.31mm)
T8	35mil (0.9mm)		Round	2	PTH	0.10inch (2.54mm)
T9	43mil (1.09mm)		Round	9	PTH	1.21inch (30.86mm)
T10	43mil (1.1mm)		Round	4	PTH	2.66inch (67.59mm)
T11	128mil (3.26mm)		Round	2	PTH	0.98inch (24.99mm)
Totals				172		

Total Processing Time (hh:mm:ss) : 00:00:00

图 10-20　NC 钻孔文件报告“LED 点阵驱动电路 . DRR”

习题

1. PCB 包括哪些输出报表?
2. 用之前章节的例子，给出 PCB 的钻孔文件。

参 考 文 献

[1] 周润景，李志，张大山．Altium Designer 原理图与 PCB 设计［M］．3 版．北京：电子工业出版社，2015.

[2] 薛楠，刘杰．Protel DXP 2004 原理图与 PCB 设计实用教程［M］．2 版．北京：机械工业出版社，2017.

[3] CAD/CAM/CAE 技术联盟．Altium Designer 16 电路设计与仿真从入门到精通［M］．北京：清华大学出版社，2017.

[4] 边立健，李敏涛，胡允达．Altium Designer（Protel）原理图与 PCB 设计精讲教程［M］．北京：清华大学出版社，2017.

[5] 叶健波，陈志栋，李翠凤．Altium Designer 15 电路设计与制板技术［M］．北京：清华大学出版社，2016.

[6] 黄智伟，黄国玉．Altium Designer 原理图与 PCB 设计［M］．北京：人民邮电出版社，2016.

[7] 郑振宇，黄勇，刘仁福．Altium Designer 19（中文版）电子设计速成实战宝典［M］．北京：电子工业出版社，2019.

[8] 隋晓红，刘鑫，石磊．Altium Designer 原理图与 PCB 设计［M］．北京：机械工业出版社，2019.

[9] 郭勇，陈开洪．Altium Designer 印刷电路板设计教程［M］．2 版．北京：机械工业出版社，2021.

[10] 周润景，刘波，徐宏伟．Altium Designer 原理图与 PCB 设计［M］．4 版．北京：电子工业出版社，2019.

[11] 周润景，蔡富佳．Altium Designer 18 原理图及 PCB 设计教程［M］．北京：机械工业出版社，2020.

[12] 周润景，孟昊博．Altium Designer 19 电路设计与制板：原理图及优化+PCB 设计及布线+电路仿真　微课视频版［M］．北京：清华大学出版社，2020.

[13] 周润景，刘波．Altium Designer 电路设计 20 例详解［M］．北京：北京航空航天大学出版社，2017.

[14] 刘超，包建荣，俞优姝．Altium Designer 原理图与 PCB 设计精讲教程［M］．北京：机械工业出版社，2017.

[15] Altium 中国技术支持中心．Altium Designer 19 PCB 设计官方指南［M］．北京：清华大学出版社，2019.